AF002148

To Leny

vieweg studium
Aufbaukurs Mathematik

Herausgegeben von Gerd Fischer

Manfredo P. do Carmo
Differentialgeometrie von Kurven und Flächen

Wolfgang Fischer / Ingo Lieb
Funktionentheorie

Otto Forster
Analysis 3

Ernst Kunz
Einführung in die kommutative Algebra
und algebraische Geometrie

Grundkurs Mathematik

Gerd Fischer
Lineare Algebra

Gerd Fischer
Analytische Geometrie

Otto Forster
Analysis 1

Otto Forster
Analysis 2

Ernst Kunz
Ebene Geometrie

Joseph Maurer
Mathemecum

R. Mennicken / E. Wagenführer
Numerische Mathematik 1

R. Mennicken / E. Wagenführer
Numerische Mathematik 2

Manfredo P. do Carmo

Differentialgeometrie von Kurven und Flächen

Mit 170 Abbildungen

Friedr. Vieweg & Sohn   Braunschweig / Wiesbaden

CIP-Kurztitelaufnahme der Deutschen Bibliothek

Carmo, Manfredo P. do:
Differentialgeometrie von Kurven und Flächen/
Manfredo P. do Carmo. [Übers.: Michael Grüter].
Braunschweig; Wiesbaden: Vieweg, 1983.
    (Vieweg-Studium; Bd. 55: Aufbaukurs
    Mathematik)
Einheitssacht.: Differential geometry of
curves and surfaces ⟨dt.⟩
ISBN 978-3-528-07255-1   ISBN 978-3-322-85494-0 (eBook)
DOI 10.1007/ 978-3-322-85494-0
NE: GT

Titel der englischen Originalausgabe:
Differential Geometry of Curves and Surfaces
© 1976 by Prentice Hall, Inc. Englewood Cliffs, New Jersey

Übersetzung: Dr. Michael Grüter, Universität Düsseldorf

Alle Rechte vorbehalten
© Friedr. Vieweg & Sohn Verlagsgesellschaft mbH, Braunschweig 1983

Die Vervielfältigung und Übertragung einzelner Textabschnitte, Zeichnungen oder Bilder, auch für
Zwecke der Unterrichtsgestaltung, gestattet das Urheberrecht nur, wenn sie mit dem Verlag vorher
vereinbart wurden. Im Einzelfall muß über die Zahlung einer Gebühr für die Nutzung fremden geistigen
Eigentums entschieden werden. Das gilt für die Vervielfältigung durch alle Verfahren einschließlich
Speicherung und jede Übertragung auf Papier, Transparente, Filme, Bänder, Platten und andere Medien.

Umschlaggestaltung:

Buchbinderische Verarbeitung: W. Langelüddecke, Braunschweig

Inhaltsverzeichnis

Vorwort des Herausgebers VII
Aus dem Vorwort zur Originalausgabe VIII
Vorwort des Autors zur deutschen Ausgabe IX

1 Kurven 1

1.1 Einleitung 1
1.2 Parametrisierte Kurven 1
1.3 Reguläre Kurven. Bogenlänge 5
1.4 Das Vektorprodukt in $\mathbb{R}^3$ 10
1.5 Die lokale Theorie von Kurven, die nach der Bogenlänge parametrisiert sind ... 14
1.6 Die lokale kanonische Form 22
1.7 Globale Eigenschaften ebener Kurven 25

2 Reguläre Flächen 42

2.1 Einleitung 42
2.2 Reguläre Flächen. Urbilder regulärer Werte 42
2.3 Parameterwechsel. Differenzierbare Funktionen auf Flächen ... 57
2.4 Die Tangentialebene. Das Differential einer Abbildung ... 68
2.5 Die erste Fundamentalform. Flächeninhalt 76
2.6 Orientierung von Flächen 84
2.7 Eine Charakterisierung kompakter orientierbarer Flächen ... 90
2.8 Eine geometrische Definition des Flächeninhalts 94

3 Die Geometrie der Gauß-Abbildung 98

3.1 Einleitung 98
3.2 Die Definition der Gauß-Abbildung und ihre fundamentalen Eigenschaften ... 98
3.3 Die Gauß-Abbildung in lokalen Koordinaten 113
3.4 Vektorfelder 131
3.5 Regelflächen und Minimalflächen 142

4 Die innere Geometrie von Flächen 164

4.1 Einleitung 164
4.2 Isometrie. Konforme Abbildungen 165
4.3 Der Satz von Gauß und die Verträglichkeitsbedingungen ... 175

4.4 Parallelverschiebung. Geodätische 181
4.5 Der Satz von Gauß-Bonnet und seine Anwendungen 202
4.6 Die Exponentialabbildung. Geodätische Polarkoordinaten 219
4.7 Weitere Eigenschaften von Geodätischen. Konvexe Umgebungen 231

Anhang: Beweise der Fundamentalsätze der lokalen Kurven- und Flächentheorie 241

Hinweise und Lösungen 246

Kommentiertes Literaturverzeichnis 259

Namen- und Sachwortverzeichnis 261

Vorwort des Herausgebers

Die elementare Differentialgeometrie ist ein besonders reizvolles Thema für eine Vorlesung im Anschluß an die einführenden Kurse in linearer Algebra und Analysis. Hier kann man die geometrische Vorstellung entwickeln und die erlernten Techniken anwenden. Es wäre schön, wenn die vorliegende deutsche Übersetzung aus der englischen Version (von ursprünglich auf portugiesisch verfaßten Vorlesungsausarbeitungen) mit dazu beitragen könnte, die Beliebtheit der Theorie von Kurven und Flächen bei Dozenten und Studenten so zu steigern, wie es ihr gebührt.

Die Übersetzung ist dem Umfang einer einsemestrigen Vorlesung angepaßt. Mit den klassischen Sätzen der Flächentheorie in Kapitel 4 wird einerseits ein gewisser Höhepunkt und Abschluß erreicht; andererseits wird durch die Art der Darstellung ein gutes Fundament für eine weiterführende Vorlesung über differenzierbare Mannigfaltigkeiten und Riemannsche Geometrie gelegt.

Dem Übersetzer, Herrn Michael Grüter, ist es gelungen, in Zusammenarbeit mit dem Autor manche Kleinigkeiten zu verbessern.

Düsseldorf, 1982 *Gerd Fischer*

Aus dem Vorwort zur Originalausgabe

Dieses Buch gibt eine Einführung in die Differentialgeometrie von Kurven und Flächen sowohl vom lokalen als auch vom globalen Standpunkt. Im Gegensatz zu manchen anderen Darstellungen werden ausgiebiger Hilfsmittel der linearen Algebra verwendet und es wird mehr Wert auf die grundlegenden geometrischen Tatsachen als auf den Formalismus gelegt.

Wir haben versucht, in jedem Kapitel des Buches einige einfache und grundlegende Ideen in den Mittelpunkt zu stellen. So entwickelt sich Kapitel 2 anhand des Begriffs einer regulären Fläche in $\mathbb{R}^3$ als Modell für den allgemeineren Begriff einer differenzierbaren Mannigfaltigkeit.

Kapitel 4 zeigt, wie sich die innere Geometrie der Flächen aus dem Begriff der kovarianten Ableitung entwickeln läßt; auch hier war es unsere Absicht, den Leser auf den allgemeineren Begriff eines Zusammenhangs in der Riemannschen Geometrie vorzubereiten.

Um ein angemessenes Gleichgewicht zwischen Ideen und Tatsachen zu erreichen, haben wir eine große Zahl von Beispielen ausgeführt und durchgerechnet. Zahlreiche Aufgaben geben dem Leser darüber hinaus Gelegenheit zur Übung. Manche Tatsachen der klassischen Differentialgeometrie sind in diesen Übungsaufgaben enthalten. Für die mit einem Stern versehenen Aufgaben werden am Ende des Buches Hinweise oder Lösungen gegeben.

Kenntnisse in linearer Algebra und Analysis werden vorausgesetzt. Während in der linearen Algebra die Grundbegriffe genügen, ist in der Analysis eine Vertrautheit mit der Differentialrechnung mehrerer Veränderlichen (einschließlich des Satzes über implizite Funktionen) erforderlich. Kenntnisse über Differentialgleichungen sind nützlich, aber nicht unbedingt erforderlich.

Rio de Janeiro *Manfredo P. do Carmo*

Vorwort des Autors zur deutschen Ausgabe

The present book is a translation of "Differential Geometry of Curves and Surfaces" published originally by Prentice-Hall, Inc. in 1976. The German publishers felt it convenient to shorten somewhat the present edition by omitting Chap. 5 (Global Differential Geometry) and the Appendices to Chaps. 2 and 3 of the original edition. A few other changes were made to adapt the book to the needs of German students; in particular the "Bibliography and Comments" was entirely revised and updated.

The hard task of the translation was done by Dr. M. Grüter from the Mathematisches Institut der Universität Düsseldorf. I want to thank him for pointing out a number of corrections and suggesting some improvements to the text. Thanks are also due to the German Editor, Ulrike Schmickler-Hirzebruch, whose suggestions often anticipated my wishes.

I would like to use this opportunity to express my deep appreciation to various people, students and colleagues alike, who have throughout the years produced the long list of corrections that I incorporated in the present edition.

Rio de Janeiro, 1982   Manfredo do Carmo

1 Kurven

1.1 Einleitung

Es gibt in der Differentialgeometrie von Kurven und Flächen zwei Betrachtungsweisen. Die eine, die man klassische Differentialgeometrie nennen könnte, entstand zusammen mit den Anfängen der Differential- und Integralrechnung. Grob gesagt studiert die klassische Differentialgeometrie lokale Eigenschaften von Kurven und Flächen. Dabei verstehen wir unter lokalen Eigenschaften solche, die nur vom Verhalten der Kurve oder Fläche in der Umgebung eines Punktes abhängen. Die Methoden, die sich als für das Studium solcher Eigenschaften geeignet erwiesen haben, sind die Methoden der Differentialrechnung. Aus diesem Grund sind die in der Differentialgeometrie untersuchten Kurven und Flächen durch Funktionen definiert, die von einer gewissen Differenzierbarkeitsklasse sind.

Die andere Betrachtungsweise ist die sogenannte globale Differentialgeometrie. Hierbei untersucht man den Einfluß lokaler Eigenschaften auf das Verhalten der gesamten Kurve oder Fläche.

Der interessanteste und repräsentativste Teil der klassischen Differentialgeometrie ist wohl die Untersuchung von Flächen. Beim Studium von Flächen treten jedoch in natürlicher Weise einige lokale Eigenschaften von Kurven auf. Deshalb benutzen wir dieses erste Kapitel, um kurz auf Kurven einzugehen.

Das Kapitel ist so eingeteilt, daß ein Leser, der hauptsächlich an Flächen interessiert ist, nur die Abschnitte 1.2 bis 1.5 zu lesen braucht. Die Abschnitte 1.2 bis 1.4 enthalten im wesentlichen einführendes Material (parametrisierte Kurven, Bogenlänge, Vektorprodukt), das wahrscheinlich bereits aus anderen Kursen bekannt ist und der Vollständigkeit wegen hier aufgenommen wurde. Abschnitt 1.5 stellt den Kern des Kapitels dar und enthält die Ergebnisse über Kurven, die beim Studium von Flächen benötigt werden. Für diejenigen, die sich ein wenig mehr für Kurven interessieren, haben wir die Abschnitte 1.6 und 1.7 aufgenommen.

1.2 Parametrisierte Kurven

Mit $\mathbb{R}^3$ bezeichnen wir die Menge der Tripel (x, y, z) von reellen Zahlen. Es ist unser Ziel, bestimmte Teilmengen des $\mathbb{R}^3$ zu charakterisieren (Kurven genannt), die in einem gewissen Sinn eindimensional sind und auf die die Methoden der Differentialrechnung angewandt werden können. In natürlicher Weise definiert man solche Teilmengen durch differenzierbare Funktionen. Wir nennen eine reellwertige Funktion einer reellen Variablen *differenzierbar* (oder *glatt*), wenn sie in jedem Punkt Ableitungen beliebiger Ordnung besitzt (die dann automatisch stetig sind). Eine erste Definition von *Kurve*, die zwar nicht ganz zufriedenstellend ist, aber für die Zwecke in diesem Kapitel genügt, ist die folgende.

Definition. Eine *parametrisierte differenzierbare Kurve* ist eine differenzierbare Abbildung $\alpha: I \to \mathbb{R}^3$ eines offenen Intervalls $I = (a, b)$ der reellen Geraden $\mathbb{R}$ in den $\mathbb{R}^3$.

Das Wort *differenzierbar* in dieser Definition bedeutet, daß α eine Abbildung ist, die jedes $t \in I$ auf einen Punkt $\alpha(t) = (x(t), y(t), z(t)) \in \mathbb{R}^3$ abbildet, so daß die Funktionen $x(t)$, $y(t), z(t)$ differenzierbar sind. Die Variable t heißt der *Parameter* der Kurve. *Intervall* verstehen wir in einem verallgemeinerten Sinn, so daß wir die Fälle $a = -\infty$ und $b = \infty$ nicht ausschließen.

Wenn wir mit $x'(t)$ die erste Ableitung von x an der Stelle t bezeichnen, analog für die Funktionen y und z, so heißt der Vektor $(x'(t), y'(t), z'(t)) = \alpha'(t) \in \mathbb{R}^3$ der *Tangentenvektor* (oder *Geschwindigkeitsvektor*) der Kurve α bei t. Die Bildmenge $\alpha(I) \subset \mathbb{R}^3$ nennen wir die *Spur* von α. Wie Beispiel 5 unten zeigt, sollte man eine parametrisierte Kurve, die eine Abbildung ist, sorgfältig von ihrer Spur, die eine Teilmenge des $\mathbb{R}^3$ ist, unterscheiden.

Eine Warnung bezüglich der Terminologie. Oft wird der Begriff „unendlich oft differenzierbar" für Funktionen benutzt, die Ableitungen beliebiger Ordnung besitzen, und das Wort „differenzierbar" bedeutet dann, daß man nur die Existenz der ersten Ableitung verlangt. Wir werden uns dieser Konvention nicht anschließen.

Beispiel 1. Die parametrisierte differenzierbare Kurve, gegeben durch

$$\alpha(t) = (a \cos t, a \sin t, bt), \qquad t \in \mathbb{R},$$

hat als Spur in $\mathbb{R}^3$ eine Helix mit Ganghöhe $2\pi b$ auf dem Zylinder $x^2 + y^2 = a^2$. Der Parameter t mißt hier den Winkel zwischen der x-Achse und der Geraden durch den Ursprung 0 und durch die Projektion des Punktes $\alpha(t)$ auf die xy-Ebene (siehe Bild 1.1).

Beispiel 2. Die Abbildung $\alpha: \mathbb{R} \to \mathbb{R}^2$, gegeben durch $\alpha(t) = (t^3, t^2)$, $t \in \mathbb{R}$, ist eine parametrisierte differenzierbare Kurve, die Bild 1.2 als Spur hat. Beachte, daß $\alpha'(0) = (0, 0)$; d.h. der Geschwindigkeitsvektor ist Null für $t = 0$.

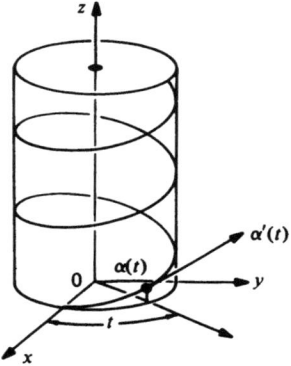

Bild 1.1

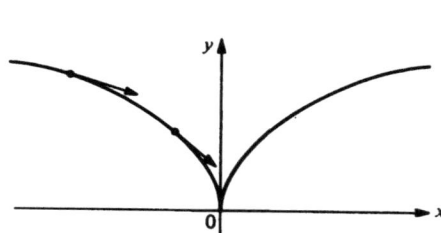

Bild 1.2

1.2 Parametrisierte Kurven

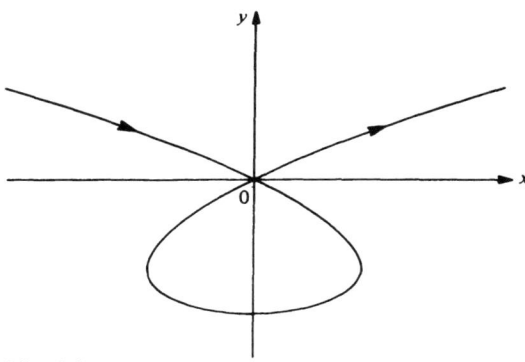

Bild 1.3

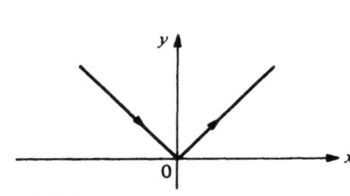

Bild 1.4

Beispiel 3. Die Abbildung $\alpha: \mathbb{R} \to \mathbb{R}^2$, gegeben durch $\alpha(t) = (t^3 - 4t, t^2 - 4)$, $t \in \mathbb{R}$, ist eine parametrisierte differenzierbare Kurve (siehe Bild 1.3). Beachte, daß $\alpha(2) = \alpha(-2) = (0, 0)$; d.h. die Abbildung α ist nicht injektiv.

Beispiel 4. Die Abbildung $\alpha: \mathbb{R} \to \mathbb{R}^2$, gegeben durch $\alpha(t) = (t, |t|)$, $t \in \mathbb{R}$, ist *keine* parametrisierte differenzierbare Kurve, weil $|t|$ bei $t = 0$ nicht differenzierbar ist (Bild 1.4).

Beispiel 5. Die beiden unterschiedlich parametrisierten Kurven

$$\alpha(t) = (\cos t, \sin t),$$
$$\beta(t) = (\cos 2t, \sin 2t),$$

wo $t \in (0 - \epsilon, 2\pi + \epsilon)$, $\epsilon > 0$, haben dieselbe Spur, nämlich den Kreis $x^2 + y^2 = 1$. Beachte, daß der Geschwindigkeitsvektor der zweiten Kurve zweimal der Geschwindigkeitsvektor der ersten ist (Bild 1.5).

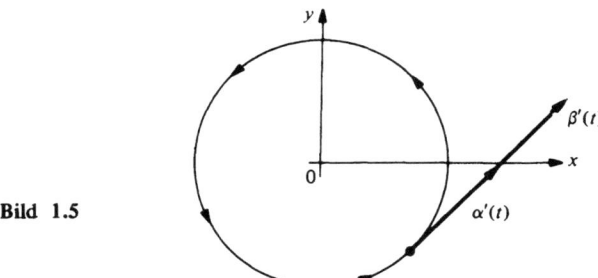

Bild 1.5

Wir wollen jetzt kurz an einige Eigenschaften des inneren (oder Skalar-)Produkts von Vektoren im $\mathbb{R}^3$ erinnern. Sei $u = (u_1, u_2, u_3) \in \mathbb{R}^3$ und die *Norm* (oder *Länge*) von u definiert durch

$$|u| = \sqrt{u_1^2 + u_2^2 + u_3^2}.$$

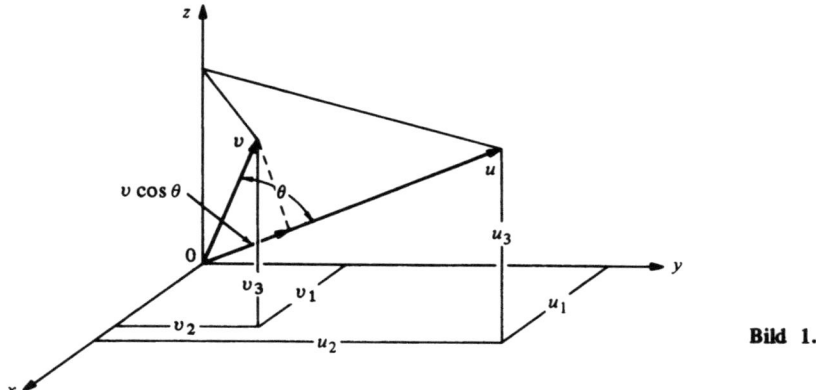

Bild 1.6

Geometrisch ist $|u|$ der Abstand des Punktes (u_1, u_2, u_3) zum Ursprung $0 = (0, 0, 0)$. Seien jetzt $u = (u_1, u_2, u_3)$ und $v = (v_1, v_2, v_3)$ aus dem $\mathbb{R}^3$ und θ, $0 \leq \theta \leq \pi$ sei der Winkel zwischen den Segmenten $0u$ und $0v$. Das *innere Produkt* $u \cdot v$ wird definiert durch (Bild 1.6)

$$u \cdot v = |u||v| \cos \theta.$$

Es gelten die folgenden Eigenschaften.

1. Es seien u, v von 0 verschiedene Vektoren. Dann ist $u \cdot v = 0$ genau dann, wenn u orthogonal zu v ist.
2. $u \cdot v = v \cdot u$.
3. $\lambda(u \cdot v) = \lambda u \cdot v = u \cdot \lambda v$.
4. $u \cdot (v + w) = u \cdot v + u \cdot w$.

Einen nützlichen Ausdruck für das innere Produkt erhält man folgendermaßen. Sei $e_1 = (1, 0, 0)$, $e_2 = (0, 1, 0)$ und $e_3 = (0, 0, 1)$. Man prüft leicht nach, daß $e_i \cdot e_j = 1$, falls $i = j$, und $e_i \cdot e_j = 0$, falls $i \neq j$, wobei $i, j = 1, 2, 3$. Schreibt man nun

$$u = u_1 e_1 + u_2 e_2 + u_3 e_3, \qquad v = v_1 e_1 + v_2 e_2 + v_3 e_3,$$

und verwendet die Eigenschaften 3 und 4, so erhält man deshalb

$$u \cdot v = u_1 v_1 + u_2 v_2 + u_3 v_3.$$

Aus diesem Ausdruck folgt, daß $u(t) \cdot v(t)$, $t \in I$, eine differenzierbare Funktion ist, wenn $u(t)$ und $v(t)$ differenzierbare Kurven sind, und daß

$$\frac{d}{dt}(u(t) \cdot v(t)) = u'(t) \cdot v(t) + u(t) \cdot v'(t).$$

Übungen

1. Finde eine parametrisierte Kurve $\alpha(t)$, deren Spur der Kreis $x^2 + y^2 = 1$ ist, so daß $\alpha(t)$ im Uhrzeigersinn den Kreis durchläuft mit $\alpha(0) = (0, 1)$.

2. Sei $\alpha(t)$ eine parametrisierte Kurve, die nicht durch den Ursprung verläuft. Wenn $\alpha(t_0)$ der Punkt auf der Spur von α ist, der dem Ursprung am nächsten ist, und $\alpha'(t_0) \neq 0$, so zeige, daß der Ortsvektor $\alpha(t_0)$ orthogonal ist zu $\alpha'(t_0)$.

3 Eine parametrisierte Kurve $\alpha(t)$ hat die Eigenschaft, daß ihre zweite Ableitung $\alpha''(t)$ identisch verschwindet. Was kann man über α aussagen?

4 Sei $\alpha: I \to \mathbb{R}^3$ eine parametrisierte Kurve und sei $v \in \mathbb{R}^3$ ein fester Vektor. Nimm an, daß $\alpha'(t)$ orthogonal ist zu v für alle $t \in I$ und daß ebenfalls $\alpha(0)$ orthogonal ist zu v. Beweise, daß $\alpha(t)$ orthogonal ist zu v für alle $t \in I$.

5 Sei $\alpha: I \to \mathbb{R}^3$ eine parametrisierte Kurve mit $\alpha'(t) \neq 0$ für alle $t \in I$. Zeige, daß $|\alpha(t)|$ genau dann eine von Null verschiedene Konstante ist, wenn $\alpha(t)$ orthogonal ist zu $\alpha'(t)$ für alle $t \in I$.

1.3 Reguläre Kurven. Bogenlänge

Sei $\alpha: I \to \mathbb{R}^3$ eine parametrisierte differenzierbare Kurve. Zu jedem $t \in I$ mit $\alpha'(t) \neq 0$ gibt es eine wohldefinierte Gerade, die den Punkt $\alpha(t)$ sowie den Vektor $\alpha'(t)$ enthält. Diese Gerade heißt *Tangente* an α bei t. Für das Studium der Differentialgeometrie einer Kurve ist es wesentlich, daß solch eine Tangente in jedem Punkt existiert. Deshalb nennen wir einen Punkt t mit $\alpha'(t) = 0$ einen *singulären Punkt* von α und beschränken uns auf Kurven ohne singuläre Punkte. Beachte, daß der Punkt $t = 0$ in Beispiel 2 von Abschnitt 1.2 ein singulärer Punkt ist.

Definition. Eine parametrisierte differenzierbare Kurve $\alpha: I \to \mathbb{R}^3$ heißt *regulär*, falls $\alpha'(t) \neq 0$ ist für alle $t \in I$.

Im folgenden werden wir nur noch reguläre parametrisierte differenzierbare Kurven betrachten (und der Einfachheit halber das Wort differenzierbar für gewöhnlich weglassen).
Ist $t \in I$ gegeben, so ist die *Bogenlänge* der regulären parametrisierten Kurve $\alpha: I \to \mathbb{R}^3$ vom Punkt t_0 aus nach Definition

$$s(t) = \int_{t_0}^{t} |\alpha'(t)| \, dt,$$

wobei

$$|\alpha'(t)| = \sqrt{(x'(t))^2 + (y'(t))^2 + (z'(t))^2}$$

die Länge des Vektors $\alpha'(t)$ ist. Da $\alpha'(t) \neq 0$, ist die Bogenlänge s eine differenzierbare Funktion von t, und es gilt $ds/dt = |\alpha'(t)|$.
In Übung 8 geben wir eine geometrische Motivation für die obige Definition der Bogenlänge.
Es ist möglich, daß der Parameter t bereits die Bogenlänge ist, gemessen von einem bestimmten Punkt. In diesem Fall ist $ds/dt = 1 = |\alpha'(t)|$; d.h. der Geschwindigkeitsvektor hat konstante Länge 1. Falls umgekehrt $|\alpha'(t)| \equiv 1$, so gilt

$$s = \int_{t_0}^{t} dt = t - t_0;$$

d.h. t ist die Bogenlänge von α gemessen von einem gewissen Punkt aus.
Um die Darstellung zu vereinfachen, werden wir uns auf nach der Bogenlänge parametrisierte Kurven beschränken; wir werden später (siehe Abschnitt 1.5) sehen, daß diese Ein-

schränkung unwesentlich ist. Im allgemeinen ist es nicht notwendig, den Bezugspunkt der Bogenlänge s zu erwähnen, weil die meisten Begriffe nur in Termen der Ableitungen von $\alpha(s)$ definiert sind.

Wir wollen noch folgendes vereinbaren. Zu der gegebenen Kurve α, parametrisiert nach der Bogenlänge $s \in (a, b)$, können wir die Kurve β betrachten, definiert auf $(-b, -a)$ durch $\beta(-s) = \alpha(s)$, die dieselbe Spur wie die erste hat, aber in der umgekehrten Richtung durchlaufen wird. Wir sagen dann, daß sich diese beiden Kurven durch eine *Orientierungsänderung* voneinander unterscheiden.

Übungen

1 Zeige, daß die Tangenten an die reguläre parametrisierte Kurve $\alpha(t) = (3t, 3t^2, 2t^3)$ einen konstanten Winkel mit der Geraden $y = 0, z = x$ bilden.

2 Eine Kreisscheibe vom Radius 1 in der xy-Ebene rollt gleichmäßig die x-Achse entlang. Die durch einen Punkt auf dem Umfang der Kreisscheibe beschriebene Kurve heißt *Zykloide* (Bild 1.7).

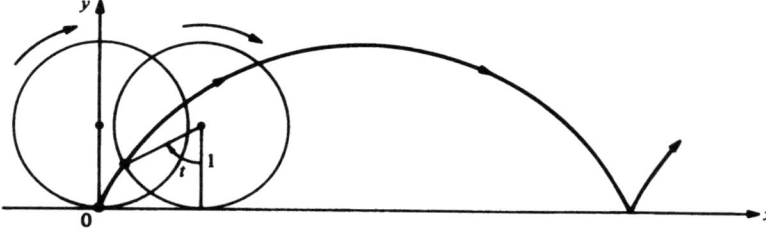

Bild 1.7 Die Zykloide

*a) Finde eine parametrisierte Kurve $\alpha: \mathbb{R} \to \mathbb{R}^2$, deren Spur die Zykloide ist, und bestimme ihre singulären Punkte.

b) Berechne die Bogenlänge der Zykloide, die einer vollständigen Rotation der Kreisscheibe entspricht.

3 Sei $0A = 2a$ der Durchmesser eines Kreises S^1 und $0Y$ bzw. AV seien die Tangenten an S^1 in 0 bzw. A. Eine Halbgerade r von 0 aus treffe den Kreis S^1 in C und die Gerade AV in B. Auf $0B$ betrachten wir den Abschnitt $0p = CB$. Wenn wir r um 0 rotieren, beschreibt der Punkt p eine Kurve, genannt *Kissoide des Diocles*. Nimm $0A$ als x-Achse und $0Y$ als y-Achse und beweise

a) Die Spur von

$$\alpha(t) = \left(\frac{2at^2}{1+t^2}, \frac{2at^3}{1+t^2}\right), \quad t \in \mathbb{R},$$

ist die Kissoide des Diocles ($t = \tan \theta$; siehe Bild 1.8).

b) Der Ursprung $(0, 0)$ ist ein singulärer Punkt der Kissoide.

c) Bei $t \to \infty$ approximiert $\alpha(t)$ die Gerade $x = 2a$ und $\alpha'(t) \to (0, 2a)$. Deshalb approximieren die Kurve und ihre Tangente die Gerade $x = 2a$ bei $t \to \infty$; wir nennen $x = 2a$ eine *Asymptote* an die Kissoide.

4 Sei $\alpha: (0, \pi) \to \mathbb{R}^2$ gegeben durch

$$\alpha(t) = \left(\sin t, \cos t + \log \tan \frac{t}{2}\right),$$

wobei t der Winkel zwischen der y-Achse und dem Vektor $\alpha'(t)$ ist. Die Spur von α heißt *Traktrix* (Bild 1.9).

1.3 Reguläre Kurven. Bogenlänge

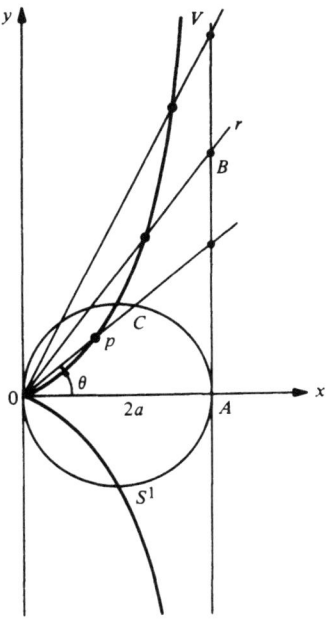

Bild 1.8 Die Kissoide des Diocles

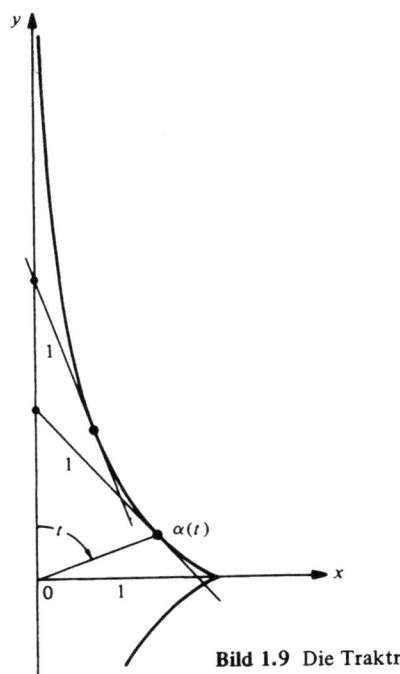

Bild 1.9 Die Traktrix

Zeige:
a) α ist eine differenzierbare parametrisierte Kurve und regulär außer in $t = \pi/2$.
b) Die Länge des Segments der Tangente der Traktrix zwischen ihrem Berührpunkt und der y-Achse ist konstant 1.

5 Sei $\alpha: (-1, +\infty) \to \mathbb{R}^2$ gegeben durch

$$\alpha(t) = \left(\frac{3at}{1+t^3}, \frac{3at^2}{1+t^3}\right).$$

Beweise:
a) In $t = 0$ ist α tangential zur x-Achse.
b) Es gilt $\alpha(t) \to (0, 0)$ und $\alpha'(t) \to (0, 0)$ bei $t \to \infty$.
c) Betrachte die Kurve mit der umgekehrten Orientierung. Dann approximieren die Kurve und ihre Tangente die Gerade $x + y + a = 0$ bei $t \to -1$.

Vervollständigt man die Spur von α in der Weise, daß sie symmetrisch zur Geraden $y = x$ wird, so erhält man das *Folium cartesium* (siehe Bild 1.10).

6 Sei $\alpha(t) = (ae^{bt}\cos t, ae^{bt}\sin t)$, $t \in \mathbb{R}$, a und b konstant, $b < 0 < a$, eine parametrisierte Kurve.
a) Zeige, daß $\alpha(t)$ bei $t \to +\infty$ gegen 0 konvergiert, wobei die Kurve sich um den Ursprung herumwindet (aus diesem Grund heißt die Spur von α *logarithmische Spirale*; siehe Bild 1.11)
b) Zeige, daß $\alpha'(t) \to (0, 0)$ bei $t \to +\infty$ und daß

$$\lim_{t \to +\infty} \int_{t_0}^{t} |\alpha'(t)|\,dt$$

endlich ist; d.h. α hat endliche Bogenlänge auf $[t_0, \infty)$.

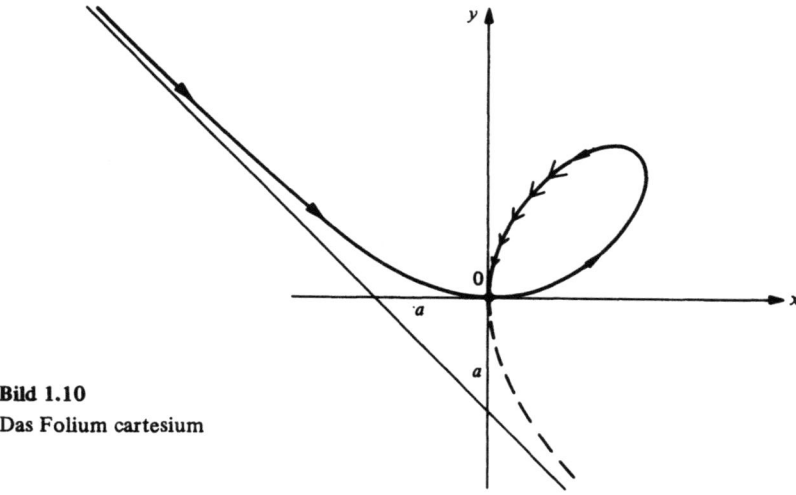

Bild 1.10
Das Folium cartesium

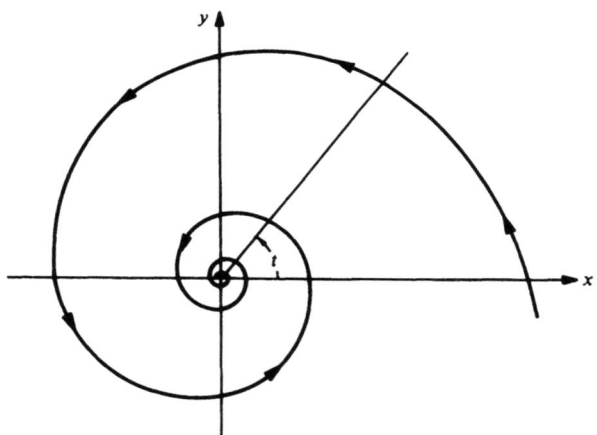

Bild 1.11
Logarithmische Spirale

7 Eine Abbildung $\alpha: I \to \mathbb{R}^3$ heißt *Kurve der Klasse C^k*, wenn jede der Koordinatenfunktionen in dem Ausdruck $\alpha(t) = (x(t), y(t), z(t))$ stetige Ableitungen bis zur Ordnung k besitzt. Falls α nur stetig ist, sagen wir α ist von der Klasse C^0. Eine Kurve α heißt *einfach*, wenn die Abbildung α injektiv ist. So ist die Kurve in Beispiel 3 von Abschnitt 1.2 nicht einfach.

Sei $\alpha: I \to \mathbb{R}^3$ eine einfache Kurve der Klasse C^0. Wir sagen, daß α eine *schwache Tangente* bei $t = t_0 \in I$ besitzt, wenn die durch $\alpha(t_0 + h)$ und $\alpha(t_0)$ bestimmte Gerade eine Grenzlage besitzt bei $h \to 0$. Wir sagen α hat eine *starke Tangente* bei $t = t_0$, falls die durch $\alpha(t_0 + h)$ und $\alpha(t_0 + k)$ bestimmte Gerade eine Grenzlage besitzt bei $h, k \to 0$. Zeige:

a) $\alpha(t) = (t^3, t^2)$, $t \in \mathbb{R}$, hat eine schwache aber keine starke Tangente in $t = 0$.

*b) Ist $\alpha: I \to \mathbb{R}^3$ von der Klasse C^1 und regulär in $t = t_0$, so besitzt α eine starke Tangente in $t = t_0$.

1.3 Reguläre Kurven. Bogenlänge

c) Die durch

$$\alpha(t) = \begin{cases} (t^2, t^2), & t \geq 0, \\ (t^2, -t^2), & t \leq 0, \end{cases}$$

gegebene Kurve ist von der Klasse C^1 aber nicht von der Klasse C^2. Skizziere die Kurve und ihre Tangentenvektoren.

*8 Sei $\alpha: I \to \mathbb{R}^3$ eine differenzierbare Kurve und $[a, b] \subset I$ ein abgeschlossenes Intervall. Für jede *Zerlegung*

$$a = t_0 < t_1 < \cdots < t_n = b$$

von $[a, b]$ betrachte die Summe $\sum_{i=1}^{n} |\alpha(t_i) - \alpha(t_{i-1})| = l(\alpha, P)$, wobei P für die gegebene Zerlegung steht. Die Norm $|P|$ einer Zerlegung P ist definiert als

$$|P| = \max(t_i - t_{i-1}), i = 1, \ldots, n.$$

Geometrisch gesehen ist $l(\alpha, P)$ die Länge eines $\alpha([a, b])$ einbeschriebenen Polygons mit Ecken $\alpha(t_i)$ (siehe Bild 1.12). Die Übungsaufgabe soll zeigen, daß die Bogenlänge von $\alpha([a, b])$ in gewissem Sinne der Grenzwert der Längen einbeschriebener Polygone ist.
Beweise, daß es zu vorgegebenem $\epsilon > 0$ ein $\delta > 0$ gibt, so daß für $|P| < \delta$

$$\left| \int_a^b |\alpha'(t)| \, dt - l(\alpha, P) \right| < \epsilon$$

gilt.

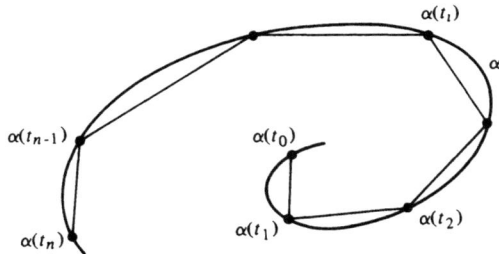

Bild 1.12

9 a) Es sei $\alpha: I \to \mathbb{R}^3$ eine Kurve der Klasse C^0 (vgl. Übung 7). Benutze die in Übung 8 beschriebene Approximation durch Polygone, um eine sinnvolle Definition der Bogenlänge von α zu geben.
   b) (*Eine nichtrektifizierbare Kurve.*) Das folgende Beispiel zeigt, daß die Bogenlänge einer C^0-Kurve auf einem abgeschlossenen Intervall, bei jeder sinnvollen Definition, unbeschränkt sein kann. Sei $\alpha: [0, 1] \to \mathbb{R}^2$ gegeben durch $\alpha(t) = (t, t \sin(\pi/t))$, falls $t \neq 0$, und $\alpha(0) = (0, 0)$. Zeige geometrisch, daß die Bogenlänge des Teils der Kurve, der dem Intervall $[1/(n+1), 1/n]$ entspricht, mindestens $2/(n + \frac{1}{2})$ ist. Benutze dieses um zu zeigen, daß die Länge der Kurve auf dem Intervall $[1/N, 1]$ größer ist als $2 \sum_{n=1}^{N} 1/(n+1)$, und somit gegen Unendlich strebt bei $N \to \infty$.

10 (*Geraden als Kürzeste.*) Sei $\alpha: I \to \mathbb{R}^3$ eine parametrisierte Kurve. Es sei $[a, b] \subset I$ und $\alpha(a) = p$, $\alpha(b) = q$ ($p \neq q$).
   a) Zeige für jeden konstanten Vektor v mit $|v| = 1$.

$$(q - p) \cdot v = \int_a^b \alpha'(t) \cdot v \, dt \leq \int_a^b |\alpha'(t)| \, dt.$$

b) Setze
$$v = \frac{q-p}{|q-p|}$$
und zeige
$$|\alpha(b) - \alpha(a)| \leq \int_a^b |\alpha'(t)|\, dt;$$

d.h. die Kurve kürzester Länge von $\alpha(a)$ nach $\alpha(b)$ ist die Gerade, die diese beiden Punkte verbindet.

1.4 Das Vektorprodukt in $\mathbb{R}^3$

In diesem Abschnitt geben wir einige Eigenschaften des Vektorprodukts in $\mathbb{R}^3$ an, die uns bei unserem späteren Studium von Kurven und Flächen von Nutzen sein werden. Dabei ist es günstig, zunächst an den Begriff der Orientierung eines Vektorraums zu erinnern. Zwei geordnete Basen $e = \{e_i\}$ und $f = \{f_i\}$, $i = 1, \ldots, n$ eines n-dimensionalen Vektorraums V haben *dieselbe Orientierung*, wenn die Übergangsmatrix zwischen den Basen positive Determinante hat. Wir bezeichnen diese Relation mit $e \sim f$. Aus elementaren Eigenschaften der Determinante folgt, daß $e \sim f$ eine Äquivalenzrelation ist; d.h. es gilt

1. $e \sim e$.
2. Falls $e \sim f$, so $f \sim e$.
3. Falls $e \sim f$, $f \sim g$, so $e \sim g$.

Die Menge aller geordneten Basen von V zerfällt somit in zwei Äquivalenzklassen (die Elemente einer gegebenen Klasse stehen in der Beziehung $\sim$), die nach Eigenschaft 3 disjunkt sind. Weil die Determinante einer Basistransformation entweder positiv oder negativ ist, gibt es nur zwei Klassen.

Jede der durch die obige Relation bestimmten Äquivalenzklassen heißt eine *Orientierung* von V. Deshalb hat V zwei Orientierungen, und wenn wir eine von beiden beliebig wählen, so heißt die andere die umgekehrte Orientierung.

Im Fall $V = \mathbb{R}^3$ gibt es eine natürlich geordnete Basis $e_1 = (1, 0, 0)$, $e_2 = (0, 1, 0)$, $e_3 = (0, 0, 1)$, und wir nennen die Orientierung, zu der diese Basis gehört, die *positive Orientierung* von $\mathbb{R}^3$, die andere die *negative Orientierung* (dasselbe läßt sich natürlich in $\mathbb{R}^n$ machen). Weiter sagen wir, daß eine gegebene geordnete Basis von $\mathbb{R}^3$ *positiv* (oder *negativ*) ist, wenn sie zur positiven (oder negativen) Orientierung von $\mathbb{R}^3$ gehört. So ist die geordnete Basis e_1, e_3, e_2 eine negative Basis, weil die Matrix, die diese Basis in e_1, e_2, e_3 überführt, als Determinante -1 hat.

Wir kommen jetzt zum Vektorprodukt. Es seien $u, v \in \mathbb{R}^3$. Das *Vektorprodukt* von u und v (in dieser Reihenfolge) ist der eindeutig bestimmte Vektor $u \wedge v \in \mathbb{R}^3$, der charakterisiert ist durch

$$(u \wedge v) \cdot w = \det(u, v, w) \quad \text{für alle} \quad w \in \mathbb{R}^3.$$

Drücken wir u, v und w in der natürlichen Basis $\{e_i\}$ aus

$$u = \sum u_i e_i, \quad v = \sum v_i e_i,$$
$$w = \sum w_i e_i, \quad i = 1, 2, 3,$$

1.4 Das Vektorprodukt in $\mathbb{R}^3$

so ist
$$\det(u, v, w) = \begin{vmatrix} u_1 & u_2 & u_3 \\ v_1 & v_2 & v_3 \\ w_1 & w_2 & w_3 \end{vmatrix},$$

wobei $|a_{ij}|$ die Determinante der Matrix (a_{ij}) bezeichnet. Aus der Definition folgt sofort

$$u \wedge v = \begin{vmatrix} u_2 & u_3 \\ v_2 & v_3 \end{vmatrix} e_1 - \begin{vmatrix} u_1 & u_3 \\ v_1 & v_3 \end{vmatrix} e_2 + \begin{vmatrix} u_1 & u_2 \\ v_1 & v_2 \end{vmatrix} e_3. \quad (1)$$

Bemerkung. Man schreibt $u \wedge v$ oft auch als $u \times v$ und nennt es das *Kreuzprodukt*.
Die folgenden Eigenschaften prüft man leicht nach (sie sind eigentlich nur die gewöhnlichen Eigenschaften der Determinante):
1. $u \wedge v = -v \wedge u$ (Antikommutativität).
2. $u \wedge v$ hängt linear ab von u und v; d.h. für alle reellen Zahlen a, b gilt

$$(au + bw) \wedge v = au \wedge v + bw \wedge v.$$

3. $u \wedge v = 0$ genau dann, wenn u und v linear abhängig.
4. $(u \wedge v) \cdot u = 0$, $(u \wedge v) \cdot v = 0$.

Aus Eigenschaft 4 folgt, daß das Vektorprodukt $u \wedge v \ne 0$ normal ist zur durch u und v aufgespannten Ebene. Im folgenden geben wir eine geometrische Interpretation seiner Norm und seiner Richtung.
Zunächst bemerken wir, daß $(u \wedge v) \cdot (u \wedge v) = |u \wedge v|^2 > 0$. Das bedeutet, daß die Determinante der Vektoren u, v, $u \wedge v$ positiv ist; d.h. u, v, $u \wedge v$ ist eine positive Basis.
Als nächstes beweisen wir die Beziehung

$$(u \wedge v) \cdot (x \wedge y) = \begin{vmatrix} u \cdot x & v \cdot x \\ u \cdot y & v \cdot y \end{vmatrix},$$

wobei u, v, x, y beliebige Vektoren sind. Dazu beachtet man, daß beide Seiten linear sind in u, v, x, y. Also genügt es nachzuprüfen, daß

$$(e_i \wedge e_j) \cdot (e_k \wedge e_l) = \begin{vmatrix} e_i \cdot e_k & e_j \cdot e_k \\ e_i \cdot e_l & e_j \cdot e_l \end{vmatrix}$$

für alle $i, j, k, l = 1, 2, 3$. Das rechnet man leicht nach. Daraus folgt

$$|u \wedge v|^2 = \begin{vmatrix} u \cdot u & u \cdot v \\ u \cdot v & v \cdot v \end{vmatrix} = |u|^2 |v|^2 (1 - \cos^2 \theta) = A^2,$$

wobei θ der Winkel zwischen u und v ist, und A der Flächeninhalt des von u und v erzeugten Parallelogramms.
Kurz gesagt, ist das Vektorprodukt $u \wedge v$ von u und v ein Vektor senkrecht zur Ebene, die durch u und v aufgespannt wird; seine Norm ist gleich dem Flächeninhalt des von u und v erzeugten Parallelogramms und seine Richtung ist so, daß u, v, $u \wedge v$ eine positive Basis ist (Bild 1.13).
Das Vektorprodukt ist nicht assoziativ. Es gilt nämlich die folgende Identität

$$(u \wedge v) \wedge w = (u \cdot w)v - (v \cdot w)u, \quad (2)$$

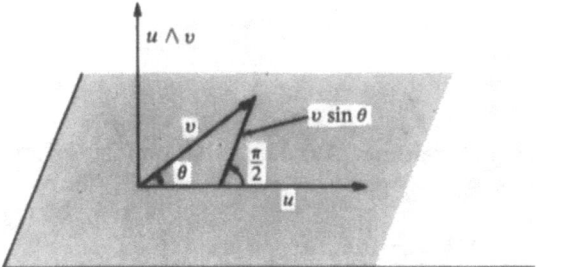

Bild 1.13

die man wie folgt beweist. Zunächst beachten wir, daß beide Seiten linear sind in u, v, w; also gilt die Identität, wenn sie für alle Basisvektoren stimmt. Diese letzte Behauptung aber rechnet man leicht nach; zum Beispiel

$$(e_1 \wedge e_2) \wedge e_1 = e_2 = (e_1 \cdot e_1)e_2 - (e_2 \cdot e_1)e_1.$$

Zum Schluß seien $u(t) = (u_1(t), u_2(t), u_3(t))$ und $v(t) = (v_1(t), v_2(t), v_3(t))$ differenzierbare Abbildungen des Intervalls (a, b) in den $\mathbb{R}^3$, $t \in (a, b)$. Aus Gleichung (1) folgt direkt, daß $u(t) \wedge v(t)$ auch differenzierbar ist und daß gilt

$$\frac{d}{dt}(u(t) \wedge v(t)) = \frac{du}{dt} \wedge v(t) + u(t) \wedge \frac{dv}{dt}.$$

Vektorprodukte treten in natürlicher Weise in vielen geometrischen Konstruktionen auf. Tatsächlich kann der größte Teil der Geometrie von Ebenen und Geraden in $\mathbb{R}^3$ in Termen von Vektorprodukten und Determinanten ausgedrückt werden. Einiges davon werden wir in den folgenden Übungen behandeln.

Übungen

1. Überprüfe, ob die folgenden Basen positiv sind:
   a) Die Basis $\{(1, 3), (4, 2)\}$ in $\mathbb{R}^2$.
   b) Die Basis $\{(1, 3, 5), (2, 3, 7), (4, 8, 3)\}$ in $\mathbb{R}^3$.

*2. Eine Ebene P in $\mathbb{R}^3$ ist gegeben durch die Gleichung $ax + by + cz + d = 0$. Zeige, daß der Vektor $v = (a, b, c)$ senkrecht zu der Ebene ist, und der Abstand der Ebene zum Ursprung beträgt:

$$|d|/\sqrt{a^2 + b^2 + c^2}.$$

*3. Bestimme den Schnittwinkel der beiden Ebenen

$$5x + 3y + 2z - 4 = 0 \quad \text{und} \quad 3x + 4y - 7z = 0.$$

*4. Sind zwei Ebenen $a_i x + b_i y + c_i z + d_i = 0$, $i = 1, 2$, gegeben, so zeige, daß

$$\frac{a_1}{a_2} = \frac{b_1}{b_2} = \frac{c_1}{c_2}$$

eine notwendige und hinreichende Bedingung dafür ist, daß sie parallel sind. Hierbei gelte die Konvention, daß der Zähler Null ist, wenn der entsprechende Nenner verschwindet (man sagt, zwei Ebenen sind parallel, wenn sie entweder zusammenfallen oder sich nicht schneiden).

5. Zeige, daß die Gleichung der Ebene, die durch drei nichtkollineare Punkte $p_1 = (x_1, y_1, z_1)$, $p_2 = (x_2, y_2, z_2)$, $p_3 = (x_3, y_3, z_3)$ geht, durch

$$(p - p_1) \wedge (p - p_2) \cdot (p - p_3) = 0,$$

1.4 Das Vektorprodukt in $\mathbb{R}^3$

gegeben ist. Hierbei ist $p = (x, y, z)$ ein beliebiger Punkt der Ebene und $p - p_1$ zum Beispiel entspricht dem Vektor $(x - x_1, y - y_1, z - z_1)$.

*6 Sind zwei nicht-parallele Ebenen $a_i x + b_i y + c_i z + d_i = 0$, $i = 1, 2$, gegeben, so zeige, daß die Schnittgerade parametrisiert werden kann durch

$$x - x_0 = u_1 t, \quad y - y_0 = u_2 t, \quad z - z_0 = u_3 t,$$

wobei (x_0, y_0, z_0) ein Punkt im Durchschnitt ist, und $u = (u_1, u_2, u_3)$ das Vektorprodukt $u = v_1 \wedge v_2$, $v_i = (a_i, b_i, c_i)$, $i = 1, 2$.

*7 Beweise: Eine notwendige und hinreichende Bedingung dafür, daß die Ebene

$$ax + by + cz + d = 0$$

und die Gerade $x - x_0 = u_1 t$, $y - y_0 = u_2 t$, $z - z_0 = u_3 t$ parallel sind, ist

$$au_1 + bu_2 + cu_3 = 0.$$

*8 Beweise, daß der Abstand ρ zwischen den nicht-parallelen Geraden

$$x - x_0 = u_1 t, \quad y - y_0 = u_2 t, \quad z - z_0 = u_3 t,$$
$$x - x_1 = v_1 t, \quad y - y_1 = v_2 t, \quad z - z_1 = v_3 t$$

durch

$$\rho = \frac{|(u \wedge v) \cdot r|}{|u \wedge v|},$$

mit $u = (u_1, u_2, u_3)$, $v = (v_1, v_2, v_3)$, $r = (x_0 - x_1, y_0 - y_1, z_0 - z_1)$ gegeben ist.

9 Bestimme den Schnittwinkel der Ebene $3x + 4y + 7z + 8 = 0$ mit der Geraden $x - 2 = 3t$, $y - 3 = 5t$, $z - 5 = 9t$.

10 Die natürliche Orientierung der $\mathbb{R}^2$ ermöglicht es, den Flächeninhalt A eines Parallelogramms, das von zwei linear unabhängigen Vektoren $u, v \in \mathbb{R}^2$ erzeugt wird, mit einem Vorzeichen zu versehen. Dazu sei $\{e_i\}$, $i = 1, 2$, die natürlich orientierte Basis des $\mathbb{R}^2$ und $u = u_1 e_1 + u_2 e_2$, $v = v_1 e_1 + v_2 e_2$. Beachte die Matrizenbeziehung

$$\begin{pmatrix} u \cdot u & u \cdot v \\ v \cdot u & v \cdot v \end{pmatrix} = \begin{pmatrix} u_1 & u_2 \\ v_1 & v_2 \end{pmatrix} \begin{pmatrix} u_1 & v_1 \\ u_2 & v_2 \end{pmatrix}$$

und schließe daraus

$$A^2 = \begin{vmatrix} u_1 & u_2 \\ v_1 & v_2 \end{vmatrix}^2.$$

Weil die letzte Determinante dasselbe Vorzeichen wie die Basis $\{u, v\}$ hat, können wir sagen, daß A positiv oder negativ ist, je nach dem, ob die Orientierung von $\{u, v\}$ positiv oder negativ ist. Das nennen wir den *orientierten Flächeninhalt* in $\mathbb{R}^2$.

11 a) Ist ein Parallelepiped durch drei linear unabhängige Vektoren $u, v, w \in \mathbb{R}^3$ gegeben, so zeige, daß das Volumen $V = |(u \wedge v) \cdot w|$ ist. Führe ein *orientiertes Volumen* ein.

b) Beweise

$$V^2 = \begin{vmatrix} u \cdot u & u \cdot v & u \cdot w \\ v \cdot u & v \cdot v & v \cdot w \\ w \cdot u & w \cdot v & w \cdot w \end{vmatrix}.$$

12 Sind Vektoren $v \neq 0$ und w gegeben, so zeige, daß es genau dann einen Vektor u gibt mit $u \wedge v = w$, wenn v senkrecht zu w ist. Ist dieser Vektor u eindeutig bestimmt? Falls nicht, was ist die allgemeine Lösung?

13 Es seien $u(t) = (u_1(t), u_2(t), u_3(t))$ und $v(t) = (v_1(t), v_2(t), v_3(t))$ differenzierbare Abbildungen des Intervalls (a, b) in den $\mathbb{R}^3$. Genügen die Ableitungen $u'(t)$ und $v'(t)$ den Bedingungen

$$u'(t) = au(t) + bv(t), \quad v'(t) = cu(t) - av(t),$$

wobei a, b und c konstant sind, so zeige, daß $u(t) \wedge v(t)$ ein konstanter Vektor ist.

14 Bestimme alle Einheitsvektoren, die senkrecht auf dem Vektor (2, 2, 1) stehen und parallel sind zu der Ebene, die durch (0, 0, 0), (1, − 2, 1), (− 1, 1, 1) geht.

1.5 Die lokale Theorie von Kurven, die nach der Bogenlänge parametrisiert sind

Dieser Abschnitt enthält die Hauptergebnisse über Kurven, die wir in den folgenden Kapiteln verwenden werden.

Sei $\alpha: I = (a, b) \to \mathbb{R}^3$ eine nach der Bogenlänge s parametrisierte Kurve. Weil der Tangentenvektor $\alpha'(s)$ die Länge Eins hat, mißt die Norm $|\alpha''(s)|$ die Änderungsrate des Winkels zwischen benachbarten Tangenten und der Tangente bei s. $|\alpha''(s)|$ gibt somit an, wie schnell sich die Kurve in einer Umgebung von s von der Tangente bei s wegdreht (siehe Bild 1.14). Folgende Definition liegt deshalb nahe.

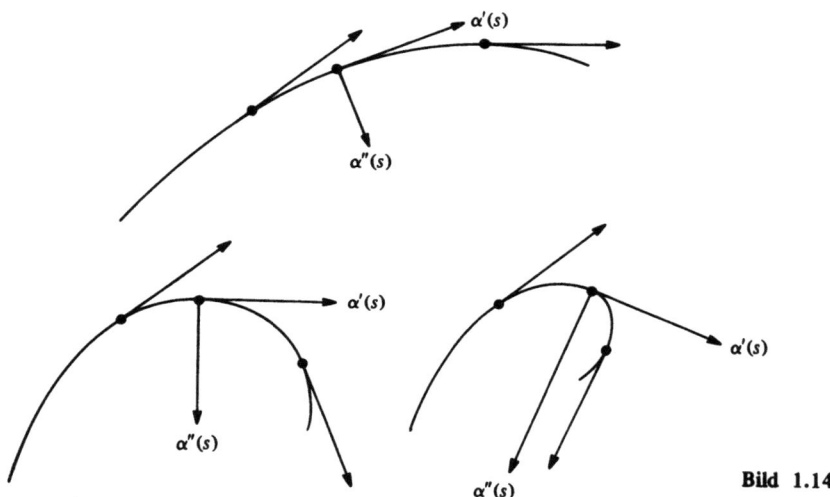

Bild 1.14

Definition. Sei $\alpha: I \to \mathbb{R}^3$ eine nach der Bogenlänge $s \in I$ parametrisierte Kurve. Die Zahl $|\alpha''(s)| = k(s)$ heißt die *Krümmung* von α bei s.

Ist α eine Gerade, $\alpha(s) = us + v$, wobei u und v konstante Vektoren (mit $|u| = 1$) sind, so ist $k(s) = 0$. Ist umgekehrt $k = |\alpha''(s)| \equiv 0$, so liefert Integration $\alpha(s) = us + v$ und die Kurve ist eine Gerade.

Beachte, daß der Tangentenvektor bei einer Orientierungsänderung sein Vorzeichen wechselt; d.h. für $\beta(-s) = \alpha(s)$ gilt

$$\frac{d\beta}{d(-s)}(-s) = -\frac{d\alpha}{ds}(s).$$

Deshalb bleiben $\alpha''(s)$ und die Krümmung invariant bei Orientierungswechsel.

In Punkten mit $k(s) \neq 0$ gibt es einen wohldefinierten Einheitsvektor $n(s)$ in Richtung $\alpha''(s)$, der durch die Gleichung $\alpha''(s) = k(s) n(s)$ bestimmt ist. Desweiteren ist $\alpha''(s)$ normal

1.5 Die lokale Theorie von Kurven, die nach der Bogenlänge parametrisiert sind

zu $\alpha'(s)$, weil wir nach Differentiation von $\alpha'(s) \cdot \alpha'(s) = 1$ die Gleichung $\alpha''(s) \cdot \alpha'(s) = 0$ erhalten. Deshalb ist $n(s)$ normal zu $\alpha'(s)$ und heißt der *Normalenvektor* bei s. Die durch den Einheitstangentenvektor und den Normalenvektor, $\alpha'(s)$ und $n(s)$, bestimmte Ebene nennt man die *Schmiegebene* bei s (siehe Bild 1.15).

In Punkten mit $k(s) = 0$ ist der Normalenvektor (und deshalb auch die Schmiegebene) nicht definiert (vgl. Übung 10). Um die lokale Untersuchung von Kurven fortzuführen, benötigen wir ganz wesentlich die Schmiegebene. Aus diesem Grund nennen wir Punkte $s \in I$ mit $\alpha''(s) = 0$ *singuläre Punkte der Ordnung 1* (in diesem Zusammenhang heißen Punkte mit $\alpha'(s) = 0$ singuläre Punkte der Ordnung 0).

Im folgenden beschränken wir uns auf Kurven, die nach der Bogenlänge parametrisiert sind ohne singuläre Punkte der Ordnung 1. Mit $t(s) = \alpha'(s)$ bezeichnen wir den Einheitstangentenvektor von α bei s. Somit ist $t'(s) = k(s) n(s)$.

Der Einheitsvektor $b(s) = t(s) \wedge n(s)$ ist normal zur Schmiegebene und heißt der *Binormalenvektor* bei s. Weil $b(s)$ ein Einheitsvektor ist, mißt $|b'(s)|$ die Veränderungsrate der benachbarten Schmiegebenen gegenüber der Schmiegebene bei s; d.h. $|b'(s)|$ gibt ein Maß dafür an, wie schnell sich die Kurve in einer Umgebung von s aus der Schmiegebene bei s herausdreht (siehe Bild 1.15).

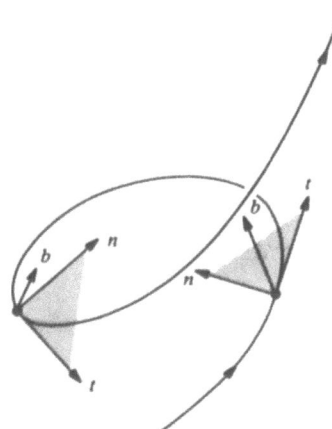

Bild 1.15

Um $b'(s)$ zu berechnen, bemerken wir, daß $b'(s)$ einerseits normal ist zu $b(s)$, andererseits

$$b'(s) = t'(s) \wedge n(s) + t(s) \wedge n'(s) = t(s) \wedge n'(s);$$

d.h. $b'(s)$ ist normal zu $t(s)$. Also ist $b'(s)$ parallel zu $n(s)$, und wir können schreiben

$$b'(s) = \tau(s) n(s)$$

mit einer Funktion $\tau(s)$. (*Achtung:* Viele Autoren schreiben $-\tau(s)$ statt unserer Bezeichnung $\tau(s)$.)

Definition. Sei $\alpha: I \to \mathbb{R}^3$ eine nach der Bogenlänge parametrisierte Kurve, so daß $\alpha''(s) \neq 0$ für $s \in I$. Die durch $b'(s) = \tau(s) n(s)$ definierte Zahl $\tau(s)$ heißt die *Torsion* von α bei s.

Falls α eine ebene Kurve ist (d.h. $\alpha(I)$ liegt in einer Ebene), so stimmt die Ebene der Kurve mit der Schmiegebene überein; also $\tau \equiv 0$. Ist umgekehrt $\tau \equiv 0$ (und $k \neq 0$), so ist $b(s) = b_0$ konstant, und es gilt

$$(\alpha(s) \cdot b_0)' = \alpha'(s) \cdot b_0 = 0.$$

Es folgt, daß $\alpha(s) \cdot b_0$ konstant ist; somit verläuft $\alpha(s)$ in einer zu b_0 normalen Ebene. Die Bedingung $k \neq 0$ überall ist dabei wesentlich. In Übung 10 geben wir ein Beispiel an, in dem man τ als identisch Null definieren kann, und die Kurve dennoch nicht eben ist.

Im Gegensatz zur Krümmung kann die Torsion positiv oder negativ sein. Das Vorzeichen der Torsion gestattet eine geometrische Interpretation, die wir später angeben werden (Abschnitt 1.6).

Beachte, daß der Binormalenvektor bei Orientierungsänderung das Vorzeichen wechselt, weil $b = t \wedge n$. Daraus folgt, daß $b'(s)$ und somit auch die Torsion invariant sind unter Orientierungsänderungen.

Wir wollen den Stand der Dinge kurz zusammenfassen. Jedem Parameterwert s haben wir drei orthogonale Einheitsvektoren $t(s), n(s), b(s)$ zugeordnet. Das dadurch gebildete Dreibein trägt den Namen *Frenetsches Dreibein* bei s. Stellen wir die Ableitungen $t'(s) = kn$, $b'(s) = \tau n$ der Vektoren $t(s)$ und $b(s)$ bezüglich der Basis $\{t, n, b\}$ dar, so liefern sie geometrische Größen (Krümmung k und Torsion τ), die uns Informationen über das Verhalten von α in einer Umgebung von s geben.

Die Suche nach weiteren lokalen geometrischen Größen führt uns dazu $n'(s)$ zu berechnen. Da jedoch $n = b \wedge t$, erhalten wir

$$n'(s) = b'(s) \wedge t(s) + b(s) \wedge t'(s) = -\tau b - kt,$$

also wiederum Krümmung und Torsion.

Für den späteren Gebrauch nennen wir die Gleichungen

$$t' = kn,$$
$$n' = -kt - \tau b,$$
$$b' = \tau n$$

die *Frenetschen Formeln* (der Bequemlichkeit wegen haben wir das s weggelassen). In diesem Zusammenhang sind die folgenden Bezeichnungen gebräuchlich. Die tb-Ebene heißt *rektifizierende Ebene* und die nb-Ebene *Normalebene*. Die Geraden, die $n(s)$ bzw. $b(s)$ enthalten und durch den Punkt $\alpha(s)$ gehen, heißen *Hauptnormale* bzw. *Binormale*. Das Inverse $R = 1/k$ der Krümmung heißt *Krümmungsradius* bei s. Natürlich hat ein Kreis vom Radius r auch den Krümmungsradius r, wie man leicht nachrechnet.

Physikalisch können wir uns eine Kurve in $\mathbb{R}^3$ entstanden denken aus einer Geraden, die man verbiegt (Krümmung) und verdrillt (Torsion). Denkt man über diese Konstruktion nach, so wird man dazu geführt den folgenden Satz zu vermuten, der grob gesagt zeigt, daß k und τ das lokale Verhalten der Kurve vollkommen beschreiben.

Fundamentalsatz der lokalen Kurventheorie.

Es seien differenzierbare Funktion $k(s) > 0$ und $\tau(s), s \in I$ gegeben. Dann gibt es eine reguläre parametrisierte Kurve $\alpha: I \to \mathbb{R}^3$, so daß s die Bogenlänge, $k(s)$ die Krümmung und $\tau(s)$ die Torsion von α ist. Jede andere Kurve $\bar{\alpha}$, die denselben Bedingungen genügt,

1.5 Die lokale Theorie von Kurven, die nach der Bogenlänge parametrisiert sind

unterscheidet sich von α durch eine eigentliche Bewegung; d.h. es gibt eine orthogonale lineare Abbildung ρ des $\mathbb{R}^3$ mit positiver Determinante und c, so daß $\bar{\alpha} = \rho \circ \alpha + c$.

Dieser Satz ist richtig. Ein vollständiger Beweis, den wir im Anhang von Kapitel 4 geben werden, benutzt den Existenz- und Eindeutigkeitssatz für Lösungen gewöhnlicher Differentialgleichungen. Der Beweis der Eindeutigkeit, bis auf eigentliche Bewegungen, von Kurven mit denselben s, $k(s)$ und $\tau(s)$, ist jedoch einfach und kann hier angegeben werden.

Beweis des Eindeutigkeitsteils des Fundamentalsatzes. Zunächst bemerken wir, daß Bogenlänge, Krümmung und Torsion invariant sind unter eigentlichen Bewegungen; das bedeutet zum Beispiel, daß Folgendes gilt, wenn $M: \mathbb{R}^3 \to \mathbb{R}^3$ eine eigentliche Bewegung ist und $\alpha = \alpha(t)$ eine parametrisierte Kurve:

$$\int_a^b \left|\frac{d\alpha}{dt}\right| dt = \int_a^b \left|\frac{d(M \circ \alpha)}{dt}\right| dt.$$

Das ist einleuchtend, weil diese Begriffe durch innere oder Vektorprodukte gewisser Ableitungen definiert sind (Ableitungen sind invariant unter eigentlichen Bewegungen, und innere und Vektorprodukte lassen sich ausdrücken mit Hilfe von Längen und Winkeln von Vektoren, so daß sie ebenfalls invariant sind unter eigentlichen Bewegungen). Ein genaues Nachrechnen geschieht in den Übungen (siehe Übung 6).

Wir wollen nun annehmen, daß zwei Kurven $\alpha = \alpha(s)$ und $\bar{\alpha} = \bar{\alpha}(s)$ die Bedingungen $k(s) = \bar{k}(s)$ und $\tau(s) = \bar{\tau}(s)$ erfüllen, $s \in I$. Es seien t_0, n_0, b_0 und $\bar{t}_0, \bar{n}_0, \bar{b}_0$ die Frenetschen Dreibeine bei $s = s_0 \in I$ von α bzw. $\bar{\alpha}$. Offensichtlich gibt es eine eigentliche Bewegung, die $\bar{\alpha}(s_0)$ in $\alpha(s_0)$ und $\bar{t}_0, \bar{n}_0, \bar{b}_0$ in t_0, n_0, b_0 überführt. Nachdem wir also diese eigentliche Bewegung durchgeführt haben, gilt $\bar{\alpha}(s_0) = \alpha(s_0)$, und die Frenetschen Dreibeine $t(s), n(s), b(s)$ und $\bar{t}(s), \bar{n}(s), \bar{b}(s)$ von α bzw. $\bar{\alpha}$ erfüllen die Frenetschen Gleichungen:

$$\frac{dt}{ds} = kn \qquad \frac{d\bar{t}}{ds} = k\bar{n}$$

$$\frac{dn}{ds} = -kt - \tau b \qquad \frac{d\bar{n}}{ds} = -k\bar{t} - \tau\bar{n}$$

$$\frac{db}{ds} = \tau n \qquad \frac{d\bar{b}}{ds} = \tau\bar{n},$$

mit $t(s_0) = \bar{t}(s_0)$, $n(s_0) = \bar{n}(s_0)$ und $b(s_0) = \bar{b}(s_0)$.

Indem wir die Frenetschen Gleichungen verwenden, erhalten wir

$$\frac{1}{2}\frac{d}{ds}\{|t - \bar{t}|^2 + |n - \bar{n}|^2 + |b - \bar{b}|^2\}$$
$$= \langle t - \bar{t}, t' - \bar{t}'\rangle + \langle b - \bar{b}, b' - \bar{b}'\rangle + \langle n - \bar{n}, n' - \bar{n}'\rangle$$
$$= k\langle t - \bar{t}, n - \bar{n}\rangle + \tau\langle b - \bar{b}, n - \bar{n}\rangle - k\langle n - \bar{n}, t - \bar{t}\rangle$$
$$\quad - \tau\langle n - \bar{n}, b - \bar{b}\rangle$$
$$= 0$$

für alle $s \in I$. Also ist der obige Ausdruck konstant, und weil er für $s = s_0$ verschwindet, ist er identisch Null. Es folgt $t(s) = \bar{t}(s)$, $n(s) = \bar{n}(s)$, $b(s) = \bar{b}(s)$ für alle $s \in I$.

Weil
$$\frac{d\alpha}{ds} = t = \bar{t} = \frac{d\bar{\alpha}}{ds},$$
erhalten wir $(d/ds)(\alpha - \bar{\alpha}) = 0$. Somit ist $\alpha(s) = \bar{\alpha}(s) + a$, a ein konstanter Vektor. Wegen $\alpha(s_0) = \bar{\alpha}(s_0)$ ist $a = 0$; deshalb $\alpha(s) = \bar{\alpha}(s)$ für alle $s \in I$. □

Bemerkung 1. In dem Spezialfall einer ebenen Kurve $\alpha: I \to \mathbb{R}^2$ ist es möglich, die Krümmung k mit einem Vorzeichen zu versehen. Dazu sei $\{e_1, e_2\}$ die natürliche Basis (siehe Abschnitt 1.4) des $\mathbb{R}^2$ und definiere den Normalenvektor $n(s)$, $s \in I$, derart, daß die Basis $\{t(s), n(s)\}$ dieselbe Orientierung hat wie die Basis $\{e_1, e_2\}$. Die Krümmung k wird dann *definiert* durch

$$\frac{dt}{ds} = kn$$

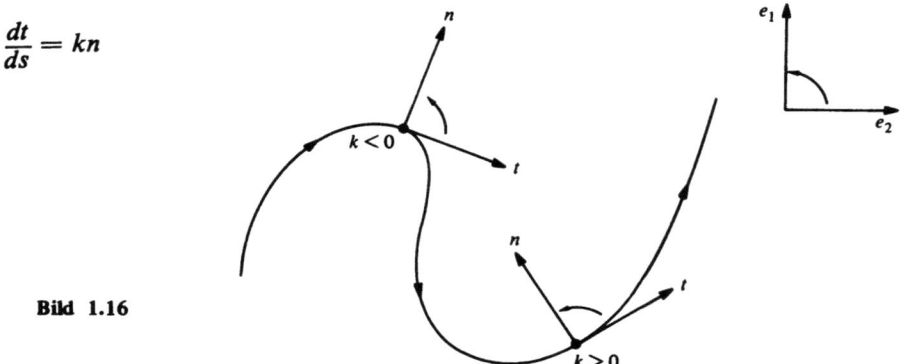

Bild 1.16

und kann positiv oder negativ sein. Offenbar stimmt $|k|$ mit der vorherigen Definition überein, und k wechselt das Vorzeichen, wenn wir entweder die Orientierung von α oder die des $\mathbb{R}^2$ ändern (Bild 1.16).

Es sei darauf hingewiesen, daß der Beweis des Fundamentalsatzes im Fall von ebenen Kurven ($\tau \equiv 0$) sehr einfach ist (siehe Übung 9).

Bemerkung 2. Hat man eine reguläre parametrisierte Kurve $\alpha: I \to \mathbb{R}^3$ gegeben (nicht notwendig nach der Bogenlänge parametrisiert), so ist es möglich, eine Kurve $\beta: J \to \mathbb{R}^3$ zu finden, die nach der Bogenlänge parametrisiert ist und dieselbe Spur wie α hat. Es sei nämlich

$$s = s(t) = \int_{t_0}^{t} |\alpha'(t)| \, dt, \qquad t, t_0 \in I.$$

Weil $ds/dt = |\alpha'(t)| \neq 0$ ist, besitzt die Funktion $s = s(t)$ eine differenzierbare Umkehrfunktion $t = t(s)$, $s \in s(I) = J$, wobei (eigentlich ein Mißbrauch der Notation) t auch die zu s inverse Funktion s^{-1} bezeichnet. Setze dann $\beta = \alpha \circ t: J \to \mathbb{R}^3$. Offenbar ist $\beta(J) = \alpha(I)$ und $|\beta'(s)| = |\alpha'(t)| (dt/ds) = 1$. Damit ist gezeigt, daß β dieselbe Spur wie α hat und nach der Bogenlänge parametrisiert ist. Man sagt, daß β eine *Umparametrisierung von $\alpha(I)$ nach der Bogenlänge* ist.

Aufgrund dieser Tatsache lassen sich alle vorher definierten Konzepte auf reguläre Kurven mit beliebigem Parameter übertragen. So sagen wir, daß die Krümmung $k(t)$ von $\alpha: I \to \mathbb{R}^3$ bei $t \in I$ die Krümmung einer Umparametrisierung $\beta: J \to \mathbb{R}^3$ von $\alpha(I)$ nach der Bogen-

1.5 Die lokale Theorie von Kurven, die nach der Bogenlänge parametrisiert sind

länge beim entsprechenden Punkt $s = s(t)$ ist. Das ist offensichtlich unabhängig von der Wahl von β und zeigt, daß die am Ende von Abschnitt 1.3 gemachte Einschränkung, nur nach der Bogenlänge parametrisierte Kurven zu betrachten, unwesentlich ist.

In Anwendungen ist es oft günstig, explizite Formeln bei beliebigen Parametern für die geometrischen Größen zu haben; einige davon geben wir in Übung 12 an.

Übungen

Wenn nichts anderes gesagt wird, ist $\alpha: I \to \mathbb{R}^3$ eine nach der Bogenlänge s parametrisierte Kurve mit Krümmung $k(s) \neq 0$ für alle $s \in I$.

1 Es sei die parametrisierte Kurve (Helix)
$$\alpha(s) = \left(a \cos \frac{s}{c}, a \sin \frac{s}{c}, b \frac{s}{c}\right), \quad s \in \mathbb{R},$$
gegeben, wobei $c^2 = a^2 + b^2$.
  a) Zeige, daß der Parameter s die Bogenlänge ist.
  b) Bestimme Krümmung und Torsion von α.
  c) Bestimme die Schmiegebene von α.
  d) Zeige, daß die Geraden, die $n(s)$ enthalten und durch $\alpha(s)$ gehen, die z-Achse unter einem konstanten Winkel von $\pi/2$ schneiden.
  e) Zeige, daß die Tangenten an α einen konstanten Winkel mit der z-Achse bilden.

*2 Zeige, daß die Torsion τ von α durch
$$\tau(s) = -\frac{\alpha'(s) \wedge \alpha''(s) \cdot \alpha'''(s)}{|k(s)|^2}$$
gegeben ist.

3 Nimm an, daß $\alpha(I) \subset \mathbb{R}^2$ (d.h. α ist eine ebene Kurve) und versehe k wie oben mit einem Vorzeichen. Verschiebe die Vektoren $t(s)$ parallel, so daß ihr Ursprung mit dem von $\mathbb{R}^2$ übereinstimmt; die Endpunkte von $t(s)$ beschreiben dann eine parametrisierte Kurve $s \to t(s)$, die man die *Tangentenindikatrix* von α nennt. Sei $\theta(s)$ der Winkel zwischen e_1 und $t(s)$ in der Orientierung des $\mathbb{R}^2$. Zeige (a) und (b) (beachte, daß wir $k \neq 0$ annehmen).
  a) Die Tangentenindikatrix ist eine reguläre parametrisierte Kurve.
  b) $dt/ds = (d\theta/ds) n$, d.h. $k = d\theta/ds$.

*4 Nimm an, daß alle Normalen einer parametrisierten Kurve durch einen festen Punkt gehen. Beweise, daß die Spur der Kurve in einer Kreislinie enthalten ist.

5 Eine reguläre parametrisierte Kurve α habe die Eigenschaft, daß alle ihre Tangenten durch einen festen Punkt gehen.
  a) Beweise, daß die Spur von α Teil einer Geraden ist.
  b) Ist die Folgerung in (a) auch richtig, wenn α nicht regulär ist?

6 Eine *Translation* um einen Vektor v in $\mathbb{R}^3$ ist die Abbildung $A: \mathbb{R}^3 \to \mathbb{R}^3$, die durch $A(p) = p + v$ gegeben ist. Eine lineare Abbildung $\rho: \mathbb{R}^3 \to \mathbb{R}^3$ ist eine *orthogonale Transformation*, wenn $\rho u \cdot \rho v = u \cdot v$ für alle Vektoren $u, v \in \mathbb{R}^3$ gilt. Eine *eigentliche Bewegung* in $\mathbb{R}^3$ ist das Ergebnis der Hintereinanderausführung einer Translation und einer orthogonalen Transformation mit positiver Determinante (die letzte Bedingung wird gefordert, weil man von eigentlichen Bewegungen erwartet, daß sie die Orientierung erhalten).
  a) Zeige, daß die Norm eines Vektors und der Winkel θ zwischen zwei Vektoren, $0 \leq \theta \leq \pi$, invariant sind unter orthogonalen Transformationen mit positiver Determinante.
  b) Zeige, daß das Vektorprodukt von zwei Vektoren unter orthogonalen Transformationen mit positiver Determinante invariant ist. Ist die Behauptung noch richtig, wenn wir die Bedingung an die Determinante weglassen?
  c) Zeige, daß Bogenlänge, Krümmung und Torsion einer parametrisierten Kurve (soweit definiert) invariant sind unter eigentlichen Bewegungen.

*7 Sei $\alpha: I \to \mathbb{R}^2$ eine reguläre parametrisierte ebene Kurve (mit beliebigem Parameter) und definiere $n = n(t)$ und $k = k(t)$ wie in Bemerkung 1. Nimm an $k(t) \neq 0$, $t \in I$. In dieser Situation heißt die Kurve

$$\beta(t) = \alpha(t) + \frac{1}{k(t)} n(t), \qquad t \in I,$$

die *Evolute* von (Bild 1.17).

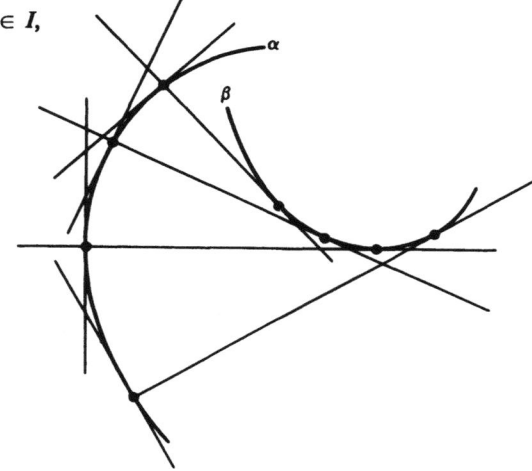

Bild 1.17

a) Zeige, daß die Tangente an die Evolute von α bei t normal ist zu α bei t.

b) Betrachte die Normalen zu α in zwei benachbarten Punkten t_1, t_2, $t_1 \neq t_2$. Zeige, daß für $t_1 \to t_2$ die Schnittpunkte der Normalen gegen einen Punkt auf der Spur der Evolute von α konvergieren.

8 Die Spur der parametrisierten Kurve (beliebiger Parameter)

$$\alpha(t) = (t, \cosh t), \qquad t \in \mathbb{R},$$

heißt *Kettenlinie*.

a) Zeige, daß die Krümmung mit Vorzeichen (vgl. Bem. 1) der Kettenlinie

$$k(t) = \frac{1}{\cosh^2 t}.$$

ist.

b) Zeige, daß die Evolute (vgl. Übung 7) der Kettenlinie durch

$$\beta(t) = (t - \sinh t \cosh t, 2 \cosh t).$$

gegeben ist.

9 Ist eine differenzierbare Funktion $k(s)$, $s \in I$, gegeben, so zeige, daß die parametrisierte ebene Kurve mit $k(s) = k$ als Krümmung durch

$$\alpha(s) = \left(\int \cos \theta(s) \, ds + a, \int \sin \theta(s) \, ds + b \right),$$

mit

$$\theta(s) = \int k(s) \, ds + \varphi,$$

gegeben ist, und daß die Kurve bestimmt ist bis auf eine Translation des Vektors (a, b) und eine Drehung des Winkels φ.

10 Betrachte die Abbildung

$$\alpha(t) = \begin{cases} (t, 0, e^{-1/t^2}), & t > 0 \\ (t, e^{-1/t^2}, 0), & t < 0 \\ (0, 0, 0), & t = 0 \end{cases}.$$

1.5 Die lokale Theorie von Kurven, die nach der Bogenlänge parametrisiert sind

a) Beweise, daß α eine differenzierbare Kurve ist.
b) Beweise, daß α regulär ist für alle t und daß die Krümmung $k(t) \neq 0$ für $t \neq 0$, $t \neq \pm \sqrt{2/3}$ und $k(0) = 0$.
c) Zeige, daß der Grenzwert der Schmiegebenen bei $t \to 0$, $t > 0$, die Ebene $y = 0$ ist, aber der Grenzwert der Schmiegebenen bei $t \to 0$, $t < 0$, die Ebene $z = 0$ ist (das impliziert, daß der Normalenvektor unstetig ist bei $t = 0$, weswegen wir Punkte mit $k = 0$ ausgeschlossen haben).
d) Zeige: τ kann so definiert werden, daß $\tau \equiv 0$ ist, obwohl α keine ebene Kurve ist.

11 Oft sind ebene Kurven in Polarkoordinaten durch $\rho = \rho(\theta)$, $a \leq \theta \leq b$, gegeben.

a) Zeige, daß die Bogenlänge

$$\int_a^b \sqrt{\rho^2 + (\rho')^2}\, d\theta,$$

ist, wo der Strich die Ableitung nach θ bedeutet.

b) Zeige, daß die Krümmung

$$k(\theta) = \frac{2(\rho')^2 - \rho\rho'' + \rho^2}{\{(\rho')^2 + \rho^2\}^{3/2}}$$

ist.

12 Es sei $\alpha: I \to \mathbb{R}^3$ eine reguläre parametrisierte Kurve (nicht notwendig nach der Bogenlänge) und $\beta: J \to \mathbb{R}^3$ eine Umparametrisierung von $\alpha(I)$ nach der Bogenlänge $s = s(t)$, gemessen von $t_0 \in I$ (siehe Bem. 2). Es sei $t = t(s)$ die zu s inverse Funktion und setze $d\alpha/dt = \alpha'$, $d^2\alpha/dt^2 = \alpha''$, usw. Beweise:

a) $dt/ds = 1/|\alpha'|$, $d^2t/ds^2 = -(\alpha' \cdot \alpha''/|\alpha'|^4)$.

b) Die Krümmung von α bei t ist

$$k(t) = \frac{|\alpha' \wedge \alpha''|}{|\alpha'|^3}.$$

c) Die Torsion von α bei t ist

$$\tau(t) = -\frac{(\alpha' \wedge \alpha'') \cdot \alpha'''}{|\alpha' \wedge \alpha''|^2}.$$

d) Wenn $\alpha: I \to \mathbb{R}^2$ eine ebene Kurve $\alpha(t) = (x(t), y(t))$ ist, so ist die Krümmung mit Vorzeichen (siehe Bem. 1) von α bei t

$$k(t) = \frac{x'y'' - x''y'}{((x')^2 + (y')^2)^{3/2}}.$$

*13 Nimm an $\tau(s) \neq 0$ und $k'(s) \neq 0$ für alle $s \in I$. Zeige: Eine notwendige und hinreichende Bedingung dafür, daß $\alpha(I)$ auf einer Sphäre liegt, ist

$$R^2 + (R')^2 T^2 = \text{konst.},$$

wobei $R = 1/k$, $T = 1/\tau$ und R' die Ableitung von R nach s ist.

14 Es sei $\alpha: (a, b) \to \mathbb{R}^2$ eine reguläre parametrisierte ebene Kurve. Nimm an, es gibt t_0, $a < t_0 < b$, so daß der Abstand $|\alpha(t)|$ vom Ursprung zur Spur von α ein Maximum bei t_0 hat. Beweise, daß für die Krümmung k von α bei t_0 gilt: $|k(t_0)| \geq 1/|\alpha(t_0)|$.

*15 Zeige, daß die Kenntnis der Vektorfunktion $b = b(s)$ (Binormalenvektor) einer Kurve α mit nirgends verschwindender Torsion die Krümmung $k(s)$ und den Absolutbetrag der Torsion $\tau(s)$ von α bestimmt.

*16 Zeige, daß die Kenntnis der Vektorfunktion $n = n(s)$ (Normalenvektor) einer Kurve α mit nirgends verschwindender Torsion die Krümmung $k(s)$ und die Torsion $\tau(s)$ von α bestimmt.

17 Allgemein heißt eine Kurve α eine *Helix*, wenn die Tangenten an α einen konstanten Winkel mit einer festen Richtung bilden. Nimm an $\tau(s) \neq 0$ für $s \in I$ und zeige:

*a) α ist genau dann eine Helix, wenn $k/\tau = $ konst.

*b) α ist genau dann eine Helix, wenn die Geraden, die $n(s)$ enthalten und durch $\alpha(s)$ gehen, parallel sind zu einer festen Ebene.

*c) α ist genau dann eine Helix, wenn die Geraden, die $b(s)$ enthalten und durch $\alpha(s)$ gehen, einen konstanten Winkel mit einer festen Richtung bilden.

d) Die Kurve

$$\alpha(s) = \left(\frac{a}{c}\int \sin\theta(s)\,ds, \frac{a}{c}\int \cos\theta(s)\,ds, \frac{b}{c}s\right),$$

mit $c^2 = a^2 + b^2$ ist eine Helix und es gilt $k/\tau = a/b$.

*18 Sei $\alpha: I \to \mathbb{R}^3$ eine parametrisierte reguläre Kurve (nicht notwendig nach der Bogenlänge) mit $k(t) \neq 0$, $\tau(t) \neq 0$, $t \in I$. Die Kurve α heißt *Bertrandsche Kurve*, wenn es eine Kurve $\bar\alpha: I \to \mathbb{R}^3$ gibt, so daß die Normalen von α und $\bar\alpha$ bei $t \in I$ gleich sind. In diesem Fall heißt $\bar\alpha$ *konjugierte Bertrandsche Kurve* zu α, und wir können schreiben

$$\bar\alpha(t) = \alpha(t) + rn(t).$$

Beweise:

a) r ist konstant.

b) α ist genau dann eine Bertrandsche Kurve, wenn es eine lineare Relation gibt

$$Ak(t) + B\tau(t) = 1, \quad t \in I,$$

wobei A, B von Null verschiedene Konstanten, und k bzw. τ die Krümmung bzw. die Torsion von α sind.

c) Wenn es zu α mehr als eine konjugierte Bertrandsche Kurve gibt, gibt es unendlich viele konjugierte Bertrandsche Kurven. Dies ist genau dann der Fall, wenn α eine kreiszylindrische Helix ist.

1.6 Die lokale kanonische Form[1]

Eine der effektivsten Methoden, um geometrische Probleme zu lösen, besteht darin, ein Koordinatensystem zu finden, das dem Problem angepaßt ist. Beim Studium der lokalen Eigenschaften einer Kurve, in der Umgebung des Punktes s, hat man ein natürliches Koordinatensystem, nämlich das Frenetsche Dreibein bei s. Deshalb ist es günstig, die Kurve auf dieses Dreibein zu beziehen.

Es sei $\alpha: I \to \mathbb{R}^3$ eine nach der Bogenlänge parametrisierte Kurve ohne singuläre Punkte der Ordnung 1. In einer Umgebung von s_0 werden wir die Gleichungen der Kurve aufstellen, indem wir das Dreibein $t(s_0), n(s_0), b(s_0)$ als Basis des $\mathbb{R}^3$ nehmen. Ohne Einschränkung der Allgemeinheit können wir annehmen $s_0 = 0$ und betrachten die (endliche) Taylorentwicklung

$$\alpha(s) = \alpha(0) + s\alpha'(0) + \frac{s^2}{2}\alpha''(0) + \frac{s^3}{6}\alpha'''(0) + R,$$

wobei $\lim_{s \to 0} R/s^3 = 0$. Weil $\alpha'(0) = t$, $\alpha''(0) = kn$ und

$$\alpha'''(0) = (kn)' = k'n + kn' = k'n - k^2 t - k\tau b,$$

erhalten wir

$$\alpha(s) - \alpha(0) = \left(s - \frac{k^2 s^3}{3!}\right)t + \left(\frac{s^2 k}{2} + \frac{s^3 k'}{3!}\right)n - \frac{s^3}{3!}k\tau b + R,$$

---

[1] Dieser Abschnitt kann zunächst übergangen werden

1.6 Die lokale kanonische Form

wobei alle Ausdrücke an der Stelle $s = 0$ auszuwerten sind. Wir wählen jetzt das System $0xyz$ derart, daß der Ursprung 0 mit $\alpha(0)$ übereinstimmt und daß $t = (1, 0, 0)$, $n = (0, 1, 0)$, $b = (0, 0, 1)$. Unter diesen Bedingungen ist $\alpha(s) = (x(s), y(s), z(s))$ gegeben durch

$$x(s) = s - \frac{k^2 s^3}{6} + R_x,$$
$$y(s) = \frac{k}{2} s^2 + \frac{k' s^3}{6} + R_y, \qquad (1)$$
$$z(s) = -\frac{k\tau}{6} s^3 + R_z,$$

wobei $R = (R_x, R_y, R_z)$. Die Darstellung (1) heißt *lokale kanonische Form* von α in einer Umgebung von $s = 0$. In Bild 1.18 sind für kleine s die Projektionen der Spur von α in die *tn*-, *tb*- und *nb*-Ebenen skizziert.

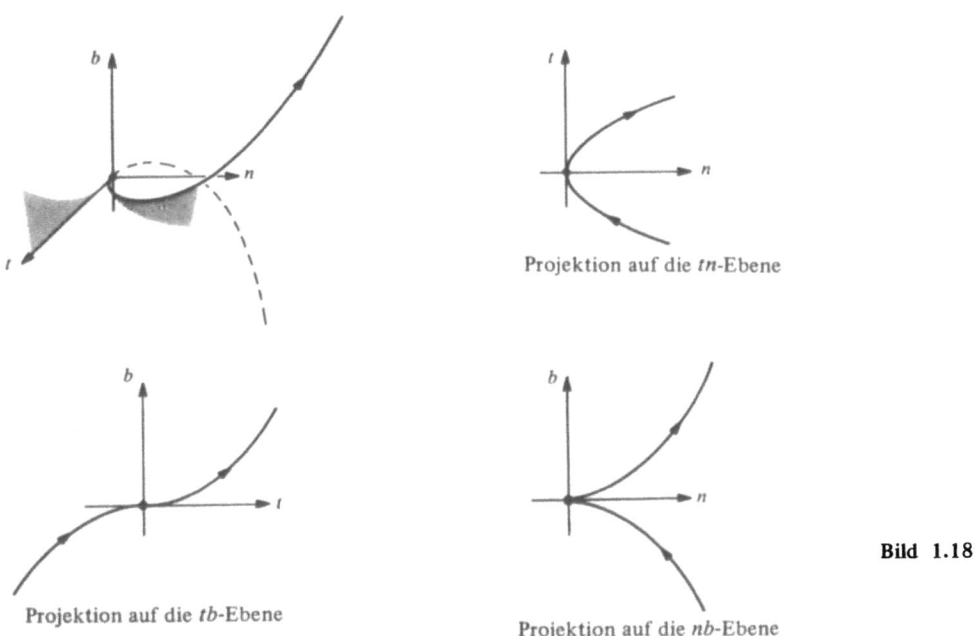

Projektion auf die *tn*-Ebene

Projektion auf die *tb*-Ebene

Projektion auf die *nb*-Ebene

Bild 1.18

Im folgenden beschreiben wir einige geometrische Anwendungen der lokalen kanonischen Form. Weitere Anwendungen finden sich in den Übungen.

Eine erste Anwendung ist die folgende Interpretation des Vorzeichens der Torsion. Wenn $\tau < 0$ ist und s hinreichend klein, so folgt aus der dritten Gleichung von (1), daß $z(s)$ mit s wächst. Wir wollen vereinbaren, die Seite der Schmiegebene die „positive Seite" zu nennen, in deren Richtung b zeigt. Wenn wir die Kurve in Richtung wachsender Bogenlänge durchlaufen, wird sie die Schmiegebene bei $s = 0$ kreuzen, da $z(0) = 0$, wobei sie zur positiven Seite hin zeigt (siehe Bild 1.19). Falls andererseits $\tau > 0$ ist, wird die Kurve (in Richtung wachsender Bogenlänge durchlaufen) die Schmiegebene kreuzen, indem sie zu der Seite hin zeigt, die der positiven Seite gegenüber liegt.

Negative Torsion Positive Torsion Bild 1.19

Die Helix aus Übung 1 in Abschnitt 1.5 hat negative Torsion. Ein Beispiel für eine Kurve mit positiver Torsion ist die Helix

$$\alpha(s) = \left(a \cos \frac{s}{c}, a \sin \frac{s}{c}, -b \frac{s}{c}\right),$$

die man aus der ersten durch Spiegelung an der xy-Ebene erhält (siehe Bild 1.19).

Bemerkung. Es ist ebenfalls üblich, die Torsion durch $b' = -\tau n$ zu definieren. Mit dieser Definition wird die Torsion der Helix aus Übung 1 positiv.

Eine weitere Folgerung aus der kanonischen Form ist die Existenz einer Umgebung $J \subset I$ von $s = 0$, so daß $\alpha(J)$ ganz auf der Seite der rektifizierenden Ebene liegt, in deren Richtung der Vektor n zeigt (siehe Bild 1.18). Weil nämlich $k > 0$ ist, erhalten wir für hinreichend kleine s $y(s) \geqslant 0$ und $y(s) = 0$ genau dann, wenn $s = 0$. Das zeigt unsere Behauptung.

Als letzte Anwendung der kanonischen Form erwähnen wir die folgende Eigenschaft der Schmiegebene. Die Schmiegebene bei s ist die Grenzlage der Ebene, die bestimmt ist durch die Tangente bei s und den Punkt $\alpha(s + h)$, wenn $h \to 0$. Um das zu beweisen, wollen wir $s = 0$ annehmen. Deshalb hat jede Ebene, die die Tangente bei $s = 0$ enthält, die Gestalt $z = cy$ oder $y = 0$. Die Ebene $y = 0$ ist die rektifizierende Ebene, die, wie wir oben gesehen haben, keine Punkte nahe bei $\alpha(0)$ (außer $\alpha(0)$ selbst) enthält und so bei unseren Betrachtungen ausgeschlossen werden kann. Die Bedingung dafür, daß die Ebene $z = cy$ durch $\alpha(s + h)$ geht, ist ($s = 0$)

$$c = \frac{z(h)}{y(h)} = \frac{-\frac{k}{6}\tau h^3 + \cdots}{\frac{k}{2}h^2 + \frac{k^2}{6}h^3 + \cdots}.$$

Bei $h \to 0$ sehen wir, daß $c \to 0$. Also ist die Grenzlage der Ebene $z(s) = c(h) y(s)$ die Ebene $z = 0$, d.h. wie gewünscht die Schmiegebene.

Übungen

*1 Es sei $\alpha: I \to \mathbb{R}^3$ eine nach der Bogenlänge parametrisierte Kurve mit Krümmung $k(s) \neq 0$, $s \in I$. Es sei P eine Ebene, die den beiden folgenden Bedingungen genügt:
   1. P enthält die Tangente bei s.
   2. Ist eine beliebige Umgebung $J \subset I$ von s gegeben, so gibt es auf beiden Seiten von P Punkte in $\alpha(J)$.

   Beweise, daß P die Schmiegebene an α bei s ist.

2 Es sei $\alpha: I \to \mathbb{R}^3$ eine nach der Bogenlänge parametrisierte Kurve mit der Krümmung $k(s) \neq 0$, $s \in I$. Zeige:
   *a) Die Schmiegebene bei s ist die Grenzlage der Ebene durch die Punkte $\alpha(s), \alpha(s + h_1)$, $\alpha(s + h_2)$ bei $h_1, h_2 \to 0$.

1.7 Globale Eigenschaften ebener Kurven

b) Die Grenzlage des Kreises durch $\alpha(s)$, $\alpha(s+h_1)$, $\alpha(s+h_2)$ bei $h_1, h_2 \to 0$ ist ein Kreis in der Schmiegebene bei s, dessen Mittelpunkt auf der Geraden liegt, die $n(s)$ enthält, und dessen Radius der Krümmungsradius $1/k(s)$ ist; dieser Kreis heißt *Schmiegkreis* bei s.

3 Zeige, daß die Krümmung $k(t) \neq 0$ einer regulären parametrisierten Kurve $\alpha: I \to \mathbb{R}^3$ die Krümmung der ebenen Kurve $\pi \circ \alpha$ bei t ist, wo π die orthogonale Projektion von α auf die Schmiegebene bei t ist.

1.7 Globale Eigenschaften ebener Kurven[1)]

In diesem Abschnitt wollen wir einige Resultate aus der globalen Differentialgeometrie von Kurven beschreiben. Sogar in dem einfachen Fall ebener Kurven bietet dieses Thema nichttriviale Sätze und interessante Fragen. Um diese Ergebnisse hier darzustellen, müssen wir einige einleuchtende Tatsachen ohne Beweis akzeptieren; wir wollen versuchen, diese Tatsachen möglichst exakt anzugeben.

Dieser Abschnitt enthält drei Themen, die so angeordnet sind, daß der Schwierigkeitsgrad zunimmt: (A) die isoperimetrische Ungleichung, (B) den Vier-Scheitel-Satz und (C) die Cauchy-Crofton-Formel. Diese Themen sind vollkommen unabhängig voneinander und einige oder alle können zunächst ausgelassen werden.

Eine *differenzierbare Funktion auf einem abgeschlossenen Intervall* $[a, b]$ ist die Einschränkung einer differenzierbaren Funktion auf einem offenen Intervall, das $[a, b]$ enthält.

Eine *geschlossene ebene Kurve* ist eine reguläre parametrisierte Kurve $\alpha: [a, b] \to \mathbb{R}^2$, so daß α und alle ihre Ableitungen bei a und b übereinstimmen; d.h.

$$\alpha(a) = \alpha(b), \quad \alpha'(a) = \alpha'(b), \quad \alpha''(a) = \alpha''(b), \ldots.$$

Die Kurve α heißt *einfach*, wenn sie keine weiteren Selbstüberschneidungen hat; d.h. für $t_1, t_2 \in [a, b), t_1 \neq t_2$ gilt $\alpha(t_1) \neq \alpha(t_2)$ (Bild 1.20).

Gewöhnlich nehmen wir $\alpha: [0, 1] \to \mathbb{R}^2$ als nach der Bogenlänge s parametrisiert an; also ist l die Länge von α. Manchmal sprechen wir von einer einfachen geschlossenen Kurve C und meinen die Spur eines solchen Objekts. Die Krümmung von α wird mit einem Vorzeichen versehen wie in Bemerkung 1 von Abschnitt 1.5 (siehe Bild 1.20).

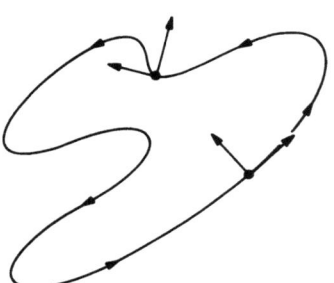
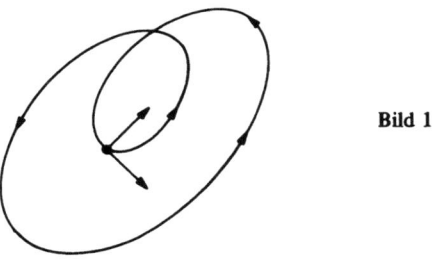

Bild 1.20

a) Eine einfache geschlossene Kurve   b) Eine (nicht einfache) geschlossene Kurve

---

[1)] Dieser Abschnitt kann zunächst übergangen werden.

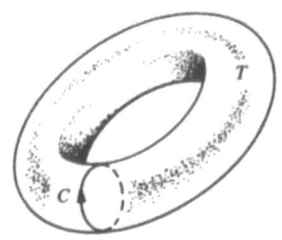
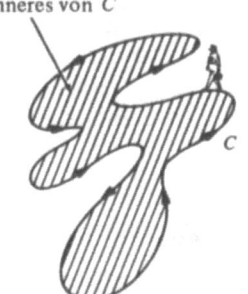

a) Eine einfache geschlossene Kurve C auf einem Torus T; C berandet kein Gebiet auf T.

b) C ist positiv orientiert

Bild 1.21

Wir nehmen an, daß *eine einfache geschlossene Kurve C in der Ebene ein Gebiet in der Ebene berandet*, das wir das *Innere* von C nennen. Dies ist ein Teil des sogenannten Jordanschen Kurvensatzes, der zum Beispiel nicht für einfache Kurven auf dem Torus gilt (die Oberfläche eines Rettungsrings siehe Bild 1.21 (a)). Wenn wir von dem Flächeninhalt sprechen, der von der einfachen geschlossenen Kurve C eingeschlossen wird, so meinen wir den Flächeninhalt des Inneren von C. Wir nehmen weiter an, daß wir den Parameter einer einfachen geschlossenen Kurve so wählen können, daß das Innere der Kurve auf der linken Seite bleibt, wenn man die Kurve in Richtung des wachsenden Parameters durchläuft (Bild 1.21 (b)). Solch eine Kurve heißt *positiv orientiert*.

A. Die isoperimetrische Ungleichung

Dies ist vielleicht der älteste globale Satz in der Differentialgeometrie und mit dem folgenden (isoperimetrischen) Problem verwandt. *Welche von allen einfachen geschlossenen Kurven in der Ebene mit gegebener Länge l berandet den größten Flächeninhalt?* In dieser Form war das Problem den Griechen bekannt, die auch wußten, was die Lösung war, nämlich der Kreis. Es dauerte jedoch eine lange Zeit, bis sich ein zufriedenstellender Beweis für die Tatsache fand, daß der Kreis eine Lösung des isoperimetrischen Problems ist. Der Hauptgrund scheint der zu sein, daß die ersten Beweise die Existenz einer Lösung voraussetzten. Erst 1870 wies K. Weierstraß darauf hin, daß viele ähnliche Fragen keine Lösung haben und gab einen vollständigen Beweis für die Existenz einer Lösung des isoperimetrischen Problems. Weierstraß' Beweis war in dem Sinne schwierig, daß er als Korollar einer Theorie auftrat, die von ihm entwickelt worden war, um Probleme der Maximierung (oder Minimierung) bestimmter Integrale zu behandeln (diese Theorie heißt Variationsrechnung, und das isoperimetrische Problem ist ein typisches Beispiel für die Probleme, mit denen sie sich beschäftigt). Später wurden direktere Beweise gefunden. Der einfache Beweis, den wir hier darstellen, stammt von E. Schmidt (1939). Für einen anderen direkten Beweis und weitere Literatur zu diesem Gebiet verweisen wir auf [10] im Literaturverzeichnis.

Wir werden die folgende Formel für den Flächeninhalt A benutzen, der durch eine positiv orientierte einfache geschlossene Kurve $\alpha(t) = (x(t), y(t))$ umschlossen wird, wobei $t \in [a, b]$ ein beliebiger Parameter ist:

$$A = -\int_a^b y(t)x'(t)\, dt = \int_a^b x(t)y'(t)\, dt = \frac{1}{2}\int_a^b (xy' - yx')\, dt \qquad (1)$$

1.7 Globale Eigenschaften ebener Kurven

Beachte, daß die zweite Formel aus der ersten entsteht, indem man bemerkt

$$\int_a^b xy' \, dt = \int_a^b (xy)' \, dt - \int_a^b x'y \, dt = [xy(b) - xy(a)] - \int_a^b x'y \, dt$$
$$= -\int_a^b x'y \, dt,$$

weil die Kurve geschlossen ist. Die dritte Formel folgt sofort aus den ersten beiden.

Um die erste Formel in Gleichung (1) zu beweisen, betrachten wir zunächst den Fall von Bild 1.22, wo die Kurve aus zwei geraden Strecken, die parallel sind zur y-Achse, und zwei Bögen besteht, die in der Form

$$y = f_1(x) \quad \text{und} \quad y = f_2(x), \ x \in [x_0, x_1], \ f_1 > f_2$$

geschrieben werden können.

Offensichtlich ist der von der Kurve umschlossene Flächeninhalt

$$A = \int_{x_0}^{x_1} f_1(x) \, dx - \int_{x_0}^{x_1} f_2(x) \, dx.$$

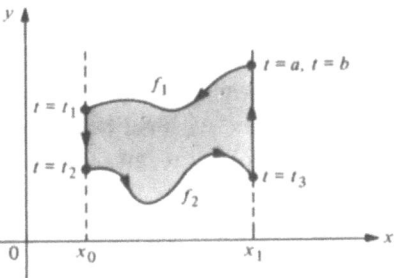

Bild 1.22

Weil die Kurve positiv orientiert ist, erhalten wir in der Notation von Bild 1.22

$$A = -\int_a^{t_1} y(t) x'(t) \, dt - \int_{t_2}^{t_3} y(t) x'(t) \, dt = -\int_a^b y(t) x'(t) \, dt,$$

weil $x'(t) = 0$ längs der zur y-Achse parallelen Segmente. Das beweist Gleichung (1) in diesem Fall.

Um den allgemeinen Fall zu beweisen, muß gezeigt werden, daß es möglich ist, das von der Kurve umschlossene Gebiet in eine endliche Anzahl von Gebieten des obigen Typs zu zerlegen. Das ist offensichtlich möglich (Bild 1.23), wenn *es eine Gerade E in der Ebene gibt,*

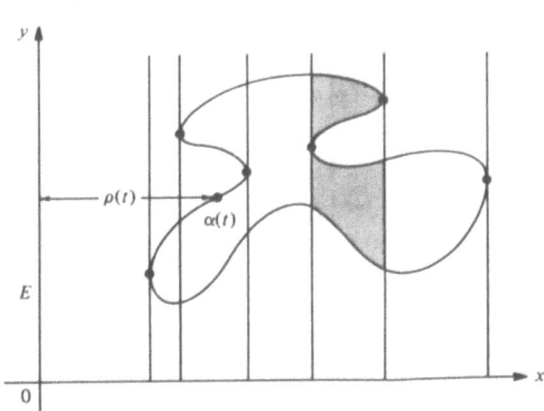

Bild 1.23

so daß der Abstand ρ(t) von α(t) zu dieser Geraden eine Funktion mit endlich vielen kritischen Punkten ist (kritische Punkte sind solche, wo ρ'(t) = 0). Die letzte Behauptung ist richtig, aber wir werden sie nicht beweisen. Wir wollen jedoch erwähnen, daß man Gleichung (1) auch aus dem Satz von Stokes (Green) in der Ebene erhält (siehe Übung 15).

Theorem 1 (Die isoperimetrische Ungleichung).
Es sei C eine einfache geschlossene ebene Kurve der Länge l und A der Flächeninhalt des von C eingeschlossenen Gebiets. Dann ist

$$l^2 - 4\pi A \geq 0, \tag{2}$$

und Gleichheit tritt genau dann ein, wenn C ein Kreis ist.

Beweis. Es seien E und E' zwei parallele Geraden, die die geschlossene Kurve C nicht treffen. Wir schieben sie zusammen, bis sie zum ersten Mal C treffen und erhalten zwei parallele Tangenten, L und L', an C, die die Eigenschaft haben, daß die Kurve ganz in dem Streifen zwischen L und L' enthalten ist. Betrachte einen Kreis S^1, der sowohl zu L als auch zu L' tangential ist und C nicht trifft. Es sei 0 der Mittelpunkt von S^1. Wir nehmen ein Koordinatensystem mit Ursprung 0 und x-Achse senkrecht zu L und L' (Bild 1.24). Parametrisiere C nach der Bogenlänge, $\alpha(s) = (x(s), y(s))$, so daß sie positiv orientiert ist und die Berührpunkte mit L und L' sich bei $s = 0$ und $s = s_1$ befinden.

Wir können annehmen, daß die Gleichung von S^1 durch

$$\bar{\alpha}(s) = (\bar{x}(s), \bar{y}(s)) = (x(s), \bar{y}(s)), \; s \in [0, l]$$

gegeben ist. $2r$ sei der Abstand zwischen L und L'. Bezeichnen wir mit $\bar{A}$ den von S^1 eingeschlossenen Flächeninhalt und benutzen Gleichung (1), so haben wir

$$A = \int_0^l xy' \, ds, \qquad \bar{A} = \pi r^2 = -\int_0^l \bar{y} x' \, ds.$$

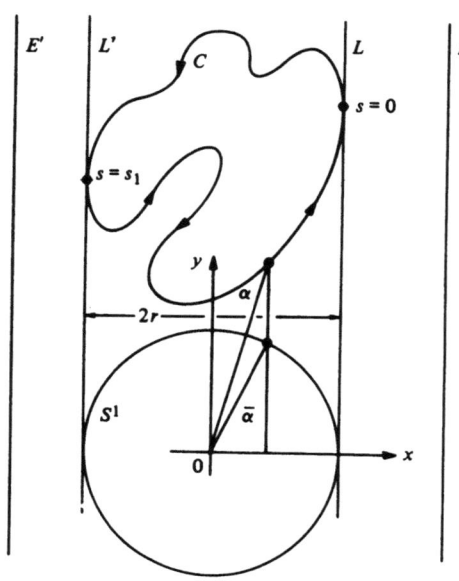

Bild 1.24

1.7 Globale Eigenschaften ebener Kurven

Damit gilt

$$A + \pi r^2 = \int_0^l (xy' - \bar{y}x')\,ds \leq \int_0^l \sqrt{(xy' - \bar{y}x')^2}\,ds$$
$$\leq \int_0^l \sqrt{(x^2 + \bar{y}^2)((x')^2 + (y')^2)}\,ds = \int_0^l \sqrt{\bar{x}^2 + \bar{y}^2}\,ds \qquad (3)$$
$$= lr.$$

Wir beachten nun die Tatsache, daß das geometrische Mittel zweier positiver reeller Zahlen kleiner oder gleich ihrem arithmetischen Mittel ist, und Gleichheit nur dann auftritt, wenn sie gleich sind. Es folgt, daß

$$\sqrt{A}\sqrt{\pi r^2} \leq \tfrac{1}{2}(A + \pi r^2) \leq \tfrac{1}{2}lr. \qquad (4)$$

Deshalb ist $4\pi A r^2 \leq l^2 r^2$, und somit folgt (2).

Nimm nun an, daß Gleichheit gilt in (2). Dann muß überall in den Ungleichungen (3) und (4) Gleichheit gelten. Aus der Gleichheit in (4) folgt, daß $A = \pi r^2$. Also $l = 2\pi r$ und r hängt nicht ab von der Wahl der Richtung von L. Desweiteren impliziert Gleichheit in (3), daß

$$(xy' - \bar{y}x')^2 = (x^2 + \bar{y}^2)((x')^2 + (y')^2)$$

oder

$$(xx' + \bar{y}y')^2 = 0;$$

d.h.

$$\frac{x}{y'} = -\frac{\bar{y}}{x'} = \frac{\sqrt{x^2 + \bar{y}^2}}{\sqrt{(y')^2 + (x')^2}} = \pm r.$$

Also $x = \pm ry'$. Weil r nicht von der Wahl der Richtung von L abhängt, können wir x und y in der letzten Relation vertauschen und erhalten $y = \pm rx'$. Damit haben wir

$$x^2 + y^2 = r^2((x')^2 + (y')^2) = r^2$$

und C ist wie gewünscht ein Kreis. □

Bemerkung 1. Man prüft leicht nach, daß der obige Beweis auch für C^1-Kurven durchgeführt werden kann, d.h. für Kurven $\alpha(t) = (x(t), y(t)), t \in [a, b]$, von denen wir nur verlangen, daß die Funktionen $x(t), y(t)$ stetige erste Ableitungen besitzen (die natürlich bei a und b übereinstimmen müssen, wenn die Kurve geschlossen ist).

Bemerkung 2. Die isoperimetrische Ungleichung gilt für eine große Klasse von Kurven. Es sind direkte Beweise gegeben worden, die so lange funktionieren, wie man Bogenlänge und Flächeninhalt für die betrachteten Kurven definieren kann. Für Anwendungen ist es vorteilhaft zu erwähnen, daß der Satz für *stückweise C^1-Kurven* gilt, d.h. für stetige Kurven, die aus einer endlichen Anzahl von C^1-Bögen bestehen. Diese Kurven dürfen eine endliche Anzahl von Ecken haben, in denen die Tangente unstetig ist (Bild 1.25).

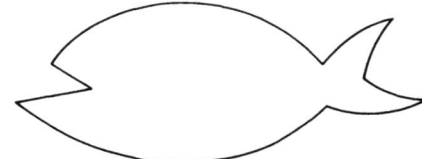

Bild 1.25 Eine stückweise C^1-Kurve

B. Der Vier-Scheitel-Satz

Wir benötigen weitere allgemeine Tatsachen über ebene geschlossene Kurven.
Es sei $\alpha: [0, 1] \to \mathbb{R}^2$ eine ebene geschlossene Kurve, gegeben durch $\alpha(s) = (x(s), y(s))$. Weil s die Bogenlänge ist, hat der Tangentenvektor $t(s) = (x'(s), y'(s))$ die Länge 1. Es ist günstig, die *Tangentenindikatrix* $t: [0, 1] \to \mathbb{R}^2$ durch $t(s) = (x'(s), y'(s))$ einzuführen; das ist eine differenzierbare Kurve, deren Spur im Rand des Einheitskreises liegt (Bild 1.26). Beachte, daß der Geschwindigkeitsvektor der Tangentenindikatrix durch

$$\frac{dt}{ds} = (x''(s), y''(s))$$
$$= \alpha''(s) = kn$$

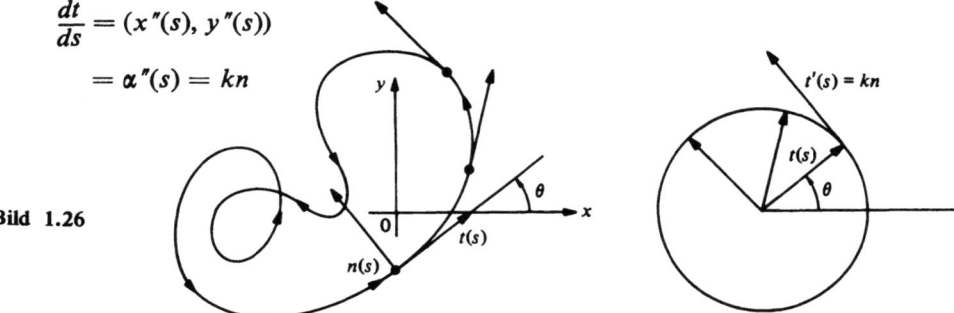

Bild 1.26

gegeben ist, wobei n der Normalenvektor, orientiert wie in Bemerkung 2 von Abschnitt 1.5, und k die Krümmung von α ist.

Es sei $\theta(s)$, $0 < \theta(s) < 2\pi$ der Winkel, den $t(s)$ mit der x-Achse bildet; d.h. $x'(s) = \cos \theta(s)$, $y'(s) = \sin \theta(s)$. Weil

$$\theta(s) = \arctan \frac{y'(s)}{x'(s)},$$

ist $\theta = \theta(s)$ lokal wohldefiniert (d.h. wohldefiniert auf einem kleinen Intervall um jedes s) als differenzierbare Funktion, und es gilt

$$\frac{dt}{ds} = \frac{d}{ds}(\cos \theta, \sin \theta)$$
$$= \theta'(-\sin \theta, \cos \theta) = \theta' n.$$

Das bedeutet $\theta'(s) = k(s)$, und es ist naheliegend eine global differenzierbare Funktion $\theta: [0, 1] \to \mathbb{R}$ durch

$$\theta(s) = \int_0^s k(s)\,ds$$

zu definieren. Weil

$$\theta' = k = x'y'' - x''y' = \left(\arctan \frac{y'}{x'}\right)',$$

stimmt diese global definierte Funktion bis auf Konstanten mit dem vorher lokal definierten θ überein. Intuitiv mißt $\theta(s)$ die totale Rotation des Tangentenvektors, d.h. den Gesamtwinkel, der von dem Punkt $t(s)$ auf der Tangentenindikatrix überstrichen wird, wenn wir die Kurve α von 0 nach s durchlaufen. Weil α geschlossen ist, ist dieser Winkel ein ganzes Vielfaches I von 2π; d.h.

$$\int_0^l k(s)\,ds = \theta(l) - \theta(0) = 2\pi I.$$

1.7 Globale Eigenschaften ebener Kurven

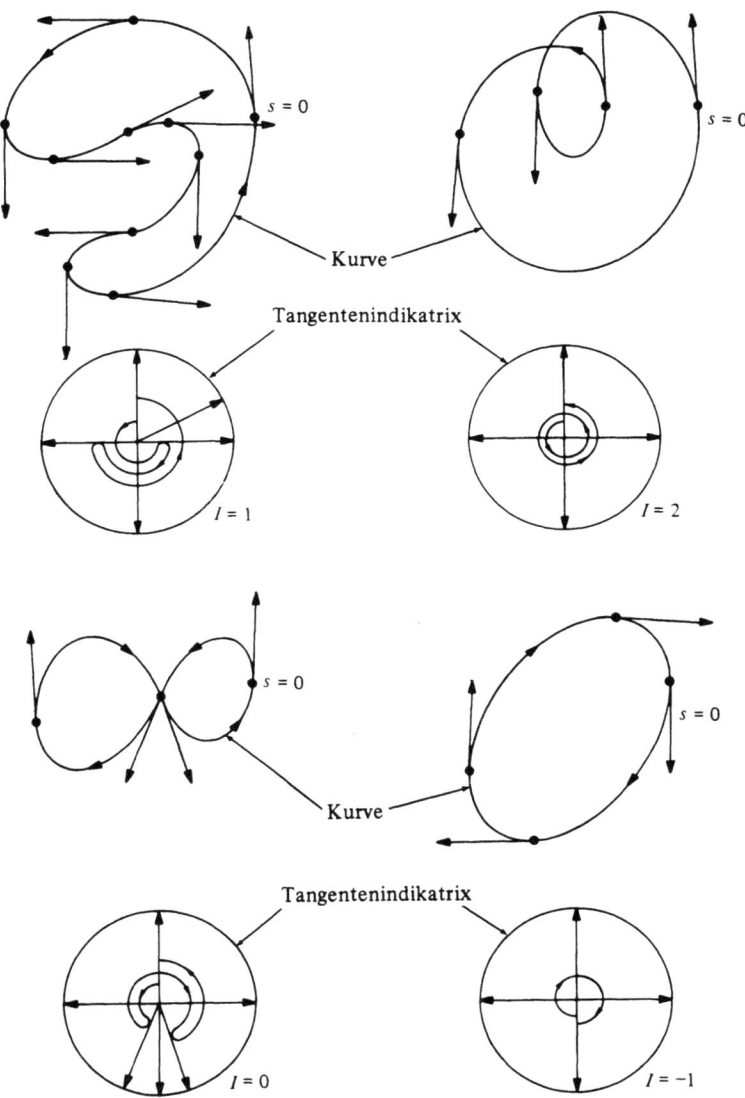

Bild 1.27

Die ganze Zahl I heißt *Rotationsindex* der Kurve α.

Bild 1.27 zeigt einige Beispiele von Kurven mit ihrem Rotationsindex. Beachte, daß der Rotationsindex sein Vorzeichen wechselt, wenn wir die Orientierung der Kurve ändern. Die Definition ist darüberhinaus so gemacht, daß der Rotationsindex einer positiv orientierten einfachen geschlossenen Kurve positiv ist.

Eine wichtige globale Eigenschaft des Rotationsindexes gibt der folgende Satz an.

Der Umlaufsatz. *Der Rotationsindex einer einfachen geschlossenen Kurve ist ± 1, wobei das Vorzeichen von der Orientierung der Kurve abhängt.*

Eine reguläre, ebene (nicht notwendig geschlossene) Kurve α: [a, b] → $\mathbb{R}^2$ ist *konvex*, wenn für alle $t \in [a, b]$ die Spur α([a, b]) von α ganz auf einer Seite der abgeschlossenen Halbebene liegt, die durch die Tangente bei t bestimmt ist (Bild 1.28).

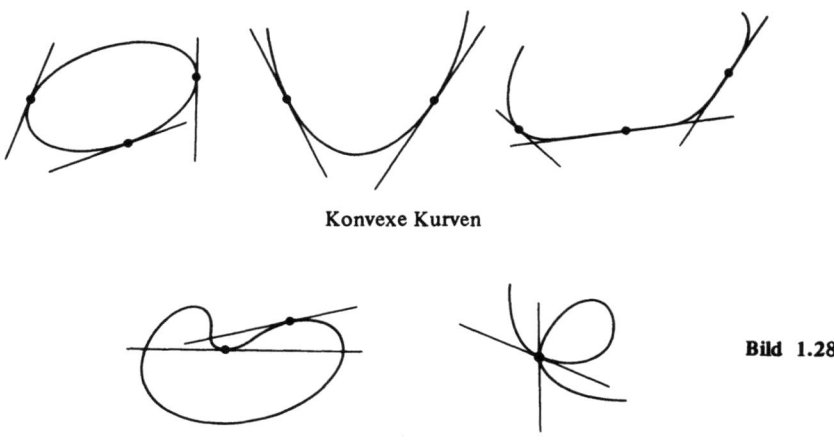

Konvexe Kurven

Nichtkonvexe Kurven

Bild 1.28

Ein *Scheitel* einer regulären ebenen Kurve α: [a, b] → $\mathbb{R}^2$ ist ein Punkt $t \in [a, b]$ mit $k'(t) = 0$. Zum Beispiel hat eine Ellipse mit verschiedenen Halbachsen genau vier Scheitel, nämlich die Punkte, in denen die Achsen die Ellipse treffen (siehe Übung 3). Es ist eine interessante globale Tatsache, daß dies die Mindestanzahl von Scheiteln für alle geschlossenen konvexen Kurven ist.

Satz 2 (Der Vier-Scheitel-Satz). *Eine einfache geschlossene konvexe Kurve hat mindestens vier Scheitel.*

Bevor wir mit dem Beweis beginnen, benötigen wir ein Lemma.

Lemma. *Es sei* α: [0, l] → $\mathbb{R}^2$ *eine ebene geschlossene Kurve, die nach der Bogenlänge parametrisiert ist, und A, B und C seien beliebige reelle Zahlen. Dann gilt*

$$\int_0^l (Ax + By + C)\frac{dk}{ds} ds = 0, \tag{5}$$

wobei die Funktionen $x = x(s), y = y(s)$ durch α(s) = (x(s), y(s)) gegeben sind, und k die Krümmung von α ist.

Beweis des Lemmas. Wir erinnern uns, daß es eine differenzierbare Funktion θ: [0, l] → $\mathbb{R}$ gibt mit $x'(s) = \cos\theta, y'(s) = \sin\theta$. Also ist $k(s) = \theta'(s)$ und

$$x'' = -ky', \qquad y'' = kx'.$$

1.7 Globale Eigenschaften ebener Kurven

Da die auftretenden Funktionen bei 0 und l übereinstimmen, gilt somit

$$\int_0^l k' \, ds = 0,$$

$$\int_0^l xk' \, ds = -\int_0^l kx' \, ds = -\int_0^l y'' \, ds = 0,$$

$$\int_0^l yk' \, ds = -\int_0^l ky' \, ds = \int_0^l x'' \, ds = 0.$$

□

Beweis des Satzes. Parametrisiere die Kurve C nach der Bogenlänge, $\alpha: [0, l] \to \mathbb{R}^2$. Weil $k = k(s)$ eine stetige Funktion auf dem abgeschlossenen Intervall $[0, l]$ ist, nimmt sie Maximum und Minimum auf $[0, l]$ an. Deshalb hat α mindestens zwei Scheitel $\alpha(s_1) = p$ und $\alpha(s_2) = q$. Es sei L die Gerade durch p und q, und β und γ seien die beiden Bögen von C, die durch die Punkte p und q bestimmt sind.

Wir behaupten, daß jeder dieser Bögen auf nur einer Seite von L liegt. Andernfalls trifft einer der Bögen L in einem Punkt r, der von p und q verschieden ist (Bild 1.29 (a)). Aufgrund der Konvexität, und weil p, q, r verschiedene Punkte auf C sind, muß die Tangente an den Zwischenpunkt, sagen wir p, mit L übereinstimmen. Das impliziert wieder aufgrund der Konvexität, daß L tangential ist an C in drei Punkten p, q und r. Aber dann liegen q und r auf verschiedenen Seiten der Tangente zu einem Punkt in der Nähe von p (der Zwischenpunkt), es sei denn, daß das ganze Segment rq von L zu C gehört (Bild 1.29 (b)). Das impliziert $k = 0$ in p und q. Weil diese Punkte Maximum- und Minimumpunkt von k sind, ist $k \equiv 0$ auf C. Das ist ein Widerspruch.

Es sei $Ax + By + C = 0$ die Gleichung für L. Wenn es keine weiteren Scheitel gibt, hat $k'(s)$ konstantes Vorzeichen auf jedem der Bögen β und γ. Dann können wir die Vorzeichen der Koeffizienten A, B, C so einrichten, daß das Integral in Gleichung (5) positiv ist. Dieser Widerspruch zeigt, daß es einen dritten Scheitel gibt, und daß $k'(s)$ auf β oder γ sein Vorzeichen ändert, sagen wir auf β. Weil p und q Maximum- und Minimumpunkt sind, wechselt $k'(s)$ auf β zweimal sein Vorzeichen. Also gibt es einen vierten Scheitel. □

Der Vier-Scheitel-Satz war Gegenstand vieler Untersuchungen. Der Satz gilt auch für einfache geschlossene (nicht notwendig konvexe) Kurven, aber der Beweis ist schwieriger. Für weitere Literatur zu diesem Thema siehe [10].

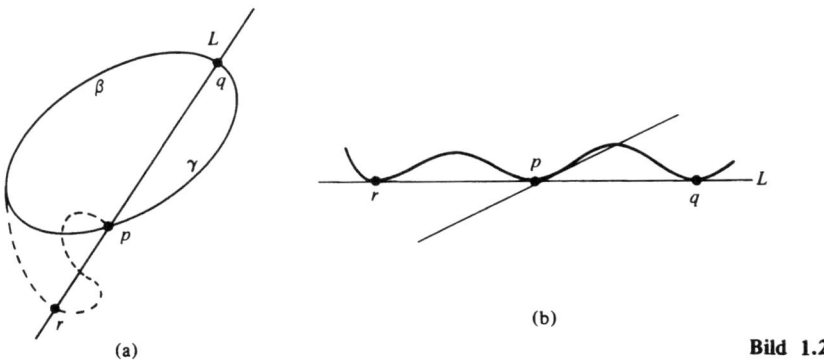

Bild 1.29

C. Die Cauchy-Croftonsche Formel

Der letzte Teil dieses Abschnitts ist einem Satz gewidmet, der grob gesprochen folgende Situation beschreibt. Es sei C eine reguläre Kurve in der Ebene. Wir betrachten alle Geraden in der Ebene, die C treffen, und versehen jede dieser Geraden mit einer *Vielfachheit*, die die Anzahl ihrer Schnittpunkte mit C ist (Bild 1.30).

Zuerst wollen wir eine Methode finden, einer gegebenen Menge von Geraden in der Ebene ein Maß zuzuordnen. Daß das möglich ist, sollte nicht allzu überraschend sein, da wir im Grunde genommen einer Punktmenge in der Ebene ein Maß (Flächeninhalt) zuordnen. Nachdem wir erkennen, daß eine Gerade durch zwei Parameter beschrieben werden kann (z.B. p und θ in Bild 1.31), können wir uns Geraden in der Ebene als Punkte eines Gebiets in einer gewissen Ebene vorstellen. Also wollen wir eine „vernünftige" Methode finden, den Flächeninhalt in einer solchen Ebene zu messen.

Haben wir dieses Maß gefunden, so werden wir es benutzen, um das Maß der Geraden (gezählt mit Vielfachheit) zu bestimmen, die C treffen. Das Ergebnis ist sehr interessant und kann folgendermaßen formuliert werden.

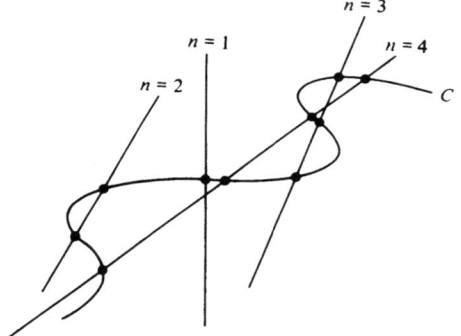

Bild 1.30 n ist die Vielfachheit der entsprechenden Geraden

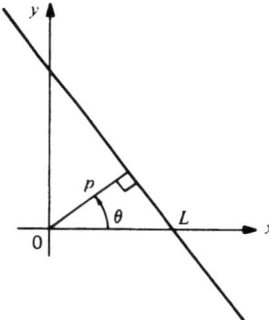

Bild 1.31 L ist bestimmt durch p und θ

Theorem 3 (Die Cauchy-Croftonsche Formel). *Es sei C eine reguläre ebene Kurve der Länge l. Das Maß der Menge der Geraden (gezählt mit Vielfachheit), die C treffen, ist gleich $2l$.*

Ehe wir uns dem Beweis zuwenden, müssen wir definieren, was wir unter einem vernünftigen Maß auf der Menge der Geraden in der Ebene verstehen. Zunächst wählen wir ein geeignetes Koordinatensystem für eine solche Menge. Eine Gerade L in der Ebene ist bestimmt durch einen Einheitsvektor $\nu = (\cos\theta, \sin\theta)$ senkrecht zu L und das innere Produkt $p = \nu \cdot \alpha = x\cos\theta + y\sin\theta$ von ν mit dem Ortsvektor $\alpha = (x, y)$ von L. Beachte, daß wir (p, θ) mit $(p, \theta + 2k\pi)$, k eine ganze Zahl, und auch mit $(-p, \theta \pm \pi)$ identifizieren müssen, wenn wir L aus den Parametern (p, θ) bestimmen wollen.

1.7 Globale Eigenschaften ebener Kurven

Deshalb können wir die Menge aller Geraden in der Ebene durch die Menge

$$\mathfrak{L} = \{(p, \theta) \in \mathbb{R}^2\,;\,(p, \theta) \sim (p, \theta + 2k\pi)$$
$$\text{und } (p, \theta) \sim (-p, \theta \pm \pi)\}$$

ersetzen. Wir werden zeigen, daß es bis auf Normierung nur ein vernünftiges Maß auf dieser Menge gibt.

Um zu entscheiden, was wir unter „vernünftig" verstehen, wollen wir uns die übliche Messung des Flächeninhalts in $\mathbb{R}^2$ etwas genauer ansehen. Dazu benötigen wir eine Definition. Eine *eigentliche Bewegung* in $\mathbb{R}^2$ ist eine Abbildung $F: \mathbb{R}^2 \to \mathbb{R}^2$, gegeben durch $(\bar{x}, \bar{y}) \to (x, y)$, wobei (Bild 1.32)

$$x = a + \bar{x} \cos \varphi - \bar{y} \sin \varphi \quad (6)$$
$$y = b + \bar{x} \sin \varphi + \bar{y} \cos \varphi.$$

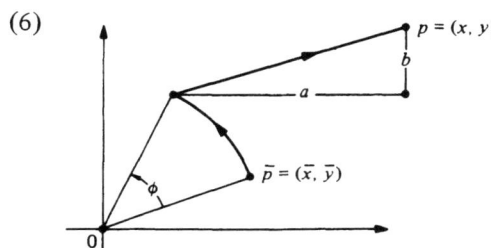

Bild 1.32

Um nun den Flächeninhalt einer Teilmenge $S \subset \mathbb{R}^2$ zu definieren, betrachten wir das Doppelintegral

$$\iint_S dx\,dy\,;$$

d.h. wir integrieren das „Flächenelement" $dx\,dy$ über S. Wenn dieses Integral in irgendeinem Sinn existiert, sagen wir S ist *meßbar* und definieren den Flächeninhalt von S als den Wert des obigen Integrals. Von jetzt ab nehmen wir an, daß alle auftretenden Integrale existieren.

Beachte, daß wir ein anderes Flächenelement hätten wählen können, sagen wir $xy^2 dx\,dy$. Der Grund für die Wahl von $dx\,dy$ ist der, daß dieses bis auf ein Vielfaches das einzige Flächenelement ist, das invariant unter eigentlichen Bewegungen ist. Genauer gilt der folgende Satz.

Proposition 1. *Es sei $f(x, y)$ eine stetige Funktion auf $\mathbb{R}^2$. Für jedes $S \subset \mathbb{R}^2$ definieren wir den Flächeninhalt A von S durch*

$$A(S) = \iint_S f(x, y)\,dx\,dy$$

(natürlich betrachten wir nur solche Mengen, für die das obige Integral existiert). Nimm an A ist invariant unter eigentlichen Bewegungen; d.h. wenn S irgendeine Menge ist und $\bar{S} = F^{-1}(S)$, wobei F die eigentliche Bewegung aus (6) ist, so gilt

$$A(\bar{S}) = \iint_{\bar{S}} f(\bar{x}, \bar{y})\,d\bar{x}\,d\bar{y} = \iint_S f(x, y)\,dx\,dy = A(S).$$

Dann ist $f(x, y) = \text{konst}.$

Beweis. Wir erinnern an die Transformationsformel für mehrdimensionale Integrale (vgl. Übung 15 in diesem Abschnitt):

$$\iint_S f(x,y)\,dx\,dy = \iint_{\bar{S}} f(x(\bar{x},\bar{y}), y(\bar{x},\bar{y})) \frac{\partial(x,y)}{\partial(\bar{x},\bar{y})} d\bar{x}\,d\bar{y}. \tag{7}$$

Hierbei sind $x = x(\bar{x},\bar{y})$, $y = y(\bar{x},\bar{y})$ Funktionen mit stetigen partiellen Ableitungen, die die Variablentransformation $T: \mathbb{R}^2 \to \mathbb{R}^2$ mit $\bar{S} = T^{-1}(S)$ definieren und

$$\frac{\partial(x,y)}{\partial(\bar{x},\bar{y})} = \begin{vmatrix} \frac{\partial x}{\partial \bar{x}} & \frac{\partial x}{\partial \bar{y}} \\ \frac{\partial y}{\partial \bar{x}} & \frac{\partial y}{\partial \bar{y}} \end{vmatrix}$$

ist die Jakobische der Transformation T. In unserem Spezialfall ist die Transformation die eigentliche Bewegung (6) und die Jakobische ist

$$\frac{\partial(x,y)}{\partial(\bar{x},\bar{y})} = \begin{vmatrix} \cos\varphi & -\sin\varphi \\ \sin\varphi & \cos\varphi \end{vmatrix} = 1.$$

Benutzen wir dies und Gleichung (7), so erhalten wir

$$\iint_{\bar{S}} f(x(\bar{x},\bar{y}), y(\bar{x},\bar{y}))\,d\bar{x}\,d\bar{y} = \iint_{\bar{S}} f(\bar{x},\bar{y})\,d\bar{x}\,d\bar{y}.$$

Weil das für alle S richtig ist, haben wir

$$f(x(\bar{x},\bar{y}), y(\bar{x},\bar{y})) = f(\bar{x},\bar{y}).$$

Jetzt benutzen wir die Tatsache, daß es zu jedem Paar von Punkten (x,y), $(\bar{x},\bar{y})$ in $\mathbb{R}^2$ eine eigentliche Bewegung F gibt, so daß $F(\bar{x},\bar{y}) = (x,y)$. Also

$$f(x,y) = (f \circ F)(\bar{x},\bar{y}) = f(\bar{x},\bar{y}),$$

und $f(x,y) =$ konst., wie gewünscht. □

Bemerkung 3. Der obige Beweis beruht auf zwei Tatsachen: erstens darauf, daß die Jakobische einer eigentlichen Bewegung 1 ist, und zweitens darauf, daß die eigentlichen Bewegungen transitiv auf der Ebene operieren; d.h. zu zwei gegebenen Punkten in der Ebene gibt es eine eigentliche Bewegung, die den einen Punkt in den andern überführt.

Nach diesen Vorbereitungen können wir schließlich ein Maß auf der Menge $\mathfrak{L}$ definieren. Zunächst bemerken wir, daß die eigentliche Bewegung (6) eine Transformation auf $\mathfrak{L}$ induziert. Gleichung (6) bildet nämlich die Gerade $x\cos\theta + y\sin\theta = p$ auf die Gerade

$$\bar{x}\cos(\theta - \varphi) + \bar{y}\sin(\theta - \varphi) = p - a\cos\theta - b\sin\theta$$

ab. D.h. die durch Gleichung (6) induzierte Transformation auf $\mathfrak{L}$ ist

$$\bar{p} = p - a\cos\theta - b\sin\theta,$$
$$\bar{\theta} = \theta - \varphi.$$

Man rechnet leicht nach, daß die Jakobische der obigen Transformation 1 ist, und daß solche Transformationen transitiv auf der Menge der Geraden in der Ebene operieren. Wir definieren dann das Maß einer Teilmenge $\mathfrak{S} \subset \mathfrak{L}$ als

$$\iint_{\mathfrak{S}} dp\,d\theta.$$

1.7 Globale Eigenschaften ebener Kurven

Auf dieselbe Weise wie in Prop. 1 können wir dann beweisen, daß dies bis auf ein konstantes Vielfaches das einzige Maß auf $\mathfrak{L}$ ist, das invariant ist unter eigentlichen Bewegungen. Dieses Maß ist deshalb so vernünftig wie möglich.

Wir können jetzt einen Beweis von Theorem 3 skizzieren.

Beweisskizze von Theorem 3. Wir nehmen zunächst an, daß C Segment einer Geraden ist von der Länge l. Weil unser Maß invariant ist unter eigentlichen Bewegungen, können wir annehmen, daß der Ursprung 0 des Koordinatensystems der Mittelpunkt von C ist und C auf der x-Achse liegt. Dann ist das Maß der Menge von Geraden, die C treffen (Bild 1.33)

$$\iint dp\, d\theta = \int_0^{2\pi} \left(\int_0^{|\cos\theta|\,(l/2)} dp \right) d\theta = \int_0^{2\pi} \frac{l}{2} |\cos\theta|\, d\theta = 2l.$$

Als nächstes sei C ein Polygonzug bestehend aus einer endlichen Anzahl von Segmenten C_i der Länge l_i ($\sum l_i = l$). Es sei $n(p, \theta)$ die Anzahl der Schnittpunkte der Geraden (p, θ) mit C. Summieren wir die Ergebnisse für jedes Segment C_i auf, so erhalten wir

$$\iint n\, dp\, d\theta = 2 \sum_i l_i = 2l; \tag{8}$$

das ist die Cauchy-Croftonsche Formel für einen Polygonzug. Schließlich ist es durch einen Grenzübergang möglich, die obige Formel auf alle regulären Kurven auszudehnen und damit Theorem 3 zu beweisen. □

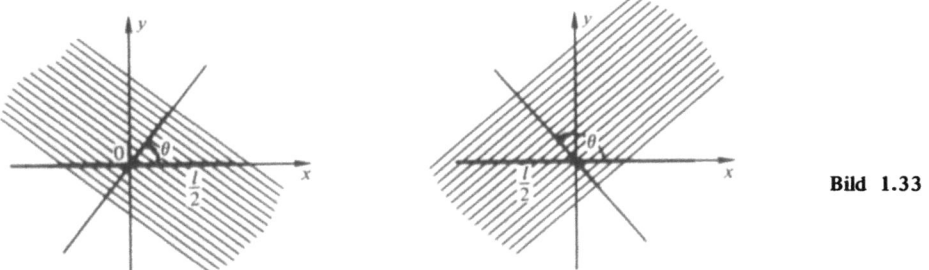

Bild 1.33

Es sollte angemerkt werden, daß die allgemeinen Ideen zu diesem Gegenstand zu einem Zweig der Geometrie gehören, der unter dem Namen Integralgeometrie bekannt ist. Einen Überblick über dieses Gebiet kann man in L. A. Santaló, „Integral Geometry", in *Studies in Global Geometry and Analysis*, herausgegeben von S. S. Chern, The Mathematical Association of America, 1967, 147–193, finden.

Die Cauchy-Croftonsche Formel kann auf vielfältige Art und Weise benutzt werden. Wenn eine Kurve z.B. nicht rektifizierbar ist (siehe Übung 9, Abschnitt 1.3), aber die linke Seite der Gleichung (8) sinnvoll ist, so kann man sie benutzen, um die „Länge" einer solchen Kurve zu definieren. Gleichung (8) kann man auch verwenden, um eine praktikable Methode zu bekommen, Längen von Kurven zu schätzen. Eine gute Approximation des Integrals in Gleichung (8) ist nämlich durch das Folgende gegeben[1]. Betrachte eine Familie von parallelen Geraden, so daß zwei aufeinanderfolgende den Abstand r haben. Drehe diese

---

[1] Ich möchte Robert Gardner für den Hinweis auf diese Anwendung und das folgende Beispiel danken.

Familie um die Winkel π/4, 2π/4, 3π/4, um vier Familien von Geraden zu erhalten. Es sei n die Anzahl der Schnittpunkte einer Kurve C mit all diesen Geraden. Dann ist

$$\frac{1}{2} nr \frac{\pi}{4}$$

eine Approximation für das Integral

$$\frac{1}{2} \int\int n \, dp \, d\theta = \text{Länge von } C$$

und liefert deshalb eine Abschätzung für die Länge von C. Um eine Vorstellung davon zu bekommen, wie gut die Abschätzung sein kann, wollen wir ein Beispiel untersuchen.

Beispiel. Bild 1.34 ist eine Zeichnung einer Elektronenmikroskopaufnahme eines kreisförmigen DNS-Moleküls, und wir wollen seine Länge schätzen. Die vier Familien von Geraden mit einem Abstand von 7 Millimetern und Winkeln von π/4 sind über das Bild gezeichnet (eine praktischere Lösung wäre es, die Familie ein für allemal auf transparentes Papier zu zeichnen). Man stellt fest, daß die Anzahl der Schnittpunkte 153 ist. Also

$$\frac{1}{2} nr \frac{\pi}{4} = \frac{1}{2} 153 \frac{3{,}14}{4} \sim 60.$$

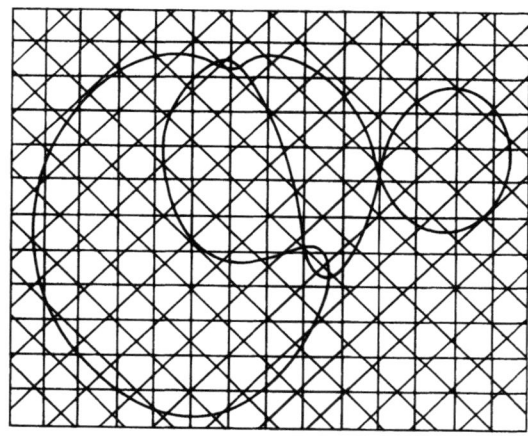

Bild 1.34
Mit freundlicher Genehmigung entnommen: H. Ris and B. C. Chandler, Cold Spring Harbor Symp. Quant. Biol. 28, 2 (1963)

Weil die Bezugslinie in diesem Bild 1 Mikrometer darstellt (= 10^{-6} Meter) und in unserer Skala 25 Millimeter mißt, ist $r = \frac{7}{25}$, und die Länge dieses DNS-Moleküls beträgt nach unseren Werten annähernd

$$60 \left(\frac{7}{25}\right) \sim 16{,}8 \text{ Mikrometer.}$$

Der tatsächliche Wert ist 16,3 Mikrometer.

Übungen

*1 Gibt es eine einfache geschlossene Kurve in der Ebene mit einer Länge von 6 Metern, die einen Flächeninhalt von 3 Quadratmetern umschließt?

*2 Es sei $\overline{AB}$ ein Segment einer Geraden und $l > $ Länge von AB. Zeige, daß die Verbindungskurve der Länge l zwischen A und B, die zusammen mit $\overline{AB}$ den größtmöglichen Flächeninhalt umschließt, ein Kreisbogen durch A und B ist (Bild 1.35).

1.7 Globale Eigenschaften ebener Kurven

3 Berechne die Krümmung der Ellipse

$$x = a \cos t, \quad y = b \sin t, \quad t \in [0, 2\pi], a \neq b,$$

und zeige, daß sie genau vier Scheitel besitzt, nämlich die Punkte $(a, 0)$, $(-a, 0)$, $(0, b)$, $(0, -b)$.

*4 Es sei C eine ebene Kurve und T die Tangente an C in $p \in C$. Ziehe eine Gerade L parallel zur Normalen in p in einem Abstand d von p (Bild 1.36). Es sei h die Länge des Segments auf L, das durch C und T bestimmt ist (h ist also die „Höhe" von C relativ zu T). Beweise, daß

$$|k(p)| = \lim_{d \to 0} \frac{2h}{d^2},$$

wobei $k(p)$ die Krümmung von C in p ist.

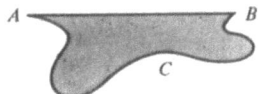

Bild 1.35

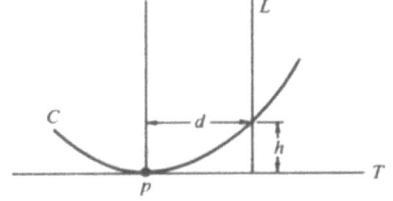

Bild 1.36

*5 Ist eine geschlossene ebene Kurve C in einer Kreisscheibe vom Radius r enthalten, so zeige, daß es einen Punkt $p \in C$ derart gibt, daß die Krümmung k von C in p $|k| \geq 1/r$ erfüllt.

6 Es sei $\alpha(s)$, $s \in [0, l]$, eine geschlossene konvexe ebene Kurve, die positiv orientiert ist. Die Kurve

$$\beta(s) = \alpha(s) - rn(s),$$

wobei r eine positive Konstante und n der Normalenvektor ist, heißt eine *Parallelkurve* zu α (Bild 1.37). Zeige:
a) Länge von β = Länge von $\alpha + 2\pi r$.
b) $A(\beta) = A(\alpha) + rl + \pi r^2$.
c) $k_\beta(s) = k_\alpha(s)/(1 + rk_\alpha(s))$.

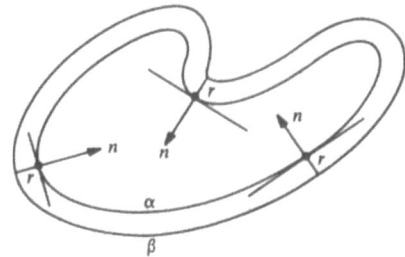

Bild 1.37

In (a)–(c) bezeichnet $A(\ )$ den von der entsprechenden Kurve eingeschlossenen Flächeninhalt, und k_α bzw. k_β ist die Krümmung von α bzw. β.

7 Es sei $\alpha: \mathbb{R} \to \mathbb{R}^2$ eine auf der ganzen reellen Geraden definierte ebene Kurve. Nimm an, daß α den Ursprung $0 = (0, 0)$ nicht trifft und daß

$$\lim_{t \to +\infty} |\alpha(t)| = \infty \quad \text{und} \quad \lim_{t \to -\infty} |\alpha(t)| = \infty$$

ist.
a) Beweise, daß es einen Punkt $t_0 \in \mathbb{R}$ gibt mit $|\alpha(t_0)| \leq |\alpha(t)|$ für alle $t \in \mathbb{R}$.
b) Gib ein Beispiel an, das zeigt, daß die Behauptung falsch wird, wenn man nicht sowohl $\lim_{t \to \infty} |\alpha(t)| = \infty$ als auch $\lim_{t \to -\infty} |\alpha(t)| = \infty$ annimmt.

8 *a) Es sei $\alpha(s)$, $s \in [0, l]$, eine ebene einfache geschlossene Kurve. Nimm an, daß für die Krümmung $k(s)$ gilt $0 < k(s) \leq c$ mit einer Konstanten c (also ist α weniger stark gekrümmt als ein Kreis vom Radius $1/c$). Beweise

Länge von $\alpha \geq \frac{2\pi}{c}$.

b) Ersetze in Teil a die Voraussetzung „einfach" durch „α hat Rotationsindex N". Beweise

$$\text{Länge von } \alpha \geq \frac{2\pi N}{c}$$

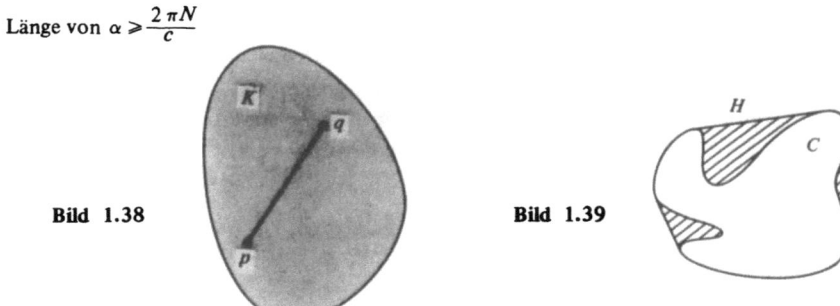

Bild 1.38   Bild 1.39

*9   Eine Menge $K \subset \mathbb{R}^2$ heißt *konvex*, wenn mit zwei beliebigen Punkten $p, q \in K$ die Strecke $\overline{pq}$ in K enthalten ist (Bild 1.38). Beweise, daß eine einfache geschlossene konvexe Kurve eine konvexe Menge berandet.

10   Es sei C eine konvexe Kurve. Zeige geometrisch, daß C keine Selbstüberschneidungen hat.

*11   Ist eine nichtkonvexe einfache geschlossene ebene Kurve C gegeben, so können wir ihre *konvexe Hülle* H (Bild 1.39) betrachten, d.h. den Rand der kleinsten konvexen Menge, die das Innere von C enthält. Die Kurve H besteht aus Bögen von C und aus Segmenten von Tangenten an C, die die „nichtkonvexen Lücken" (Bild 1.39) überbrücken. Es kann gezeigt werden, daß H eine C^1-geschlossene konvexe Kurve ist. Benutze dies, um zu zeigen, daß wir uns in der isoperimetrischen Ungleichung auf konvexe Kurven beschränken können.

*12   Betrachte einen Einheitskreis S^1 in der Ebene. Zeige, daß das Verhältnis $M_1/M_2 = 1/2$ ist, wobei M_2 das Maß aller Geraden in der Ebene ist, die S^1 treffen, und M_1 das Maß aller solchen Geraden, die in S^1 eine Sehne mit Länge $>\sqrt{3}$ bestimmen. Intuitiv ist dieses Verhältnis die Wahrscheinlichkeit dafür, daß eine Gerade, die S^1 trifft, in S^1 eine Sehne bestimmt, die länger ist als die Seite eines S^1 einbeschriebenen gleichseitigen Dreiecks (Bild 1.40).

13   Es sei C eine orientierte ebene geschlossene Kurve mit Krümmung $k > 0$. Nimm an, C hat mindestens einen Selbstüberschneidungspunkt p. Beweise:
a) Es gibt einen Punkt $p' \in C$, so daß die Tangente T' in p' parallel ist zu einer Tangente in p.
b) Der Drehwinkel der Tangente auf dem positiven Bogen von C, der aus $pp'p$ gebildet wird, ist $> \pi$ (Bild 1.41).
c) Der Rotationsindex von C ist ≥ 2.

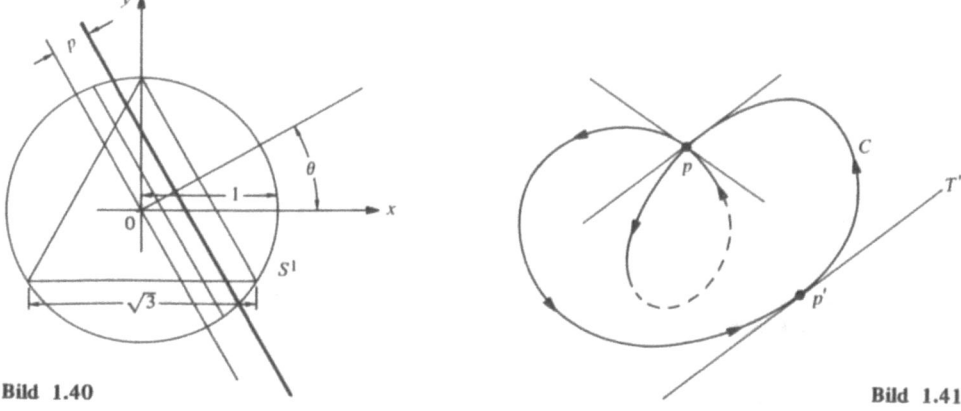

Bild 1.40   Bild 1.41

1.7 Globale Eigenschaften ebener Kurven

14 a) Zeige, daß eine Gerade L, die eine geschlossene konvexe Kurve C trifft, entweder tangential an C ist oder C in genau zwei Punkten schneidet.
b) Benutze Teil a, um zu zeigen, daß das Maß der Menge von Geraden, die C treffen (ohne Vielfachheit), gleich der Länge von C ist.

15 Der Greensche Satz in der Ebene ist eins der grundlegenden Ergebnisse in der Differential- und Integralrechnung und kann folgendermaßen formuliert werden. Es sei eine einfache geschlossene ebene Kurve $\alpha(t) = (x(t), y(t))$, $t \in [a, b]$, gegeben. Nimm an, α ist positiv orientiert, und bezeichne mit C ihre Spur und mit R das Innere von C. Es seien $p = p(x, y)$, $q = q(x, y)$ reellwertige Funktionen mit stetigen partiellen Ableitungen p_x, p_y, q_x, q_y. Dann gilt

$$\iint_R (q_x - p_y) dx\, dy = \int_C \left(p\frac{dx}{dt} + q\frac{dy}{dt}\right) dt, \tag{9}$$

wobei das zweite Integral so zu verstehen ist, daß die Funktionen p und q auf α eingeschränkt sind und das Integral an den Grenzen $t = a$ und $t = b$ zu nehmen ist. In Teil a und b unten wollen wir aus dem Greenschen Satz eine Formel für den Flächeninhalt von R und die Transformationsregel für zweidimensionale Integrale herleiten (vgl. Gleichungen (1) und (7) im Text).
a) Setze $q = x$ und $p = -y$ in Gleichung (9) und schließe

$$A(R) = \iint_R dx\, dy = \frac{1}{2} \int_a^b \left(x(t)\frac{dy}{dt} - y(t)\frac{dx}{dt}\right) dt.$$

b) Es sei $f(x, y)$ eine reellwertige Funktion mit stetigen partiellen Ableitungen und $T: \mathbb{R}^2 \to \mathbb{R}^2$ eine Koordinatentransformation, gegeben durch die Funktionen $x = x(u, v)$, $y = y(u, v)$, die ebenfalls stetige partielle Ableitungen besitzen. Wähle in Gleichung (9) $p = 0$ und q so, daß $q_x = f$. Wende der Reihe nach den Greenschen Satz, die Abbildung T und dann wieder den Greenschen Satz an und erhalte

$$\iint_R f(x,y)\, dx\, dy = \int_C q\, dy = \int_{T^{-1}(C)} (q \circ T)(y_u u'(t) + y_v v'(t))\, dt$$
$$= \iint_{T^{-1}(R)} \left\{\frac{\partial}{\partial u}((q \circ T) y_v) - \frac{\partial}{\partial v}((q \circ T) y_u)\right\} du\, dv.$$

Zeige nun

$$\frac{\partial}{\partial u}(q(x(u,v), y(u,v)) y_v) - \frac{\partial}{\partial v}(q(x(u,v), y(u,v)) y_u)$$
$$= f(x(u,v), y(u,v))(x_u y_v - x_v y_u) = f\frac{\partial(x,y)}{\partial(u,v)}.$$

Setzt man das mit dem obigen zusammen, so erhält man die Transformationsformel für zweidimensionale Integrale:

$$\iint_R f(x,y)\, dx\, dy = \iint_{T^{-1}(R)} f(x(u,v), y(u,v)) \frac{\partial(x,y)}{\partial(u,v)}\, du\, dv.$$

2 Reguläre Flächen

2.1 Einleitung

In diesem Kapitel beginnen wir mit dem Studium von Flächen. Während wir im ersten Kapitel hauptsächlich elementare Differentialrechnung einer Variablen verwendet haben, benötigen wir jetzt einige Kenntnisse aus der Differentialrechnung mehrerer Veränderlicher. Insbesondere müssen wir einiges über Stetigkeit und Differenzierbarkeit von Abbildungen in $\mathbb{R}^2$ und $\mathbb{R}^3$ wissen. Was wir brauchen, findet sich in jedem weiterführenden Werk über Differentialrechnung.

In Abschnitt 2.2 führen wir das grundlegende Konzept einer regulären Fläche in $\mathbb{R}^3$ ein. Im Gegensatz zur Behandlung von Kurven in Kapitel 1 werden reguläre Flächen als Mengen statt als Abbildungen definiert. Das Ziel von Abschnitt 2.2 ist es, einige Kriterien anzugeben, die einem helfen zu entscheiden, ob eine gegebene Teilmenge des $\mathbb{R}^3$ eine reguläre Fläche ist.

In Abschnitt 2.3 werden wir zeigen, daß es möglich ist zu definieren, wann eine Funktion auf einer regulären Fläche differenzierbar ist, und in Abschnitt 2.4 wird gezeigt, daß der übliche Begriff des Differentials in $\mathbb{R}^2$ auf solche Funktionen übertragen werden kann. Deshalb liefern reguläre Flächen in $\mathbb{R}^3$ einen natürlichen Rahmen für zweidimensionale Differentialrechnung.

Natürlich kann man Kurven vom selben Standpunkt aus behandeln, d.h. als Teilmengen des $\mathbb{R}^3$, die einen natürlichen Rahmen für eindimensionale Differentialrechnung liefern. Wir werden das kurz in Abschnitt 2.3 erwähnen.

Abschnitt 2.2 und 2.3 sind ganz wesentlich für den Rest des Buches. Anfänger könnten die Beweise in diesen Abschnitten etwas schwierig finden. Falls dem so ist, können die Beweise beim ersten Lesen übergangen werden.

In Abschnitt 2.5 führen wir die erste Fundamentalform ein, ein natürliches Hilfsmittel, um metrische Fragen auf regulären Flächen (Längen von Kurven, Flächeninhalt von Gebieten usw.) zu behandeln. In Kapitel 4 wird das von großer Bedeutung sein.

Beim ersten Lesen ist das Studium der Abschnitte 2.6 bis 2.8 freigestellt. In Abschnitt 2.6 behandeln wir die Idee der Orientierung auf regulären Flächen. Dieses Konzept benötigen wir in Kapitel 3 und 4. Für die, die diesen Abschnitt auslassen, geben wir zu Beginn von Kapitel 3 einen Überblick über den Begriff der Orientierung.

2.2 Reguläre Flächen. Urbilder regulärer Werte[1]

In diesem Abschnitt führen wir den Begriff der regulären Fläche in $\mathbb{R}^3$ ein. Grob gesprochen erhält man eine reguläre Fläche in $\mathbb{R}^3$ dadurch, daß man Stücke der Ebene verbiegt und sie

---

[1] Beweise in diesem Abschnitt können beim ersten Lesen übergangen werden.

2.2 Reguläre Flächen. Urbilder regulärer Werte

so zusammensetzt, daß das entstehende Objekt keine Spitzen, Kanten oder Selbstdurchschneidungen hat und es einen Sinn ergibt, von Tangentialebenen an Punkte dieses Objekts zu sprechen. Die zugrundeliegende Idee ist es, eine Menge zu definieren, die in gewissem Sinne zweidimensional und glatt genug ist, um die üblichen Begriffe der Differentialrechnung auf sie zu übertragen. Am Ende von Abschnitt 2.4 sollte es offensichtlich geworden sein, daß die folgende Definition die richtige ist.

Definition 1. Eine Teilmenge $S \subset \mathbb{R}^3$ ist eine *reguläre Fläche*, wenn es für jedes $p \in S$ eine Umgebung V in $\mathbb{R}^3$ gibt und eine Abbildung $x: U \to V \cap S$ einer offenen Menge $U \subset \mathbb{R}^2$ auf $V \cap S \subset \mathbb{R}^3$, so daß gilt (Bild 2.1)

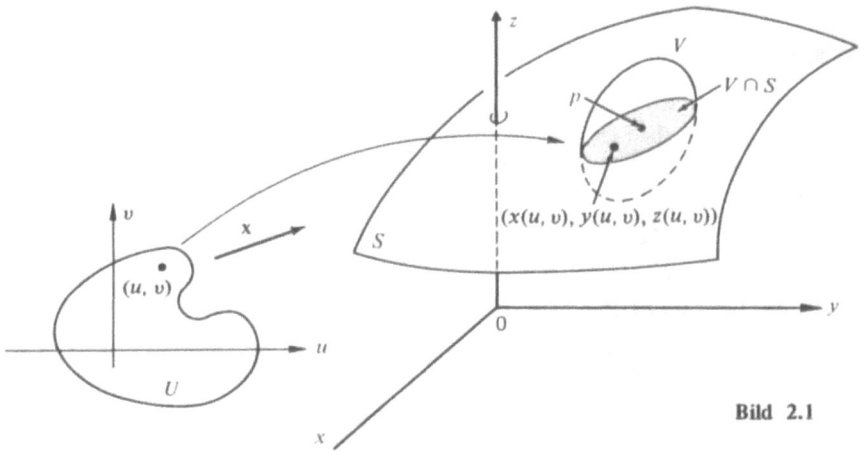

Bild 2.1

1. **x ist differenzierbar.** Das bedeutet, wenn wir
    $$x(u, v) = (x(u, v), y(u, v), z(u, v)), \quad (u, v) \in U,$$
    schreiben, daß $x(u, v), y(u, v), z(u, v)$ stetige partielle Ableitungen beliebiger Ordnung in U haben.
2. **x ist ein Homöomorphismus.** Weil x nach Bedingung 1 stetig ist, heißt das, daß es zu x eine stetige Inverse $x^{-1}: V \cap S \to U$ gibt; das bedeutet, x^{-1} ist die Einschränkung einer stetigen Abbildung $F: W \subset \mathbb{R}^3 \to \mathbb{R}^2$, definiert auf einer offenen Menge W, die $V \cap S$ enthält.
3. **(Regularitätsbedingung)** Für jedes $q \in U$ ist das Differential $dx_q: \mathbb{R}^2 \to \mathbb{R}^3$ injektiv.
    Bedingung 3 wird weiter unten erklärt.

Die Abbildung x heißt *Parametrisierung* oder (lokales) *Koordinatensystem* in (einer Umgebung von) p. Die Umgebung $V \cap S$ von p in S heißt *Koordinatenumgebung*.
Um Bedingung 3 eine vertrautere Form zu geben, wollen wir die Matrix der linearen Abbildung dx_q in den kanonischen Basen $e_1 = (1, 0), e_2 = (0, 1)$ von $\mathbb{R}^2$ mit den Koordinaten (u, v) und $f_1 = (1, 0, 0), f_2 = (0, 1, 0), f_3 = (0, 0, 1)$ von $\mathbb{R}^3$ mit den Koordinaten (x, y, z) berechnen.

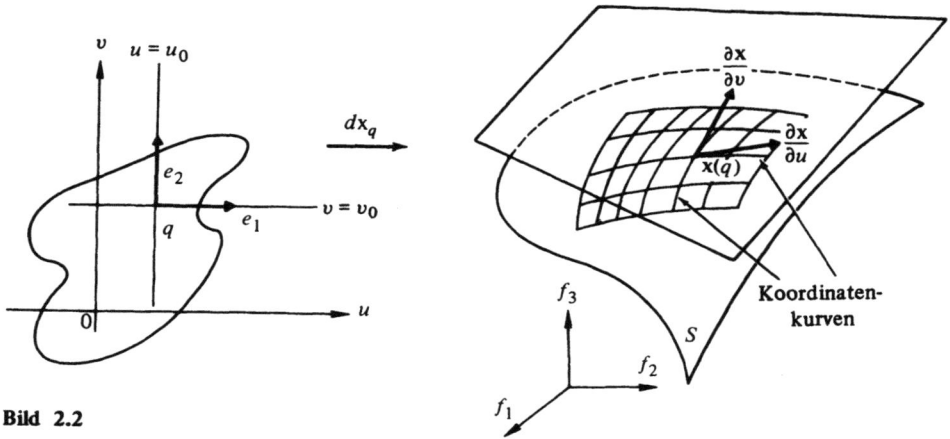

Bild 2.2

Es sei $q = (u_0, v_0)$. Der Vektor e_1 ist tangential zur Kurve $u \to (u, v_0)$, deren Bild unter **x** die Kurve

$$u \longrightarrow (x(u, v_0), y(u, v_0), z(u, v_0))$$

ist. Die Bildkurve (genannt die *Koordinatenkurve* $v = v_0$) liegt auf S und hat in $\mathbf{x}(q)$ den Tangentenvektor (Bild 2.2)

$$\left(\frac{\partial x}{\partial u}, \frac{\partial y}{\partial u}, \frac{\partial z}{\partial u}\right) = \frac{\partial \mathbf{x}}{\partial u},$$

wobei die Ableitungen in (u_0, v_0) zu nehmen sind, und ein Vektor durch seine Komponenten bezüglich der Basis f_1, f_2, f_3 dargestellt wird. Nach Definition des Differentials gilt

$$d\mathbf{x}_q(e_1) = \left(\frac{\partial x}{\partial u}, \frac{\partial y}{\partial u}, \frac{\partial z}{\partial u}\right) = \frac{\partial \mathbf{x}}{\partial u}.$$

In ähnlicher Weise erhalten wir, indem wir die Koordinatenkurve $u = u_0$ (Bild unter **x** von der Kurve $v \to (u_0, v)$) benutzen,

$$d\mathbf{x}_q(e_2) = \left(\frac{\partial x}{\partial v}, \frac{\partial y}{\partial v}, \frac{\partial z}{\partial v}\right) = \frac{\partial \mathbf{x}}{\partial v}.$$

Also ist die Matrix der linearen Abbildung $d\mathbf{x}_q$ bezüglich der zugrundeliegenden Basen

$$d\mathbf{x}_q = \begin{pmatrix} \dfrac{\partial x}{\partial u} & \dfrac{\partial x}{\partial v} \\ \dfrac{\partial y}{\partial u} & \dfrac{\partial y}{\partial v} \\ \dfrac{\partial z}{\partial u} & \dfrac{\partial z}{\partial v} \end{pmatrix}.$$

Bedingung 3 aus Definition 1 kann nun so ausgedrückt werden, daß die beiden Spaltenvektoren dieser Matrix linear unabhängig sind; oder äquivalent dazu, daß das Vektorprodukt

2.2 Reguläre Flächen. Urbilder regulärer Werte

$\partial \mathbf{x}/\partial u \wedge \partial \mathbf{x}/\partial v \neq 0$ ist; oder noch anders, daß eine der (2×2)-Unterdeterminanten der Matrix von $d\mathbf{x}_q$, d.h. eine der Jacobideterminanten

$$\frac{\partial(x, y)}{\partial(u, v)} = \begin{vmatrix} \frac{\partial x}{\partial u} & \frac{\partial x}{\partial v} \\ \frac{\partial y}{\partial u} & \frac{\partial y}{\partial v} \end{vmatrix}, \quad \frac{\partial(y, z)}{\partial(u, v)}, \quad \frac{\partial(x, z)}{\partial(u, v)},$$

bei q von Null verschieden ist.

Bemerkung 1. Definition 1 bedarf einiger Erläuterungen. Zunächst haben wir, im Gegensatz zu unserer Behandlung von Kurven in Kapitel 1, eine Fläche als eine Teilmenge S des $\mathbb{R}^3$ definiert und nicht als eine Abbildung. Das erreicht man, indem man S mit den Spuren der Parametrisierungen, die den Bedingungen 1, 2 und 3 genügen, überdeckt.

Bedingung 1 ist ganz natürlich, wenn wir Differentialgeometrie auf S treiben wollen. Die Injektivität in Bedingung 2 dient dem Zweck, Selbstdurchschneidungen bei regulären Flächen zu verhindern. Das ist offenbar notwendig, wenn wir z.B. von *der* Tangentialebene in einem Punkt $p \in S$ sprechen wollen (siehe Bild 2.3 (a)). Die Stetigkeit der Inversen in Bedingung 2 dient einem subtileren Zweck, den man erst im nächsten Abschnitt voll verstehen kann. Im Augenblick wollen wir erwähnen, daß diese Bedingung wesentlich ist, wenn man beweisen will, daß bestimmte Objekte, die in Termen einer Parametrisierung definiert sind, nicht von dieser Parametrisierung sondern nur von S selbst abhängen. Schließlich wird, wie wir in Abschnitt 2.4 zeigen werden, Bedingung 3 die Existenz einer „Tangentialebene" in allen Punkten von S garantieren (siehe Bild 2.3 (b)).

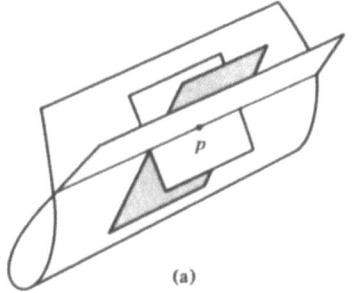
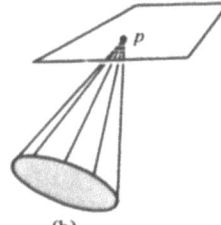

Bild 2.3
Fälle, die man bei der Definition einer regulären Fläche ausschließen muß

Beispiel 1. Wir wollen zeigen, daß die Einheitssphäre

$$S^2 = \{(x, y, z) \in \mathbb{R}^3; x^2 + y^2 + z^2 = 1\}$$

eine reguläre Fläche ist.

Zunächst stellen wir fest, daß die Abbildung $\mathbf{x}_1 : U \subset \mathbb{R}^2 \to \mathbb{R}^3$, gegeben durch

$$\mathbf{x}_1(x, y) = (x, y, +\sqrt{1 - (x^2 + y^2)}), \quad (x, y) \in U,$$

wobei $\mathbb{R}^2 = \{(x, y, z) \in \mathbb{R}^3; z = 0\}$ und $U = \{(x, y) \in \mathbb{R}^2; x^2 + y^2 < 1\}$, eine Parametrisierung von S^2 ist. Beachte, daß $\mathbf{x}_1(U)$ der (offene) Teil von S^2 über der xy-Ebene ist. Weil $x^2 + y^2 < 1$ ist, hat die Funktion $\sqrt{1 - (x^2 + y^2)}$ partielle Ableitungen beliebiger Ordnung. Also ist $\mathbf{x}_1$ differenzierbar und Bedingung 1 erfüllt.

Bedingung 3 verifiziert man leicht, da
$$\frac{\partial(x,y)}{\partial(x,y)} \equiv 1.$$
Um Bedingung 2 nachzuprüfen, beachten wir, daß x_1 injektiv, und daß x_1^{-1} die Einschränkung der (stetigen) Projektion $\pi(x, y, z) = (x, y)$ auf die Menge $x_1(U)$ ist. Daher ist x_1^{-1} stetig auf $x_1(U)$.

Wir überdecken jetzt die ganze Sphäre mit ähnlichen Parametrisierungen wie folgt. Wir definieren $x_2: U \subset \mathbb{R}^2 \to \mathbb{R}^3$ durch
$$x_2(x, y) = (x, y, -\sqrt{1 - (x^2 + y^2)}),$$
prüfen nach, daß x_2 eine Parametrisierung ist, und stellen fest, daß $x_1(U) \cup x_2(U)$ die Sphäre S^2 ohne den Äquator
$$\{(x, y, z) \in \mathbb{R}^3; x^2 + y^2 = 1, z = 0\}$$
überdeckt. Dann nehmen wir die xz- und die yz-Ebene und definieren die Parametrisierungen
$$x_3(x, z) = (x, +\sqrt{1 - (x^2 + z^2)}, z),$$
$$x_4(x, z) = (x, -\sqrt{1 - (x^2 + z^2)}, z),$$
$$x_5(y, z) = (+\sqrt{1 - (y^2 + z^2)}, y, z),$$
$$x_6(y, z) = (-\sqrt{1 - (y^2 + z^2)}, y, z),$$

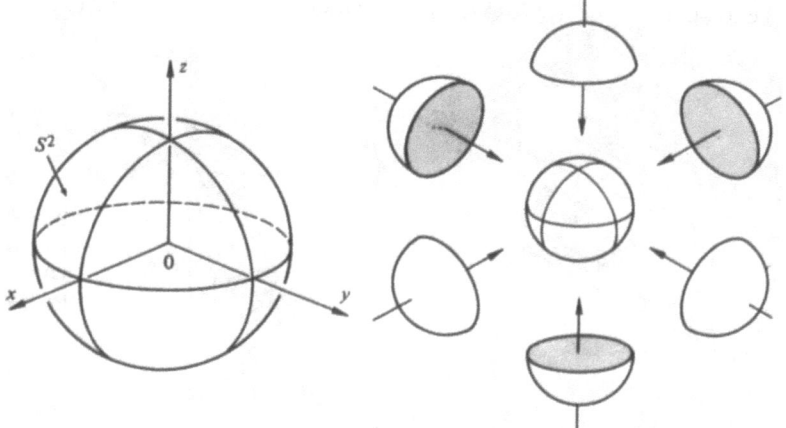

Bild 2.4

die zusammen mit x_1 und x_2 die Sphäre S^2 vollständig überdecken (Bild 2.4) und zeigen, daß S^2 eine reguläre Fläche ist.

Für die meisten Anwendungen ist es günstig, Parametrisierungen auf die geographischen Koordinaten von S^2 zu beziehen. Es sei $V = \{(\theta, \varphi); 0 < \theta < \pi, 0 < \varphi < 2\pi\}$ und $x: V \to \mathbb{R}^3$ sei gegeben durch
$$x(\theta, \varphi) = (\sin\theta \cos\varphi, \sin\theta \sin\varphi, \cos\theta).$$

2.2 Reguläre Flächen. Urbilder regulärer Werte

Offenbar gilt $\mathbf{x}(V) \subset S^2$. Wir werden beweisen, daß $\mathbf{x}$ eine Parametrisierung von S^2 ist. $\pi/2 - \theta$ heißt gewöhnlich *geographische Breite* und φ *geographische Länge* (Bild 2.5).
Es ist klar, daß die Funktionen $\sin\theta \cos\varphi$, $\sin\theta \sin\varphi$, $\cos\theta$ stetige partielle Ableitungen beliebiger Ordnung besitzen; daher ist $\mathbf{x}$ differenzierbar. Dafür, daß die Jakobideterminanten

$$\frac{\partial(x,y)}{\partial(\theta,\varphi)} = \cos\theta \sin\theta,$$

$$\frac{\partial(y,z)}{\partial(\theta,\varphi)} = \sin^2\theta \cos\varphi,$$

$$\frac{\partial(x,z)}{\partial(\theta,\varphi)} = \sin^2\theta \sin\varphi$$

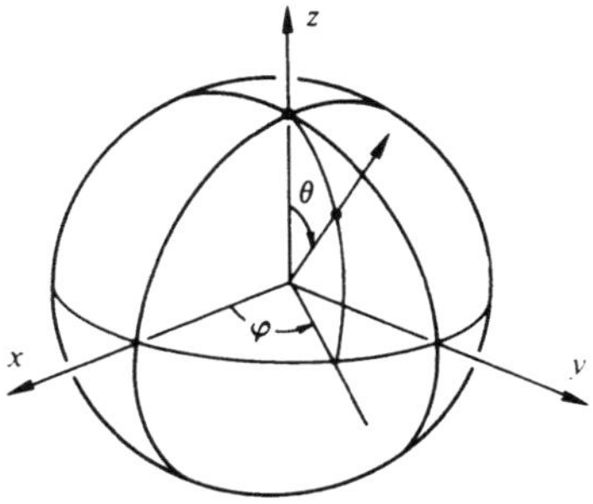

Bild 2.5

gleichzeitig verschwinden, ist es darüber hinaus notwendig, daß

$$\cos^2\theta \sin^2\theta + \sin^4\theta \cos^2\varphi + \sin^4\theta \sin^2\varphi = \sin^2\theta = 0.$$

Das aber geschieht nicht in V, und so sind Bedingungen 1 und 3 von Def. 1 erfüllt.
Als nächstes bemerken wir, daß bei gegebenem $(x,y,z) \in S^2 - C$, wobei C der Halbkreis

$$C = \{(x,y,z) \in S^2; y = 0, x \geq 0\}$$

ist, θ eindeutig bestimmt ist durch $\theta = \arccos z$, weil $0 < \theta < \pi$. Ist θ bekannt, so erhalten wir $\sin\varphi$ und $\cos\varphi$ aus $x = \sin\theta \cos\varphi$, $y = \sin\theta \sin\varphi$, und das bestimmt φ eindeutig ($0 < \varphi < 2\pi$). Es folgt, daß $\mathbf{x}$ eine Inverse $\mathbf{x}^{-1}$ besitzt. Um Bedingung 2 vollständig zu verifizieren, müßten wir beweisen, daß $\mathbf{x}^{-1}$ stetig ist. Da wir jedoch bald (Prop. 4) zeigen werden, daß dies nicht notwendig ist, wenn wir schon wissen, daß die Menge S eine reguläre Fläche ist, werden wir darauf verzichten.
Wir bemerken noch, daß $\mathbf{x}(V)$ nur einen Halbkreis von S^2 ausläßt (einschließlich der beiden Pole), und daß S^2 mit den Koordinatenumgebungen von zwei solchen Parametrisierungen überdeckt werden kann.
In Übung 16 werden wir andeuten, wie man S^2 mit weiteren nützlichen Koordinatenumgebungen überdecken kann.
Beispiel 1 zeigt, daß es mühsam sein kann, direkt anhand der Definition zu entscheiden, ob eine gegebene Teilmenge des $\mathbb{R}^3$ eine reguläre Fläche ist. Bevor wir weitere Beispiele bringen, geben wir zwei Sätze an, die uns diese Aufgabe erleichtern. Proposition 1 zeigt die Beziehung zwischen der Definition einer regulären Fläche und dem Graph einer Funktion $z = f(x,y)$. Proposition 2 benutzt den Satz über die Umkehrfunktion und beleuchtet die Beziehung zwischen der Definition einer regulären Fläche und Teilmengen der Gestalt $f(x,y,z) =$ konstant.

Proposition 1. *Ist $f: U \to \mathbb{R}$ eine differenzierbare Funktion auf einer offenen Menge $U \subset \mathbb{R}^2$, so ist der Graph von f, d.h. die aus den Punkten $(x, y, f(x,y))$ für $(x,y) \in U$ bestehende Teilmenge des $\mathbb{R}^3$, eine reguläre Fläche.*

Beweis. Es genügt zu zeigen, daß die durch

$$\mathbf{x}(u, v) = (u, v, f(u, v))$$

definierte Abbildung $\mathbf{x}\colon U \to \mathbb{R}^3$ eine Parametrisierung des Graphen ist, deren Koordinatenumgebung jeden Punkt des Graphen überdeckt. Bedingung 1 ist offenbar erfüllt, und auch Bedingung 3 bereitet keine Schwierigkeiten, da $\partial(x, y)/\partial(u, v) \equiv 1$. Schließlich ist jeder Punkt (x, y, z) aus dem Graph das Bild unter $\mathbf{x}$ des eindeutig bestimmten Punktes $(u, v) = (x, y) \in U$. $\mathbf{x}$ ist deshalb injektiv, und weil $\mathbf{x}^{-1}$ die Einschränkung der (stetigen) Projektion auf die xy-Ebene auf den Graph von f ist, ist $\mathbf{x}^{-1}$ stetig. □

Bevor wir Proposition 2 formulieren können, benötigen wir eine Definition.

Definition 2. Ist $F\colon U \subset \mathbb{R}^n \to \mathbb{R}^m$ eine differenzierbare Abbildung auf einer offenen Menge $U \subset \mathbb{R}^n$, so heißt $p \in U$ *kritischer Punkt* von F, falls das Differential $dF_p\colon \mathbb{R}^n \to \mathbb{R}^m$ keine surjektive Abbildung ist. Das Bild $F(p) \in \mathbb{R}^m$ eines kritischen Punktes heißt *kritischer Wert* von F. Ein Punkt des $\mathbb{R}^m$, der kein kritischer Wert ist, heißt *regulärer Wert* von F.

Die Terminologie wird offenbar durch den Spezialfall motiviert, bei dem $f\colon U \subset \mathbb{R} \to \mathbb{R}$ eine reellwertige Funktion einer reellen Variablen ist. Ein Punkt $x_0 \in U$ heißt kritisch, wenn $f'(x_0) = 0$, d.h. wenn das Differential df_{x_0} alle Vektoren in $\mathbb{R}$ auf den Nullvektor abbildet (Bild 2.6). Beachte, daß jeder Punkt $a \notin f(U)$ trivialerweise ein regulärer Wert von f ist.

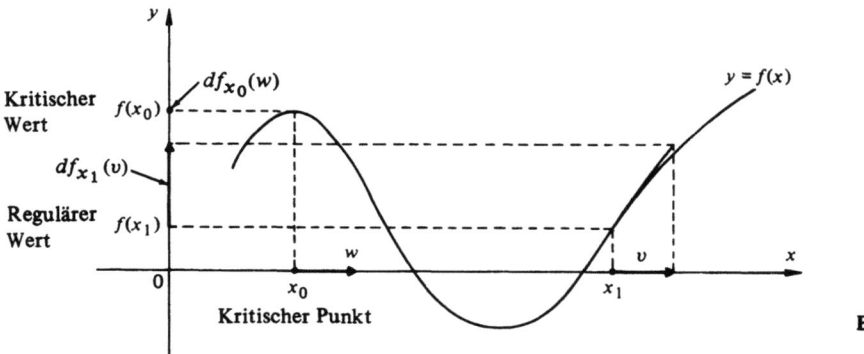

Bild 2.6

Wenn $f\colon U \subset \mathbb{R}^3 \to \mathbb{R}$ differenzierbar ist, so erhält man df_p angewandt auf den Vektor $(1, 0, 0)$, indem man den Tangentenvektor in $f(p)$ an die Kurve

$$x \longmapsto f(x, y_0, z_0)$$

berechnet. Es folgt

$$df_p(1, 0, 0) = \frac{\partial f}{\partial x}(x_0, y_0, z_0) = f_x$$

und ganz analog

$$df_p(0, 1, 0) = f_y, \qquad df_p(0, 0, 1) = f_z.$$

2.2 Reguläre Flächen. Urbilder regulärer Werte

Wir schließen daraus, daß die Matrix von df_p in der Basis $(1, 0, 0), (0, 1, 0), (0, 0, 1)$ durch

$$df_p = (f_x, f_y, f_z)$$

gegeben ist.

Beachte, daß es in diesem Fall äquivalent ist zu sagen, df_p ist nicht surjektiv und $f_x = f_y = f_z = 0$ in p. Somit ist $a \in f(U)$ genau dann ein regulärer Wert von $f: U \subset \mathbb{R}^3 \to \mathbb{R}$, wenn f_x, f_y und f_z nicht gleichzeitig in irgendeinem Punkt des Urbildes

$$f^{-1}(a) = \{(x, y, z) \in U : f(x, y, z) = a\}$$

verschwinden.

Proposition 2. *Ist $f: U \subset \mathbb{R}^3 \to \mathbb{R}$ eine differenzierbare Funktion und $a \in f(U)$ ein regulärer Wert von f, dann ist $f^{-1}(a)$ eine reguläre Fläche in $\mathbb{R}^3$.*

Beweis. Es sei $p = (x_0, y_0, z_0)$ ein Punkt aus $f^{-1}(a)$. Weil a regulärer Wert von f ist, können wir, eventuell nach Umbenennung der Achsen, annehmen, daß $f_z \neq 0$ in p. Wir definieren eine Abbildung $F: U \subset \mathbb{R}^3 \to \mathbb{R}^3$ durch

$$F(x, y, z) = (x, y, f(x, y, z))$$

und bezeichnen mit (u, v, t) die Koordinaten von Punkten des $\mathbb{R}^3$, wo F seine Werte annimmt. Das Differential von F in p ist gegeben durch

$$dF_p = \begin{pmatrix} 1 & 0 & 0 \\ 0 & 1 & 0 \\ f_x & f_y & f_z \end{pmatrix},$$

weswegen

$$\det(dF_p) = f_z \neq 0.$$

Deshalb können wir den Umkehrsatz anwenden, der die Existenz von Umgebungen V von p und W von $F(p)$ liefert, so daß $F: V \to W$ eine umkehrbare Funktion und die Umkehrfunktion $F^{-1}: W \to V$ differenzierbar ist (Bild 2.7).

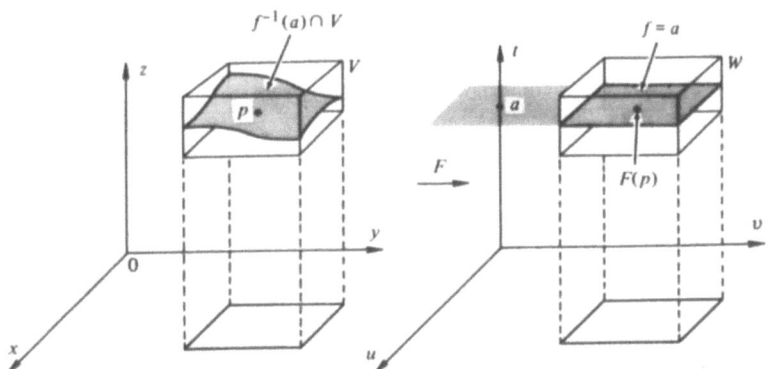

Bild 2.7

Es folgt, daß die Koordinatenfunktionen von F^{-1}, d.h. die Funktionen

$$x = u, \qquad y = v, \qquad z = g(u, v, t), \qquad (u, v, t) \in W,$$

differenzierbar sind. Insbesondere ist $z = g(u, v, a) = h(x, y)$ eine differenzierbare Funktion, definiert auf der Projektion von V auf die xy-Ebene. Weil

$$F(f^{-1}(a) \cap V) = W \cap \{(u, v, t); t = a\},$$

schließen wir, daß $f^{-1}(a) \cap V$ der Graph von h ist. Nach Proposition 1 ist $f^{-1}(a) \cap V$ eine Koordinatenumgebung von p. Deshalb besitzt jedes $p \in f^{-1}(a)$ eine Koordinatenumgebung, und $f^{-1}(a)$ ist damit eine reguläre Fläche. □

Bemerkung 2. Der Beweis besteht im wesentlichen darin, daß man den Umkehrsatz benutzt, um die Gleichung $f(x, y, z) = a$ „nach z aufzulösen". Das kann man in einer Umgebung von p machen, wenn $f_z(p) \neq 0$ ist. Diese Tatsache ist ein Spezialfall des allgemeinen Satzes über implizite Funktionen, der aus dem Umkehrsatz folgt und tatsächlich äquivalent zu ihm ist.

Beispiel 2. Das Ellipsoid

$$\frac{x^2}{a^2} + \frac{y^2}{b^2} + \frac{z^2}{c^2} = 1$$

ist eine reguläre Fläche. Es ist nämlich die Menge $f^{-1}(0)$, wo

$$f(x, y, z) = \frac{x^2}{a^2} + \frac{y^2}{b^2} + \frac{z^2}{c^2} - 1$$

eine differenzierbare Funktion und 0 regulärer Wert von f ist. Das folgt aus der Tatsache, daß die partiellen Ableitungen $f_x = 2x/a^2, f_y = 2y/b^2, f_z = 2z/c^2$ zusammen nur im Nullpunkt $(0, 0, 0)$ verschwinden, der nicht zu $f^{-1}(0)$ gehört. Dieses Beispiel umfaßt die Sphäre als Spezialfall ($a = b = c = 1$).

Die bis jetzt vorgestellten Beispiele regulärer Flächen waren zusammenhängende Teilmengen des $\mathbb{R}^3$. Eine Fläche $S \subset \mathbb{R}^3$ heißt *zusammenhängend*, wenn je zwei Punkte in ihr durch eine stetige Kurve in S verbunden werden können. In der Definition einer regulären Fläche haben wir keine Einschränkungen bezüglich des Zusammenhangs der Flächen gemacht, und das folgende Beispiel zeigt, daß die durch Proposition 2 gegebenen regulären Flächen nicht zusammenhängend sein müssen.

Beispiel 3. Das zweischalige Hyperboloid $-x^2 - y^2 + z^2 = 1$ ist eine reguläre Fläche, weil es gegeben ist als $S = f^{-1}(0)$, wobei 0 regulärer Wert von $f(x, y, z) = -x^2 - y^2 + z^2 - 1$ ist (Bild 2.8). Beachte, daß die Fläche S nicht zusammenhängend ist; d.h. es ist nicht möglich, zwei Punkte aus den beiden verschiedenen Schalen ($z > 0$ und $z < 0$) durch eine in der Fläche verlaufende stetige Kurve $\alpha(t) = (x(t), y(t), z(t))$ zu verbinden; andernfalls müßte z sein Vorzeichen ändern, und für ein t_0 müßten wir $z(t_0) = 0$ haben, was $\alpha(t_0) \notin S$ bedeutet.

Das Argument aus Beispiel 3 kann man darüber hinaus benutzen, um eine Eigenschaft zusammenhängender Flächen zu beweisen, die wir des öfteren verwenden werden. *Ist $f: S \subset \mathbb{R}^3 \to \mathbb{R}$ eine stetige Funktion ohne Nullstelle auf einer zusammenhängenden Fläche S, so ändert f auf S sein Vorzeichen nicht.*

Zum Beweis benutzen wir den Zwischenwertsatz. Nimm an, es gibt Punkte $p, q \in S$ mit $f(p) > 0$ und $f(q) < 0$. Weil S zusammenhängend ist, gibt es eine stetige Kurve $\alpha: [a, b] \to S$

2.2 Reguläre Flächen. Urbilder regulärer Werte

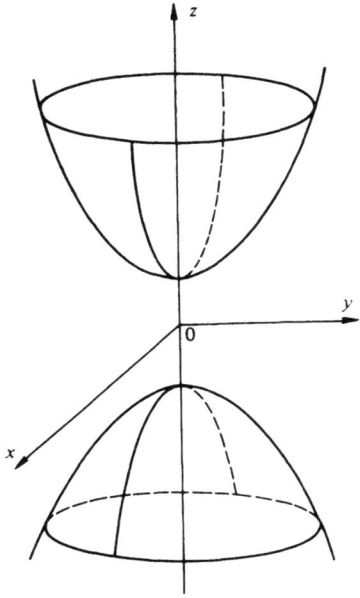

Bild 2.8
Eine nichtzusammenhängende Fläche $-y^2 - x^2 + z^2 = 1$

mit $\alpha(a) = p$, $\alpha(b) = q$. Wenden wir den Zwischenwertsatz auf die stetige Funktion $f \circ \alpha: [a, b] \to \mathbb{R}$ an, so sehen wir, daß es $c \in (a, b)$ gibt mit $f \circ \alpha(c) = 0$; d.h. f ist Null bei $\alpha(c)$, ein Widerspruch.

Beispiel 4. Der Torus T ist eine „Fläche", die erzeugt wird, indem man einen Kreis S^1 vom Radius r um eine Gerade rotiert, die in der Ebene des Kreises liegt und einen Abstand $a > r$ vom Mittelpunkt des Kreises hat (Bild 2.9).

Es sei S^1 der Kreis in der yz-Ebene mit Mittelpunkt $(0, a, 0)$. Dann ist S^1 gegeben durch $(y - a)^2 + z^2 = r^2$ und die Punkte von T, die man durch Rotation dieses Kreises um die z-Achse erhält, genügen der Gleichung

$$z^2 = r^2 - (\sqrt{x^2 + y^2} - a)^2.$$

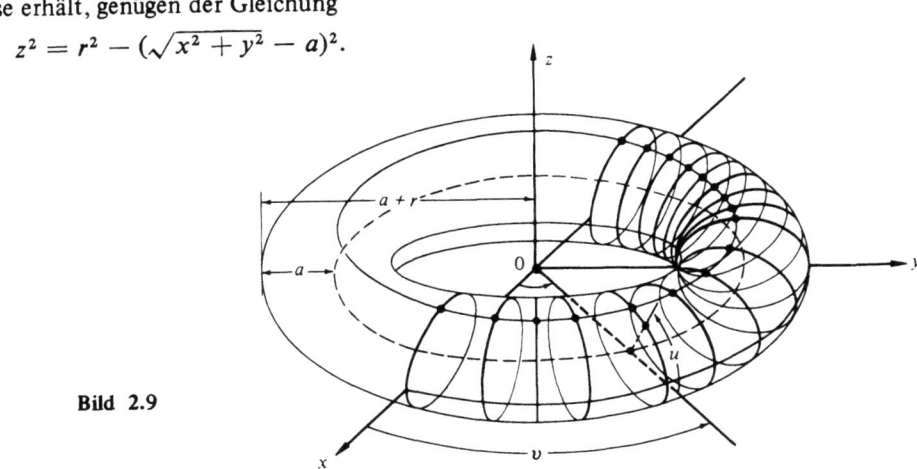

Bild 2.9

Daher ist T das Urbild von r^2 unter der Funktion

$$f(x, y, z) = z^2 + (\sqrt{x^2 + y^2} - a)^2.$$

Diese Funktion ist differenzierbar für $(x, y) \neq (0, 0)$ und weil

$$\frac{\partial f}{\partial z} = 2z, \quad \frac{\partial f}{\partial y} = \frac{2y(\sqrt{x^2 + y^2} - a)}{\sqrt{x^2 + y^2}},$$

$$\frac{\partial f}{\partial x} = \frac{2x(\sqrt{x^2 + y^2} - a)}{\sqrt{x^2 + y^2}},$$

ist r^2 regulärer Wert von f. Es folgt, daß der Torus eine reguläre Fläche ist.

Proposition 1 besagt, daß der Graph einer differenzierbaren Funktion eine reguläre Fläche ist. Der folgende Satz liefert eine lokale Umkehrung davon; d.h. jede reguläre Fläche ist lokal Graph einer differenzierbaren Funktion.

Proposition 3. *Es sei $S \subset \mathbb{R}^3$ eine reguläre Fläche und $p \in S$. Dann gibt es eine Umgebung V von p in S, so daß V der Graph einer differenzierbaren Funktion ist, die eine der folgenden drei Formen hat: $z = f(x, y), y = g(x, z), x = h(y, z)$.*

Beweis. Es sei $\mathbf{x}: U \subset \mathbb{R}^2 \to S$ eine Parametrisierung von S bei p und $\mathbf{x}(u, v) = (x(u, v), y(u, v), z(u, v))$, $(u, v) \in U$. Wegen Bedingung 3 aus Definition 1 ist eine der Jakobideterminanten

$$\frac{\partial(x, y)}{\partial(u, v)}, \quad \frac{\partial(y, z)}{\partial(u, v)}, \quad \frac{\partial(z, x)}{\partial(u, v)}$$

an der Stelle $q = \mathbf{x}^{-1}(p)$ ungleich Null.

Nimm zunächst den Fall $(\partial(x, y)/\partial(u, v))(q) \neq 0$ an und betrachte die Abbildung $\pi \circ \mathbf{x}: U \to \mathbb{R}^2$, wobei π die Projektion $\pi(x, y, z) = (x, y)$ ist. Dann ist $\pi \circ \mathbf{x}(u, v) = (x(u, v), y(u, v))$, und weil $(\partial(x, y)/\partial(u, v))(q) \neq 0$ ist, können wir den Umkehrsatz anwenden, der uns Umgebungen V_1 von q und V_2 von $\pi \circ \mathbf{x}(q)$ liefert, so daß $\pi \circ \mathbf{x} V_1$ diffeomorph auf V_2 abbildet (Bild 2.10). Es folgt, daß π eingeschränkt auf $\mathbf{x}(V_1) = V$ injektiv ist, und daß es eine differenzierbare Umkehrabbildung $(\pi \circ \mathbf{x})^{-1}: V_2 \to V_1$ gibt. Beachte nun, daß V eine Umgebung von p in S ist, da $\mathbf{x}$ ein Homöomorphismus ist.

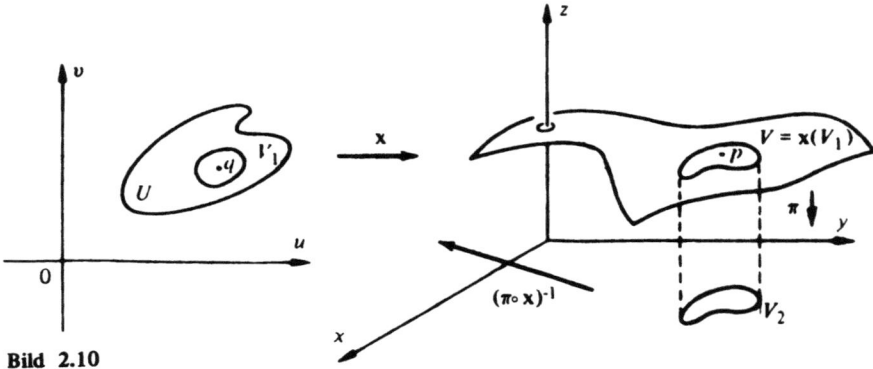

Bild 2.10

2.2 Reguläre Flächen. Urbilder regulärer Werte

Wenn wir jetzt die Abbildung $(\pi \circ \mathbf{x})^{-1} : (x, y) \to (u(x, y), v(x, y))$ mit der Funktion $(u, v) \to z(u, v)$ zusammensetzen, sehen wir, daß V der Graph der differenzieren Funktion $z = z(u(x, y), v(x, y)) = f(x, y)$ ist. Damit ist der erste Fall bewiesen.
Die restlichen Fälle können genauso behandelt werden und liefern $x = h(y, z)$ und $y = g(x, z)$. □

Der nächste Satz besagt das Folgende. Wenn wir bereits wissen, daß S eine reguläre Fläche ist, und wir einen Kandidaten $\mathbf{x}$ für eine Parametrisierung haben, so brauchen wir die Stetigkeit von $\mathbf{x}^{-1}$ nicht nachzuprüfen, vorausgesetzt die anderen Bedingungen sind erfüllt. Dies haben wir in Beispiel 1 verwendet.

Proposition 4. *Es sei $p \in S$ ein Punkt einer regulären Fläche S und $\mathbf{x}: U \subset \mathbb{R}^2 \to \mathbb{R}^3$ eine Abbildung mit $p \in \mathbf{x}(U) \subset S$, so daß die Bedingungen 1 und 3 von Definition 1 gelten. Nimm an, $\mathbf{x}$ ist injektiv. Dann ist $\mathbf{x}^{-1}$ stetig.*

Beweis. Es sei $q \in \mathbf{x}(U)$. Weil S eine reguläre Fläche ist, gibt es eine solche Umgebung $W \subset S$ von q, daß W der Graph einer differenzierbaren Funktion über einer offenen Menge V, sagen wir, der xy-Ebene ist. Es sei $N = \mathbf{x}^{-1}(W) \subset U$ und $h = \pi \circ \mathbf{x}: N \to V$, wobei $\pi(x, y, z) = (x, y)$. Dann ist $dh = \pi \circ d\mathbf{x}$ nichtsingulär in $\mathbf{x}^{-1}(q) = r$. Nach dem Umkehrsatz gibt es eine Umgebung $\Omega \subset N$, so daß $h: \Omega \to h(\Omega)$ ein Diffeomorphismus ist. Beachte, daß $\mathbf{x}(\Omega)$ eine offene Menge in S ist, und daß, eingeschränkt auf $\mathbf{x}(\Omega)$, $\mathbf{x}^{-1} = h^{-1} \circ \pi$ eine Verkettung von stetigen Abbildungen ist. Also ist $\mathbf{x}^{-1}$ stetig in q. Weil q beliebig ist, ist $\mathbf{x}^{-1}$ stetig auf $\mathbf{x}(U)$. □

Beispiel 5. Der einschalige Kegel C, gegeben durch
$$z = +\sqrt{x^2 + y^2}, \quad (x, y) \in \mathbb{R}^2,$$
ist keine reguläre Fläche. Beachte aber, daß man das nicht allein daraus schließen kann, daß die „natürliche" Parametrisierung
$$(x, y) \longrightarrow (x, y, +\sqrt{x^2 + y^2})$$
nicht differenzierbar ist; es könnte andere Parametrisierungen geben, die Definition 1 erfüllen.
Um zu zeigen, daß dies nicht der Fall ist, verwenden wir Proposition 3. Wenn C eine reguläre Fläche wäre, wäre er in einer Umgebung von $(0, 0, 0) \in C$ Graph einer differenzierbaren Funktion von einer der drei Formen: $y = h(x, z)$, $x = g(y, z)$, $z = f(x, y)$. Die ersten beiden Möglichkeiten brauchen aufgrund der einfachen Tatsache nicht betrachtet zu werden, daß die Projektionen von C auf die xz- und yz-Ebenen nicht injektiv sind. Die letzte Form müßte in einer Umgebung von $(0, 0, 0)$ mit $z = +\sqrt{x^2 + y^2}$ übereinstimmen. Weil $z = +\sqrt{x^2 + y^2}$ nicht differenzierbar ist in $(0, 0)$, ist das unmöglich.

Beispiel 6. Den Torus T aus Beispiel 4 kann man folgendermaßen parametrisieren (Bild 2.9)
$$\mathbf{x}(u, v) = ((r \cos u + a) \cos v, (r \cos u + a) \sin v, r \sin u),$$
wobei $0 < u < 2\pi, 0 < v < 2\pi$.

Bedingung 1 aus Definition 1 prüft man leicht nach, und Bedingung 3 läuft auf eine einfache Rechnung hinaus, die dem Leser als Übung überlassen wird. Da wir wissen, daß T eine reguläre Fläche ist, ist Bedingung 2 nach Proposition 4 damit äquivalent, daß $\mathbf{x}$ injektiv ist.

Um zu zeigen, daß $\mathbf{x}$ injektiv ist, bemerken wir zunächst, daß $\sin u = z/r$; auch gilt, wenn $\sqrt{x^2 + y^2} \leq a$, daß $\pi/2 \leq u \leq 3\pi/2$, und wenn $\sqrt{x^2 + y^2} \geq a$, daß entweder $0 < u \leq \pi/2$ oder $3\pi/2 \leq u < 2\pi$. Ist also (x, y, z) gegeben, so bestimmt dies eindeutig u mit $0 < u < 2\pi$. Wenn wir u, x und y kennen, finden wir $\cos v$ und $\sin v$. Das aber bestimmt eindeutig v mit $0 < v < 2\pi$. Daher ist $\mathbf{x}$ injektiv.

Man sieht leicht ein, daß der Torus durch drei derartige Koordinatenumgebungen überdeckt werden kann.

Übungen[1])

1. Zeige, daß der Zylinder $\{(x, y, z) \in \mathbb{R}^3; x^2 + y^2 = 1\}$ eine reguläre Fläche ist, und gib Parametrisierungen an, deren Koordinatenumgebungen ihn überdecken.

2. Ist die Menge $\{(x, y, z) \in \mathbb{R}^3; z = 0 \text{ und } x^2 + y^2 \leq 1\}$ eine reguläre Fläche? Ist die Menge $\{(x, y, z) \in \mathbb{R}^3; z = 0 \text{ und } x^2 + y^2 < 1\}$ eine reguläre Fläche?

3. Zeige, daß der zweischalige Kegel mit Spitze im Ursprung, d.h. die Menge $\{(x, y, z) \in \mathbb{R}^3; x^2 + y^2 - z^2 = 0\}$, keine reguläre Fläche ist.

4. Es sei $f(x, y, z) = z^2$. Zeige, daß 0 kein regulärer Wert von f ist, $f^{-1}(0)$ aber dennoch eine reguläre Fläche.

*5. Es sei $P = \{(x, y, z) \in \mathbb{R}^3; x = y\}$ (eine Ebene) und $\mathbf{x}: U \subset \mathbb{R}^2 \to \mathbb{R}^3$ sei gegeben durch
$$\mathbf{x}(u, v) = (u + v, u + v, uv),$$
wobei $U = \{(u, v) \in \mathbb{R}^2; u > v\}$. Offenbar ist $\mathbf{x}(U) \subset P$. Ist $\mathbf{x}$ eine Parametrisierung von P?

6. Gib einen anderen Beweis von Proposition 1, indem Du Proposition 2 auf $h(x, y, z) = f(x, y) - z$ anwendest.

7. Es sei $f(x, y, z) = (x + y + z - 1)^2$.
   a) Bestimme die kritischen Punkte von f.
   b) Für welche c ist die Menge $f(x, y, z) = c$ eine reguläre Fläche?
   c) Beantworte die Fragen aus a und b für die Funktion $f(x, y, z) = xyz^2$.

8. Es sei $\mathbf{x}(u, v)$ wie in Definition 1. Prüfe nach, daß $d\mathbf{x}_q: \mathbb{R}^2 \to \mathbb{R}^3$ genau dann injektiv ist, wenn
$$\frac{\partial \mathbf{x}}{\partial u} \wedge \frac{\partial \mathbf{x}}{\partial v} \neq 0.$$

9. Es sei V eine offene Teilmenge der xy-Ebene. Zeige daß die Menge
$$\{(x, y, z) \in \mathbb{R}^3; z = 0 \text{ und } (x, y) \in V\}$$
eine reguläre Fläche ist.

10. C sei die Figur „8" in der xy-Ebene und S der Zylinder über C (Bild 2.11); d.h.
$$S = \{(x, y, z) \in \mathbb{R}^3; (x, y) \in C\}.$$
Ist die Menge S eine reguläre Fläche?

---

[1]) Wenn man die Beweise in diesem Abschnitt ausgelassen hat, sollte man auch die Übungen 17–19 übergehen.

2.2 Reguläre Flächen. Urbilder regulärer Werte

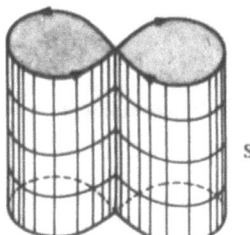

Bild 2.11

11 Zeige, daß die Menge $S = \{(x, y, z) \in \mathbb{R}^3 ; z = x^2 - y^2\}$ eine reguläre Fläche ist, und prüfe nach, daß durch a und b Parametrisierungen von S gegeben sind:
  a) $\mathbf{x}(u, v) = (u + v, u - v, 4uv)$, $(u, v) \in \mathbb{R}^2$.
  *b) $\mathbf{x}(u, v) = (u \cosh v, u \sinh v, u^2)$, $(u, v) \in \mathbb{R}^2$, $u \neq 0$.
Welche Teile von S werden von diesen Parametrisierungen überdeckt?

12 Zeige, daß $\mathbf{x} : U \subset \mathbb{R}^2 \to \mathbb{R}^3$, gegeben durch

$$\mathbf{x}(u, v) = (a \sin u \cos v, b \sin u \sin v, c \cos u), \qquad a, b, c \neq 0,$$

wobei $0 < u < \pi$, $0 < v < 2\pi$, eine Parametrisierung des Ellipsoids

$$\frac{x^2}{a^2} + \frac{y^2}{b^2} + \frac{z^2}{c^2} = 1.$$

ist. Beschreibe geometrisch die Kurven u = konst. auf dem Ellipsoid.

*13 Gib eine Parametrisierung des zweischaligen Hyperboloids $\{(x, y, z) \in \mathbb{R}^3; -x^2 - y^2 + z^2 = 1\}$ an.

14 Eine Halbgerade $[0, \infty)$ ist senkrecht zu einer Geraden E und rotiert um E von einer gegebenen Anfangsposition aus, während sich ihr Ursprung längs E bewegt. Die Bewegung ist so, daß der Ursprung einen Abstand $d = \sin^2(\theta/2)$ von der Anfangsposition hat, wenn sich $[0, \infty)$ um einen Winkel θ gedreht hat. Beweise, daß man eine reguläre Fläche erhält, nachdem man die Gerade E aus dem Bild der rotierenden Halbgerade herausgenommen hat. Was müßte man zusätzlich ausschließen, um eine reguläre Fläche zu bekommen, wenn die Bewegung derart wäre, daß $d = \sin(\theta/2)$?

*15 Zwei Punkte $p(t)$ und $q(t)$ mögen sich mit derselben Geschwindigkeit bewegen, wobei p bei $(0, 0, 0)$ beginnt und sich längs der z-Achse bewegt, während q bei $(a, 0, 0)$, $a \neq 0$, anfängt und sich parallel zur y-Achse bewegt. Zeige, daß die Gerade durch $p(t)$ und $q(t)$ eine Menge in $\mathbb{R}^3$ beschreibt, die durch $y(x - a) + zx = 0$ gegeben ist. Ist das eine reguläre Fläche?

16 Eine Möglichkeit, ein Koordinatensystem auf S^2, gegeben durch $x^2 + y^2 + (z - 1)^2 = 1$, zu definieren, ist, die sogenannte stereographische Projektion zu betrachten, $\pi : S^2 - \{N\} \to \mathbb{R}^2$, die einen Punkt $p = (x, y, z)$ der Sphäre S^2 ohne den Nordpol $N = (0, 0, 2)$ auf den Schnittpunkt der xy-Ebene mit der Geraden, die N und p verbindet, abbildet (Bild 2.12). Es sei $(u, v) = \pi(x, y, z)$, wobei $(x, y, z) \in S^2 - \{N\}$ und $(u, v) \in xy$-Ebene.
  a) Zeige, daß $\pi^{-1} : \mathbb{R}^2 \to S^2$ gegeben ist durch
  $$\pi^{-1} \begin{cases} x = \dfrac{4u}{u^2 + v^2 + 4}, \\ y = \dfrac{4v}{u^2 + v^2 + 4}, \\ z = \dfrac{2(u^2 + v^2)}{u^2 + v^2 + 4}. \end{cases}$$
  b) Zeige, daß es möglich ist, stereographische Projektionen zu benutzen, um die Sphäre mit zwei Koordinatenumgebungen zu überdecken.

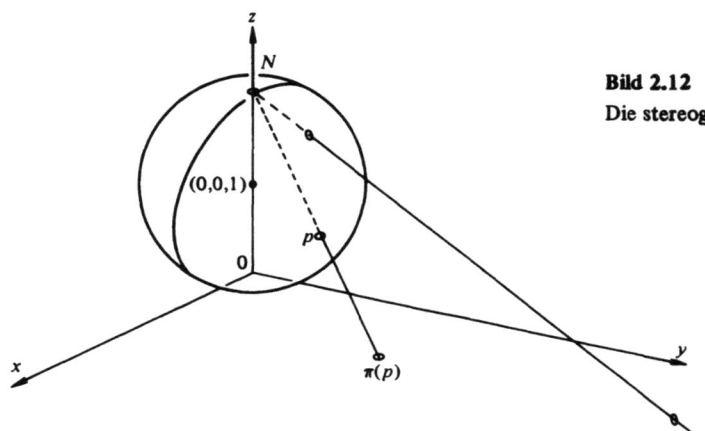

Bild 2.12
Die stereographische Projektion

17 Definiere eine reguläre Kurve analog zu einer regulären Fläche. Beweise:
a) Das Urbild eines regulären Wertes einer differenzierbaren Funktion
$$f: U \subset \mathbb{R}^2 \to \mathbb{R}$$
ist eine reguläre ebene Kurve. Gib ein Beispiel einer solchen Kurve, die nicht zusammenhängend ist.
b) Das Urbild eines regulären Wertes einer differenzierbaren Abbildung
$$F: U \subset \mathbb{R}^3 \to \mathbb{R}^2$$
ist eine reguläre Kurve in $\mathbb{R}^3$. Zeige die Beziehung zwischen dieser Tatsache auf und der klassischen Art, Kurven in $\mathbb{R}^3$ als Durchschnitt von zwei Flächen zu definieren.
*c) Die Menge $C = \{(x, y) \in \mathbb{R}^2; x^2 = y^3\}$ ist keine reguläre Kurve.

*18 Nimm an, $f(x, y, z) = u =$ konst., $g(x, y, z) = v =$ konst. und $h(x, y, z) = w =$ konst. beschreiben drei Familien regulärer Flächen, und bei (x_0, y_0, z_0) sei die Jakobische
$$\frac{\partial(f, g, h)}{\partial(x, y, z)} \neq 0.$$
Beweise, daß die drei Familien in einer Umgebung von (x_0, y_0, z_0) durch eine Abbildung $F(u, v, w) = (x, y, z)$ auf einer offenen Menge des $\mathbb{R}^3$ in den $\mathbb{R}^3$ beschrieben werden, wobei man eine lokale Parametrisierung der Fläche der Familie $f(x, y, z) = u$ z. B. dadurch erhält, daß man $u =$ konst. in dieser Abbildung setzt. Bestimme F für den Fall der folgenden drei Familien von Flächen:
$$f(x, y, z) = x^2 + y^2 + z^2 = u = \text{konst.}, \quad \text{(Sphären mit Mittelpunkt } (0, 0, 0));$$
$$g(x, y, z) = \frac{y}{x} = v = \text{konst.}, \quad \text{(Ebenen durch die } z\text{-Achse)};$$
$$h(x, y, z) = \frac{x^2 + y^2}{z^2} = w = \text{konst.}, \quad \text{(Kegel mit Spitze } (0, 0, 0)).$$

*19 Es sei $\alpha: (-3, 0) \to \mathbb{R}^2$ definiert durch (Bild 2.13)
$$\alpha(t) \begin{cases} = (0, -(t+2)), & \text{falls } t \in (-3, -1), \\ = \text{reguläre parametrisierte Kurve, die } p = (0, -1) \text{ und } q = \left(\frac{1}{\pi}, 0\right) \text{ verbindet,} \\ \quad \text{falls } t \in \left(-1, -\frac{1}{\pi}\right), \\ = \left(-t, -\sin\frac{1}{t}\right), \text{ falls } t \in \left(-\frac{1}{\pi}, 0\right). \end{cases}$$

2.3 Parameterwechsel. Differenzierbare Funktionen auf Flächen

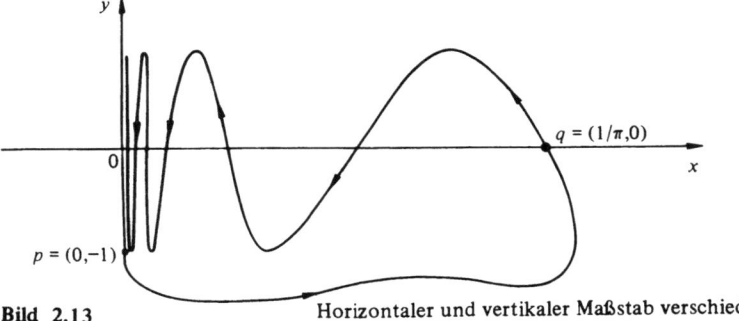

Bild 2.13   Horizontaler und vertikaler Maßstab verschieden

Es ist möglich, die p und q verbindende Kurve so zu definieren, daß alle Ableitungen von α stetig sind an den entsprechenden Punkten und α keine Selbstüberschneidungen hat. Es sei C die Spur von α.
a) Ist C eine reguläre Kurve?
b) Entsteht eine reguläre Fläche, wenn man eine Normale zur Ebene $\mathbb{R}^2$ die Kurve C durchlaufen läßt, so daß sie einen „Zylinder" beschreibt?

2.3 Parameterwechsel. Differenzierbare Funktionen auf Flächen[1])

Die Differentialgeometrie befaßt sich mit denjenigen Eigenschaften von Flächen, die von ihrem Verhalten in der Umgebung eines Punktes abhängen. Die in Abschnitt 2.2 gegebene Definition einer regulären Fläche ist diesem Zweck angemessen. Nach dieser Definition gehört jeder Punkt p einer regulären Fläche zu einer Koordinatenumgebung. Die Punkte einer solchen Umgebung sind durch ihre Koordinaten charakterisiert, und es sollte daher möglich sein, lokale Eigenschaften, die uns interessieren, in Termen dieser Koordinaten zu definieren.

Es ist zum Beispiel wichtig, daß wir in der Lage sind zu definieren, was es für eine Funktion $f: S \to \mathbb{R}$ bedeutet, differenzierbar zu sein in einem Punkt p einer regulären Fläche S. Natürlicherweise geht man so vor, daß man eine Koordinatenumgebung von p wählt, mit Koordinaten u, v, und sagt, f ist differenzierbar in p, wenn ihre Darstellung in den Koordinaten u und v stetige partielle Ableitungen beliebiger Ordnung besitzt.

Derselbe Punkt von S kann jedoch zu verschiedenen Koordinatenumgebungen gehören (bei der Sphäre aus Beispiel 1 in Abschnitt 2.2 gehört jeder Punkt aus dem Innern des ersten Oktanten zu jeder der drei angegebenen Koordinatenumgebungen). Darüber hinaus könnte man noch andere Koordinatensysteme in einer Umgebung von p wählen (die Punkte auf der Sphäre könnten auch durch geographische Koordinaten oder durch die stereographische Projektion parametrisiert werden; vgl. Übung 16, Abschnitt 2.2). Damit also die obige Definition einen Sinn ergibt, ist es notwendig, daß sie nicht von dem gewählten Koordinatensystem abhängt. Man muß mit anderen Worten zeigen, daß, wenn p zu zwei

---

[1]) Beweise in diesem Abschnitt können beim ersten Lesen übergangen werden.

Koordinatenumgebungen mit Parametern (u, v) und (ξ, η) gehört, es möglich ist, von einem dieser Paare von Koordinaten zum anderen mittels einer differenzierbaren Funktion überzugehen.

Der folgende Satz zeigt, daß dies richtig ist.

Proposition 1 (Parameterwechsel). *Es sei p ein Punkt einer regulären Fläche S und $\mathbf{x}: U \subset \mathbb{R}^2 \to S$, $\mathbf{y}: V \subset \mathbb{R}^2 \to S$ seien zwei Parametrisierungen von S, so daß $p \in \mathbf{x}(U) \cap \mathbf{y}(V) = W$. Dann ist der „Koordinatenwechsel" $h := \mathbf{x}^{-1} \circ \mathbf{y}: \mathbf{y}^{-1}(W) \to \mathbf{x}^{-1}(W)$ (Bild 2.14) ein Diffeomorphismus; d.h. h ist differenzierbar und besitzt eine differenzierbare Umkehrabbildung h^{-1}.*

Mit anderen Worten, wenn $\mathbf{x}$ und $\mathbf{y}$ durch

$$\mathbf{x}(u, v) = (x(u, v), y(u, v), z(u, v)), \quad (u, v) \in U,$$
$$\mathbf{y}(\xi, \eta) = (x(\xi, \eta), y(\xi, \eta), z(\xi, \eta)), \quad (\xi, \eta) \in V,$$

gegeben sind, so hat der durch

$$u = u(\xi, \eta), \quad v = v(\xi, \eta), \quad (\xi, \eta) \in \mathbf{y}^{-1}(W),$$

gegebene Koordinatenwechsel h die Eigenschaft, daß die Funktionen u und v stetige partielle Ableitungen beliebiger Ordnung besitzen, und daß die Abbildung h umgekehrt werden kann,

$$\xi = \xi(u, v), \quad \eta = \eta(u, v), \quad (u, v) \in \mathbf{x}^{-1}(W),$$

wobei die Funktionen ξ und η ebenfalls partielle Ableitungen beliebiger Ordnung haben.

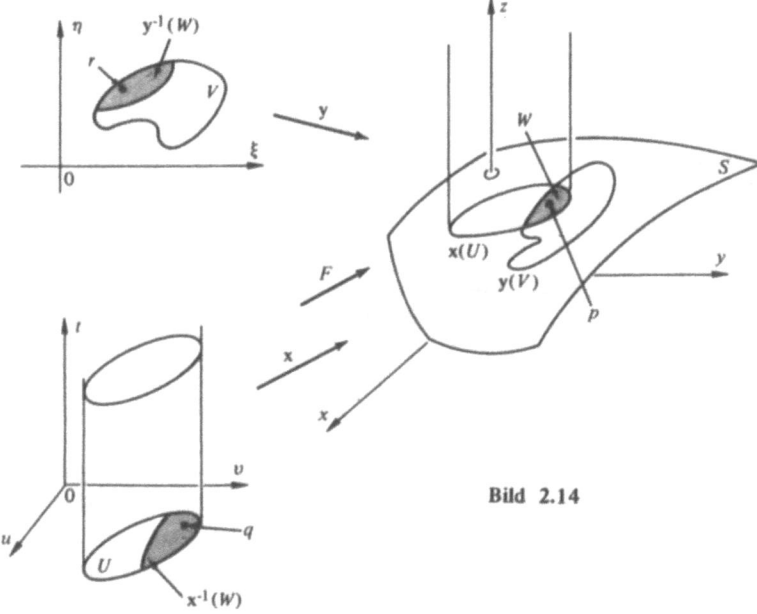

Bild 2.14

2.3 Parameterwechsel. Differenzierbare Funktionen auf Flächen

Weil
$$\frac{\partial(u, v)}{\partial(\xi, \eta)} \cdot \frac{\partial(\xi, \eta)}{\partial(u, v)} = 1,$$
folgt, daß die Jakobideterminanten von h wie von h^{-1} überall von Null verschieden sind.

Beweis von Prop. 1. $h = \mathbf{x}^{-1} \circ \mathbf{y}$ ist ein Homöomorphismus, da es aus Homöomorphismen zusammengesetzt ist. Es ist nicht möglich, mit einem analogen Argument zu schließen, daß h differenzierbar ist, weil $\mathbf{x}^{-1}$ auf einer offenen Teilmenge von S definiert ist, und wir noch nicht wissen, was eine differenzierbare Funktion auf S ist.
Wir gehen folgendermaßen vor. Es sei $r \in \mathbf{y}^{-1}(W)$ und $q = h(r)$. Weil $\mathbf{x}(u, v) = (x(u, v), y(u, v), z(u, v))$ eine Parametrisierung ist, können wir annehmen, indem wir wenn nötig die Achsen umbenennen, daß
$$\frac{\partial(x, y)}{\partial(u, v)}(q) \neq 0.$$
Wir erweitern $\mathbf{x}$ zu einer Abbildung $F: U \times \mathbb{R} \to \mathbb{R}^3$ durch
$$F(u, v, t) = (x(u, v), y(u, v), z(u, v) + t), \quad (u, v) \in U, t \in \mathbb{R}.$$
Geometrisch bildet F einen vertikalen Zylinder C über U auf einen „vertikalen Zylinder" über $\mathbf{x}(U)$ ab, wobei jeder Schnitt von C in der Höhe t auf die Fläche $\mathbf{x}(u, v) + t e_3$ abgebildet wird; e_3 ist der Einheitsvektor auf der z-Achse (Bild 2.14).
Offenbar ist F differenzierbar und $F_{|U \times \{0\}} = \mathbf{x}$. Berechnen wir die Determinante des Differentials dF_q, so erhalten wir
$$\begin{vmatrix} \frac{\partial x}{\partial u} & \frac{\partial x}{\partial v} & 0 \\ \frac{\partial y}{\partial u} & \frac{\partial y}{\partial v} & 0 \\ \frac{\partial z}{\partial u} & \frac{\partial z}{\partial v} & 1 \end{vmatrix} = \frac{\partial(x, y)}{\partial(u, v)}(q) \neq 0.$$
Deshalb können wir den Umkehrsatz anwenden, der uns eine Umgebung M von $\mathbf{x}(q)$ in $\mathbb{R}^3$ liefert, so daß F^{-1} auf M existiert und differenzierbar ist.
Aufgrund der Stetigkeit von $\mathbf{y}$ gibt es eine Umgebung N von r in V, so daß $\mathbf{y}(N) \subset M$. Beachte, daß $h_{|N} = F^{-1} \circ \mathbf{y}_{|N}$ eine Verkettung differenzierbarer Abbildungen ist. Also können wir die Kettenregel anwenden und schließen, daß h differenzierbar ist in r. Weil r beliebig war, ist h differenzierbar auf $\mathbf{y}^{-1}(W)$.
Dasselbe Argument kann man benutzen, um zu zeigen, daß die Abbildung h^{-1} differenzierbar ist; deshalb ist h ein Diffeomorphismus. □

Wir werden jetzt explizit definieren, was wir unter einer differenzierbaren Funktion auf einer regulären Fläche verstehen.

Definition 1. Es sei $f: V \subset S \to \mathbb{R}$ eine auf einer offenen Teilmenge V einer regulären Fläche S definierte Funktion. Dann heißt f *differenzierbar in* $p \in V$, wenn für eine Parametrisierung $\mathbf{x}: U \subset \mathbb{R}^2 \to S$ mit $p \in \mathbf{x}(U) \subset V$ die Verkettung $f \circ \mathbf{x}: U \subset \mathbb{R}^2 \to \mathbb{R}$ differenzierbar ist in $\mathbf{x}^{-1}(p)$. f heißt *differenzierbar* auf V, wenn es in allen Punkten von V differenzierbar ist.

Es folgt sofort aus dem letzten Satz, daß die hier gegebene Definition nicht von der Wahl der Parametrisierung $\mathbf{x}$ abhängt. Ist nämlich $\mathbf{y}\colon W \subset \mathbb{R}^2 \to S$ eine andere Parametrisierung mit $p \in \mathbf{y}(W)$ und $h := \mathbf{x}^{-1} \circ \mathbf{y}$, so ist $f \circ \mathbf{y} = f \circ \mathbf{x} \circ h$ ebenfalls differenzierbar, woraus die behauptete Unabhängigkeit folgt.

Bemerkung 1. Wir werden bei der Notation häufig nicht so genau sein und f und $f \circ \mathbf{x}$ mit demselben Symbol $f(u, v)$ bezeichnen und sagen, $f(u, v)$ ist die *Darstellung* von f im Koordinatensystem $\mathbf{x}$. Das ist äquivalent dazu, daß wir $\mathbf{x}(U)$ und U identifizieren und uns (u, v) sowohl als Punkt aus U als auch als Punkt aus $\mathbf{x}(U)$ mit den Koordinaten (u, v) vorstellen. Solche Ungenauigkeiten werden wir von jetzt ab ohne Kommentar zulassen.

Beispiel 1. Es sei S eine reguläre Fläche und $V \subset \mathbb{R}^3$ eine offene Menge mit $S \subset V$. Es sei $f\colon V \subset \mathbb{R}^3 \to \mathbb{R}$ eine differenzierbare Funktion. Dann ist die Einschränkung von f auf S eine differenzierbare Funktion auf S. Denn für jedes $p \in S$ und jede Parametrisierung $\mathbf{x}\colon U \subset \mathbb{R}^2 \to S$ bei p ist die Funktion $f \circ \mathbf{x}\colon U \to \mathbb{R}$ differenzierbar. Insbesondere sind die folgenden Funktionen differenzierbar:

1. Die *Höhenfunktion* bez. eines Einheitsvektors $v \in \mathbb{R}^3$, $h\colon S \to \mathbb{R}$, gegeben durch $h(p) = p \cdot v$, $p \in S$, wobei der Punkt für das übliche innere Produkt in $\mathbb{R}^3$ steht. $h(p)$ ist die Höhe von $p \in S$ bezüglich der Ebene senkrecht zu v, die durch den Ursprung von $\mathbb{R}^3$ geht (Bild 2.15).

2. Das Quadrat des Abstands von einem festen Punkt $p_0 \in \mathbb{R}^3$, $f(p) = |p - p_0|^2$, $p \in S$. Man muß hier das Quadrat nehmen, weil der Abstand $|p - p_0|$ nicht differenzierbar ist bei $p = p_0$.

Bemerkung 2. Der Beweis von Prop. 1 benutzt ganz wesentlich, daß das Inverse einer Parametrisierung stetig ist. Da wir Prop. 1 benötigen, um differenzierbare Funktionen auf Flächen zu definieren (ein ganz wichtiger Begriff), können wir nicht auf diese Bedingung in der Definition einer regulären Fläche verzichten (vgl. Bemerkung 1 aus Abschnitt 2.2).

Die Definition der Differenzierbarkeit kann man leicht auf Abbildungen zwischen Flächen übertragen. Eine stetige Abbildung $\varphi\colon V_1 \subset S_1 \to S_2$ von einer offenen Menge V_1 einer regulären Fläche S_1 in eine reguläre Fläche S_2 heißt *differenzierbar in* $p \in V_1$, wenn für Parametrisierungen

$$\mathbf{x}_1\colon U_1 \subset \mathbb{R}^2 \longrightarrow S_1 \qquad \mathbf{x}_2\colon U_2 \subset \mathbb{R}^2 \longrightarrow S_2,$$

mit $p \in \mathbf{x}_1(U_1)$ und $\varphi(\mathbf{x}_1(U_1)) \subset \mathbf{x}_2(U_2)$ die Abbildung

$$\mathbf{x}_2^{-1} \circ \varphi \circ \mathbf{x}_1\colon U_1 \longrightarrow U_2$$

differenzierbar ist in $q = \mathbf{x}_1^{-1}(p)$ (Bild 2.16).

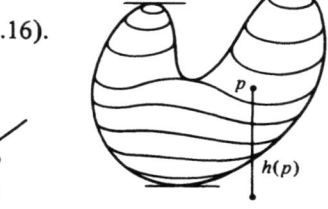

Bild 2.15

2.3 Parameterwechsel. Differenzierbare Funktionen auf Flächen

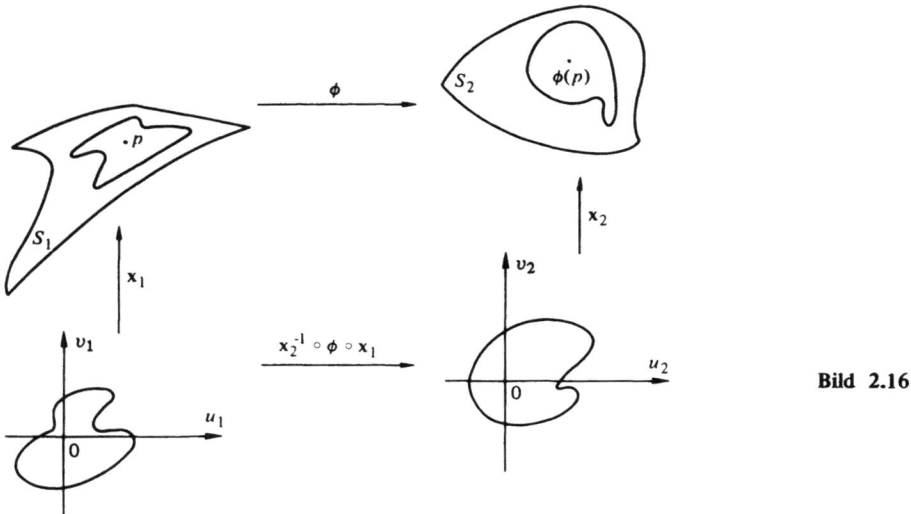

Bild 2.16

φ ist mit anderen Worten differenzierbar, wenn in der Darstellung in lokalen Koordinaten $\varphi(u_1, u_2) = (\varphi_1(u_1, u_2), \varphi_2(u_1, u_2))$ die Funktionen φ_1 und φ_2 stetige partielle Ableitungen beliebiger Ordnung besitzen.

Der Beweis dafür, daß diese Definition nicht von der Wahl der Parametrisierung abhängt, sei dem Leser überlassen.

Wir wollen erwähnen, daß der natürliche Äquivalenzbegriff im Zusammenhang mit Differenzierbarkeit der Begriff des Diffeomorphismus ist. Zwei reguläre Flächen S_1 und S_2 sind *diffeomorph*, wenn es eine differenzierbare Abbildung $\varphi: S_1 \to S_2$ gibt und eine differenzierbare Umkehrabbildung $\varphi^{-1}: S_2 \to S_1$. Solch ein φ heißt *Diffeomorphismus* von S_1 und S_2. Der Begriff des Diffeomorphismus spielt beim Studium regulärer Flächen dieselbe Rolle wie der Begriff des Isomorphismus beim Studium der Vektorräume oder der Begriff der Kongruenz in der Euklidischen Geometrie. Mit anderen Worten, zwei diffeomorphe Flächen sind vom Standpunkt der Differenzierbarkeit aus ununterscheidbar.

Beispiel 2. Wenn $\mathbf{x}: U \subset \mathbb{R}^2 \to S$ eine Parametrisierung ist, so ist $\mathbf{x}^{-1}: \mathbf{x}(U) \to \mathbb{R}^2$ differenzierbar. Für jedes $p \in \mathbf{x}(U)$ und jede Parametrisierung $\mathbf{y}: V \subset \mathbb{R}^2 \to S$ bei p gilt nämlich, daß $\mathbf{x}^{-1} \circ \mathbf{y}: \mathbf{y}^{-1}(W) \to \mathbf{x}^{-1}(W)$ differenzierbar ist, wobei

$$W = \mathbf{x}(U) \cap \mathbf{y}(V).$$

Das zeigt, daß U und $\mathbf{x}(U)$ diffeomorph sind (d.h. jede reguläre Fläche ist lokal diffeomorph zur Ebene), und rechtfertigt die in Bemerkung 1 gemachte Identifikation.

Beispiel 3. Es seien S_1 und S_2 reguläre Flächen. Nimm an $S_1 \subset V \subset \mathbb{R}^3$, wobei V eine offene Menge in $\mathbb{R}^3$ ist, und daß $\varphi: V \to \mathbb{R}^3$ eine differenzierbare Abbildung ist mit $\varphi(S_1) \subset S_2$. Dann ist die Einschränkung $\varphi_{|S_1}: S_1 \to S_2$ eine differenzierbare Abbildung.

Sind nämlich $p \in S_1$ und Parametrisierungen $\mathbf{x}_1: U_1 \to S_1, \mathbf{x}_2: U_2 \to S_2$ mit $p \in \mathbf{x}_1(U_1)$ und $\varphi(\mathbf{x}_1(U_1)) \subset \mathbf{x}_2(U_2)$ gegeben, so ist die Abbildung

$$\mathbf{x}_2^{-1} \circ \varphi \circ \mathbf{x}_1: U_1 \longrightarrow U_2$$

differenzierbar. Das folgende sind Spezialfälle dieses allgemeinen Beispiels:

1. Es sei S symmetrisch bez. der xy-Ebene; d.h. wenn $(x, y, z) \in S$, so auch $(x, y, -z) \in S$. Dann ist die Abbildung $\sigma: S \to S$, die $p \in S$ in den symmetrischen Punkt abbildet, differenzierbar, weil sie die Einschränkung von $\sigma: \mathbb{R}^3 \to \mathbb{R}^3$, $\sigma(x, y, z) = (x, y, -z)$, auf S ist. Das läßt sich natürlich auf Flächen verallgemeinern, die symmetrisch sind zu irgendeiner Ebene in $\mathbb{R}^3$.
2. Es sei $R_{z,\theta}: \mathbb{R}^3 \to \mathbb{R}^3$ die Drehung um die z-Achse um den Winkel θ und $S \subset \mathbb{R}^3$ sei eine reguläre Fläche, die unter dieser Drehung invariant ist; d.h. für $p \in S$ ist $R_{z,\theta}(p) \in S$. Dann ist die Einschränkung $R_{z,\theta}: S \to S$ eine differenzierbare Abbildung.
3. Es sei $\varphi: \mathbb{R}^3 \to \mathbb{R}^3$ gegeben durch $\varphi(x, y, z) = (xa, yb, zc)$, wobei a, b, c von Null verschiedene reelle Zahlen sind. Offensichtlich ist φ differenzierbar, und die Einschränkung $\varphi|_{S^2}$ ist eine differenzierbare Abbildung von der Sphäre

$$S^2 = \{(x, y, z) \in R^3 ; x^2 + y^2 + z^2 = 1\}$$

in das Ellipsoid

$$\left\{(x, y, z) \in R^3 ; \frac{x^2}{a^2} + \frac{y^2}{b^2} + \frac{z^2}{c^2} = 1\right\}.$$

Bemerkung 3. Prop. 1 impliziert (vgl. Beispiel 2), daß eine Parametrisierung $\mathbf{x}: U \subset \mathbb{R}^2 \to S$ ein Diffeomorphismus von U auf $\mathbf{x}(U)$ ist. In der Tat können wir jetzt reguläre Flächen als solche Teilmengen $S \subset \mathbb{R}^3$ charakterisieren, die lokal diffeomorph sind zu $\mathbb{R}^2$; d.h. zu jedem Punkt $p \in S$ gibt es eine Umgebung V von p in S, eine offene Menge $U \subset \mathbb{R}^2$ und eine Abbildung $\mathbf{x}: U \to V$, die ein Diffeomorphismus ist. Diese hübsche Charakterisierung könnte man zum Ausgangspunkt einer Behandlung von Fläche nehmen (siehe Übung 13).

In diesem Stadium könnten wir uns wieder der Theorie der Kurven zuwenden und sie vom Standpunkt dieses Kapitels aus behandeln, d.h. als Teilmengen des $\mathbb{R}^3$. Wir werden nur einige grundlegende Punkte erwähnen und die Details dem Leser überlassen.

Das Symbol I bezeichne ein offenes Intervall der reellen Geraden $\mathbb{R}$. Eine *reguläre Kurve* in $\mathbb{R}^3$ ist eine Teilmenge $C \subset \mathbb{R}^3$ mit der folgenden Eigenschaft. Zu jedem Punkt $p \in C$ gibt es eine Umgebung V von p in $\mathbb{R}^3$ und einen differenzierbaren Homöomorphismus $\alpha: I \subset \mathbb{R} \to V \cap C$, so daß das Differential $d\alpha_t$ injektiv ist für jedes $t \in I$ (Bild 2.17).

Man kann beweisen (Übung 15), daß der Parameterwechsel (wie bei Flächen) durch einen Diffeomorphismus gegeben wird. Aufgrund dieses fundamentalen Ergebnisses ist es möglich zu entscheiden, ob eine gegebene Eigenschaft, die mittels einer Parametrisierung gewonnen wurde, unabhängig von dieser Parametrisierung ist. Eine solche Eigenschaft ist dann eine lokale Eigenschaft der Menge C.

Es wird z.B. gezeigt, daß die in Kapitel 1 definierte Bogenlänge unabhängig von der gewählten Parametrisierung und damit eine Eigenschaft der Menge C ist. Da es immer möglich ist, eine reguläre Kurve C lokal nach der Bogenlänge zu parametrisieren, sind die durch diese Parametrisierung bestimmten Eigenschaften (Krümmung, Torsion etc.) lokale Eigenschaf-

2.3 Parameterwechsel. Differenzierbare Funktionen auf Flächen 63

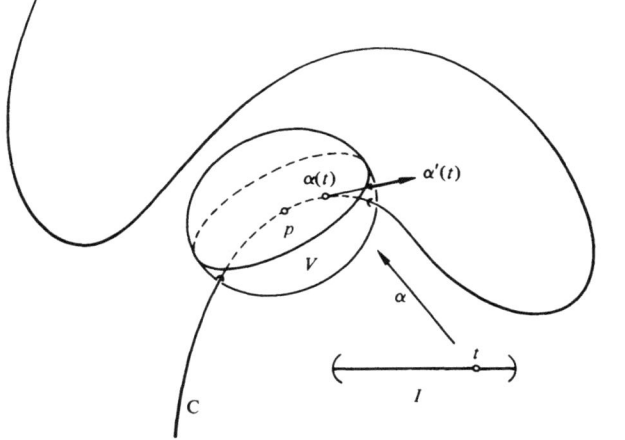

Bild 2.17
Eine reguläre Kurve

ten von C. Das zeigt also, das die in Kapitel 1 entwickelte lokale Kurventheorie für reguläre Kurven gilt.

Manchmal ist eine Fläche dadurch definiert, daß man eine gewisse reguläre Kurve in einer bestimmten Weise verschiebt. Das geschieht im folgenden Beispiel.

Beispiel 4 (*Rotationsflächen*). Es sei $S \subset \mathbb{R}^3$ die Menge, die man erhält, wenn man eine reguläre ebene Kurve C um eine Achse in dieser Ebene dreht, die die Kurve nicht schneidet; wir nehmen die xz-Ebene als Ebene der Kurve und die z-Achse als Rotationsachse. Es sei

$$x = f(v), \quad z = g(v), \quad a < v < b, \quad f(v) > 0,$$

eine Parametrisierung von C und u der Drehwinkel um die z-Achse. Somit erhalten wir eine Abbildung

$$\mathbf{x}(u, v) = (f(v) \cos u, f(v) \sin u, g(v))$$

von der offenen Menge $U = \{(u, v) \in \mathbb{R}^2; 0 < u < 2\pi, a < v < b\}$ nach S (Bild 2.18).

Wir werden sehen, daß $\mathbf{x}$ die Bedingungen für eine Parametrisierung in der Definition einer regulären Fläche erfüllt. Weil S vollständig durch ähnliche Parametrisierungen überdeckt

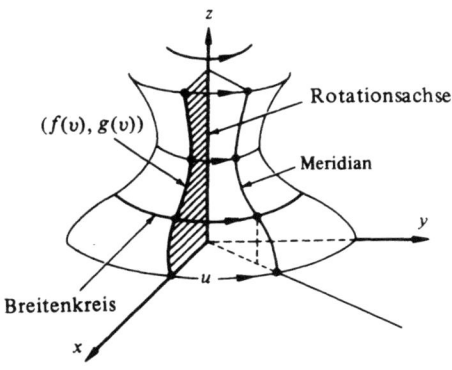

Bild 2.18
Eine Rotationsfläche

werden kann, folgt, daß S eine reguläre Fläche ist, genannt *Rotationsfläche*. Die Kurve C heißt *erzeugende Kurve* von S, und die z-Achse ist die *Rotationsachse* von S. Die durch Punkte von C beschriebenen Kreise heißen *Breitenkreise* von S, und die verschiedenen Positionen von C auf S heißen *Meridiane* von S.

Um zu zeigen, daß x eine Parametrisierung von S ist, müssen wir die Bedingungen 1, 2 und 3 aus Def. 1, Abschnitt 2.2, nachprüfen. Die Bedingungen 1 und 3 rechnet man direkt nach, und wir überlassen dies dem Leser. Um zu zeigen, daß x ein Homöomorphismus ist, zeigen wir zunächst die Injektivität von x. Weil nämlich $(f(v), g(v))$ eine Parametrisierung von C ist, können wir v eindeutig bestimmen, wenn z und $x^2 + y^2 = (f(v))^2$ gegeben ist. Also ist x injektiv.

Wir bemerken, wiederum weil $(f(v), g(v))$ eine Parametrisierung von C ist, daß v eine stetige Funktion von z und von $\sqrt{x^2 + y^2}$ ist und somit eine stetige Funktion von (x, y, z).

Um zu beweisen, daß $\mathbf{x}^{-1}$ stetig ist, bleibt noch zu zeigen, daß u eine stetige Funktion von (x, y, z) ist. Das sieht man, indem man zunächst beachtet, daß man für $u \neq \pi$, da $f(v) \neq 0$, erhält

$$\tan \frac{u}{2} = \frac{\sin \frac{u}{2}}{\cos \frac{u}{2}} = \frac{2 \sin \frac{u}{2} \cos \frac{u}{2}}{2 \cos^2 \frac{u}{2}} = \frac{\sin u}{1 + \cos u}$$

$$= \frac{\frac{y}{f(v)}}{1 + \frac{x}{f(v)}} = \frac{y}{x + \sqrt{x^2 + y^2}};$$

und somit

$$u = 2 \tan^{-1} \frac{y}{x + \sqrt{x^2 + y^2}}.$$

Wenn also $u \neq \pi$ ist, ist u eine stetige Funktion von (x, y, z). Ist u aus einem kleinen Intervall um π, so erhalten wir genauso

$$u = 2 \cotan^{-1} \frac{y}{-x + \sqrt{x^2 + y^2}}.$$

Daher ist u eine stetige Funktion von (x, y, z). Das zeigt die Stetigkeit von $\mathbf{x}^{-1}$ und beendet den Beweis.

Bemerkung 4. Es gibt ein kleines Problem bei unserer Definition von Rotationsfläche. Wenn $C \subset \mathbb{R}^2$ eine geschlossene reguläre ebene Kurve ist, die symmetrisch bezüglich einer Achse r des $\mathbb{R}^3$ ist, so erhält man durch Rotation von C um r eine Fläche, von der man beweisen kann, daß sie regulär ist, und die man auch Rotationsfläche nennen sollte (wenn C ein Kreis ist und r einen Durchmesser von C enthält, ist diese Fläche eine Sphäre). Damit sie in unsere Definition paßt, müßten wir zwei Punkte ausnehmen, nämlich die Punkte, wo r die Kurve C trifft. Aus technischen Gründen behalten wir die vorherige Terminologie bei und nennen die letzten Flächen *verallgemeinerte Rotationsflächen*.

Eine letzte Bemerkung zu unserer Definition von Fläche. Wir haben eine (reguläre) Fläche als Teilmenge des $\mathbb{R}^3$ definiert. Wenn wir globale als auch lokale Eigenschaften von Flächen untersuchen wollen, ist das der richtige Ansatz. Der Leser mag sich jedoch gefragt haben,

2.3 Parameterwechsel. Differenzierbare Funktionen auf Flächen

warum wir Flächen nicht einfach als parametrisierte Flächen definiert haben, wie bei Kurven. Das kann man machen, und in der Tat geht man in einem gewissen Teil der klassischen Literatur in der Differentialgeometrie so vor. Das macht keinen großen Unterschied, solange man nur lokale Eigenschaften betrachtet. Grundlegende globale Konzepte jedoch wie z.B. Orientierung (die in den Abschnitten 2.6 und 3.2 behandelt wird) müssen ausgelassen werden, oder werden bei einem solchen Ansatz inadäquat behandelt. Auf jeden Fall aber ist der Begriff der parametrisierten Fläche manchmal nützlich und sollte hier mit aufgenommen werden.

Definition 2. Eine *parametrisierte Fläche* $x: U \subset \mathbb{R}^2 \to \mathbb{R}^3$ ist eine differenzierbare Abbildung x einer offenen Menge $U \subset \mathbb{R}^2$ in den $\mathbb{R}^3$. Die Menge $x(U) \subset \mathbb{R}^3$ heißt *Spur* von x. x ist *regulär*, wenn das Differential $dx_q: \mathbb{R}^2 \to \mathbb{R}^3$ injektiv ist für alle $q \in U$ (d.h. die Vektoren $\partial x/\partial u$, $\partial x/\partial v$ sind linear unabhängig für alle $q \in U$). Ein Punkt $p \in U$, in dem dx_q nicht injektiv ist, heißt *singulärer Punkt* von x.

Beachte, daß die Spur einer parametrisierten Fläche, sogar wenn sie regulär ist, Selbstdurchschneidungen haben kann.

Beispiel 5. Es sei $\alpha: I \to \mathbb{R}^3$ eine reguläre parametrisierte Kurve. Definiere
$$x(t, v) = \alpha(t) + v\alpha'(t), \quad (t, v) \in I \times \mathbb{R}.$$

x ist eine parametrisierte Fläche, genannt die *Tangentenfläche* von α (Bild 2.19). Nimm nun an, daß die Krümmung $k(t), t \in I$, von α ungleich Null ist für alle $t \in I$, und schränke x auf den Bereich $U := \{(t, v) \in I \times \mathbb{R}; v \neq 0\}$ ein. Dann gilt

$$\frac{\partial x}{\partial t} = \alpha'(t) + v\alpha''(t), \qquad \frac{\partial x}{\partial v} = \alpha'(t)$$

und

$$\frac{\partial x}{\partial t} \wedge \frac{\partial x}{\partial v} = v\alpha''(t) \wedge \alpha'(t) \neq 0, \qquad (t, v) \in U,$$

da für alle t die Krümmung (vgl. Übung 12 von Abschnitt 1.5)

$$k(t) = \frac{|\alpha''(t) \wedge \alpha'(t)|}{|\alpha'(t)|^3}$$

Bild 2.19
Die Tangentenfläche

von Null verschieden ist. Es folgt, daß die Einschränkung $x: U \to \mathbb{R}^3$ eine reguläre parametrisierte Fläche ist, deren Spur aus zwei zusammenhängenden Stücken besteht mit der Menge $\alpha(I)$ als gemeinsamem Rand.

Der folgende Satz zeigt, daß wir die lokalen Konzepte und Eigenschaften der Differentialgeometrie auf reguläre parametrisierte Flächen übertragen können.

Proposition 2. *Es sei* $\mathbf{x}: U \subset \mathbb{R}^2 \to \mathbb{R}^3$ *eine reguläre parametrisierte Fläche und* $q \in U$. *Dann gibt es eine Umgebung* V *von* q *in* $\mathbb{R}^2$, *so daß* $\mathbf{x}(V) \subset \mathbb{R}^3$ *eine reguläre Fläche ist.*

Beweis. Das ist wiederum eine Folgerung aus dem Umkehrsatz. Schreibe
$$\mathbf{x}(u, v) = (x(u, v), y(u, v), z(u, v)).$$
Aufgrund der Regularität können wir annehmen $\left(\dfrac{\partial(x, y)}{\partial(u, v)}(q)\right) \neq 0$. Definiere eine Abbildung $F: U \times \mathbb{R} \to \mathbb{R}^3$ durch
$$F(u, v, t) = (x(u, v), y(u, v), z(u, v) + t), \quad (u, v) \in U, t \in \mathbb{R}$$
Dann ist
$$\det(dF_q) = \frac{\partial(x, y)}{\partial(u, v)}(q) \neq 0.$$
Nach dem Umkehrsatz gibt es Umgebungen W_1 von q und W_2 von $F(q)$, so daß $F: W_1 \to W_2$ ein Diffeomorphismus ist. Setze $V = W_1 \cap U$ und beachte $F|_V = \mathbf{x}|_V$. Also ist $\mathbf{x}(V)$ diffeomorph zu V und somit eine reguläre Fläche. □

Übungen[1])

*1   Es sei $S^2 = \{(x, y, z) \in \mathbb{R}^3; x^2 + y^2 + z^2 = 1\}$ die Einheitssphäre und $A: S^2 \to S^2$ die (*Antipoden-*) Abbildung $A(x, y, z) = (-x, -y, -z)$. Beweise, daß A ein Diffeomorphismus ist.

2   Es sei $S \subset \mathbb{R}^3$ eine reguläre Fläche und $\pi: S \to \mathbb{R}^2$ diejenige Abbildung, die jedes $p \in S$ auf seine orthogonale Projektion auf $\mathbb{R}^2 = \{(x, y, z) \in \mathbb{R}^3; z = 0\}$ abbildet. Ist π differenzierbar?

3   Zeige, daß das Paraboloid $z = x^2 + y^2$ diffeomorph ist zu einer Ebene.

4   Konstruiere einen Diffeomorphismus zwischen dem Ellipsoid
$$\frac{x^2}{a^2} + \frac{y^2}{b^2} + \frac{z^2}{c^2} = 1$$
und der Sphäre $x^2 + y^2 + z^2 = 1$.

*5   Es sei $S \subset \mathbb{R}^3$ eine reguläre Fläche und $d: S \to \mathbb{R}$ sei gegeben durch $d(p) = |p - p_0|$, wobei $p \in S$, $p_0 \in \mathbb{R}^3$, $p_0 \notin S$; d.h. d ist der Abstand von p zu einem festen Punkt p_0 nicht in S. Beweise, daß d differenzierbar ist.

6   Beweise, daß die Definition von differenzierbaren Abbildungen zwischen Flächen nicht von der Parametrisierung abhängt.

7   Beweise, daß die Relation „S_1 ist diffeomorph zu S_2" eine Äquivalenzrelation auf der Menge der regulären Flächen ist.

*8   Es sei $S^2 = \{(x, y, z) \in \mathbb{R}^3; x^2 + y^2 + z^2 = 1\}$ und $H = \{(x, y, z) \in \mathbb{R}^3; x^2 + y^2 - z^2 = 1\}$. Bezeichne mit $N = (0, 0, 1)$ und $S = (0, 0, -1)$ den Nord- bzw. den Südpol von S^2 und definiere $F: S^2 - \{N\} \cup \{S\} \to H$ wie folgt: Für jedes $p \in S^2 - \{N\} \cup \{S\}$ möge das Lot von p auf die z-Achse diese in q treffen. Betrachte die Halbgerade ℓ, die bei q beginnt und p enthält. Dann sei $\{F(p)\} = \ell \cap H$ (Bild 2.20). Zeige, daß F differenzierbar ist.

---

[1]) Wenn man die Beweise in diesem Abschnitt ausgelassen hat, sollte man auch die Übungen 13–16 übergehen.

2.3 Parameterwechsel. Differenzierbare Funktionen auf Flächen

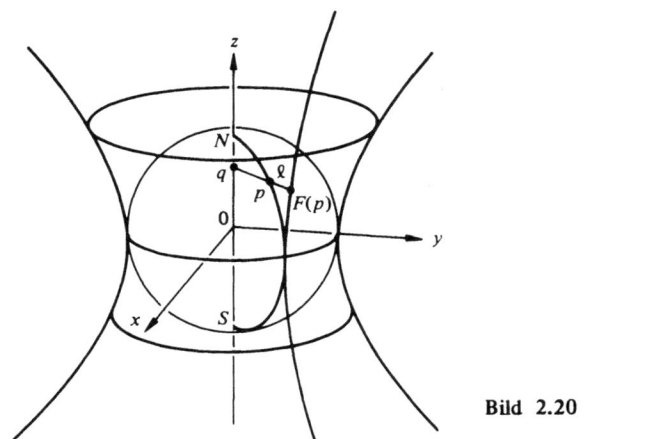

Bild 2.20   **Bild 2.21**

9 a) Definiere den Begriff der differenzierbaren Funktion auf einer regulären Kurve. Was benötigt man, um zeigen zu können, daß die Definition sinnvoll ist? Beweise es nicht jetzt. Wenn Du die Beweise in diesem Abschnitt nicht ausgelassen hast, wird Dir in Übung 15 diese Aufgabe gestellt.

b) Zeige, daß die Abbildung $E: \mathbb{R} \to S^1 = \{(x, y) \in \mathbb{R}^2; x^2 + y^2 = 1\}$, die durch

$$E(t) = (\cos t, \sin t), \quad t \in \mathbb{R},$$

gegeben ist, differenzierbar ist (geometrisch: E „wickelt" $\mathbb{R}$ auf S^1).

10 Es sei C eine ebene reguläre Kurve, die auf einer Seite einer Geraden r in dieser Ebene liegt und r in den Punkten $\vec{p}, q$ trifft (Bild 2.21). Welche Bedingungen sollte C erfüllen, um sicher zu gehen, daß die Rotation von C um r eine verallgemeinerte (reguläre) Rotationsfläche erzeugt?

11 Beweise, daß die Drehungen einer Rotationsfläche S um ihre Achse Diffeomorphismen von S sind.

12 Parametrisierte Flächen sind oft nützlich, um Mengen Σ zu beschreiben, die bis auf endliche viele Punkte und Geraden reguläre Flächen sind. Es sei zum Beispiel C die Spur einer regulären parametrisierten Kurve $\alpha: (a, b) \to \mathbb{R}^3$, die nicht durch den Ursprung $0 = (0, 0, 0)$ geht. Es sei Σ die Menge, die dadurch erzeugt wird, daß man eine Gerade l verschiebt, die durch einen sich bewegenden Punkt $p \in C$ und den festen Punkt 0 geht (ein Kegel mit Spitze 0; siehe Bild 2.22).

a) Finde eine parametrisierte Fläche $\mathbf{x}$, deren Spur Σ ist.
b) Finde die Punkte, in denen $\mathbf{x}$ nicht regulär ist.
c) Was sollte man aus Σ entfernen, so daß die restliche Menge eine reguläre Fläche ist?

Bild 2.22

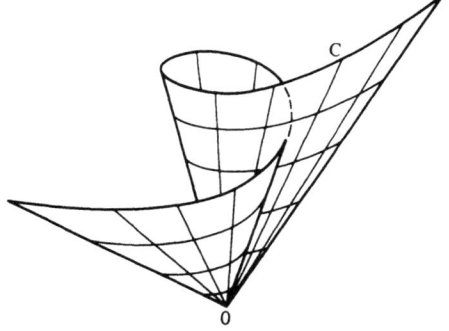

*13 Zeige, daß die Definition der Differenzierbarkeit einer Funktion $f: V \subset S \to \mathbb{R}$, die im Text gegeben wurde (Def. 1), zu dem Folgenden äquivalent ist: f ist differenzierbar in $p \in V$, wenn es die Einschränkung einer differenzierbaren Funktion auf V ist, die auf einer offenen, p enthaltenden Teilmenge des $\mathbb{R}^3$ definiert ist. (Hätten wir mit dieser Definition von Differenzierbarkeit begonnen, so hätten wir eine Fläche als eine Menge definieren können, die lokal diffeomorph zu $\mathbb{R}^2$ ist; siehe Bemerkung 3.)

14 Es sei $A \subset S$ eine Teilmenge einer regulären Fläche S. Beweise, daß A genau dann selbst eine reguläre Fläche ist, wenn A offen ist in S; d.h. $A = U \cap S$, wobei U eine offene Menge in $\mathbb{R}^3$ ist.

15 Es sei C eine reguläre Kurve, und $\alpha: I \subset \mathbb{R} \to C$, $\beta: J \subset \mathbb{R} \to C$ seien zwei Parametrisierungen von C in einer Umgebung von $p \in \alpha(I) \cap \beta(J) = W$. Es sei

$$h = \alpha^{-1} \circ \beta: \beta^{-1}(W) \longrightarrow \alpha^{-1}(W)$$

der Parameterwechsel. Beweise:
a) h ist ein Diffeomorphismus.
b) Der Absolutbetrag der Bogenlänge von C in W hängt nicht von der Parametrisierung ab, die man wählt, um sie zu definieren, d.h.

$$\left| \int_{t_0}^{t} |\alpha'(t)| \, dt \right| = \left| \int_{\tau_0}^{\tau} |\beta'(\tau)| \, d\tau \right|, \quad t = h(\tau), t \in I, \tau \in J.$$

*16 Identifiziere $\mathbb{R}^2 = \{(x, y, z) \in \mathbb{R}^3; z = -1\}$ mit der komplexen Ebene $\mathbb{C}$ durch $(x, y, -1) = x + iy = \zeta \in \mathbb{C}$. Es sei $P: \mathbb{C} \to \mathbb{C}$ das komplexe Polynom

$$P(\zeta) = a_0 \zeta^n + a_1 \zeta^{n-1} + \cdots + a_n, \quad a_0 \neq 0, a_i \in \mathbb{C}, \; i = 0, \ldots, n.$$

Bezeichne mit π_N die stereographische Projektion von $S^2 = \{(x, y, z) \in \mathbb{R}^3; x^2 + y^2 + z^2 = 1\}$ vom Nordpol $N = (0, 0, 1)$ auf $\mathbb{R}^2$. Beweise, daß die Abbildung $F: S^2 \to S^2$, gegeben durch

$$F(p) = \pi_N^{-1} \circ P \circ \pi_N(p), \quad \text{wenn } p \in S^2 - \{N\},$$
$$F(N) = N$$

differenzierbar ist.

2.4 Die Tangentialebene. Das Differential einer Abbildung

In diesem Abschnitt zeigen wir, daß Bedingung 3 in der Definition einer regulären Fläche S garantiert, daß für jedes $p \in S$ die Menge der Tangentenvektoren an parametrisierte Kurven in S, die durch p gehen, eine Ebene bildet.

Unter einem *Tangentenvektor* an S in einem Punkt $p \in S$ verstehen wir den Tangentenvektor $\alpha'(0)$ einer differenzierbaren parametrisierten Kurve $\alpha: (-\epsilon, \epsilon) \to S$ mit $\alpha(0) = p$.

Proposition 1. *Es sei* $\mathbf{x}: U \subset \mathbb{R}^2 \to S$ *eine Parametrisierung einer regulären Fläche S und $q \in U$. Der Untervektorraum der Dimension 2*

$$d\mathbf{x}_q(\mathbb{R}^2) \subset \mathbb{R}^3,$$

stimmt überein mit der Menge der Tangentenvektoren an S in $\mathbf{x}(q)$.

Beweis. Es sei w ein Tangentenvektor an $\mathbf{x}(q)$, d.h. $w = \alpha'(0)$, wobei $\alpha: (-\epsilon, \epsilon) \to \mathbf{x}(U) \subset S$ differenzierbar ist und $\alpha(0) = \mathbf{x}(q)$. Nach Beispiel 2 aus Abschnitt 2.3 ist die Kurve $\beta = \mathbf{x}^{-1} \circ \alpha: (-\epsilon, \epsilon) \to U$ differenzierbar. Nach Definition des Differentials haben wir $d\mathbf{x}_q(\beta'(0)) = w$. Also $w \in d\mathbf{x}_q(\mathbb{R}^2)$ (Bild 2.23).

2.4 Die Tangentialebene. Das Differential einer Abbildung

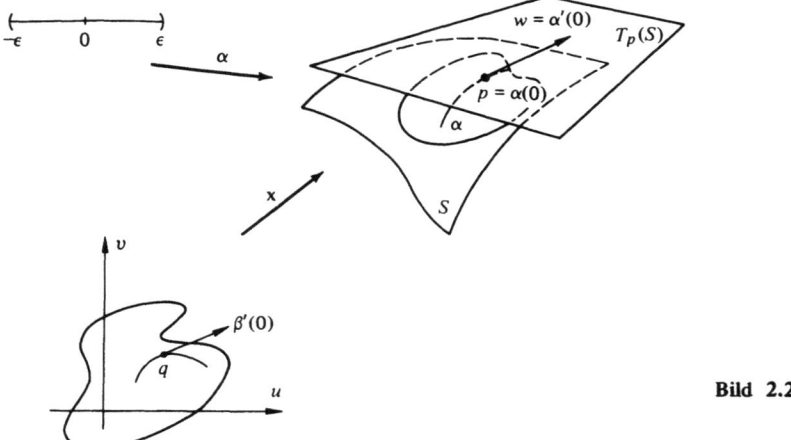

Bild 2.23

Auf der anderen Seite sei $w = d\mathbf{x}_q(v)$, wobei $v \in \mathbb{R}^2$. Es ist klar, daß v der Geschwindigkeitsvektor der Kurve $\gamma: (-\epsilon, \epsilon) \to V$, gegeben durch

$$\gamma(t) = tv + q, \quad t \in (-\epsilon, \epsilon),$$

ist. Nach Definition des Differentials ist $w = \alpha'(0)$, wobei $\alpha = \mathbf{x} \circ \gamma$. Damit ist gezeigt, daß w ein Tangentenvektor ist. □

Nach dem obigen Satz hängt die Ebene $d\mathbf{x}_q(\mathbb{R}^2)$, die durch $\mathbf{x}(q) = p$ geht, nicht von der Parametrisierung $\mathbf{x}$ ab. Diese Ebene heißt *Tangentialebene* an S in p und wird mit $T_p(S)$ bezeichnet. Die Wahl der Parametrisierung $\mathbf{x}$ bestimmt eine Basis $(\partial \mathbf{x}/\partial u)(q)$, $(\partial \mathbf{x}/\partial v)(q)$ von $T_p(S)$, die die zu $\mathbf{x}$ assoziierte Basis genannt wird. Manchmal schreibt man $\partial \mathbf{x}/\partial u = \mathbf{x}_u$ und $\partial \mathbf{x}/\partial v = \mathbf{x}_v$.

Die Koordinaten eines Vektors $w \in T_p(S)$ bezüglich der zu einer Parametrisierung $\mathbf{x}$ assoziierten Basis bestimmt man folgendermaßen. w ist der Geschwindigkeitsvektor $\alpha'(0)$ einer Kurve $\alpha = \mathbf{x} \circ \beta$, wobei $\beta: (-\epsilon, \epsilon) \to V$ gegeben ist durch $\beta(t) = (u(t), v(t))$, mit $\beta(0) = q = \mathbf{x}^{-1}(p)$. Deshalb gilt

$$\alpha'(0) = \frac{d}{dt}(\mathbf{x} \circ \beta)(0) = \frac{d}{dt}\mathbf{x}(u(t), v(t))(0)$$
$$= \mathbf{x}_u(q)u'(0) + \mathbf{x}_v(q)v'(0) = w.$$

Also hat w bezüglich der Basis $\{\mathbf{x}_u(q), \mathbf{x}_v(q)\}$ die Koordinaten $(u'(0), v'(0))$, wobei $(u(t), v(t))$ die Darstellung einer Kurve in der Parametrisierung $\mathbf{x}$ ist, die bei $t = 0$ den Geschwindigkeitsvektor w hat.

Mit dem Begriff der Tangentialebene können wir vom Differential einer (differenzierbaren) Abbildung zwischen Flächen sprechen. Es seien S_1 und S_2 zwei reguläre Flächen und $\varphi: V \subset S_1 \to S_2$ eine differenzierbare Abbildung einer offenen Menge V von S_1 in S_2. Ist $p \in V$, so wissen wir, daß jeder Tangentenvektor $w \in T_p(S_1)$ Geschwindigkeitsvektor $\alpha'(0)$

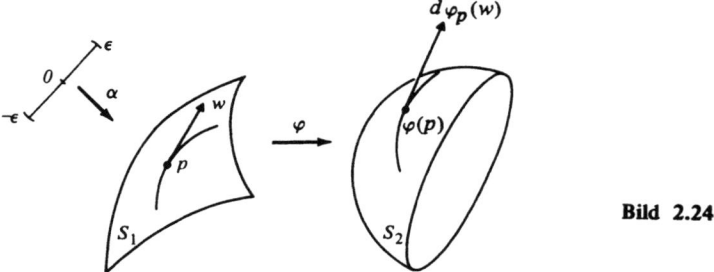

Bild 2.24

einer differenzierbaren parametrisierten Kurve $\alpha: (-\epsilon, \epsilon) \to V$ mit $\alpha(0) = p$ ist. Für die Kurve $\beta = \varphi \circ \alpha$ gilt $\beta(0) = \varphi(p)$, und deshalb ist $\beta'(0)$ ein Vektor in $T_{\varphi(p)}(S_2)$ (Bild 2.24).

Proposition 2. *Ist w wie oben gegeben, so hängt der Vektor $\beta'(0)$ nicht von der Wahl von α ab. Die Abbildung $d\varphi_p: T_p(S_1) \to T_{\varphi(p)}(S_2)$, definiert durch $d\varphi_p(w) = \beta'(0)$ ist linear.*

Beweis. Der Beweis verläuft ähnlich wie im euklidischen Raum. Es seien $\mathbf{x}(u, v)$, $\bar{\mathbf{x}}(\bar{u}, \bar{v})$ Parametrisierungen in Umgebungen von p bzw. $\varphi(p)$. Nimm an, φ hat in diesen Koordinaten die Darstellung

$$\varphi(u, v) = (\varphi_1(u, v), \varphi_2(u, v))$$

und α die Darstellung

$$\alpha(t) = (u(t), v(t)), \quad t \in (-\epsilon, \epsilon).$$

Dann ist $\beta(t) = (\varphi_1(u(t), v(t)), \varphi_2(u(t), v(t)))$, und die Darstellung von $\beta'(0)$ in der Basis $\{\bar{\mathbf{x}}_{\bar{u}}, \bar{\mathbf{x}}_{\bar{v}}\}$ ist

$$\beta'(0) = \left(\frac{\partial \varphi_1}{\partial u} u'(0) + \frac{\partial \varphi_1}{\partial v} v'(0), \frac{\partial \varphi_2}{\partial u} u'(0) + \frac{\partial \varphi_2}{\partial v} v'(0)\right).$$

Die obige Beziehung zeigt, daß $\beta'(0)$ nur von der Abbildung φ und den Koordinaten $(u'(0), v'(0))$ von w in der Basis $\{\mathbf{x}_u, \mathbf{x}_v\}$ abhängt. $\beta'(0)$ ist deshalb unabhängig von α. Weiter zeigt dieselbe Relation, daß

$$\beta'(0) = d\varphi_p(w) = \begin{pmatrix} \frac{\partial \varphi_1}{\partial u} & \frac{\partial \varphi_1}{\partial v} \\ \frac{\partial \varphi_2}{\partial u} & \frac{\partial \varphi_2}{\partial v} \end{pmatrix} \begin{pmatrix} u'(0) \\ v'(0) \end{pmatrix};$$

d.h. $d\varphi_p$ ist eine lineare Abbildung von $T_p(S_1)$ nach $T_{\varphi(p)}(S_2)$, deren Matrix bezüglich der Basen $\{\mathbf{x}_u, \mathbf{x}_v\}$ von $T_p(S_1)$ und $\{\bar{\mathbf{x}}_{\bar{u}}, \bar{\mathbf{x}}_{\bar{v}}\}$ von $T_{\varphi(p)}(S_2)$ gerade die oben angegebene ist. □

Die in Prop. 2 definierte lineare Abbildung $d\varphi_p$ heißt das *Differential* von φ in $p \in S_1$. Ähnlich definieren wir das Differential einer (differenzierbaren) Funktion $f: U \subset S \to \mathbb{R}$ in $p \in U$ als lineare Abbildung $df_p: T_p(S) \to \mathbb{R}$. Einzelheiten seien dem Leser überlassen.

2.4 Die Tangentialebene. Das Differential einer Abbildung

Beispiel 1. Es sei $v \in \mathbb{R}^3$ ein Einheitsvektor und $h: S \to \mathbb{R}$, $h(p) = p \cdot v$, $p \in S$, sei die Höhenfunktion, definiert in Beispiel 1 aus Abschnitt 2.3. Um $dh_p(w)$, $w \in T_p(S)$, zu berechnen, wähle eine differenzierbare Kurve $\alpha: (-\epsilon, \epsilon) \to S$ mit $\alpha(0) = p$, $\alpha'(0) = w$. Weil $h(\alpha(t)) = \alpha(t) \cdot v$ ist, erhalten wir

$$dh_p(w) = \frac{d}{dt}h(\alpha(t))|_{t=0} = \alpha'(0) \cdot v = w \cdot v.$$

Beispiel 2. Es sei $S^2 \subset \mathbb{R}^3$ die Einheitssphäre

$$S^2 = \{(x, y, z) \in \mathbb{R}^3 ; x^2 + y^2 + z^2 = 1\}$$

und $R_{z,\theta}: \mathbb{R}^3 \to \mathbb{R}^3$ die Drehung um die z-Achse um den Winkel θ. Dann ist $R_{z,\theta}$, eingeschränkt auf S^2, eine differenzierbare Abbildung auf S^2 (vgl. Beispiel 3 in Abschnitt 2.3). Wir werden $(dR_{z,\theta})_p (w)$, $p \in S^2$, $w \in T_p(S^2)$ berechnen. Es sei $\alpha: (-\epsilon, \epsilon) \to S^2$ eine differenzierbare Kurve mit $\alpha(0) = p$, $\alpha'(0) = w$. Weil $R_{z,\theta}$ linear ist, gilt dann

$$(dR_{z,\theta})_p (w) = \frac{d}{dt}(R_{z,\theta} \circ \alpha(t))|_{t=0} = R_{z,\theta}(\alpha'(0)) = R_{z,\theta}(w).$$

Beachte, daß $R_{z,\theta}$ den Nordpol $N = (0, 0, 1)$ festläßt, und daß $(dR_{z,\theta})_N: T_N(S^2) \to T_N(S^2)$ gerade die Drehung um den Winkel θ in der Ebene $T_N(S^2)$ ist.

Wenn wir uns erinnern, was wir bisher gemacht haben, so haben wir die Begriffe der Differentialrechnung in $\mathbb{R}^2$ auf reguläre Flächen übertragen. Weil die Differentialrechnung im wesentlichen eine lokale Theorie ist, haben wir etwas definiert (die reguläre Fläche), das lokal, bis auf Diffeomorphismen, eine Ebene war, und die Übertragung der Begriffe war dann ganz natürlich. Man kann deshalb erwarten, daß der grundlegende Satz über die Umkehrfunktion sich übertragen läßt auf differenzierbare Abbildungen zwischen Flächen. Wir sagen, eine Abbildung $\varphi: U \subset S_1 \to S_2$ ist ein *lokaler Diffeomorphismus* bei $p \in U$, wenn es eine Umgebung $V \subset U$ von p gibt, so daß φ eingeschränkt auf V ein Diffeomorphismus auf eine offene Menge $\varphi(V) \subset S_2$ ist. In dieser Bezeichnungsweise läßt sich eine Version des Umkehrsatzes für Flächen wie folgt formulieren.

Proposition 3. *Sind S_1 und S_2 reguläre Flächen und ist $\varphi: U \subset S_1 \to S_2$ eine differenzierbare Abbildung einer offenen Menge $U \subset S_1$, so daß das Differential $d\varphi_p$ von φ in $p \in U$ ein Isomorphismus ist, so ist φ ein lokaler Diffeomorphismus bei p.*

Der Beweis ist eine direkte Anwendung des Umkehrsatzes in $\mathbb{R}^2$ und wird dem Leser zur Übung überlassen.

Selbstverständlich lassen sich auch alle anderen Konzepte aus der Differentialrechnung, wie kritische Punkte, reguläre Werte usw. in natürlicher Weise auf Funktionen und Abbildungen übertragen, die auf regulären Flächen definiert sind.

Die Tangentialebene erlaubt es auch, vom Winkel zweier sich schneidender Flächen in einem Schnittpunkt zu sprechen. Zu einem gegebenen Punkt p einer regulären Fläche S gibt es zwei Einheitsvektoren des $\mathbb{R}^3$, die normal sind zur Tangentialebene $T_p(S)$; jeder von ihnen heißt *Einheitsnormalenvektor* in p. Die Gerade durch p, die einen Einheitsnormalenvektor in p enthält, heißt *Normale* bei p. Der *Winkel* zweier sich schneidender Flächen in einem Schnittpunkt p ist der Winkel zwischen ihren Tangentialebenen (oder ihren Normalen) bei p (Bild 2.25).

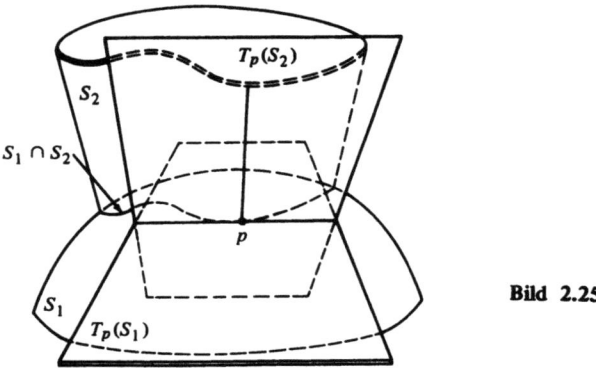

Bild 2.25

Fixiert man eine Parametrisierung $x: U \subset \mathbb{R}^2 \to S$ bei $p \in S$, so kann man einen Einheitsnormalenvektor in jedem Punkt $q \in x(U)$ in einer bestimmten Weise durch

$$N(q) = \frac{\mathbf{x}_u \wedge \mathbf{x}_v}{|\mathbf{x}_u \wedge \mathbf{x}_v|}(q)$$

wählen. So erhält man eine differenzierbare Abbildung $N: x(U) \to \mathbb{R}^3$. Später werden wir sehen (Abschnitte 2.6 und 3.2), daß es nicht immer möglich ist, diese Abbildung differenzierbar auf die ganze Fläche S fortzusetzen.

Bevor wir diesen Abschnitt beenden, wollen wir einige Beobachtungen bei Differenzierbarkeitsfragen festhalten.

Die für reguläre Flächen gegebene Definition erfordert, daß die Parametrisierungen von der Klasse C^∞ sind, d.h. daß sie stetige partielle Ableitungen beliebiger Ordnung besitzen. Für differentialgeometrische Fragen benötigt man im allgemeinen nur die Existenz und Stetigkeit der partiellen Ableitungen bis zu einer bestimmten Ordnung, die sich mit der Natur des Problems ändert (man braucht sehr selten mehr als vier Ableitungen).

Die Existenz und Stetigkeit der Tangentialebene hängt z.B. nur von der Existenz und Stetigkeit der ersten partiellen Ableitungen ab. Es kann deshalb sein, daß der Graph einer Funktion $z = f(x, y)$ eine Tangentialebene in jedem Punkt besitzt, aber nicht genügend oft differenzierbar ist, um die Definition einer regulären Fläche zu erfüllen. Das Folgende ist ein Beispiel dafür.

Beispiel 3. Betrachte den Graph der Funktion $z = \sqrt[3]{(x^2+y^2)^2}$, der durch Rotation der Kurve $z = x^{4/3}$ um die z-Achse erzeugt wird. Weil die Kurve symmetrisch zur z-Achse ist und eine stetige Ableitung besitzt, die im Ursprung verschwindet, ist es klar, daß der Graph von $z = \sqrt[3]{(x^2+y^2)^2}$ die xy-Ebene als Tangentialebene im Ursprung hat. Die partielle Ableitung z_{xx} existiert im Ursprung jedoch nicht, und der betrachtete Graph ist keine reguläre Fläche im oben definierten Sinn (siehe Prop. 3 von Abschnitt 2.2).

Mit solchen Fragen wollen wir uns nicht näher befassen. Die Voraussetzung C^∞ in der Definition ist genau deshalb gemacht worden, um das Studium minimaler Differenzierbarkeitsbedingungen in jedem Einzelfall zu vermeiden. Diese Unterschiede haben ihre Berechtigung, aber sie können letztendlich die geometrische Natur der hier behandelten Probleme verschleiern.

2.4 Die Tangentialebene. Das Differential einer Abbildung

Übungen

*1 Zeige, daß die Gleichung der Tangentialebene in (x_0, y_0, z_0) an eine reguläre Fläche, die durch $f(x, y, z) = 0$ gegeben ist, wobei 0 ein regulärer Wert von f ist, folgendermaßen lautet

$$f_x(x_0, y_0, z_0)(x - x_0) + f_y(x_0, y_0, z_0)(y - y_0) + f_z(x_0, y_0, z_0)(z - z_0) = 0.$$

2 Bestimme die Tangentialebenen an $x^2 + y^2 - z^2 = 1$ in den Punkten $(x, y, 0)$ und zeige, daß sie alle parallel zur z-Achse sind.

3 Zeige, daß die Gleichung der Tangentialebene an eine Fläche, die Graph einer differenzierbaren Funktion $z = f(x, y)$ ist, im Punkt $p_0 = (x_0, y_0)$ durch

$$z = f(x_0, y_0) + f_x(x_0, y_0)(x - x_0) + f_y(x_0, y_0)(y - y_0)$$

gegeben ist. Erinnere Dich an die Definition des Differentials df einer Funktion $f: \mathbb{R}^2 \to \mathbb{R}$ und zeige, daß die Tangentialebene der Graph des Differentials df_p ist.

*4 Zeige, daß die Tangentialebenen an eine Fläche, die durch $z = xf(y/x), x \neq 0$, gegeben ist, wobei f eine differenzierbare Funktion ist, alle durch den Ursprung $(0, 0, 0)$ gehen.

5 Kann eine Koordinatenumgebung einer regulären Fläche in der Form

$$\mathbf{x}(u, v) = \boldsymbol{\alpha}_1(u) + \boldsymbol{\alpha}_2(v)$$

parametrisiert werden, wobei α_1 und α_2 reguläre parametrisierte Kurven sind, so zeige, daß die Tangentialebenen längs einer festen Koordinatenkurve in dieser Umgebung alle parallel sind zu einer Geraden.

6 Es sei $\alpha: I \to \mathbb{R}^3$ eine reguläre parametrisierte Kurve mit nirgends verschwindender Krümmung. Betrachte die Tangentenfläche von α (Beispiel 5 aus Abschnitt 2.3)

$$\mathbf{x}(t, v) = \boldsymbol{\alpha}(t) + v\boldsymbol{\alpha}'(t), \quad t \in I, v \neq 0.$$

Zeige, daß die Tangentialebenen längs der Kurve $\mathbf{x}$ (konst., v) alle gleich sind.

7 Es sei $f: S \to \mathbb{R}$ gegeben durch $f(p) = |p - p_0|^2$, wobei $p \in S$ und p_0 ein fester Punkt des $\mathbb{R}^3$ ist (siehe Beispiel 1 in Abschnitt 2.3). Zeige, daß $df_p(w) = 2w \cdot (p - p_0), w \in T_p(S)$, ist.

8 Ist $L: \mathbb{R}^3 \to \mathbb{R}^3$ eine lineare Abbildung und $S \subset \mathbb{R}^3$ eine reguläre Fläche, die invariant ist unter L, d.h. $L(S) \subset S$, so zeige, daß die Einschränkung $L|_S$ eine differenzierbare Abbildung ist und daß

$$dL_p(w) = L(w), \quad p \in S, w \in T_p(S).$$

9 Zeige, daß die parametrisierte Fläche

$$\mathbf{x}(u, v) = (v \cos u, v \sin u, au), \quad a \neq 0$$

regulär ist. Bestimme ihren Normalenvektor $N(u, v)$ und zeige, daß längs der Koordinatenkurve $u = u_0$ die Tangentialebene an $\mathbf{x}$ um diese Kurve in der Weise rotiert, daß der Tangens ihres Winkels mit der z-Achse proportional zum Abstand $v(=\sqrt{x^2 + y^2})$ des Punktes $\mathbf{x}(u_0, v)$ zur z-Achse ist.

10 (*Röhrenflächen.*) Es sei $\alpha: I \to \mathbb{R}^3$ eine reguläre parametrisierte Kurve mit nirgends verschwindender Krümmung und der Bogenlänge als Parameter. Sei

$$\mathbf{x}(s, v) = \boldsymbol{\alpha}(s) + r(n(s) \cos v + b(s) \sin v), \quad r = \text{konst.} \neq 0, s \in I$$

eine parametrisierte Fläche (die *Röhre* vom Radius r um α), wobei n der Normalenvektor und b der Binormalenvektor von α ist. Ist $\mathbf{x}$ regulär, so zeige, daß der Einheitsnormalenvektor durch

$$N(s, v) = -(n(s) \cos v + b(s) \sin v)$$

gegeben ist.

11   Zeige, daß die Normalen an eine durch
$$\mathbf{x}(u, v) = (f(u) \cos v, f(u) \sin v, g(u)), \quad f(u) \neq 0, g' \neq 0,$$
gegebene parametrisierte Fläche alle durch die z-Achse gehen.

*12 Zeige, daß jede der Gleichungen ($a, b, c \neq 0$)
$$x^2 + y^2 + z^2 = ax,$$
$$x^2 + y^2 + z^2 = by,$$
$$x^2 + y^2 + z^2 = cz$$
eine reguläre Fläche definiert und daß sich je zwei dieser Flächen orthogonal schneiden.

13   Ein *kritischer Punkt* einer differenzierbaren Funktion $f: S \to \mathbf{R}$, definiert auf einer regulären Fläche S, ist ein Punkt $p \in S$ mit $df_p = 0$.

*a) Es sei $f: S \to \mathbf{R}$ gegeben durch $f(p) = |p - p_0|$, $p \in S$, $p_0 \notin S$ (vgl. Übung 5, Abschnitt 2.3). Zeige, daß $p \in S$ genau dann ein kritischer Punkt von f ist, wenn die Verbindungsgerade von p und p_0 normal ist zu S in p.

b) Es sei $h: S \to \mathbf{R}$ gegeben durch $h(p) = p \cdot v$, wobei $v \in \mathbf{R}^3$ ein Einheitsvektor ist (vgl. Beispiel 1, Abschnitt 2.3). Zeige, daß $p \in S$ genau dann ein kritischer Punkt von f ist, wenn v ein Normalenvektor an S in p ist.

*14 Es sei Q die Vereinigung der drei Koordinatenebenen $x = 0$, $y = 0$, $z = 0$. Es sei $p = (x, y, z) \in \mathbf{R}^3 - Q$.

a) Zeige, daß die Gleichung für t
$$\frac{x^2}{a - t} + \frac{y^2}{b - t} + \frac{z^2}{c - t} \equiv f(t) = 1, \quad a > b > c > 0,$$
drei verschiedene reelle Wurzeln t_1, t_2, t_3 hat.

b) Zeige, daß für jedes $p \in \mathbf{R}^3 - Q$ die durch $f(t_1) - 1 = 0, f(t_2) - 1 = 0, f(t_3) - 1 = 0$ gegebenen Mengen reguläre Flächen sind, die durch p gehen und paarweise orthogonal sind.

15   Gehen alle Normalen an eine zusammenhängende Fläche durch einen festen Punkt, so beweise, daß die Fläche in einer Sphäre enthalten ist.

16   Es sei w ein Tangentenvektor an eine reguläre Fläche S in einem Punkt $p \in S$ und $\mathbf{x}(u, v)$, $\bar{\mathbf{x}}(\bar{u}, \bar{v})$ seien zwei Parametrisierungen bei p. Nimm an, die Darstellungen von w in den zu $\mathbf{x}(u, v)$ und $\bar{\mathbf{x}}(\bar{u}, \bar{v})$ assoziierten Basen sind
$$w = \alpha_1 \mathbf{x}_u + \alpha_2 \mathbf{x}_v$$
und
$$w = \beta_1 \bar{\mathbf{x}}_{\bar{u}} + \beta_2 \bar{\mathbf{x}}_{\bar{v}}.$$
Zeige, daß die Koordinaten von w durch folgende Beziehung miteinander verknüpft sind
$$\beta_1 = \alpha_1 \frac{\partial \bar{u}}{\partial u} + \alpha_2 \frac{\partial \bar{u}}{\partial v}$$
$$\beta_2 = \alpha_1 \frac{\partial \bar{v}}{\partial u} + \alpha_2 \frac{\partial \bar{v}}{\partial v},$$
wobei $\bar{u} = \bar{u}(u, v)$ und $\bar{v} = \bar{v}(u, v)$ die Darstellungen der Koordinatenwechsel sind.

*17 Zwei reguläre Flächen S_1 und S_2 schneiden sich *transversal*, wenn für alle $p \in S_1 \cap S_2$ gilt: $T_p(S_1) \neq T_p(S_2)$. Beweise, daß $S_1 \cap S_2$ eine reguläre Kurve ist, wenn sich S_1 und S_2 transversal schneiden.

18   Trifft eine reguläre Fläche S eine Ebene P in genau einem Punkt p, so zeige, daß diese Ebene mit der Tangentialebene an S in p zusammenfällt.

19   Es sei $S \subset \mathbf{R}^3$ eine reguläre Fläche und $P \subset \mathbf{R}^3$ eine Ebene. Sind alle Punkte von S auf derselben Seite von P, so beweise, daß P tangential an S ist in allen Punkten $P \cap S$.

2.4 Die Tangentialebene. Das Differential einer Abbildung

*20 Zeige, daß die Lote vom Zentrum des Ellipsoids

$$\frac{x^2}{a^2} + \frac{y^2}{b^2} + \frac{z^2}{c^2} = 1$$

auf seine Tangentialebenen eine reguläre Fläche bilden, die durch

$$\{(x, y, z) \in \mathbb{R}^3; (x^2 + y^2 + z^2)^2 = a^2 x^2 + b^2 y^2 + c^2 z^2\} - \{(0, 0, 0)\}$$

gegeben ist.

21 Es sei $f: S \to \mathbb{R}$ eine differenzierbare Funktion auf einer zusammenhängenden Fläche S. Nimm an $df_p = 0$ für alle $p \in S$. Beweise, daß f konstant ist auf S.

*22 Beweise, daß, wenn alle Normalen an eine zusammenhängende reguläre Fläche S eine feste Gerade treffen, S eine Rotationsfläche ist.

23 Beweise, daß die Abbildung $F: S^2 \to S^2$, definiert in Übung 16 aus Abschnitt 2.3 nur eine endliche Anzahl kritischer Punkte hat (siehe Übung 13).

24 (*Kettenregel.*) Zeige: Sind $\varphi: S_1 \to S_2$ und $\psi: S_2 \to S_3$ differenzierbare Abbildungen und $p \in S_1$, so gilt

$$d(\psi \circ \varphi)_p = d\psi_{\varphi(p)} \circ d\varphi_p.$$

25 Sind zwei reguläre Kurven C_1 und C_2 in einer regulären Fläche S tangential in einem Punkt $p \in S$, und ist $\varphi: S \to S$ ein Diffeomorphismus, so beweise, daß $\varphi(C_1)$ und $\varphi(C_2)$ reguläre Kurven sind, die tangential sind in $\varphi(p)$.

26 Zeige folgendes: Ist p ein Punkt einer regulären Fläche S, so ist es möglich, durch geeignete Wahl der (x, y, z)-Koordinaten, eine Umgebung von p in S in der Form $z = f(x, y)$ mit $f(0, 0) = 0$, $f_x(0, 0) = 0$, $f_y(0, 0) = 0$ darzustellen. (Das ist äquivalent dazu, daß man die Tangentialebene an S in p als xy-Ebene nimmt.)

27 (*Berührungstheorie.*) Man sagt, zwei reguläre Flächen S und $\bar{S}$ in $\mathbb{R}^3$, die einen Punkt p gemeinsam haben, *berühren sich von mindestens erster Ordnung* bei p, wenn es Parametrisierungen $\mathbf{x}(u, v)$, $\bar{\mathbf{x}}(u, v)$ von S bzw. $\bar{S}$ bei p mit demselben Definitionsbereich gibt, so daß $\mathbf{x}_u = \bar{\mathbf{x}}_u$ und $\mathbf{x}_v = \bar{\mathbf{x}}_v$ in p. Wenn darüber hinaus die zweiten partiellen Ableitungen bei p verschieden sind, so nennt man die *Berührung genau von erster Ordnung*.
Beweise:
a) Die Tangentialebene $T_p(S)$ an eine reguläre Fläche S in einem Punkt p berührt die Fläche S bei p von mindestens erster Ordnung.
b) Wenn eine Ebene eine Fläche S bei p von mindestens erster Ordnung berührt, so stimmt diese Ebene mit der Tangentialebene an S in p überein.
c) Zwei reguläre Flächen berühren sich genau dann von mindestens erster Ordnung, wenn sie eine gemeinsame Tangentialebene bei p besitzen, d.h. tangential sind bei p.
d) Wenn zwei reguläre Flächen S und $\bar{S}$ in $\mathbb{R}^3$ sich von mindestens erster Ordnung bei p berühren und $F: \mathbb{R}^3 \to \mathbb{R}^3$ ein Diffeomorphismus des $\mathbb{R}^3$ ist, dann sind die Bilder $F(S)$ und $F(\bar{S})$ reguläre Flächen, die sich von mindestens erster Ordnung bei $F(p)$ berühren (d.h. der Begriff der Berührung von mindestens erster Ordnung ist invariant unter Diffeomorphismen).
e) Wenn zwei Flächen sich von mindestens erster Ordnung bei p berühren, dann $\lim_{r \to 0} (d/r) = 0$, wobei d die Länge der Strecke ist, die bestimmt ist durch die Schnittpunkte der Flächen mit einer Parallelen zur gemeinsamen Normalen in einem Abstand r von dieser Normalen.

28 a) Definiere den Begriff „regulärer Wert" für eine differenzierbare Funktion $f: S \to \mathbb{R}$ auf einer regulären Fläche S.
b) Zeige, daß das Urbild eines regulären Wertes einer differenzierbaren Funktion auf einer regulären Fläche S eine reguläre Kurve in S ist.

2.5 Die erste Fundamentalform. Flächeninhalt

Bis jetzt haben wir Flächen vom Standpunkt der Differenzierbarkeit aus betrachtet. In diesem Abschnitt beginnen wir mit dem Studium weiterer geometrischer Eigenschaften der Fläche. Die mit der größten Bedeutung ist vielleicht die erste Fundamentalform, die wir jetzt beschreiben wollen.

Das natürliche innere Produkt in $\mathbb{R}^3 \supset S$ induziert auf jeder Tangentialebene $T_p(S)$ an eine reguläre Fläche S ein inneres Produkt, das wir mit $\langle \, , \, \rangle_p$ bezeichnen wollen: Wenn $w_1, w_2 \in T_p(S) \subset \mathbb{R}^3$ sind, so ist $\langle w_1, w_2 \rangle_p$ gleich dem inneren Produkt von w_1 und w_2 als Vektoren in $\mathbb{R}^3$. Zu diesem inneren Produkt, das eine symmetrische Bilinearform ist (d.h. $\langle w_1, w_2 \rangle = \langle w_2, w_1 \rangle$ und $\langle w_1, w_2 \rangle$ ist linear in w_1 und w_2), gehört eine quadratische Form $I_p : T_p(S) \to \mathbb{R}$, gegeben durch

$$I_p(w) = \langle w, w \rangle_p = |w|^2 \geq 0. \tag{1}$$

Definition 1. *Die durch Gleichung (1) definierte quadratische Form I_p auf $T_p(S)$ heißt die erste Fundamentalform der regulären Fläche $S \subset \mathbb{R}^3$ in $p \in S$.*

Die erste Fundamentalform ist also nur ein Ausdruck dafür, wie die Fläche S das natürliche innere Produkt des $\mathbb{R}^3$ erbt. Geometrisch erlaubt uns die erste Fundamentalform, wie wir bald sehen werden, Messungen auf der Fläche durchzuführen (Längen von Kurven, Winkel zwischen Tangentenvektoren, Flächeninhalte von Gebieten), ohne uns auf den umgebenden Raum $\mathbb{R}^3$, in dem die Fläche liegt, zu beziehen.

Wir werden jetzt die erste Fundamentalform in der zu einer Parametrisierung $x(u, v)$ bei p assoziierten Basis $\{x_u, x_v\}$ ausdrücken. Weil ein Tangentvektor $w \in T_p(S)$ Tangentenvektor an eine parametrisierte Kurve $\alpha(t) = x(u(t), v(t)), t \in (-\epsilon, \epsilon)$, ist mit $p = \alpha(0) = x(u_0, v_0)$, erhalten wir

$$\begin{aligned} I_p(\alpha'(0)) &= \langle \alpha'(0), \alpha'(0) \rangle_p \\ &= \langle x_u u' + x_v v', x_u u' + x_v v' \rangle_p \\ &= \langle x_u, x_u \rangle_p (u')^2 + 2 \langle x_u, x_v \rangle_p u' v' + \langle x_v, x_v \rangle_p (v')^2 \\ &= E(u')^2 + 2F u' v' + G(v')^2, \end{aligned}$$

wobei die Werte der auftretenden Funktionen für $t = 0$ berechnet werden, und

$$\begin{aligned} E(u_0, v_0) &= \langle x_u, x_u \rangle_p, \\ F(u_0, v_0) &= \langle x_u, x_v \rangle_p, \\ G(u_0, v_0) &= \langle x_v, x_v \rangle_p \end{aligned}$$

sind die Koeffizienten der ersten Fundamentalform in der Basis $\{x_u, x_v\}$ von $T_p(S)$. Variiert man p in der zu $x(u, v)$ gehörenden Koordinatenumgebung, so erhält man Funktionen $E(u, v), F(u, v), G(u, v)$, die in dieser Umgebung differenzierbar sind.

Von jetzt ab verzichten wir auf den Index p beim inneren Produkt $\langle , \rangle_p$ oder der quadratischen Form I_p, wenn aus dem Kontext hervorgeht, auf welchen Punkt wir uns beziehen. Es ist weiterhin vorteilhaft, das natürliche innere Produkt des $\mathbb{R}^3$ mit demselben Symbol $\langle , \rangle$ zu bezeichnen, statt mit einem Punkt wie bisher.

2.5 Die erste Fundamentalform. Flächeninhalt

Beispiel 1. Ein Koordinatensystem für eine Ebene $P \subset \mathbb{R}^3$, die durch $p_0 = (x_0, y_0, z_0)$ geht und die orthonormalen Vektoren $w_1 = (a_1, a_2, a_3)$, $w_2 = (b_1, b_2, b_3)$ enthält, ist wie folgt gegeben:

$$\mathbf{x}(u, v) = p_0 + uw_1 + vw_2, \quad (u, v) \in \mathbb{R}^2.$$

Um die erste Fundamentalform für einen beliebigen Punkt aus P zu berechnen, beachten wir $\mathbf{x}_u = w_1$, $\mathbf{x}_v = w_2$; weil w_1 und w_2 orthogonale Einheitsvektoren sind, sind die Funktion E, F, G konstant und gegeben durch

$$E = 1, \quad F = 0, \quad G = 1.$$

In diesem trivialen Fall ist die erste Fundamentalform im wesentlichen der Satz des Pythagoras; d.h. das Quadrat der Länge eines Vektors w mit den Koordinaten a, b bzgl. der Basis $\{\mathbf{x}_u, \mathbf{x}_v\}$ ist gleich $a^2 + b^2$.

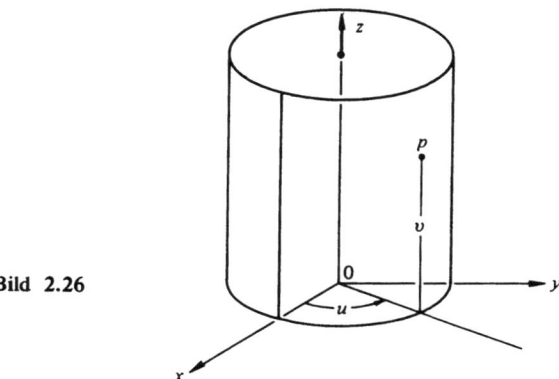

Bild 2.26

Beispiel 2. Der senkrechte Zylinder über dem Kreis $x^2 + y^2 = 1$ erlaubt die Parametrisierung $\mathbf{x}: U \to \mathbb{R}^3$, wobei (Bild 2.26)

$$\mathbf{x}(u, v) = (\cos u, \sin u, v),$$
$$U = \{(u, v) \in \mathbb{R}^2;\quad 0 < u < 2\pi, \quad -\infty < v < \infty\}.$$

Um die erste Fundamentalform zu bestimmen, bemerken wir, daß

$$\mathbf{x}_u = (-\sin u, \cos u, 0), \quad \mathbf{x}_v = (0, 0, 1);$$

und deshalb gilt

$$E = \sin^2 u + \cos^2 u = 1, \quad F = 0, \quad G = 1.$$

Wir stellen fest, daß, obwohl der Zylinder und die Ebene verschiedene Flächen sind, wir in beiden Fällen dasselbe Ergebnis erhalten. Wir werden später darauf zurückkommen (Abschnitt 4.2).

Beispiel 3. Betrachte eine durch $(\cos u, \sin u, au)$ gegebene Helix (siehe Beispiel 1, Abschnitt 1.2). Ziehe durch jeden Punkt der Helix eine Gerade parallel zur xy-Ebene, die die z-Achse schneidet. Die durch diese Geraden erzeugte Fläche heißt *Helikoid* und erlaubt die folgende Parametrisierung

$$\mathbf{x}(u, v) = (v \cos u, v \sin u, au), \quad 0 < u < 2\pi, \quad -\infty < v < \infty.$$

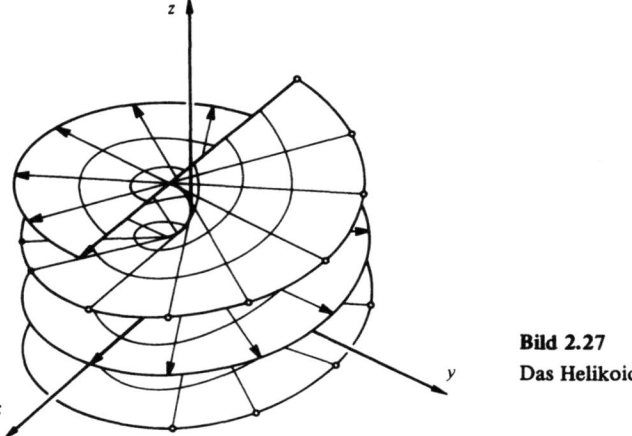

Bild 2.27
Das Helikoid

x bildet einen offenen Streifen der Breite 2π in der uv-Ebene auf den Teil des Helikoids ab, der einer Drehung der Helix um 2π entspricht (Bild 2.27).

Eine einfache Rechnung zeigt, daß das Helikoid eine reguläre Fläche ist.

Die Berechnung der Koeffizienten der ersten Fundamentalform in der obigen Parametrisierung ergibt

$$E(u, v) = v^2 + a^2, \quad F(u, v) = 0, \quad G(u, v) = 1.$$

Wie oben bereits erwähnt, liegt die Bedeutung der ersten Fundamentalform in der Tatsache, daß man mit der Kenntnis von I metrische Fragen auf einer regulären Fläche behandeln kann, ohne sich weiter auf den umgebenden Raum $\mathbb{R}^3$ zu beziehen. So ist die Bogenlänge s einer parametrisierten Kurve $\alpha: I \to S$ durch

$$s(t) = \int_0^t |\alpha'(t)|\, dt = \int_0^t \sqrt{I(\alpha'(t))}\, dt$$

gegeben. Ist im Spezialfall $\alpha(t) = \mathbf{x}(u(t), v(t))$ in einer zur Parametrisierung $\mathbf{x}(u, v)$ gehörenden Koordinatenumgebung enthalten, so können wir die Bogenlänge von α, z.B. zwischen 0 und t, berechnen durch

$$s(t) = \int_0^t \sqrt{E(u')^2 + 2Fu'v' + G(v')^2}\, dt. \tag{2}$$

Auch der Winkel θ, unter dem sich zwei parametrisierte reguläre Kurven $\alpha: I \to S$, $\beta: I \to S$ bei $t = t_0$ schneiden, ist gegeben durch

$$\cos\theta = \frac{\langle \alpha'(t_0), \beta'(t_0)\rangle}{|\alpha'(t_0)||\beta'(t_0)|}.$$

Insbesondere ist der Winkel φ zwischen den Koordinatenkurven einer Parametrisierung $\mathbf{x}(u, v)$

$$\cos\varphi = \frac{\langle \mathbf{x}_u, \mathbf{x}_v\rangle}{|\mathbf{x}_u||\mathbf{x}_v|} = \frac{F}{\sqrt{EG}};$$

2.5 Die erste Fundamentalform. Flächeninhalt

es folgt, daß *die Koordinatenkurven einer Parametrisierung genau dann orthogonal sind, wenn $F(u, v) = 0$ ist für alle (u, v)*. Solch eine Parametrisierung heißt *orthogonale Parametrisierung*.

Bemerkung. Wegen Gleichung (2) sprechen viele Mathematiker vom „Bogenlängenelement" ds von S und schreiben

$$ds^2 = E\, du^2 + 2F\, du\, dv + G\, dv^2,$$

was bedeuten soll, wenn $\alpha(t) = \mathbf{x}(u(t), v(t))$ eine Kurve auf S ist und $s = s(t)$ ihre Bogenlänge, so gilt

$$\left(\frac{ds}{dt}\right)^2 = E\left(\frac{du}{dt}\right)^2 + 2F\frac{du}{dt}\frac{dv}{dt} + G\left(\frac{dv}{dt}\right)^2.$$

Beispiel 4. Wir berechnen die erste Fundamentalform einer Sphäre in einem Punkt der Koordinatenumgebung, die durch die Parametrisierung (vgl. Beispiel 1, Abschnitt 2.2)

$$\mathbf{x}(\theta, \varphi) = (\sin\theta \cos\varphi, \sin\theta \sin\varphi, \cos\theta)$$

gegeben ist.
Beachte zunächst

$$\mathbf{x}_\theta(\theta, \varphi) = (\cos\theta \cos\varphi, \cos\theta \sin\varphi, -\sin\theta),$$
$$\mathbf{x}_\varphi(\theta, \varphi) = (-\sin\theta \sin\varphi, \sin\theta \cos\varphi, 0).$$

Deshalb gilt

$$E(\theta, \varphi) = \langle \mathbf{x}_\theta, \mathbf{x}_\theta \rangle = 1,$$
$$F(\theta, \varphi) = \langle \mathbf{x}_\theta, \mathbf{x}_\varphi \rangle = 0,$$
$$G(\theta, \varphi) = \langle \mathbf{x}_\varphi, \mathbf{x}_\varphi \rangle = \sin^2\theta.$$

Ist also w ein Tangentenvektor an die Sphäre im Punkt $\mathbf{x}(\theta, \varphi)$, der in der zu $\mathbf{x}(\theta, \varphi)$ assoziierten Basis dargestellt ist als

$$w = a\mathbf{x}_\theta + b\mathbf{x}_\varphi,$$

so ist das Quadrat der Länge von w

$$|w|^2 = I(w) = Ea^2 + 2Fab + Gb^2 = a^2 + b^2 \sin^2\theta.$$

Als eine Anwendung wollen wir die Kurven in dieser Koordinatenumgebung der Sphäre bestimmen, die einen konstanten Winkel β mit den Meridianen φ = konst. bilden. Diese Kurven heißen *Loxodromen* (Rhomblinien) der Sphäre.
Wir können annehmen, daß die gesuchte Kurve $\alpha(t)$ das Bild unter $\mathbf{x}$ von einer Kurve $(\theta(t), \varphi(t))$ in der $\theta\varphi$-Ebene ist. In dem Punkt $\mathbf{x}(\theta, \varphi)$, in dem die Kurve den Meridian φ = konst. trifft, haben wir

$$\cos\beta = \frac{\langle \mathbf{x}_\theta, \alpha'(t) \rangle}{|\mathbf{x}_\theta||\alpha'(t)|} = \frac{\theta'}{\sqrt{(\theta')^2 + (\varphi')^2 \sin^2\theta}},$$

weil der Vektor $\alpha'(t)$ in der Basis $\{\mathbf{x}_\theta, \mathbf{x}_\varphi\}$ die Koordinaten (θ', φ') und der Vektor $\mathbf{x}_\theta$ die Koordinaten $(1, 0)$ hat. Es folgt

$$(\theta')^2 \tan^2\beta - (\varphi')^2 \sin^2\theta = 0$$

oder

$$\frac{\theta'}{\sin\theta} = \pm\frac{\varphi'}{\tan\beta},$$

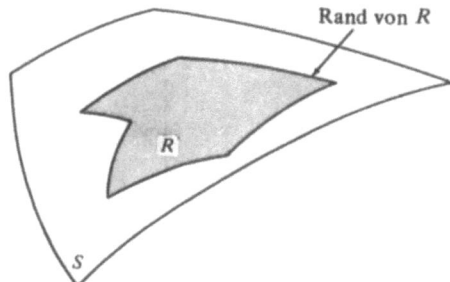

Bild 2.28

weswegen wir nach Integration die Gleichung der Loxodrome

$$\log\tan\left(\frac{\theta}{2}\right) = \pm(\varphi + c)\cotan\beta$$

erhalten, wobei die Integrationskonstante C durch einen Punkt $\mathbf{x}(\theta_0, \varphi_0)$ bestimmt ist, durch den die Kurve geht.

Eine weitere metrische Frage, die mit Hilfe der ersten Fundamentalform behandelt werden kann, ist die Berechnung (oder Definition) des Flächeninhalts von beschränkten Teilmengen einer regulären Fläche S. Ein (reguläres) *Gebiet* in S ist eine offene und zusammenhängende Teilmenge von S, so daß ihr Rand Bild einer Kreislinie unter einem differenzierbaren Homöomorphismus ist, der bis auf eine endliche Anzahl von Punkten regulär ist (d.h. das Differential ist von Null verschieden). Ein *abgeschlossenes Gebiet* in S ist die Vereinigung eines Gebiets mit seinem Rand (Bild 2.28). Ein abgeschlossenes Gebiet in $S \subset \mathbb{R}^3$ ist *beschränkt*, wenn es in einer Kugel des $\mathbb{R}^3$ enthalten ist.

Wir betrachten beschränkte abgeschlossene Gebiete R, die in einer Koordinatenumgebung $\mathbf{x}(U)$ einer Parametrisierung $\mathbf{x}: U \subset \mathbb{R}^2 \to S$ enthalten sind. R ist mit anderen Worten das Bild eines beschränkten abgeschlossenen Gebietes $Q \subset U$ unter $\mathbf{x}$. Die Funktion $|\mathbf{x}_u \wedge \mathbf{x}_v|$, definiert auf U, mißt den Flächeninhalt des von den Vektoren $\mathbf{x}_u$ und $\mathbf{x}_v$ erzeugten Parallelogramms. Wir zeigen zunächst, daß das Integral

$$\iint_Q |\mathbf{x}_u \wedge \mathbf{x}_v|\, du\, dv$$

nicht von der Parametrisierung $\mathbf{x}$ abhängt.

Es sei nämlich $\bar{\mathbf{x}}: \bar{U} \subset \mathbb{R}^2 \to S$ eine andere Parametrisierung mit $R \subset \bar{\mathbf{x}}(\bar{U})$ und $\bar{Q} = \bar{\mathbf{x}}^{-1}(R)$. $\partial(u,v)/\partial(\bar{u},\bar{v})$ sei die Jakobideterminante des Parameterwechsels $h = \mathbf{x}^{-1} \circ \bar{\mathbf{x}}$. Dann gilt

$$\iint_{\bar{Q}} |\bar{\mathbf{x}}_{\bar{u}} \wedge \bar{\mathbf{x}}_{\bar{v}}|\, d\bar{u}\, d\bar{v} = \iint_{\bar{Q}} |\mathbf{x}_u \wedge \mathbf{x}_v| \left|\frac{\partial(u,v)}{\partial(\bar{u},\bar{v})}\right| d\bar{u}\, d\bar{v}$$

$$= \iint_Q |\mathbf{x}_u \wedge \mathbf{x}_v|\, du\, dv,$$

wobei die letzte Gleichung wegen des Transformationssatzes bei mehrfachen Integralen gilt. Die behauptete Unabhängigkeit ist damit gezeigt, und wir können die folgende Definition machen.

Definition 2. Es sei $R \subset S$ ein beschränktes abgeschlossenes Gebiet in einer regulären Fläche, das in einer Koordinatenumgebung der Parametrisierung $\mathbf{x}: U \subset \mathbb{R}^2 \to S$ enthalten ist.

2.5 Die erste Fundamentalform. Flächeninhalt

Die positive Zahl

$$\iint_Q |\mathbf{x}_u \wedge \mathbf{x}_v| \, du \, dv = A(R), \quad Q = \mathbf{x}^{-1}(R),$$

heißt *Flächeninhalt* von R.

Es gibt mehrere geometrische Rechtfertigungen für eine solche Definition, von denen wir eine in Abschnitt 2.8 bringen werden. Man stellt fest, daß

$$|\mathbf{x}_u \wedge \mathbf{x}_v|^2 + \langle \mathbf{x}_u, \mathbf{x}_v \rangle^2 = |\mathbf{x}_u|^2 \cdot |\mathbf{x}_v|^2,$$

weshalb man den Integranden von $A(R)$ als

$$|\mathbf{x}_u \wedge \mathbf{x}_v| = \sqrt{EG - F^2}$$

schreiben kann.

Wir sollten noch bemerken, daß es in den meisten Beispielen keine wirkliche Einschränkung bedeutet, daß R in einer Koordinatenumgebung enthalten ist, weil es Koordinatenumgebungen gibt, die die ganze Fläche bis auf Kurven, die nicht zum Flächeninhalt beitragen, überdecken.

Beispiel 5. Wir wollen den Flächeninhalt des Torus aus Beispiel 6, Abschnitt 2.2, berechnen. Dazu betrachten wir die Koordinatenumgebung, die zu der Parametrisierung

$$\mathbf{x}(u, v) = ((a + r \cos u) \cos v, (a + r \cos u) \sin v, r \sin u),$$
$$0 < u < 2\pi, \quad 0 < v < 2\pi,$$

gehört, und die den Torus überdeckt bis auf einen Meridian und einen Breitenkreis. Die Koeffizienten der ersten Fundamentalform sind

$$E = r^2, \quad F = 0, \quad G = (r \cos u + a)^2;$$

deshalb gilt

$$\sqrt{EG - F^2} = r(r \cos u + a).$$

Betrachte nun das abgeschlossene Gebiet R_ϵ, das man erhält als Bild unter $\mathbf{x}$ des abgeschlossenen Gebietes Q_ϵ (Bild 2.29), gegeben durch ($\epsilon > 0$ und klein),

$$Q_\epsilon = \{(u, v) \in \mathbb{R}^2; 0 + \epsilon \leq u \leq 2\pi - \epsilon, 0 + \epsilon \leq v \leq 2\pi - \epsilon\}.$$

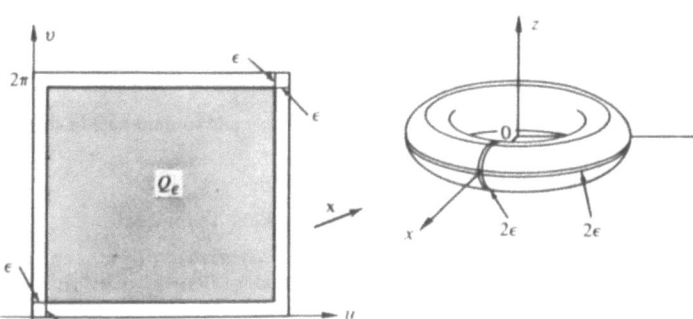

Bild 2.29

Mit Def. 2 erhalten wir

$$A(R_\epsilon) = \iint_{Q'_\epsilon} r(r\cos u + a)\, du\, dv$$
$$= \int_{0+\epsilon}^{2\pi-\epsilon} (r^2 \cos u + ra)\, du \int_{0+\epsilon}^{2\pi-\epsilon} dv$$
$$= r^2(2\pi - 2\epsilon)(\sin(2\pi - \epsilon) - \sin \epsilon) + ra(2\pi - 2\epsilon)^2.$$

Läßt man ϵ im obigen Ausdruck gegen Null streben, so hat man

$$A(T) = \lim_{\epsilon \to 0} A(R_\epsilon) = 4\pi^2 ra.$$

Das stimmt mit dem Wert überein, dem man elementar, z.B. mit dem Satz von Pappus über den Flächeninhalt von Rotationsflächen, findet (vgl. Übung 11).

Übungen

1. Berechne die ersten Fundamentalformen der folgenden parametrisierten Flächen, wo sie regulär sind:
   a) $\mathbf{x}(u, v) = (a \sin u \cos v, b \sin u \sin v, c \cos u)$; Ellipsoid.
   b) $\mathbf{x}(u, v) = (au \cos v, bu \sin v, u^2)$; elliptisches Paraboloid.
   c) $\mathbf{x}(u, v) = (au \cosh v, bu \sinh v, u^2)$; hyperbolisches Paraboloid.
   d) $\mathbf{x}(u, v) = (a \sinh u \cos v, b \sinh u \sin v, c \cosh u)$; zweischaliges Hyperboloid.

2. Es sei $\mathbf{x}(\varphi, \theta) = (\sin \theta \cos \varphi, \sin \theta \sin \varphi, \cos \theta)$ eine Parametrisierung der Einheitssphäre S^2. Es sei P die Ebene $x = z \cotan \alpha$, $0 < \alpha < \pi$, und β der spitze Winkel, den die Kurve $P \cap S^2$ mit dem Halbmeridian $\varphi = \varphi_0$ bildet. Berechne $\cos \beta$.

3. Bestimme die erste Fundamentalform der Sphäre in der Parametrisierung, die durch die stereographische Projektion gegeben ist (vgl. Übung 16, Abschnitt 2.2).

4. Es sei die parametrisierte Fläche
   $$\mathbf{x}(u, v) = (u \cos v, u \sin v, \log \cos v + u), \quad -\frac{\pi}{2} < v < \frac{\pi}{2},$$
   gegeben. Zeige, daß die beiden Kurven $\mathbf{x}(u_1, v)$, $\mathbf{x}(u_2, v)$ Abschnitte gleicher Länge auf allen Kurven $\mathbf{x}(u, \text{konst.})$ bestimmen.

5. Zeige, daß der Flächeninhalt A eines beschränkten abgeschlossenen Gebietes R der Fläche $z = f(x, y)$
   $$A = \iint_Q \sqrt{1 + f_x^2 + f_y^2}\, dx\, dy$$
   ist, wobei Q die senkrechte Projektion von R auf die xy-Ebene ist.

6. Zeige, daß
   $$\mathbf{x}(u, v) = (u \sin \alpha \cos v, u \sin \alpha \sin v, u \cos \alpha)$$
   $$0 < u < \infty, \quad 0 < v < 2\pi, \quad \alpha = \text{konst.},$$
   eine Parametrisierung des Kegels mit Öffnungswinkel 2α ist. Beweise, daß in der zugehörigen Koordinatenumgebung die Kurve
   $$\mathbf{x}(c \exp(v \sin \alpha \cotan \beta), v), \quad c = \text{konst.}, \beta = \text{konst.}$$
   die Erzeugenden des Kegels ($v = $ konst.) unter dem konstanten Winkel β schneidet.

7. Die Koordinatenkurven einer Parametrisierung $\mathbf{x}(u, v)$ bilden ein *Tschebyscheff-Netz*, wenn die Längen gegenüberliegender Seiten eines beliebigen von ihnen gebildeten Vierecks gleich sind.

2.5 Die erste Fundamentalform. Flächeninhalt

Zeige: Eine notwendige und hinreichende Bedingung dafür ist

$$\frac{\partial E}{\partial v} = \frac{\partial G}{\partial u} = 0.$$

*8 Beweise, daß, wenn die Koordinatenkurven ein Tschebyscheff-Netz bilden (siehe Übung 7), es möglich ist, die Koordinatenumgebung so umzuparametrisieren, daß die neuen Koeffizienten der ersten Fundamentalform

$$E = 1, \quad F = \cos\theta, \quad G = 1$$

sind, wobei θ der Winkel zwischen den Koordinatenkurven ist.

*9 Zeige, daß eine Rotationsfläche immer so parametrisiert werden kann, daß

$$E = E(v), \quad F = 0, \quad G = 1$$

gilt.

10 Es sei $P = \{(x, y, z) \in \mathbb{R}^3; z = 0\}$ die xy-Ebene und $\mathbf{x}: U \to P$ eine Parametrisierung von P, gegeben durch

$$\mathbf{x}(\rho, \theta) = (\rho \cos\theta, \rho \sin\theta),$$

wobei $U = \{(\rho, \theta) \in \mathbb{R}^2; 0 < \theta < 2\pi\}$. Berechne die Koeffizienten der ersten Fundamentalform von P in dieser Parametrisierung.

11 Es sei S eine Rotationsfläche und C ihre erzeugende Kurve (vgl. Beispiel 4, Abschnitt 2.3). Bezeichne mit s die Bogenlänge von C und mit $\rho = \rho(s)$ den Abstand der Rotationsachse zu dem zu s gehörenden Punkt von C.

a) (*Satz von Pappus.*) Zeige: Der Flächeninhalt von S ist

$$2\pi \int_0^l \rho(s)\, ds,$$

wobei l die Länge von C ist.

b) Wende Teil a) an, um den Flächeninhalt eines Rotationstorus zu berechnen.

12 Zeige, daß der Flächeninhalt einer regulären Röhre vom Radius r um eine Kurve α (vgl. Übung 10, Abschnitt 2.4) $2\pi r$ mal die Länge von α ist.

13 (*Verallgemeinerte Helikoide.*) Eine natürliche Verallgemeinerung sowohl von Rotationsflächen als auch von Helikoiden erhält man wie folgt. Verschiebe eine reguläre ebene Kurve C, die eine Achse E in der Ebene nicht trifft, mit einer echten Drehbewegung um E, d.h. derart, daß jeder Punkt von C eine Helix (oder einen Kreis) mit E als Achse beschreibt. Die Menge S, die durch die Verschiebung von C erzeugt wird, heißt *verallgemeinertes Helikoid* mit *Achse* E und *Erzeugender* C. Wenn die Drehbewegung eine reine Rotation um E ist, ist S eine Rotationsfläche; ist C eine Gerade, die senkrecht zu E ist, so ist S (ein Teil des) das Standardhelikoid (vgl. Beispiel 3). Wähle die Koordinatenachsen so, daß E die z-Achse ist und C in der yz-Ebene liegt.

Beweise:

a) Ist $(f(s), g(s))$ eine Parametrisierung von C nach der Bogenlänge s, $a < s < b$, $f(s) > 0$, dann ist $\mathbf{x}: U \to S$, wobei

$$U = \{(s, u) \in \mathbb{R}^2; a < s < b, 0 < u < 2\pi\}$$

und

$$\mathbf{x}(s, u) = (f(s) \cos u, f(s) \sin u, g(s) + cu), \quad c = \text{konst.},$$

eine Parametrisierung von S. Folgere, daß S eine reguläre Fläche ist.

b) Die Koordinatenkurven der obigen Parametrisierung sind genau dann orthogonal (d.h. $F = 0$), wenn $\mathbf{x}(U)$ entweder eine Rotationsfläche oder (Teil des) das Standardhelikoid ist.

14 (*Gradient auf Flächen.*) Der *Gradient* einer differenzierbaren Funktion $f\colon S \to \mathbb{R}$ ist eine differenzierbare Abbildung grad $f\colon S \to \mathbb{R}^3$, die jedem Punkt $p \in S$ einen Vektor grad $f(p) \in T_p(S) \subset \mathbb{R}^3$ so zuordnet, daß

$$\langle \operatorname{grad} f(p), v \rangle_p = df_p(v) \quad \text{für alle } v \in T_p(S).$$

Zeige:

a) Sind E, F, G die Koeffizienten der ersten Fundamentalform in einer Parametrisierung $\mathbf{x}\colon U \subset \mathbb{R}^2 \to S$, so ist grad f auf $\mathbf{x}(U)$ gegeben durch

$$\operatorname{grad} f = \frac{f_u G - f_v F}{EG - F^2} \mathbf{x}_u + \frac{f_v E - f_u F}{EG - F^2} \mathbf{x}_v.$$

Insbesondere gilt für $S = \mathbb{R}^2$ mit Koordinaten x, y,

$$\operatorname{grad} f = f_x e_1 + f_y e_2,$$

wobei $\{e_1, e_2\}$ die kanonische Basis des $\mathbb{R}^2$ ist (*daher stimmt die Definition mit der üblichen Definition des Gradienten in der Ebene überein*).

b) Hält man $p \in S$ fest und läßt v in dem Einheitskreis $|v| = 1$ in $T_p(S)$ variieren, so ist $df_p(v)$ genau dann maximal, wenn $v = \operatorname{grad} f / |\operatorname{grad} f|$ (*deshalb gibt* grad $f(p)$ *die Richtung der maximalen Variation von f bei p an*).

c) Ist grad $f \neq 0$ in allen Punkten der Niveaukurve $C = \{q \in S; f(q) = \text{konst.}\}$, so ist C eine reguläre Kurve in S und grad f ist normal zu C in allen Punkten von C.

15 (*Orthogonale Familien von Kurven*)

a) Es seien E, F, G die Koeffizienten der ersten Fundamentalform einer regulären Fläche S in der Parametrisierung $\mathbf{x}\colon U \subset \mathbb{R}^2 \to S$. Es seien $\varphi(u, v) = $ konst. und $\psi(u, v) = $ konst. zwei Familien regulärer Kurven in $\mathbf{x}(U) \subset S$ (vgl. Übung 28, Abschnitt 2.4). Beweise, daß diese zwei Familien genau dann orthogonal sind (d. h. wenn sich zwei Kurven von verschiedenen Familien schneiden, sind ihre Tangenten orthogonal), wenn

$$E\varphi_v \psi_v - F(\varphi_u \psi_v + \varphi_v \psi_u) + G\varphi_u \psi_u = 0.$$

b) Verwende Teil a), um zu zeigen, daß in der Koordinatenumgebung $\mathbf{x}(U)$ des Helikoids aus Beispiel 3 die zwei Familien regulärer Kurven

$$v \cos u = \text{konst.}, \quad v \neq 0,$$
$$(v^2 + a^2) \sin^2 u = \text{konst.}, \quad v \neq 0, \quad u \neq \pi,$$

orthogonal sind.

2.6 Orientierung von Flächen[1]

In diesem Abschnitt werden wir diskutieren, in welchem Sinn und wann es möglich ist, eine Fläche zu orientieren. Weil jeder Punkt p einer regulären Fläche S eine Tangentialebene $T_p(S)$ besitzt, induziert intuitiv die Wahl einer Orientierung von $T_p(S)$ eine Orientierung in einer Umgebung von p, so daß man davon sprechen kann, hinreichend kleine geschlossene Kurven um Punkte in dieser Umgebung in positivem Sinn zu durchlaufen (Bild 2.30). Ist es möglich, die Wahl für jedes $p \in S$ so zu treffen, daß die Orientierungen im Durchschnitt von je zwei Umgebungen übereinstimmen, so heißt S orientierbar. Ist das nicht möglich, so heißt S nicht orientierbar.

Wir werden diese Ideen jetzt präzisieren. Indem wir eine Parametrisierung $\mathbf{x}(u, v)$ einer Umgebung eines Punktes p einer regulären Fläche S fixieren, bestimmen wir eine Orientierung

---

[1] Dieser Abschnitt kann beim ersten Lesen übergangen werden.

2.6 Orientierung von Flächen 85

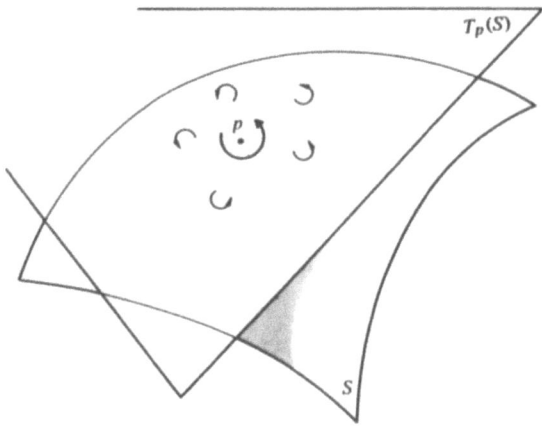

Bild 2.30

der Tangentialebene $T_p(S)$, nämlich die Orientierung der zugehörigen geordneten Basis $\{\mathbf{x}_u, \mathbf{x}_v\}$. Gehört p zur Koordinatenumgebung einer anderen Parametrisierung $\bar{\mathbf{x}}(\bar{u}, \bar{v})$, so läßt sich die neue Basis $\{\bar{\mathbf{x}}_{\bar{u}}, \bar{\mathbf{x}}_{\bar{v}}\}$ in Termen der ersten ausdrücken durch

$$\bar{\mathbf{x}}_{\bar{u}} = \mathbf{x}_u \frac{\partial u}{\partial \bar{u}} + \mathbf{x}_v \frac{\partial v}{\partial \bar{u}},$$

$$\bar{\mathbf{x}}_{\bar{v}} = \mathbf{x}_u \frac{\partial u}{\partial \bar{v}} + \mathbf{x}_v \frac{\partial v}{\partial \bar{v}},$$

wobei $u = u(\bar{u}, \bar{v})$ und $v = v(\bar{u}, \bar{v})$ die Darstellungen des Koordinatenwechsels sind. Die Basen $\{\mathbf{x}_u, \mathbf{x}_v\}$ und $\{\bar{\mathbf{x}}_{\bar{u}}, \bar{\mathbf{x}}_{\bar{v}}\}$ bestimmen deshalb genau dann dieselbe Orientierung von $T_p(S)$, wenn die Jakobische

$$\frac{\partial(u, v)}{\partial(\bar{u}, \bar{v})}$$

des Koordinatenwechsels positiv ist.

Definition 1. Eine reguläre Fläche S heißt *orientierbar*, wenn es möglich ist, sie mit einer Familie von Koordinatenumgebungen so zu überdecken, daß, wenn ein Punkt $p \in S$ zu zwei Umgebungen dieser Familie gehört, der Koordinatenwechsel positive Jakobische bei p hat. Die Wahl einer solchen Familie heißt *Orientierung* von S, und S heißt in diesem Fall *orientiert*. Ist eine solche Wahl nicht möglich, so heißt die Fläche *nichtorientierbar*.

Beispiel 1. Eine Fläche, die Graph einer differenzierbaren Funktion ist (vgl. Abschnitt 2.2, Prop. 1), ist eine orientierbare Fläche. Tatsächlich sind alle Flächen, die mit einer Koordinatenumgebung überdeckt werden können, trivialerweise orientierbar.

Beispiel 2. Die Sphäre ist eine orientierbare Fläche. Statt dies direkt nachzurechnen, wollen wir ein allgemeines Argument geben. Die Sphäre kann mit zwei Koordinatenumgebungen überdeckt werden (indem man die stereographische Projektion benutzt; siehe Übung 16 aus Abschnitt 2.2), mit Parametern (u, v) und $(\bar{u}, \bar{v})$, so daß der Durchschnitt W dieser Umgebungen (die Sphäre ohne zwei Punkte) zusammenhängend ist. Fixiere einen

Punkt p in W. Wenn die Jakobische des Koordinatenwechsels bei p negativ ist, vertauschen wir u und v im ersten System, und die Jakobische wird positiv. Weil die Jakobische in W von Null verschieden und positiv in $p \in W$ ist, folgt aus der Tatsache, daß W zusammenhängend ist, daß die Jakobische überall positiv ist. Es gibt also eine Familie von Koordinatenumgebungen, die der Def. 1 genügen, und die Sphäre ist somit orientierbar.

Aus dem gerade benutzten Argument folgt sofort: *Wenn eine reguläre Fläche mit zwei Koordinatenumgebungen überdeckt werden kann, deren Durchschnitt zusammenhängend ist, so ist die Fläche orientierbar.*

Bevor wir ein Beispiel einer nichtorientierbaren Fläche vorstellen, wollen wir eine geometrische Interpretation der Idee der Orientierbarkeit einer regulären Fläche in $\mathbb{R}^3$ geben. Wie wir in Abschnitt 2.4 gesehen haben, liefert ein gegebenes Koordinatensystem $\mathbf{x}(u, v)$ bei p eine bestimmte Wahl eines Einheitsnormalenvektors N bei p durch die Formel

$$N = \frac{\mathbf{x}_u \wedge \mathbf{x}_v}{|\mathbf{x}_u \wedge \mathbf{x}_v|}(p). \tag{1}$$

Nimmt man ein anderes System lokaler Koordinaten $\bar{\mathbf{x}}(\bar{u}, \bar{v})$ bei p, so sieht man, daß

$$\bar{\mathbf{x}}_{\bar{u}} \wedge \bar{\mathbf{x}}_{\bar{v}} = (\mathbf{x}_u \wedge \mathbf{x}_v)\frac{\partial(u, v)}{\partial(\bar{u}, \bar{v})} \tag{2}$$

gilt, wobei $\partial(u, v)/\partial(\bar{u}, \bar{v})$ die Jakobische des Koordinatenwechsels ist. Deshalb behält N sein Vorzeichen bei oder ändert es, je nachdem, ob $\partial(u, v)/\partial(\bar{u}, \bar{v})$ positiv oder negativ ist.

Unter einem differenzierbaren *Einheitsnormalenvektorfeld* auf einer offenen Menge $U \subset S$ verstehen wir eine differenzierbare Abbildung $N: U \to \mathbb{R}^3$, die jedem $q \in U$ einen Einheitsnormalenvektor $N(q) \in \mathbb{R}^3$ an S in q zuordnet.

Proposition 1. *Eine reguläre Fläche $S \subset \mathbb{R}^3$ ist genau dann orientierbar, wenn es ein differenzierbares Einheitsnormalenvektorfeld $N: S \to \mathbb{R}^3$ auf S gibt.*

Beweis. Ist S orientierbar, so ist es möglich, sie mit einer Familie von Koordinatenumgebungen so zu überdecken, daß der Koordinatenwechsel im Durchschnitt von je zwei von ihnen eine positive Jakobische hat. In den Punkten $p = \mathbf{x}(u, v)$ jeder Umgebung definieren wir $N(u, v)$ und $N(\bar{u}, \bar{v})$ wegen Gleichung (2) übereinstimmen. Darüber hinaus sind wegen ordinatenumgebungen mit Parametern (u, v) und $(\bar{u}, \bar{v})$ gehört, die Normalenvektoren $N(u, v)$ und $N(\bar{u}, \bar{v})$ wegen Gleichung (2) übereinstimmen. Darüber hinaus sind wegen Gleichung (1) die Koordinaten von $N(u, v)$ in $\mathbb{R}^3$ differenzierbare Funktionen von (u, v), und die Abbildung $N: S \to \mathbb{R}^3$ ist deshalb wie gewünscht differenzierbar.

Auf der anderen Seite sei $N: S \to \mathbb{R}^3$ ein differenzierbares Einheitsnormalenvektorfeld; betrachte eine Familie *zusammenhängender* Koordinatenumgebungen, die S überdecken. Für die Punkte $p = \mathbf{x}(u, v)$ jeder Koordinatenumgebung $\mathbf{x}(U), U \subset \mathbb{R}^2$, ist es möglich, aufgrund der Stetigkeit von N und indem man, wenn nötig, u und v vertauscht, es so einzurichten, daß

$$N(p) = \frac{\mathbf{x}_u \wedge \mathbf{x}_v}{|\mathbf{x}_u \wedge \mathbf{x}_v|}.$$

gilt.

2.6 Orientierung von Flächen

Denn das innere Produkt

$$\left\langle N(p), \frac{\mathbf{x}_u \wedge \mathbf{x}_v}{|\mathbf{x}_u \wedge \mathbf{x}_v|}\right\rangle = f(p) = \pm 1$$

ist eine stetige Funktion auf $\mathbf{x}(U)$. Weil U zusammenhängend ist, ist das Vorzeichen von f konstant. Ist $f = -1$, so vertauschen wir u und v in der Parametrisierung, und die Behauptung folgt.

Verfährt man so mit allen Koordinatenumgebungen, so ist im Durchschnitt von je zwei von ihnen, sagen wir $\mathbf{x}(u,v)$ und $\bar{\mathbf{x}}(\bar{u},\bar{v})$ die Jakobische

$$\frac{\partial(u,v)}{\partial(\bar{u},\bar{v})}$$

sicherlich positiv; andernfalls hätten wir

$$\frac{\mathbf{x}_u \wedge \mathbf{x}_v}{|\mathbf{x}_u \wedge \mathbf{x}_v|} = N(p) = -\frac{\bar{\mathbf{x}}_{\bar{u}} \wedge \bar{\mathbf{x}}_{\bar{v}}}{|\bar{\mathbf{x}}_{\bar{u}} \wedge \bar{\mathbf{x}}_{\bar{v}}|} = -N(p),$$

was ein Widerspruch ist. Deshalb erfüllt die gegebene Familie von Koordinatenumgebungen nach bestimmten Vertauschungen von u und v die Bedingungen von Def. 1, und S ist somit orientierbar. □

Bemerkung. Wie der Beweis zeigt, benötigen wir nur die Existenz eines stetigen Einheitsvektorfeldes auf S, damit S orientierbar ist. Solch ein Vektorfeld ist automatisch differenzierbar.

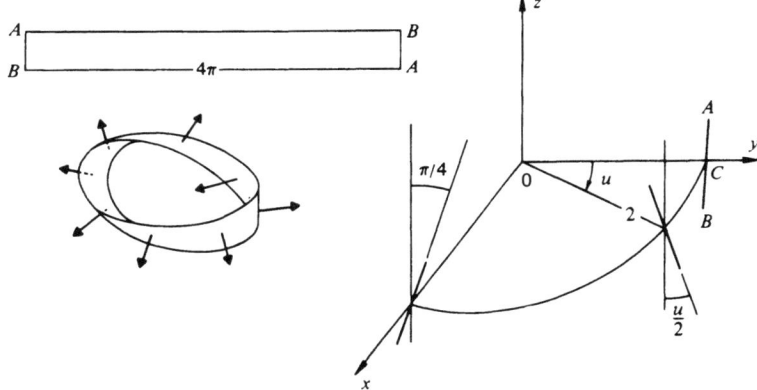

Bild 2.31

Beispiel 3. Wir werden jetzt ein Beispiel einer nichtorientierbaren Fläche beschreiben, das sogenannte *Möbiusband*. Diese Fläche erhält man (siehe Bild 2.31) durch Betrachtung des Kreises S^1, gegeben durch $x^2 + y^2 = 4$, und des offenen Segments AB in der yz-Ebene, gegeben durch $y = 2$, $|z| < 1$. Wir bewegen den Mittelpunkt C von AB längs S^1 und drehen AB um C in der Cz-Ebene derart, daß, wenn C einen Winkel u durchlaufen hat, AB sich um den Winkel $u/2$ gedreht hat. Hat C sich einmal um den Kreis gedreht, so ist AB zu seiner Anfangsposition zurückgekehrt, wobei die Endpunkte vertauscht sind.

Vom differenzierbaren Standpunkt aus ist das dasselbe, als hätten wir die gegenüberliegenden (senkrechten) Seiten eines Rechtecks miteinander identifiziert, wobei wir das Rechteck so verdrehen, daß jeder Punkt der Seite AB mit seinem symmetrischen Punkt identifiziert wird (Bild 2.31). Geometrisch ist es offensichtlich, daß das Möbiusband M eine reguläre, nichtorientierbare Fläche ist. Wäre nämlich M orientierbar, so gäbe es ein differenzierbares Einheitsnormalenvektorfeld $N: M \to \mathbb{R}^3$. Betrachten wir diese Vektoren längs des Kreises $x^2 + y^2 = 4$, so sehen wir, daß der Vektor N nach einer Umdrehung zu seiner Originalposition als $-N$ zurückkehrt. Das ist ein Widerspruch.

Wir geben jetzt einen analytischen Beweis der oben erwähnten Tatsachen.

Ein Koordinatensystem $\mathbf{x}: U \to M$ für das Möbiusband ist durch

$$\mathbf{x}(u, v) = \left(\left(2 - v \sin \frac{u}{2}\right) \sin u, \left(2 - v \sin \frac{u}{2}\right) \cos u, v \cos \frac{u}{2}\right)$$

gegeben, wobei $0 < u < 2\pi$ und $-1 < v < 1$. Die zugehörige Koordinatenumgebung läßt die Punkte des offenen Intervalls $u = 0$ aus. Nehmen wir jetzt den Ursprung der u's auf der x-Achse, so erhalten wir eine zweite Parametrisierung $\bar{\mathbf{x}}(\bar{u}, \bar{v})$, gegeben durch

$$x = \left\{2 - \bar{v} \sin\left(\frac{\pi}{4} + \frac{\bar{u}}{2}\right)\right\} \cos \bar{u},$$

$$y = -\left\{2 - \bar{v} \sin\left(\frac{\pi}{4} + \frac{\bar{u}}{2}\right)\right\} \sin \bar{u},$$

$$z = \bar{v} \cos\left(\frac{\pi}{4} + \frac{\bar{u}}{2}\right),$$

deren Koordinatenumgebung das Intervall $u = \frac{\pi}{2}$ ausläßt. Diese beiden Koordinatenumgebungen überdecken das Möbiusband und können verwendet werden, um zu zeigen, daß es eine reguläre Fläche ist.

Beachte, daß der Durchschnitt der zwei Koordinatenumgebungen nicht zusammenhängend ist, sondern aus zwei Komponenten besteht:

$$W_1 = \left\{\mathbf{x}(u, v): \frac{\pi}{2} < u < 2\pi\right\},$$

$$W_2 = \left\{\mathbf{x}(u, v): 0 < u < \frac{\pi}{2}\right\}.$$

Der Koordinatenwechsel ist gegeben durch

$$\left.\begin{array}{l}\bar{u} = u - \dfrac{\pi}{2} \\ \bar{v} = v\end{array}\right\} \quad \text{in } W_1,$$

und

$$\left.\begin{array}{l}\bar{u} = \dfrac{3\pi}{2} + u \\ \bar{v} = -v\end{array}\right\} \quad \text{in } W_2.$$

Es folgt

$$\frac{\partial(\bar{u}, \bar{v})}{\partial(u, v)} = 1 > 0 \quad \text{in } W_1$$

2.6 Orientierung von Flächen

und

$$\frac{\partial(\bar{u}, \bar{v})}{\partial(u, v)} = -1 < 0 \quad \text{in } W_2.$$

Um zu zeigen, daß das Möbiusband nichtorientierbar ist, nehmen wir an, es sei möglich, ein differenzierbares Einheitsnormalenvektorfeld $N: M \to \mathbb{R}^3$ zu definieren. Indem wir, wenn nötig u und v vertauschen, können wir annehmen, daß

$$N(p) = \frac{\mathbf{x}_u \wedge \mathbf{x}_v}{|\mathbf{x}_u \wedge \mathbf{x}_v|}$$

für jedes p in der Koordinatenumgebung von $\mathbf{x}(u, v)$ gilt. Analog können wir

$$N(p) = \frac{\bar{\mathbf{x}}_{\bar{u}} \wedge \bar{\mathbf{x}}_{\bar{v}}}{|\bar{\mathbf{x}}_{\bar{u}} \wedge \bar{\mathbf{x}}_{\bar{v}}|}$$

in allen Punkten der Koordinatenumgebung von $\bar{\mathbf{x}}(\bar{u}, \bar{v})$ annehmen. Die Jakobische des Koordinatenwechsels muß jedoch -1 sein in W_1 oder W_2 (abhängig davon, welche Vertauschungen von der Art $u \to v$, $\bar{u} \to \bar{v}$ gemacht werden müssen). Ist p ein Punkt dieser Komponente des Durchschnitts, so ist $N(p) = -N(p)$. Das ist ein Widerspruch.

Wir haben bereits gesehen, daß eine Fläche, die Graph einer differenzierbaren Funktion ist, orientierbar ist. Wir werden jetzt zeigen, daß eine Fläche, die Urbild eines regulären Wertes einer differenzierbaren Funktion ist, ebenfalls orientierbar ist. Das ist einer der Gründe dafür, daß es relativ schwierig ist, Beispiele nichtorientierbarer, regulärer Flächen in $\mathbb{R}^3$ zu konstruieren.

Proposition 2. *Ist eine reguläre Fläche gegeben durch* $S = \{(x, y, z) \in \mathbb{R}^3 : f(x, y, z) = a\}$, *wobei* $f: U \subset \mathbb{R}^3 \to \mathbb{R}$ *differenzierbar und* a *ein regulärer Wert von* f *ist, so ist* S *orientierbar.*

Beweis. Für einen gegebenen Punkt $(x_0, y_0, z_0) = p \in S$ betrachte eine parametrisierte Kurve $(x(t), y(t), z(t))$, $t \in I$, auf S, die für $t = t_0$ durch p geht. Weil die Kurve auf S liegt, gilt

$$f(x(t), y(t), z(t)) = a$$

für alle $t \in I$. Differenzieren wir beide Seiten dieses Ausdrucks nach t, so sehen wir, daß bei $t = t_0$

$$f_x(p)\left(\frac{dx}{dt}\right)_{t_0} + f_y(p)\left(\frac{dy}{dt}\right)_{t_0} + f_z(p)\left(\frac{dz}{dt}\right)_{t_0} = 0$$

gilt. Das zeigt, daß der Tangentenvektor an die Kurve bei $t = t_0$ senkrecht ist zum Vektor (f_x, f_y, f_z) bei p. Weil die Kurve und der Punkt beliebig sind, schließen wir, daß

$$N(x, y, z) = \left(\frac{f_x}{\sqrt{f_x^2 + f_y^2 + f_z^2}}, \frac{f_y}{\sqrt{f_x^2 + f_y^2 + f_z^2}}, \frac{f_z}{\sqrt{f_x^2 + f_y^2 + f_z^2}}\right)$$

ein differenzierbares Einheitsnormalenvektorfeld auf S ist. Zusammen mit Prop. 1 impliziert dies wie gewünscht die Orientierbarkeit von S. □

Eine letzte Bemerkung. Orientierung ist ganz ausdrücklich keine lokale Eigenschaft einer regulären Fläche. Lokal ist jede reguläre Fläche diffeomorph zu einer offenen Menge in der Ebene und deshalb orientierbar. Orientierung ist eine globale Eigenschaft in dem Sinne, daß die gesamte Fläche eine Rolle spielt.

Übungen

1. Es sei S eine reguläre Fläche, die durch Koordinatenumgebungen V_1 und V_2 überdeckt wird. Nimm an, $V_1 \cap V_2$ hat zwei zusammenhängende Komponenten W_1, W_2, und daß die Jakobische des Koordinatenwechsels positiv in W_1 ist und negativ in W_2. Beweise, daß S nichtorientierbar ist.

2. Es sei S_2 eine orientierbare reguläre Fläche und $\varphi: S_1 \to S_2$ eine differenzierbare Abbildung, die ein lokaler Diffeomorphismus ist bei jedem $p \in S_1$. Beweise, daß S_1 orientierbar ist.

3. Ist es möglich, dem Begriff des Flächeninhalts für das Möbiusband eine Bedeutung zu geben? Wenn ja, gib ein Integral an, um ihn zu berechnen.

4. Es sei S eine orientierbare Fläche und $\{U_\alpha\}$ und $\{V_\beta\}$ seien zwei Familien von Koordinatenumgebungen, die S überdecken (d. h. $\cup U_\alpha = S = \cup V_\beta$) und die Bedingungen von Def. 1 erfüllen (d. h. in jeder der Familien haben die Koordinatenwechsel positive Jakobische). Wir sagen $\{U_\alpha\}$ und $\{V_\beta\}$ bestimmen *dieselbe Orientierung* von S, wenn die Vereinigung der zwei Familien wieder die Bedingungen von Def. 1 erfüllt.
   Zeige, daß eine reguläre, zusammenhängende, orientierbare Fläche nur zwei verschiedene Orientierungen haben kann.

5. Es sei $\varphi: S_1 \to S_2$ ein Diffeomorphismus.
   a) Zeige, daß S_1 genau dann orientierbar ist, wenn S_2 orientierbar ist (*Orientierbarkeit bleibt also unter Diffeomorphismen erhalten*).
   b) Es seien S_1 und S_2 orientierbar und orientiert. Beweise, daß der Diffeomorphismus φ eine Orientierung auf S_2 induziert. Benutze die Antipodenabbildung der Sphäre (Übung 1, Abschnitt 2.3), um zu zeigen, daß diese Orientierung verschieden von der Anfangsorientierung sein kann (vgl. Übung 4) (*also braucht eine Orientierung selbst nicht unter einem Diffeomorphismus erhalten zu bleiben; beachte jedoch, daß, wenn S_1 und S_2 zusammenhängend sind, ein Diffeomorphismus entweder die Orientierung erhält oder „umkehrt"*).

6. Definiere den Begriff der Orientierung einer regulären Kurve $C \subset \mathbb{R}^3$ und zeige, daß es höchstens zwei verschiedene Orientierungen im Sinne von Übung 4 gibt, wenn C zusammenhängend ist (tatsächlich gibt es genau zwei, aber das ist schwieriger zu beweisen).

7. Zeige, daß eine reguläre Fläche S, die eine offene Menge, diffeomorph zum Möbiusband, enthält, nicht orientierbar ist.

2.7 Eine Charakterisierung kompakter orientierbarer Flächen[1])

Die Umkehrung von Prop. 3 aus Abschnitt 2.6, nämlich, daß *eine orientierbare Fläche in $\mathbb{R}^3$ Urbild eines regulären Werts einer differenzierbaren Funktion ist,* ist richtig, und der Beweis nicht trivial. Sogar im Spezialfall kompakter Flächen (definiert in diesem Abschnitt) ist der Beweis instruktiv und liefert ein interessantes Beispiel eines globalen Satzes in der Differentialgeometrie. Dieser ganze Abschnitt ist dem Beweis dieser Umkehrung der Behauptung gewidmet.

Es sei $S \subset \mathbb{R}^3$ eine orientierbare Fläche. Der wesentliche Punkt des Beweises besteht darin, zu zeigen, daß man auf der Normalen durch $p \in S$ ein offenes Intervall um p der Länge, sagen wir, $2\epsilon_p$ (ϵ_p verändert sich mit p), so wählen kann, daß für $p \neq q \in S$ gilt $I_p \cap I_q = 0$. Also ist die Vereinigung $\cup I_p$, $p \in S$, eine offene Menge V des $\mathbb{R}^3$, die S enthält und die Eigenschaft hat, daß durch jeden Punkt aus V eine eindeutig bestimmte Normale zu S geht, V heißt dann eine *Tubenumgebung* von S (Bild 2.32).

---

[1]) Dieser Abschnitt kann beim ersten Lesen übergangen werden.

2.7 Eine Charakterisierung kompakter orientierbarer Flächen

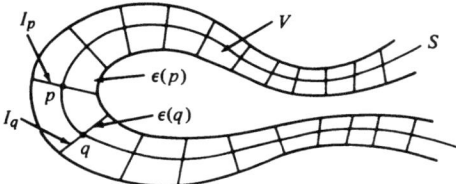

Bild 2.32
Eine Tubenumgebung

Wir wollen für den Augenblick die Existenz einer Tubenumgebung V einer orientierbaren Fläche S annehmen. Dann können wir eine Funktion $g: V \to \mathbb{R}$ wie folgt definieren. Fixiere eine Orientierung von S. Beachte, daß sich keine zwei Segmente I_p und I_q, $p \neq q$, der Tubenumgebung V schneiden. Also geht durch jeden Punkt $P \in V$ eine eindeutig bestimmte Normale zu S, die S in einem Punkt p trifft; nach Definition ist $g(P)$ der Abstand von p zu P mit einem Vorzeichen, das durch die Richtung des Einheitsnormalenvektors bei p gegeben ist. Können wir beweisen, daß g eine differenzierbare Funktion und 0 ein regulärer Wert von g ist, so erhalten wir wie gewünscht $S = g^{-1}(0)$.

Wir beginnen nun mit dem Beweis der Existenz einer Tubenumgebung einer orientierbaren Fläche. Zunächst beweisen wir eine lokale Version dieser Tatsache; d.h. wir zeigen, daß zu jedem $p \in S$ eine Umgebung existiert, die eine Tubenumgebung besitzt.

Proposition 1. *Es sei S eine reguläre Fläche und $\mathbf{x}: U \to S$ eine Parametrisierung einer Umgebung eines Punktes $p = \mathbf{x}(u_0, v_0) \in S$. Dann gibt es eine Umgebung $W \subset \mathbf{x}(U)$ von p in S und eine Zahl $\epsilon > 0$, so daß die Segmente der Normalen durch $q \in W$ mit Mittelpunkt bei q und Länge 2ϵ disjunkt sind (d.h. W hat eine Tubenumgebung).*

Beweis. Betrachte die Abbildung $F: U \times \mathbb{R} \to \mathbb{R}^3$, die durch

$$F(u, v; t) = \mathbf{x}(u, v) + tN(u, v), \qquad (u, v) \in U, \quad t \in \mathbb{R},$$

gegeben ist, wobei $N(u, v) = (N_x, N_y, N_z)$ der Einheitsnormalenvektor bei

$$\mathbf{x}(u, v) = (x(u, v), y(u, v), z(u, v))$$

ist. Geometrisch gesehen bildet F den Punkt $(u, v; t)$ des „Zylinders" $U \times \mathbb{R}$ auf den Punkt der Normalen zu S ab, der den Abstand t von $\mathbf{x}(u, v)$ hat. F ist offenbar differenzierbar und die Jakobische bei $t = 0$ ist gegeben durch

$$\begin{vmatrix} \dfrac{\partial x}{\partial u} & \dfrac{\partial y}{\partial u} & \dfrac{\partial z}{\partial u} \\ \dfrac{\partial x}{\partial v} & \dfrac{\partial y}{\partial v} & \dfrac{\partial z}{\partial v} \\ N_x & N_y & N_z \end{vmatrix} = |\mathbf{x}_u \wedge \mathbf{x}_v| \neq 0.$$

Nach dem Umkehrsatz gibt es ein Parallelepiped in $U \times \mathbb{R}$, sagen wir

$$u_0 - \delta < u < u_0 + \delta, \qquad v_0 - \delta < v < v_0 + \delta, \qquad -\epsilon < t < \epsilon,$$

auf dem die Einschränkung von F injektiv ist. Das aber bedeutet, daß sich im Bild W des Rechtecks

$$u_0 - \delta < u < u_0 + \delta, \qquad v_0 - \delta < v < v_0 + \delta$$

unter F die Segmente der Normalen mit Mittelpunkten $q \in W$ und Länge $< 2\epsilon$ nicht treffen. $\qquad\square$

An dieser Stelle kann man folgende Beobachtung machen. Die Tatsache, daß die Funktion $g: V \to \mathbb{R}$, die oben unter Annahme der Existenz einer Tubenumgebung V definiert wurde, differenzierbar ist und 0 als regulären Wert hat, ist eine lokale Tatsache und kann sofort bewiesen werden.

Proposition 2. *Nimm die Existenz einer Tubenumgebung $V \subset \mathbb{R}^3$ einer orientierbaren Fläche $S \subset \mathbb{R}^3$ an und wähle eine Orientierung für S. Dann ist die Funktion $g: V \to \mathbb{R}$, die definiert ist als der orientierte Abstand eines Punktes aus V zum Fußpunkt der eindeutig bestimmten Normalen durch diesen Punkt, differenzierbar und hat Null als regulären Wert.*

Beweis. Wir betrachten wieder die in Prop. 1 definierte Abbildung $F: U \times \mathbb{R} \to \mathbb{R}^3$, wobei wir jetzt annehmen, daß die Parametrisierung $\mathbf{x}$ mit der gegebenen Orientierung verträglich ist. Bezeichnen wir mit x, y, z die Koordinaten von $F(u, v, t) = \mathbf{x}(u, v) + tN(u, v)$, so können wir schreiben

$$F(u, v, t) = (x(u, v, t), y(u, v, t), z(u, v, t)).$$

Weil die Jakobische $\partial(x, y, z)/\partial(u, v, t)$ bei $t = 0$ von Null verschieden ist, können wir F auf einem Parallelepiped Q

$$u_0 - \delta < u < u_0 + \delta, \qquad v_0 - \delta < v < v_0 + \delta, \qquad -\epsilon < t < \epsilon ,$$

umkehren und erhalten eine differenzierbare Abbildung

$$F^{-1}(x, y, z) = (u(x, y, z), v(x, y, z), t(x, y, z)),$$

wobei $(x, y, z) \in F(Q) = V$. Aber die Funktion $g: V \to \mathbb{R}$ in der Behauptung von Prop. 2 ist genau $t = t(x, y, z)$. Also ist g differenzierbar. Weiterhin ist 0 regulärer Wert von g; andernfalls wäre

$$\frac{\partial t}{\partial x} = \frac{\partial t}{\partial y} = \frac{\partial t}{\partial z} = 0$$

für einen Punkt mit $t = 0$; deshalb wäre das Differential dF^{-1} singulär für $t = 0$. Das ist ein Widerspruch. $\qquad\square$

Um vom Lokalen zum Globalen überzugehen, d.h. um die Existenz einer Tubenumgebung für eine orientierbare Fläche im Ganzen zu beweisen, brauchen wir einige topologische Argumente. Wir werden uns auf kompakte Flächen beschränken, die wir jetzt definieren. Es sei A eine Teilmenge des $\mathbb{R}^3$. Wir sagen, daß p ein *Häufungspunkt* von A ist, wenn jede Umgebung von p in $\mathbb{R}^3$ einen von p verschiedenen Punkt von A enthält. A heißt *abgeschlossen*, wenn es alle seine Häufungspunkte enthält. A ist *beschränkt*, wenn es in einer Kugel des $\mathbb{R}^3$ enthalten ist. Wenn A abgeschlossen und beschränkt ist, so heißt A *kompakt*.

2.7 Eine Charakterisierung kompakter orientierbarer Flächen

Die Sphäre und der Torus sind kompakte Flächen. Das Rotationsparaboloid $z = x^2 + y^2$, $(x, y) \in \mathbb{R}^2$, ist eine abgeschlossene Fläche, aber, da unbeschränkt, keine kompakte Fläche. Die Kreisscheibe $x^2 + y^2 < 1$ in der Ebene und das Möbiusband sind beschränkt, aber nicht abgeschlossen und damit nicht kompakt.

Wir benötigen einige Eigenschaften kompakter Teilmengen des $\mathbb{R}^3$, die wir nun formulieren. Der Abstand zwischen zwei Punkten $p, q \in \mathbb{R}^3$ wird mit $d(p, q)$ bezeichnet.

Eigenschaft 1 (Bolzano-Weierstrass). *Es sei $A \subset \mathbb{R}^3$ eine kompakte Menge. Dann hat jede unendliche Teilmenge von A mindestens einen Häufungspunkt in A.*

Eigenschaft 2 (Heine-Borel). *Es sei $A \subset \mathbb{R}^3$ eine kompakte Menge und $\{U_\alpha\}$ eine Familie von offenen Teilmengen von A, so daß $\cup_\alpha U_\alpha = A$. Dann ist es möglich, eine endliche Anzahl $U_{k_1}, U_{k_2}, \ldots, U_{k_n}$ der U_α auszuwählen, so daß $\cup U_{k_i} = A$, $i = 1, \ldots, n$.*

Eigenschaft 3 (Lebesgue). *Es sei $A \subset \mathbb{R}^3$ eine kompakte Menge und $\{U_\alpha\}$ eine Familie von offenen Teilmengen von A, so daß $\cup_\alpha U_\alpha = A$. Dann gibt es eine Zahl $\delta > 0$ (die Lebesgue-Zahl der Familie $\{U_\alpha\}$), so daß je zwei Punkte $p, q \in A$ in einem Abstand $d(p, q) < \delta$ zu einem U_α gehören.*

Eigenschaften 1 und 2 werden in der Analysis bewiesen. Der Vollständigkeit halber beweisen wir jetzt Eigenschaft 3.

Beweis von Eigenschaft 3. Wir wollen annehmen, es gäbe kein $\delta > 0$, das die Bedingungen in der Behauptung erfüllt; d.h. zu gegebenen $1/n$ gibt es Punkte p_n und q_n, so daß $d(p_n, q_n) < 1/n$ ist, aber p_n und q_n nicht zu derselben offenen Menge der Familie $\{U_\alpha\}$ gehören. Für $n = 1, 2, \ldots$ erhalten wir zwei unendliche Mengen von Punkten $\{p_n\}$ und $\{q_n\}$, die aufgrund von Eigenschaft 1 Häufungspunkte p bzw. q besitzen. Da $d(p_n, q_n) < 1/n$ ist, können wir diese Häufungspunkte so wählen, daß $p = q$ gilt. Aber $p \in U_\alpha$ für ein α, weil $p \in A = \cup_\alpha U_\alpha$, und da U_α offen ist, gibt es eine offene Kugel $B_\epsilon(p)$ mit Mittelpunkt p und $B_\epsilon(p) \subset U_\alpha$. Da p Häufungspunkt von $\{p_n\}$ und $\{q_n\}$ ist, gibt es für hinreichend große n Punkte p_n und q_n in $B_\epsilon(p) \subset U_\alpha$, d.h. p_n und q_n gehören zu demselben U_α. Das ist ein Widerspruch. □

Unter Benutzung von Eigenschaft 2 und 3 beweisen wir nun die Existenz einer Tubenumgebung einer orientierbaren kompakten Fläche.

Proposition 3. *Es sei $S \subset \mathbb{R}^3$ eine reguläre, kompakte, orientierbare Fläche. Dann gibt es eine Zahl $\epsilon > 0$, so daß für je zwei Punkte $p, q \in S$ die Segmente der Länge 2ϵ auf den Normalen mit Mittelpunkten p und q disjunkt sind (d. h. S hat eine Tubenumgebung).*

Beweis. Nach Prop. 1 gibt es zu jedem $p \in S$ eine Umgebung W_p und eine Zahl $\epsilon_p > 0$, so daß die Behauptung gilt für Punkte von W_p mit $\epsilon = \epsilon_p$. Lassen wir p die Fläche S durchlaufen, so erhalten wir eine Familie $\{W_p\}$ mit $\cup_{p \in S} W_p = S$. Aufgrund der Kompaktheit ist es möglich, eine endliche Anzahl der W_p's zu wählen, sagen wir $W_1, \ldots, W_k$ (mit zugehörigen $\epsilon_1, \ldots, \epsilon_k$), so daß $\cup W_i = S$, $i = 1, \ldots, k$.

Man braucht nun ϵ nur so zu wählen, daß

$$\epsilon < \min\left(\epsilon_1, \ldots, \epsilon_k, \frac{\delta}{2}\right)$$

gilt, wobei δ die Lebesgue-Zahl der Familie $\{W_i\}$ ist (Eigenschaft 3).
Es seien nämlich $p, q \in S$. Gehören beide zu demselben W_i, $i = 1, \ldots, k$, so schneiden sich die Segmente der Länge 2ϵ auf den Normalen mit Mittelpunkten p und q nicht, da $\epsilon < \epsilon_i$. Gehören p und q nicht zu demselben W_i, so ist $d(p, q) \geq \delta$; sollten sich die Segmente der Länge 2ϵ auf den Normalen mit Mittelpunkten p und q in einem Punkt $Q \in \mathbb{R}^3$ treffen, so hätten wir

$$2\epsilon \geq d(p, Q) + d(Q, q) \geq d(p, q) \geq \delta,$$

was der Definition von ϵ widerspricht. □

Setzen wir Prop. 1, 2 und 3 zusammen, erhalten wir den folgenden Satz, der das Hauptergebnis dieses Abschnitts darstellt.

Theorem. *Es sei $S \subset \mathbb{R}^3$ eine reguläre, kompakte, orientierbare Fläche. Dann gibt es eine differenzierbare Funktion $g: V \to \mathbb{R}$, definiert auf einer offenen Menge $V \subset \mathbb{R}^3$ mit $V \supset S$ (genauer: eine Tubenumgebung von S), die Null als regulären Wert hat und für die $S = g^{-1}(0)$ gilt.*

Bemerkung 1. Es ist möglich, die Existenz einer Tubenumgebung einer orientierbaren Fläche sogar dann zu beweisen, wenn die Fläche nicht kompakt ist; der Satz ist deshalb richtig auch ohne die Einschränkung der Kompaktheit. Der Beweis ist jedoch technischer. In diesem allgemeinen Fall ist $\epsilon(p) > 0$ nicht konstant wie im kompakten Fall, sondern kann mit p variieren.

Bemerkung 2. Man kann zeigen, daß eine reguläre, kompakte Fläche in $\mathbb{R}^3$ orientierbar ist; die Voraussetzung der Orientierbarkeit im Satz (dem kompakten Fall) ist deshalb nicht notwendig. Ein Beweis dieser Tatsache findet sich in H. Samelson, ,,Orientability of Hypersurfaces in $\mathbb{R}^n$", *Proc. A.M.S.* 22 (1969), 301–302.

2.8 Eine geometrische Definition des Flächeninhalts[1]

In diesem Abschnitt bringen wir eine geometrische Rechtfertigung für die in Abschnitt 2.5 gegebene Definition des Flächeninhalts. Genauer gesagt, geben wir eine geometrische Definition des Flächeninhalts und werden beweisen, daß solch eine Definition im Falle eines beschränkten abgeschlossenen Gebietes in einer regulären Fläche zu der in Abschnitt 2.5 angegebenen Formel für den Flächeninhalt führt.
Um den Flächeninhalt eines abgeschlossenen Gebietes $R \subset S$ zu definieren, werden wir mit einer *Zerlegung* $\mathfrak{Z}$ von R in eine endliche Anzahl von abgeschlossenen Gebieten R_i beginnen, d.h. wir schreiben $R = \cup_i R_i$, wobei der Durchschnitt zweier solcher abgeschlossener Gebiete entweder leer ist oder aus Randpunkten beider abgeschlossener Gebiete besteht

---

[1] Dieser Abschnitt kann beim ersten Lesen übergangen werden.

2.8 Eine geometrische Definition des Flächeninhalts

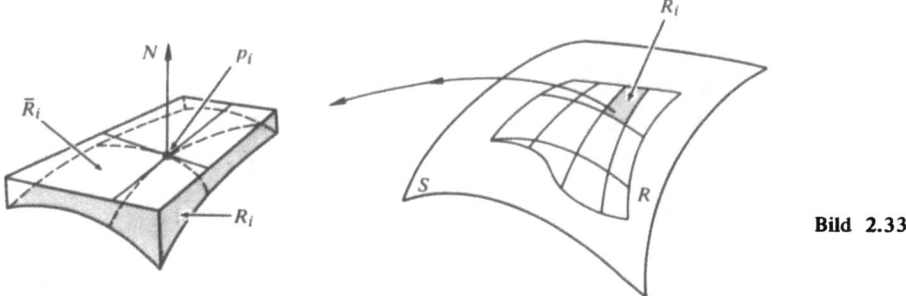

Bild 2.33

(Bild 2.33). Der *Durchmesser* von R_i ist das Supremum der Abstände (in $\mathbb{R}^3$) zwischen je zwei Punkten in R_i; der größte Durchmesser der R_i's einer gegebenen Zerlegung $\mathfrak{Z}$ heißt die *Norm* μ von $\mathfrak{Z}$. Nehmen wir nun eine Zerlegung eines jeden R_i, so erhalten wir eine zweite Zerlegung von R, die wir eine *Verfeinerung* von $\mathfrak{Z}$ nennen. Zu einer Zerlegung

$$R = \bigcup_i R_i$$

von R wählen wir beliebige Punkte $p_i \in R_i$ und projizieren R_i auf die Tangentialebene an p_i in Richtung der Normalen durch p_i; diese Projektion wird mit $\bar{R}_i$ bezeichnet und ihr Flächeninhalt mit $A(\bar{R}_i)$. Die Summe $\Sigma_i A(\bar{R}_i)$ ist eine Approximation dessen, was wir intuitiv unter dem Flächeninhalt von R verstehen.

Wählen wir immer feinere Zerlegungen $\mathfrak{Z}_1, \ldots, \mathfrak{Z}_n, \ldots$, so daß die Norm μ_n von $\mathfrak{Z}_n$ gegen Null konvergiert, und existiert für $\Sigma_i A(\bar{R}_i)$ ein Grenzwert, der unabhängig von allen Auswahlen ist, die wir getroffen haben, so sagen wir R hat einen *Flächeninhalt* $A(R)$, definiert durch

$$A(R) = \lim_{\mu_n \to 0} \sum_i A(\bar{R}_i).$$

Eine Diskussion dieser Definition findet man in R. Courant, *Vorlesungen über Differential- und Integralrechnung 2*, Springer-Verlag, Berlin-Heidelberg-New York 1972, S. 341.

Wir werden zeigen, daß ein beschränktes abgeschlossenes Gebiet in einer regulären Fläche einen Flächeninhalt besitzt. Dabei beschränken wir uns auf abgeschlossene Gebiete, die in einer Koordinatenumgebung enthalten sind, und werden eine Darstellung des Flächeninhalts in Termen der Koeffizienten der ersten Fundamentalform in dem zugehörigen Koordinatensystem erhalten.

Proposition. *Es sei* $\mathbf{x}: U \to S$ *ein Koordinatensystem in einer regulären Fläche S und* $R = \mathbf{x}(Q)$ *ein beschränktes abgeschlossenes Gebiet in S, das in $\mathbf{x}(U)$ enthalten ist. Dann hat R einen Flächeninhalt, der durch*

$$A(R) = \iint_Q |\mathbf{x}_u \wedge \mathbf{x}_v|\, du\, dv$$

gegeben ist.

Beweis. Betrachte eine Zerlegung $R = \cup_i R_i$ von R. Weil R beschränkt und abgeschlossen ist (also kompakt), können wir annehmen, daß die Zerlegung hinreichend verfeinert ist,

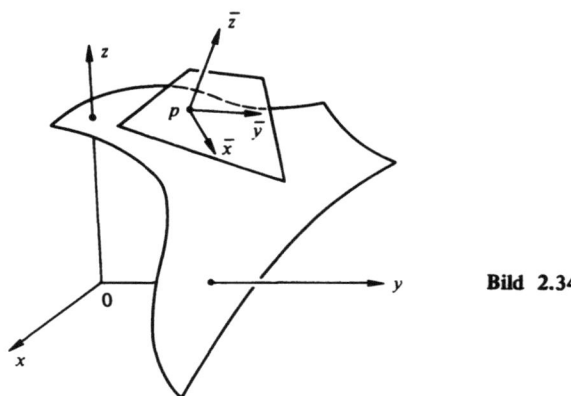

Bild 2.34

so daß keine zwei Normalen von R_i senkrecht aufeinander stehen. Da nämlich die Normalen stetig in S variieren, gibt es zu jedem $p \in S$ eine Umgebung von p in S, in der irgendzwei Normalen niemals orthogonal sind; diese Umgebungen bilden eine Familie offener Mengen, die R überdecken, und wenn wir eine Zerlegung von R betrachten, deren Norm kleiner ist als die Lebesgue-Zahl der Überdeckung (Abschnitt 2.7, Eigenschaft 3 von kompakten Mengen), so ist die erforderliche Bedingung erfüllt.

Fixiere ein abgeschlossenes Gebiet R_i der Zerlegung und wähle einen Punkt $p_i \in R_i = \mathbf{x}(Q_i)$. Wir wollen den Flächeninhalt der Normalprojektion $\bar{R}_i$ von R_i auf die Tangentialebene in p_i berechnen. Dazu betrachten wir ein neues Koordinatensystem $p_i\bar{x}\bar{y}\bar{z}$ in $\mathbb{R}^3$, das man aus $Oxyz$ erhält durch eine Translation $0\,p_i$ gefolgt von einer Drehung, die die z-Achse in die Normale durch p_i so dreht, daß beide Systeme dieselbe Orientierung haben (Bild 2.34). In dem neuen System kann die Parametrisierung geschrieben werden als

$$\bar{\mathbf{x}}(u, v) = (\bar{x}(u, v), \bar{y}(u, v), \bar{z}(u, v)),$$

wobei uns die explizite Form von $\bar{\mathbf{x}}(u, v)$ nicht interessiert; es genügt zu wissen, daß man den Vektor $\bar{\mathbf{x}}(u, v)$ aus dem Vektor $\mathbf{x}(u, v)$ erhält, in dem zunächst eine Translation und dann eine orthogonale lineare Abbildung ausführt.

Wir beachten, daß $\partial(\bar{x}, \bar{y})/\partial(u, v) \neq 0$ ist in Q_i; andernfalls wäre die $\bar{z}$-Komponente eines Normalenvektors in R_i Null, und es gäbe zwei orthogonale Normalen in R_i, was unseren Annahmen widerspricht.

Die Darstellung von $A(\bar{R}_i)$ ist

$$A(\bar{R}_i) = \iint_{\bar{R}_i} d\bar{x}\, d\bar{y}.$$

Weil $\partial(\bar{x}, \bar{y})/\partial(u, v) \neq 0$ ist, können wir den Koordinatenwechsel $\bar{x} = \bar{x}(u, v)$, $\bar{y} = \bar{y}(u, v)$ betrachten und den obigen Ausdruck in

$$A(\bar{R}_i) = \iint_{Q_i} \frac{\partial(\bar{x}, \bar{y})}{\partial(u, v)} du\, dv$$

transformieren.

2.8 Eine geometrische Definition des Flächeninhalts

Wir bemerken jetzt, daß in p_i die Vektoren $\bar{\mathbf{x}}_u$ und $\bar{\mathbf{x}}_v$ zur $\bar{x}\bar{y}$-Ebene gehören; deshalb gilt

$$\frac{\partial \bar{z}}{\partial u} = \frac{\partial \bar{z}}{\partial v} = 0 \quad \text{bei } p_i;$$

also hat man

$$\left|\frac{\partial(\bar{x}, \bar{y})}{\partial(u, v)}\right| = \left|\frac{\partial \bar{\mathbf{x}}}{\partial u} \wedge \frac{\partial \bar{\mathbf{x}}}{\partial v}\right| \quad \text{bei } p_i.$$

Es folgt, daß

$$\left|\frac{\partial(\bar{x}, \bar{y})}{\partial(u, v)}\right| - \left|\frac{\partial \bar{\mathbf{x}}}{\partial u} \wedge \frac{\partial \bar{\mathbf{x}}}{\partial v}\right| = \epsilon_i(u, v), \quad (u, v) \in Q_i,$$

wobei $\epsilon_i(u, v)$ eine stetige Funktion auf Q_i ist mit $\epsilon_i(\mathbf{x}^{-1}(p_i)) = 0$. Da die Länge eines Vektors unter Translationen und orthogonalen linearen Abbildungen erhalten bleibt, erhalten wir

$$\left|\frac{\partial \mathbf{x}}{\partial u} \wedge \frac{\partial \mathbf{x}}{\partial v}\right| = \left|\frac{\partial \bar{\mathbf{x}}}{\partial u} \wedge \frac{\partial \bar{\mathbf{x}}}{\partial v}\right| = \left|\frac{\partial(\bar{x}, \bar{y})}{\partial(u, v)}\right| - \epsilon_i(u, v).$$

Es seien jetzt M_i und m_i das Maximum und Minimum der stetigen Funktion $\epsilon_i(u, v)$ auf der kompakten Menge Q_i; also

$$m_i \leq \left|\frac{\partial(\bar{x}, \bar{y})}{\partial(u, v)}\right| - \left|\frac{\partial \mathbf{x}}{\partial u} \wedge \frac{\partial \mathbf{x}}{\partial v}\right| \leq M_i;$$

dann gilt

$$m_i \iint_{Q_i} du\, dv \leq A(\bar{R}_i) - \iint_{Q_i} \left|\frac{\partial \mathbf{x}}{\partial u} \wedge \frac{\partial \mathbf{x}}{\partial v}\right| du\, dv \leq M_i \iint_{Q_i} du\, dv.$$

Machen wir dasselbe für alle R_i, so erhalten wir

$$\sum_i m_i A(Q_i) \leq \sum_i A(\bar{R}_i) - \iint_Q |\mathbf{x}_u \wedge \mathbf{x}_v|\, du\, dv \leq \sum_i M_i A(Q_i).$$

Nun verfeinern wir die gegebene Zerlegung mehr und mehr, so daß $\mu \to 0$ gilt. Dann gilt $M_i \to m_i$. Deshalb existiert der Grenzwert von $\Sigma_i A(R_i)$ und ist gegeben durch

$$A(R) = \iint_Q \left|\frac{\partial \mathbf{x}}{\partial u} \wedge \frac{\partial \mathbf{x}}{\partial v}\right| du\, dv,$$

der offenbar unabhängig ist sowohl von der Wahl der Zerlegungen als auch von der Wahl der Punkte p_i in jeder Zerlegung. □

3 Die Geometrie der Gauß-Abbildung

3.1 Einleitung

Wie wir in Kap. 1 gesehen haben, führt die Betrachtung der Veränderungsrate der Tangente an eine Kurve C zu einem wichtigen geometrischen Begriff, nämlich der Krümmung von C. In diesem Kapitel werden wir diese Idee übertragen auf reguläre Flächen; d.h. wir werden versuchen zu messen, wie schnell sich eine Fläche S von der Tangentialebene $T_p(S)$ in einer Umgebung eines Punktes $p \in S$ entfernt. Das ist äquivalent dazu, die Veränderungsrate eines Einheitsnormalenvektorfeldes N auf einer Umgebung von p an der Stelle p zu messen. Wie wir bald sehen werden, ist diese Veränderungsrate durch eine lineare Abbildung auf $T_p(S)$ gegeben, die sich als selbstadjungiert herausstellt. Eine überraschend große Zahl lokaler Eigenschaften von S bei p läßt sich beim Studium dieser linearen Abbildung ableiten.

In Abschnitt 3.2 definieren wir die notwendigen Begriffe (die Gauß-Abbildung, Hauptkrümmungen und Hauptkrümmungsrichtungen, Gauß- und mittlere Krümmung usw.), ohne lokale Koordinaten zu benutzen. Auf diese Art und Weise kommt der geometrische Inhalt der Definitionen klar zum Ausdruck. Für Berechnungszwecke und aus theoretischen Gründen ist es jedoch wichtig, alle Konzepte in lokalen Koordinaten auszudrücken. Das geschieht in Abschnitt 3.3. Die Abschnitte 3.2 und 3.3 enthalten den größten Teil des Materials von Kap. 3, das für den Rest des Buchs benötigt wird. Die wenigen Ausnahmen werden wir explizit angeben. Für diejenigen, die Abschnitt 2.6 ausgelassen haben, bringen wir zu Beginn von Abschnitt 3.2 einen kurzen Überblick über Orientierung von Flächen.

Abschnitt 3.4 enthält einen Beweis der Tatsache, daß es zu jedem Punkt einer regulären Fläche eine orthogonale Parametrisierung gibt, d.h. eine solche Parametrisierung, daß sich ihre Koordinatenkurven orthogonal schneiden. Die dabei benutzten Techniken sind auch für sich betrachtet interessant und liefern weitere Ergebnisse. Für einen kurzen Kurs ist es jedoch vielleicht besser, diese Ergebnisse zu akzeptieren und den Abschnitt auszulassen.

In Abschnitt 3.5 betrachten wir zwei interessante Spezialfälle von Flächen, nämlich Regelflächen und Minimalflächen. Sie werden unabhängig voneinander behandelt, so daß beim ersten Lesen einer (oder beide) von ihnen ausgelassen werden kann.

3.2 Die Definition der Gauß-Abbildung und ihre fundamentalen Eigenschaften

Zu Anfang geben wir einen kurzen Überblick über den Begriff der Orientierung von Flächen.

Wie wir in Abschnitt 2.4 gesehen haben, können wir zu einer gegebenen Parametrisierung $\mathbf{x}: U \subset \mathbb{R}^2 \to S$ einer regulären Fläche S bei einem Punkt $p \in S$ einen Einheitsnormalenvektor in jedem Punkt aus $\mathbf{x}(U)$ durch die Vorschrift

$$N(q) = \frac{\mathbf{x}_u \wedge \mathbf{x}_v}{|\mathbf{x}_u \wedge \mathbf{x}_v|}(q), \qquad q \in \mathbf{x}(U)$$

3.2 Die Definition der Gauß-Abbildung und ihre fundamentalen Eigenschaften

auswählen. Also haben wir eine differenzierbare Abbildung $N: \mathbf{x}(U) \to \mathbb{R}^3$, die jedem $q \in \mathbf{x}(U)$ einen Einheitsnormalenvektor $N(q)$ zuordnet.

Ist allgemeiner $V \subset S$ eine offene Menge in S und $N: V \to \mathbb{R}^3$ eine differenzierbare Abbildung, die jedem $q \in V$ einen Einheitsnormalenvektor in q zuordnet, so sagen wir, *N ist ein differenzierbares Einheitsnormalenvektorfeld auf V.*

Es ist eine erstaunliche Tatsache, daß nicht alle Flächen ein differenzierbares Einheitsnormalenvektorfeld zulassen, das *auf der ganzen Fläche definiert* ist. Zum Beispiel kann man auf dem Möbiusband von Bild 3.1 kein solches Vektorfeld definieren. Dies kann man intuitiv dadurch einsehen, daß man einmal längs des Mittelkreises der Fläche herumgeht: Nach einer Umdrehung würde das Vektorfeld N als $-N$ zurückkommen, ein Widerspruch zur Stetigkeit von N. Intuitiv kann man auf dem Möbiusband keine konsistente Wahl einer bestimmten „Seite" treffen; bewegen wir uns um die Fläche, so können wir stetig auf die „andere Seite" gelangen, ohne die Fläche zu verlassen.

Wir sagen, eine reguläre Fläche ist *orientierbar*, wenn es ein auf der ganzen Fläche definiertes differenzierbares Einheitsnormalenvektorfeld gibt; die Wahl eines solchen Vektorfeldes N heißt eine *Orientierung* von S.

Z.B. ist das oben erwähnte Möbiusband keine orientierbare Fläche. Natürlich ist jede Fläche, die durch ein einziges Koordinatensystem überdeckt werden kann (z.B. Flächen, die sich als Graphen differenzierbarer Funktionen darstellen lassen), trivialerweise orientierbar. Also ist jede Fläche lokal orientierbar, und Orientierbarkeit ist eine ausgesprochen globale Eigenschaft in dem Sinn, daß die gesamte Fläche eine Rolle spielt.

Eine Orientierung N von S induziert wie folgt eine Orientierung auf jedem Tangentialraum $T_p(S), p \in S$. Eine Basis $\{v, w\} \subset T_p(S)$ heiße *positiv*, wenn $\langle v \wedge w, N \rangle$ positiv ist. Es ist leicht zu sehen, daß die Menge aller positiven Basen von $T_p(S)$ eine Orientierung von $T_p(S)$ ist (vgl. Abschnitt 1.4).

Weitere Einzelheiten zum Begriff der Orientierung finden sich in Abschnitt 2.6. Für die Zwecke von Kapitel 3 und 4 genügt jedoch die gegenwärtige Beschreibung.

Während des gesamten Kapitels bezeichnet S eine reguläre, orientierbare Fläche, für die eine Orientierung gewählt worden ist (d.h. ein differenzierbares Einheitsnormalenvektorfeld N); wir sprechen dann von einer Fläche S mit Orientierung N.

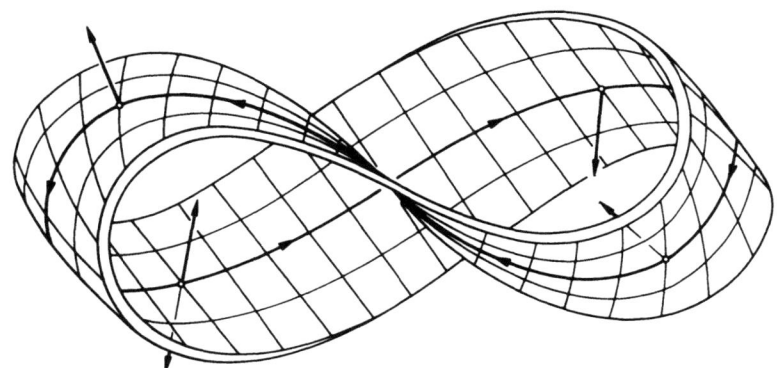

Bild 3.1
Das Möbiusband

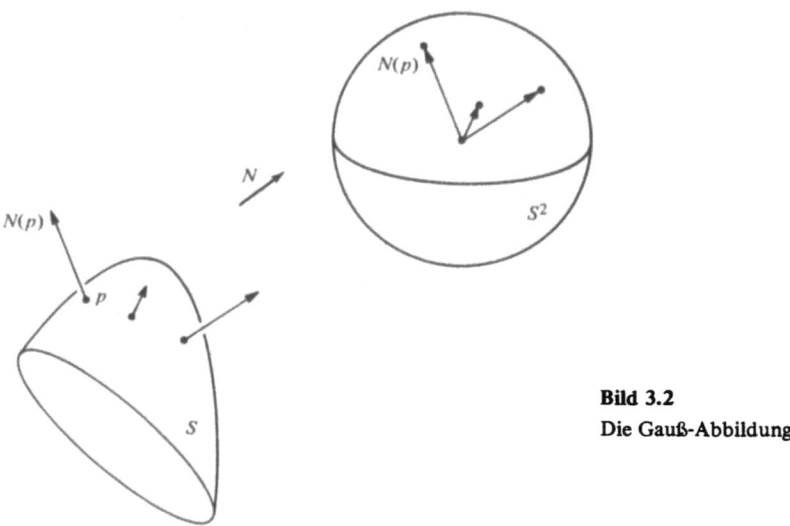

Bild 3.2
Die Gauß-Abbildung

Definition 1. Es sei $S \subset \mathbb{R}^3$ eine Fläche mit einer Orientierung N. Die Abbildung $N: S \to \mathbb{R}^3$ hat ihre Werte in der Einheitssphäre $S^2 = \{(x, y, z) \in \mathbb{R}^3; x^2 + y^2 + z^2 = 1\}$.
Die so definierte Abbildung $N: S \to S^2$ heißt die *Gauß-Abbildung* von S (Bild 3.2).

Man rechnet leicht nach, daß die Gauß-Abbildung differenzierbar ist. Das Differential dN_p von N bei $p \in S$ ist eine lineare Abbildung von $T_p(S)$ in $T_{N(p)}(S^2)$. Da $T_p(S)$ und $T_{N(p)}(S^2)$ parallele Ebenen sind, kann dN_p als eine lineare Abbildung auf $T_p(S)$ aufgefaßt werden.

Die lineare Abbildung $dN_p: T_p(S) \to T_p(S)$ wirkt wie folgt. Für jede parametrisierte Kurve $\alpha(t)$ in S mit $\alpha(0) = p$ betrachten wir die parametrisierte Kurve $N \circ \alpha(t) = N(t)$ in der Sphäre S^2; das bedeutet, daß wir den Normalenvektor N auf die Kurve $\alpha(t)$ einschränken. Der Tangentenvektor $N'(0) = dN_p(\alpha'(0))$ ist ein Vektor in $T_p(S)$ (Bild 3.3). Er mißt die Veränderungsrate des Normalenvektors N, eingeschränkt auf die Kurve $\alpha(t)$, bei $t = 0$. Also mißt dN_p wie sich N von $N(p)$ in einer Umgebung von p wegdreht. Im Falle von Kurven ist dieses Maß durch eine Zahl gegeben, die Krümmung. Im Falle von Flächen ist dieses Maß charakterisiert durch eine lineare Abbildung.

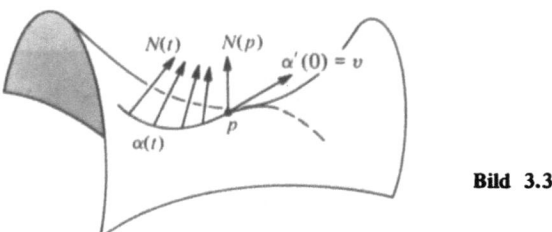

Bild 3.3

Beispiel 1. Für eine durch $ax + by + cz = 0$ gegebene Ebene P ist der Einheitsnormalenvektor $N = (a, b, c)/\sqrt{a^2 + b^2 + c^2}$ konstant und deshalb ist $dN = 0$ (Bild 3.4).

3.2 Die Definition der Gauß-Abbildung und ihre fundamentalen Eigenschaften 101

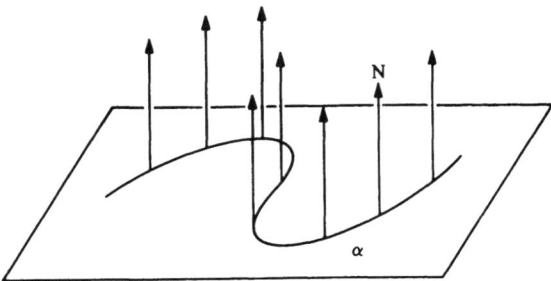

Bild 3.4 Ebene: $dN_p = 0$

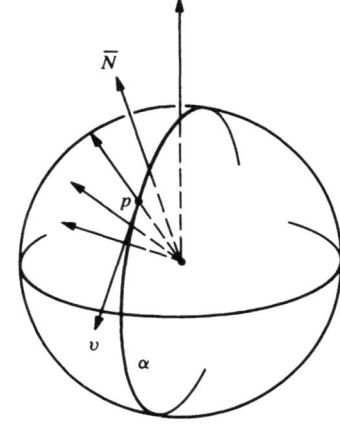

Bild 3.5 Einheitssphäre: $d\bar{N}_p(v) = v$

Beispiel 2. Betrachte die Einheitssphäre
$$S^2 = \{(x, y, z) \in \mathbb{R}^3 \,; x^2 + y^2 + z^2 = 1\}.$$
Ist $\alpha(t) = (x(t), y(t), z(t))$ eine parametrisierte Kurve in S^2, so gilt
$$2xx' + 2yy' + 2zz' = 0,$$
das zeigt, daß der Vektor (x, y, z) normal zur Sphäre im Punkte (x, y, z) ist. Also sind $\bar{N} = (x, y, z)$ und $N = (-x, -y, -z)$ Einheitsnormalenvektorfelder auf S^2. Wir legen eine Orientierung in S^2 dadurch fest, daß wir $N = (-x, -y, -z)$ als Normalenfeld wählen. Beachte, daß N zum Mittelpunkt der Sphäre zeigt. Eingeschränkt auf die Kurve $\alpha(t)$ ist der Normalenvektor
$$N(t) = (-x(t), -y(t), -z(t))$$
eine vektorwertige Funktion von t, und deshalb gilt
$$dN(x'(t), y'(t), z'(t)) = N'(t) = (-x'(t), -y'(t), -z'(t));$$
d.h. $dN_p(v) = -v$ für alle $p \in S^2$ und alle $v \in T_p(S^2)$. Beachte, daß wir bei der Wahl von $\bar{N}$ als Normalenfeld (d.h. mit der entgegengesetzten Orientierung) $d\bar{N}_p(v) = v$ erhalten würden (Bild 3.5).

Beispiel 3. Betrachte den Zylinder $\{(x, y, z) \in \mathbb{R}^3 \,; x^2 + y^2 = 1\}$. Mit einem ähnlichen Argument wie im vorherigen Beispiel sehen wir, daß $\bar{N} = (x, y, 0)$ und $N = (-x, -y, 0)$ Einheitsnormalenvektoren in (x, y, z) sind. Wir legen eine Orientierung dadurch fest, daß wir $N = (-x, -y, 0)$ als Normalenvektorfeld wählen.
Betrachten wir eine im Zylinder enthaltene Kurve $(x(t), y(t), z(t))$, d.h. mit $(x(t))^2 + (y(t))^2 = 1$, so können wir sehen, daß längs dieser Kurve $N(t) = (-x(t), -y(t), 0)$ gilt und deshalb
$$dN(x'(t), y'(t), z'(t)) = N'(t) = (-x'(t), -y'(t), 0).$$

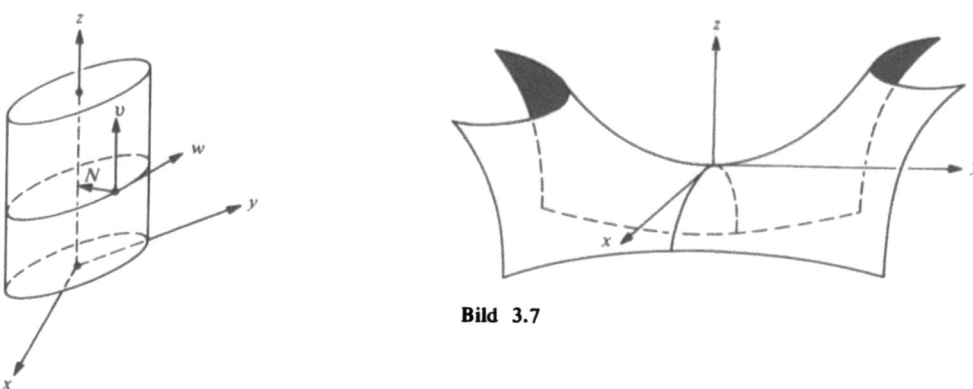

Bild 3.6

Bild 3.7

Wir können folgendes schließen: Ist v ein Tangentenvektor an den Zylinder und parallel zur z-Achse, so gilt

$$dN(v) = 0 = 0v;$$

ist w ein Tangentenvektor an den Zylinder und parallel zur xy-Ebene, so ist $dN(w) = -w$ (Bild 3.6). Es folgt, daß die Vektoren v und w Eigenvektoren von dN sind mit den Eigenwerten 0 bzw. -1.

Beispiel 4. Wir wollen den Punkt $p = (0, 0, 0)$ des hyperbolischen Paraboloids $z = y^2 - x^2$ analysieren. Dazu betrachten wir die durch

$$\mathbf{x}(u, v) = (u, v, v^2 - u^2)$$

gegebene Parametrisierung und berechnen den Normalenvektor $N(u, v)$. Wir erhalten nacheinander

$$\mathbf{x}_u = (1, 0, -2u),$$
$$\mathbf{x}_v = (0, 1, 2v),$$
$$N = \left(\frac{u}{\sqrt{u^2 + v^2 + \frac{1}{4}}}, \frac{-v}{\sqrt{u^2 + v^2 + \frac{1}{4}}}, \frac{1}{2\sqrt{u^2 + v^2 + \frac{1}{4}}}\right).$$

Man beachte, daß bei $p = (0, 0, 0)$ $\mathbf{x}_u$ und $\mathbf{x}_v$ mit den Einheitsvektoren längs der x-Achse bzw. der y-Achse übereinstimmen. Deshalb hat der Tangentenvektor bei p an die Kurve $\alpha(t) = \mathbf{x}(u(t), v(t))$ mit $\alpha(0) = p$ im $\mathbb{R}^3$ die Koordinaten $(u'(0), v'(0), 0)$ (Bild 3.7). Schränken wir N auf diese Kurve ein und berechnen $N'(0)$, so erhalten wir

$$N'(0) = (2u'(0), -2v'(0), 0),$$

und deshalb in p

$$dN_p(u'(0), v'(0), 0) = (2u'(0), -2v'(0), 0).$$

Es folgt, daß die Vektoren $(1, 0, 0)$ und $(0, 1, 0)$ Eigenvektoren von dN_p mit den Eigenwerten 2 bzw. -2 sind.

3.2 Die Definition der Gauß-Abbildung und ihre fundamentalen Eigenschaften

Beispiel 5. Die Methode des vorhergehenden Beispiels angewandt auf den Punkt $p = (0, 0, 0)$ des Paraboloids $z = x^2 + ky^2$, $k > 0$, zeigt, daß die Einheitsvektoren der x-Achse und der y-Achse Eigenvektoren von dN_p sind mit Eigenwerten 2 bzw. $2k$ (unter der Annahme, daß N aus dem vom Paraboloid berandeten Gebiet herauszeigt).

Eine wichtige Tatsache über dN_p enthält der folgende Satz.

Proposition 1. *Das Differential $dN_p: T_p(S) \to T_p(S)$ der Gauß-Abbildung ist eine selbstadjungierte lineare Abbildung.*

Beweis. Weil dN_p linear ist, genügt es nachzuweisen, daß $\langle dN_p(w_1), w_2 \rangle = \langle w_1, dN_p(w_2) \rangle$ für eine Basis $\{w_1, w_2\}$ von $T_p(S)$ ist. Es sei $\mathbf{x}(u, v)$ eine Parametrisierung von S bei p und $\{\mathbf{x}_u, \mathbf{x}_v\}$ die zugehörige Basis von $T_p(S)$. Ist $\alpha(t) = \mathbf{x}(u(t), v(t))$ eine parametrisierte Kurve in S mit $\alpha(0) = p$, so gilt

$$dN_p(\alpha'(0)) = dN_p(\mathbf{x}_u u'(0) + \mathbf{x}_v v'(0))$$
$$= \frac{d}{dt} N(u(t), v(t)) \bigg|_{t=0}$$
$$= N_u u'(0) + N_v v'(0);$$

insbesondere gilt $dN_p(\mathbf{x}_u) = N_u$ und $dN_p(\mathbf{x}_v) = N_v$. Um zu beweisen, daß dN_p selbstadjungiert ist, genügt es deshalb,

$$\langle N_u, \mathbf{x}_v \rangle = \langle \mathbf{x}_u, N_v \rangle$$

zu zeigen. Zu diesem Zweck betrachten wir die Ableitungen von $\langle N, \mathbf{x}_u \rangle = 0$ und $\langle N, \mathbf{x}_v \rangle = 0$ bezüglich v bzw. u und erhalten

$$\langle N_v, \mathbf{x}_u \rangle + \langle N, \mathbf{x}_{uv} \rangle = 0,$$
$$\langle N_u, \mathbf{x}_v \rangle + \langle N, \mathbf{x}_{vu} \rangle = 0.$$

Also gilt

$$\langle N_u, \mathbf{x}_v \rangle = -\langle N, \mathbf{x}_{uv} \rangle = \langle N_v, \mathbf{x}_u \rangle. \qquad \square$$

Die Tatsache, daß $dN_p: T_p(S) \to T_p(S)$ eine selbstadjungierte lineare Abbildung ist, erlaubt es uns, dN_p eine quadratische Form Q auf $T_p(S)$, gegeben durch $Q(v) = \langle dN_p(v), v \rangle$, $v \in T_p(S)$, zuzuordnen. Um zu einer geometrischen Interpretation dieser quadratischen Form zu gelangen, benötigen wir einige Definitionen. Aus Gründen, die gleich klar sein werden, verwenden wir die quadratische Form $-Q$.

Definition 2. Die quadratische Form II_p, definiert auf $T_p(S)$ durch $II_p(v) = -\langle dN_p(v), v \rangle$ heißt die *zweite Fundamentalform* von S bei p.

Definition 3. Es sei C eine reguläre Kurve in S, die durch $p \in S$ geht, k die Krümmung von C in p und $\cos\theta = \langle n, N \rangle$, wobei n der Normalenvektor an C und N der Normalenvektor auf S in p ist. Die Zahl $k_n = k \cos\theta$ heißt dann die *Normalkrümmung* von $C \subset S$ in p. Anders ausgedrückt ist k_n die Länge der Projektion des Vektors kn auf die Normale an die Fläche in p, mit einem Vorzeichen versehen, das durch die Orientierung N von S bei p bestimmt ist (Bild 3.8).

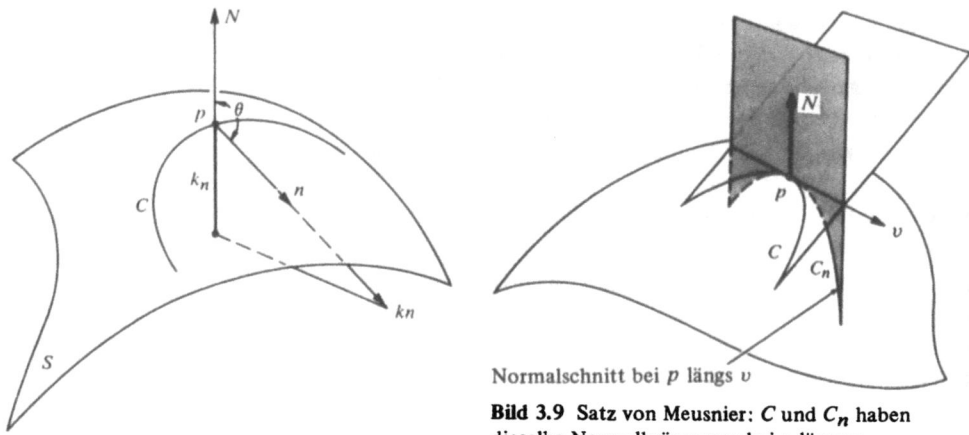

Bild 3.8

Bild 3.9 Satz von Meusnier: C und C_n haben dieselbe Normalkrümmung bei p längs v

Normalschnitt bei p längs v

Bemerkung. Die Normalkrümmung von C hängt nicht von der Orientierung von C ab, wechselt aber das Vorzeichen bei einer Orientierungsänderung der Fläche.

Um eine geometrische Interpretation der zweiten Fundamentalform II_p zu geben, betrachte eine reguläre Kurve $C \subset S$, parametrisiert durch $\alpha(s)$, wobei s die Bogenlänge von C ist, mit $\alpha(0) = p$. Bezeichnen wir mit $N(s)$ die Einschränkung des Normalenvektors N auf die Kurve $\alpha(s)$, so gilt $\langle N(s), \alpha'(s) \rangle = 0$. Deshalb

$$\langle N(s), \alpha''(s) \rangle = -\langle N'(s), \alpha'(s) \rangle.$$

Somit folgt

$$\begin{aligned} II_p(\alpha'(0)) &= -\langle dN_p(\alpha'(0)), \alpha'(0) \rangle \\ &= -\langle N'(0), \alpha'(0) \rangle = \langle N(0), \alpha''(0) \rangle \\ &= \langle N, kn \rangle(p) = k_n(p). \end{aligned}$$

In anderen Worten: der Wert der zweiten Fundamentalform II_p ist für einen Einheitsvektor $v \in T_p(S)$ gleich der Normalkrümmung einer regulären Kurve, die durch p geht und tangential ist zu v. Insbesondere erhalten wir das folgende Ergebnis.

Proposition 2 (Meusnier). *Alle Kurven auf einer Fläche S, die in einem gegebenen Punkt $p \in S$ dieselbe Tangente haben, besitzen in diesem Punkt dieselbe Normalkrümmung.*

Der obige Satz gestattet es uns, von der *Normalkrümmung längs einer gegebenen Richtung bei p* zu sprechen. Die folgende Terminologie ist nützlich. Ist ein Einheitsvektor $v \in T_p(S)$ gegeben, so heißt der Durchschnitt von S mit der Ebene, die v und $N(p)$ enthält, der *Normalschnitt* von S bei p längs v (Bild 3.9). In einer Umgebung von p ist ein Normalschnitt von S bei p längs v eine reguläre ebene Kurve auf S, deren Normalenvektor n bei p gleich $\pm N(p)$ oder 0 ist; ihre Krümmung ist deshalb gleich dem absoluten Wert der Normalkrümmung längs v bei p. In dieser Terminologie sagt der obige Satz, daß der absolute Wert der Normalkrümmung einer Kurve $\alpha(s)$ bei p gleich der Krümmung des Normalschnitts von S bei p längs $\alpha'(0)$ ist.

3.2 Die Definition der Gauß-Abbildung und ihre fundamentalen Eigenschaften 105

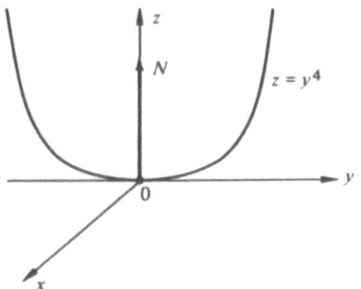

Bild 3.10

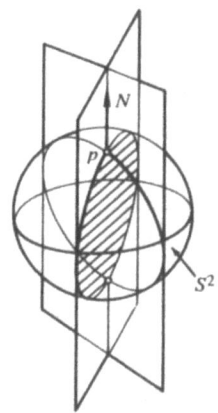

Bild 3.11 Normalschnitte einer Sphäre

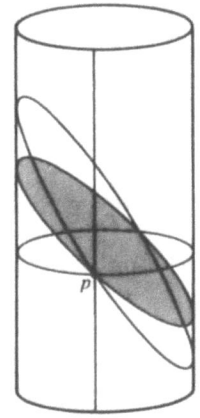

Bild 3.12 Normalschnitte eines Zylinders

Beispiel 6. Betrachte die Rotationsfläche, die man erhält, wenn man die Kurve $z = y^4$ um die z-Achse rotieren läßt (Bild 3.10). Wir werden zeigen, daß in $p = (0, 0, 0)$ das Differential $dN_p = 0$ ist. Um dies einzusehen, bemerken wir, daß die Krümmung der Kurve $z = y^4$ bei p gleich Null ist. Desweiteren ist der Normalenvektor $N(p)$ parallel zur z-Achse, da die xy-Ebene die Tangentialebene an die Fläche bei p ist. Deshalb erhält man jeden Normalschnitt bei p durch Rotation der Kurve $z = y^4$; somit ist die Krümmung Null. Es folgt, daß alle Normalkrümmungen bei p Null sind und deshalb $dN_p = 0$.

Beispiel 7. In der Ebene von Beispiel 1 sind alle Normalschnitte Geraden; also sind alle Normalkrümmungen Null. Deshalb ist die zweite Fundamentalform identisch Null in allen Punkten. Das stimmt mit der Tatsache überein, daß $dN \equiv 0$ ist.

Bei der Sphäre S^2 aus Beispiel 2, mit $\bar{N}$ als Orientierung, sind die Normalschnitte durch einen Punkt $p \in S^2$ Kreise vom Radius 1 (Bild 3.11). Also sind alle Normalkrümmungen gleich 1, und die zweite Fundamentalform ist $II_p(v) = 1$ für alle $p \in S^2$ und alle Einheitsvektoren $v \in T_p(S)$.

In dem Zylinder aus Beispiel 3 variieren die Normalschnitte bei einem Punkt p von einem Kreis senkrecht zur Achse des Zylinders zu einer Geraden parallel zur Zylinderachse, wobei sie eine Familie von Ellipsen durchlaufen (Bild 3.12). Deshalb variieren die Normalkrümmungen von 0 bis 1. Es ist geometrisch nicht schwer einzusehen, daß 1 das Maximum und 0 das Minimum der Normalkrümmungen bei p ist.

Ein bekannter Satz über quadratische Formen liefert jedoch einen einfachen Beweis. Denn wie wir in Beispiel 3 gesehen haben, sind die Vektoren w und v (die den Richtungen zu den Normalkrümmungen 1 und 0 entsprechen) Eigenvektoren von dN_p mit den Eigenwerten -1 und 0. Also nimmt die quadratische Form, wie behauptet, für diese Vektoren ihre Extremwerte an. Beachte, daß wir mit diesem Verfahren überprüfen können, daß 1 und 0 solche Extremwerte sind.

Wir überlassen es dem Leser, die Normalschnitte des hyperbolischen Paraboloids aus Beispiel 4 im Punkte $p = (0, 0, 0)$ zu analysieren.

Kehren wir zurück zu der linearen Abbildung dN_p. Nach einem bekannten Satz gibt es zu jedem $p \in S$ eine Orthonormalbasis $\{e_1, e_2\}$ von $T_p(S)$, so daß $dN_p(e_1) = -k_1 e_1$, $dN_p(e_2) = -k_2 e_2$. Darüberhinaus sind k_1 und $k_2 (k_1 \geq k_2)$ Maximum und Minimum der zweiten Fundamentalform II_p, eingeschränkt auf den Einheitskreis in $T_p(S)$; d.h. sie sind die Extremwerte der Normalkrümmung bei p.

Definition 4. Die maximale Normalkrümmung k_1 und die minimale Normalkrümmung k_2 heißen *Hauptkrümmungen* bei p; die zugehörigen Richtungen, d.h. die durch die Eigenvektoren e_1, e_2 gegebenen Richtungen heißen *Hauptkrümmungsrichtungen* bei p.

Zum Beispiel sind in der Ebene alle Richtungen in allen Punkten Hauptkrümmungsrichtungen. Dasselbe ist der Fall bei einer Sphäre. In beiden Fällen ist der Grund dafür die Tatsache, daß die zweite Fundamentalform in jedem Punkt, eingeschränkt auf die Einheitsvektoren, konstant ist (vgl. Beispiel 7); also sind alle Richtungen Extremalen für die Normalkrümmung.

Im Zylinder aus Beispiel 3 liefern die Vektoren v und w die Hauptkrümmungsrichtungen bei p, die den Hauptkrümmungen 0 bzw. 1 entsprechen. Beim hyperbolischen Paraboloid aus Beispiel 4 liegen die x- und y-Achse längs der Hauptkrümmungsrichtungen mit Hauptkrümmungen -2 bzw. 2.

Definition 5. Hat eine reguläre zusammenhängende Kurve C auf S die Eigenschaft, daß die Tangente an C in allen Punkten $p \in C$ eine Hauptkrümmungsrichtung bei p ist, so heißt C *Krümmungslinie* von S.

Proposition 3 (Olinde Rodrigues). *Eine notwendige und hinreichende Bedingung dafür, daß eine zusammenhängende Kurve C auf S eine Krümmungslinie von S ist, ist*

$$N'(t) = \lambda(t)\alpha'(t)$$

für jede Parametrisierung $\alpha(t)$ von C, wobei $N(t) = N \circ \alpha(t)$ und $\lambda(t)$ eine differenzierbare Funktion von t ist. In diesem Fall ist $-\lambda(t)$ die (Haupt-)Krümmung längs $\alpha'(t)$.

Beweis. Es genügt zu beachten, daß, wenn $\alpha'(t)$ in einer Hauptkrümmungsrichtung liegt, $\alpha'(t)$ ein Eigenvektor von dN ist und

$$dN(\alpha'(t)) = N'(t) = \lambda(t)\alpha'(t).$$

Die Umkehrung folgt sofort. □

Die Kenntnis der Hauptkrümmungen bei p erlaubt es uns, leicht die Normalkrümmungen längs einer gegebenen Richtung aus $T_p(S)$ zu berechnen. Denn sei $v \in T_p(S)$ mit $|v| = 1$. Weil e_1 und e_2 eine Orthonormalbasis von $T_p(S)$ sind, haben wir

$$v = e_1 \cos\theta + e_2 \sin\theta,$$

wobei der Winkel θ zwischen e_1 und v in der gegebenen Orientierung von $T_p(S)$ zu messen ist. Die Normalkrümmung k_n längs v ist gegeben durch

$$\begin{aligned}k_n = II_p(v) &= -\langle dN_p(v), v \rangle \\ &= -\langle dN_p(e_1 \cos\theta + e_2 \sin\theta), e_1 \cos\theta + e_2 \sin\theta \rangle \\ &= \langle e_1 k_1 \cos\theta + e_2 k_2 \sin\theta, e_1 \cos\theta + e_2 \sin\theta \rangle \\ &= k_1 \cos^2\theta + k_2 \sin^2\theta.\end{aligned}$$

3.2 Die Definition der Gauß-Abbildung und ihre fundamentalen Eigenschaften

Der letzte Ausdruck ist klassisch als *Euler-Formel* bekannt; er ist genau die Darstellung der zweiten Fundamentalform in der Basis $\{e_1, e_2\}$.

Ist eine lineare Abbildung $A: V \to V$ eines zweidimensionalen Vektorraums und eine Basis $\{v_1, v_2\}$ von V gegeben, so erinnern wir daran, daß

Determinante von $A = a_{11}a_{22} - a_{12}a_{21}$,

Spur von $A = a_{11} + a_{22}$

ist, wobei (a_{ij}) die Matrix von A in der Basis $\{v_1, v_2\}$ ist. Es ist bekannt, daß diese Zahlen nicht von der Wahl der Basis $\{v_1, v_2\}$ abhängen und deshalb der linearen Abbildung A zugeordnet werden können.

In unserem Fall ist die Determinante von dN das Produkt $(-k_1)(-k_2) = k_1 k_2$ der Hauptkrümmungen und die Spur von dN ist das Negative $-(k_1 + k_2)$ der Summe der Hauptkrümmungen. Ändern wir die Orientierung der Fläche, so ändert sich die Determinante nicht (die Tatsache, daß die Dimension gerade ist, ist dabei wesentlich); die Spur wechselt jedoch ihr Vorzeichen.

Definition 6. Es sei $p \in S$ und $dN_p: T_p(S) \to T_p(S)$ sei das Differential der Gauß-Abbildung. Die Determinante von dN_p ist die *Gauß'sche Krümmung K* von S in p. Das Negative der halben Spur von dN_p heißt *mittlere Krümmung H* von S in p.

In Termen der Hauptkrümmungen können wir schreiben

$$K = k_1 k_2, \quad H = \frac{k_1 + k_2}{2}.$$

Definition 7. Ein Punkt einer Fläche S heißt
1. *Elliptisch*, wenn $det(dN_p) > 0$.
2. *Hyperbolisch*, wenn $det(dN_p) < 0$.
3. *Parabolisch*, wenn $det(dN_p) = 0$ mit $dN_p \neq 0$.
4. *Flachpunkt*, wenn $dN_p = 0$.

Es ist offensichtlich, daß diese Klassifizierung nicht von der Wahl der Orientierung abhängt. In einem elliptischen Punkt ist die Gaußsche Krümmung positiv. Beide Hauptkrümmungen haben dasselbe Vorzeichen, und deshalb zeigen die Normalenvektoren aller Kurven durch diesen Punkt zur selben Seite der Tangentialebene. Die Punkte einer Sphäre sind elliptische Punkte. Der Punkt $(0, 0, 0)$ des Paraboloids $z = x^2 + ky^2$, $k > 0$ (vgl. Beispiel 5) ist ebenfalls ein elliptischer Punkt.

In einem hyperbolischen Punkt ist die Gauß'sche Krümmung negativ. Die Hauptkrümmungen haben entgegengesetzte Vorzeichen, und deshalb gibt es Kurven durch p, deren Normalenvektoren bei p nach beiden Seiten der Tangentialebene bei p zeigen. Der Punkt $(0, 0, 0)$ des hyperbolischen Paraboloids $z = y^2 - x^2$ (vgl. Beispiel 4) ist ein hyperbolischer Punkt.

In einem parabolischen Punkt ist die Gauß'sche Krümmung Null, aber eine der Hauptkrümmungen von Null verschieden. Die Punkte eines Zylinders (vgl. Beispiel 3) sind parabolische Punkte.

Schließlich sind in einem Flachpunkt alle Hauptkrümmungen gleich Null. Die Punkte einer Ebene erfüllen trivialerweise diese Bedingung. Ein nichttriviales Beispiel eines Flachpunktes haben wir in Beispiel 6 gegeben.

Definition 8. Gilt für $p \in S$ $k_1 = k_2$, so heißt p *Nabelpunkt* von S; insbesondere sind Flachpunkte ($k_1 = k_2 = 0$) Nabelpunkte.

Alle Punkte einer Sphäre und einer Ebene sind Nabelpunkte. Mit der Methode aus Beispiel 6 können wir verifizieren, daß der Punkt $(0, 0, 0)$ des Paraboloids $z = x^2 + y^2$ ein (nicht ebener) Nabelpunkt ist.

Wir werden jetzt die interessante Tatsache beweisen, daß die einzigen Flächen, die ausschließlich aus Nabelpunkten bestehen, im wesentlichen Sphären und Ebenen sind.

Proposition 4. *Sind alle Punkte einer zusammenhängenden Fläche S Nabelpunkte, so ist S entweder in einer Sphäre oder in einer Ebene enthalten.*

Beweis. Es sei $p \in S$ und $\mathbf{x}(u, v)$ sei eine Parametrisierung von S bei p, so daß die Koordinatenumgebung V zusammenhängend ist.

Da jedes $q \in V$ Nabelpunkt ist, gilt für jeden Vektor $w = a_1 \mathbf{x}_u + a_2 \mathbf{x}_v$ in $T_q(S)$

$$dN(w) = \lambda(q) w,$$

wobei $\lambda = \lambda(q)$ eine reellwertige differenzierbare Funktion auf V ist.

Wir zeigen zunächst, daß $\lambda(q)$ in V konstant ist. Dazu schreiben wir die obige Gleichung als

$$N_u a_1 + N_v a_2 = \lambda(\mathbf{x}_u a_1 + \mathbf{x}_v a_2);$$

deshalb gilt, weil w beliebig ist,

$$N_u = \lambda \mathbf{x}_u,$$
$$N_v = \lambda \mathbf{x}_v.$$

Differenzieren wir die erste Gleichung nach v und die zweite nach u und subtrahieren die entstehenden Gleichungen, so erhalten wir

$$\lambda_u \mathbf{x}_v - \lambda_v \mathbf{x}_u = 0.$$

Weil $\mathbf{x}_u$ und $\mathbf{x}_v$ linear unabhängig sind, schließen wir

$$\lambda_u = \lambda_v = 0$$

für alle $q \in V$. Da V zusammenhängend ist, ist λ konstant in V, wie wir behauptet haben. Ist $\lambda \equiv 0$, so $N_u = N_v = 0$ und deshalb $N = N_0 =$ konstant in V. Also $\langle \mathbf{x}(u, v), N_0 \rangle_u = \langle \mathbf{x}(u, v), N_0 \rangle_v = 0$; somit gilt

$$\langle \mathbf{x}(u, v), N_0 \rangle = \text{konst.},$$

und alle Punkte $\mathbf{x}(u, v)$ von V gehören zu einer Ebene.

Ist $\lambda \neq 0$, so ist der Punkt $\mathbf{x}(u, v) - (1/\lambda) N(u, v) = \mathbf{y}(u, v)$ fest, weil nämlich

$$(\mathbf{x}(u, v) - \frac{1}{\lambda} N(u, v))_u = (\mathbf{x}(u, v) - \frac{1}{\lambda} N(u, v))_v = 0.$$

Da

$$|\mathbf{x}(u, v) - \mathbf{y}|^2 = \frac{1}{\lambda^2}$$

ist, liegen alle Punkte von V auf der Sphäre vom Radius $1/|\lambda|$ mit Mittelpunkt $\mathbf{y}$.

3.2 Die Definition der Gauß-Abbildung und ihre fundamentalen Eigenschaften 109

Damit ist der Satz lokal bewiesen, d.h. für eine Umgebung eines Punktes $p \in S$. Um den Beweis zu beenden, beachten wir, daß es zu jedem anderen Punkt $r \in S$ eine stetige Kurve $\alpha\colon [0, 1] \to S$ gibt mit $\alpha(0) = p$, $\alpha(1) = r$, da S zusammenhängend ist. Zu jedem Punkt $\alpha(t) \in S$ auf dieser Kurve gibt es eine Umgebung V_t in S, die in einer Sphäre oder in einer Ebene enthalten ist, so daß $\alpha^{-1}(V_t)$ ein offenes Intervall von $[0, 1]$ ist. Die Vereinigung $\cup\, \alpha^{-1}(V_t)$, $t \in [0, 1]$, überdeckt $[0, 1]$, und da $[0, 1]$ ein abgeschlossenes Intervall ist, wird es bereits von endlich vielen Elementen der Familie $\{\alpha^{-1}(V_t)\}$ überdeckt. Also läßt sich $\alpha([0, 1])$ mit einer endlichen Anzahl der Umgebungen V_t überdecken. Liegen die Punkte einer dieser Umgebungen in einer Ebene, so liegen die anderen in derselben Ebene. Weil r beliebig ist, liegen alle Punkte von S in dieser Ebene. Liegen die Punkte einer dieser Umgebungen auf einer Sphäre, so zeigt dasselbe Argument, daß alle Punkte von S zu dieser Sphäre gehören. Damit ist der Beweis beendet. □

Definition 9. Es sei p ein Punkt in S. Eine *Asymptotenrichtung* von S bei p ist eine Richtung in $T_p(S)$, für die die Normalkrümmung Null ist. Eine *Asymptotenlinie* von S ist eine reguläre zusammenhängende Kurve $C \subset S$, so daß für jedes $p \in C$ die Tangente an C in p eine Asymptotenrichtung ist.

Aus der Definition folgt sofort, daß es in einem elliptischen Punkt keine Asymptotenrichtungen gibt.

Eine nützliche geometrische Interpretation der Asymptotenrichtungen gibt die Dupinsche Indikatrix, die wir nun beschreiben.

Es sei p ein Punkt in S. Die *Dupinsche Indikatrix* bei p ist die Menge der Vektoren $w \in T_p(S)$, so daß $II_p(w) = \pm 1$. Um die Gleichungen der Dupinschen Indikatrix in einer günstigeren Form zu schreiben, seien (ξ, η) die kartesischen Koordinaten in $T_p(S)$ bezüglich der Orthonormalbasis $\{e_1, e_2\}$, wobei e_1 und e_2 Eigenvektoren von dN_p sind. Zu gegebenem $w \in T_p(S)$ seien ρ und θ „Polarkoordinaten", definiert durch $w = \rho v$ mit $|v| = 1$ und $v = e_1 \cos\theta + e_2 \sin\theta$, falls $\rho \neq 0$. Nach der Eulerschen Formel gilt

$$\pm 1 = II_p(w) = \rho^2 II_p(v)$$
$$= k_1 \rho^2 \cos^2\theta + k_2 \rho^2 \sin^2\theta$$
$$= k_1 \xi^2 + k_2 \eta^2,$$

wobei $w = \xi e_1 + \eta e_2$. Also genügen die Koordinaten (ξ, η) eines Punktes der Dupinschen Indikatrix der Gleichung

$$k_1 \xi^2 + k_2 \eta^2 = \pm 1; \tag{1}$$

daher ist die Dupinsche Indikatrix eine Vereinigung von Kegelschnitten in $T_p(S)$. Wir beachten, daß die Normalkrümmung längs der durch w bestimmten Richtung $k_n(v) = II_p(v) = \pm (1/\rho^2)$ ist.

Für einen elliptischen Punkt ist die Dupinsche Indikatrix eine Ellipse (k_1 und k_2 haben dasselbe Vorzeichen); diese Ellipse entartet zu einem Kreis, wenn der Punkt ein Nabelpunkt, aber kein Flachpunkt ist ($k_1 = k_2 \neq 0$).

Bei einem hyperbolischen Punkt haben k_1 und k_2 verschiedene Vorzeichen. Die Dupinsche Indikatrix besteht deshalb aus zwei Hyperbeln mit einem gemeinsamen Paar von Asympto-

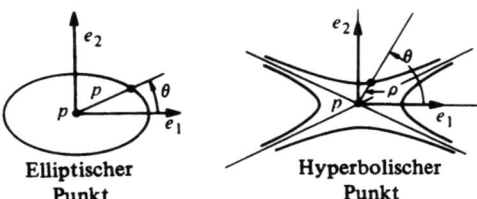

Bild 3.13
Die Dupinsche Indikatrix

ten (Bild 3.13). Längs der Richtungen der Asymptoten ist die Normalkrümmung Null; sie sind deshalb Asymptotenrichtungen. Das rechtfertigt die Terminologie und zeigt, daß ein hyperbolischer Punkt *genau zwei* Asymptotenrichtungen besitzt.

Bei einem parabolischen Punkt ist eine der Hauptkrümmungen Null, und die Dupinsche Indikatrix entartet zu einem Paar paralleler Geraden. Die gemeinsame Richtung dieser Geraden ist die einzige Asymptotenrichtung in dem gegebenen Punkt.

In Beispiel 5 von Abschnitt 3.3 werden wir eine interessante Eigenschaft der Dupinschen Indikatrix herleiten.

Eng verwandt mit dem Konzept der Asymptotenrichtungen ist das Konzept konjugierter Richtungen, das wir jetzt definieren.

Definition 10. Es sei p ein Punkt auf einer Fläche S. Zwei von Null verschiedene Vektoren $w_1, w_2 \in T_p(S)$ sind *konjugiert* zueinander, wenn $\langle dN_p(w_1), w_2 \rangle = \langle w_1, dN_p(w_2) \rangle = 0$ ist. Zwei Richtungen r_1, r_2 bei p heißen *konjugiert*, wenn zwei von Null verschiedene Vektoren w_1, w_2, die zu r_1 bzw. r_2 parallel sind, konjugiert zueinander sind.

Man prüft sofort nach, daß die Definition konjugierter Richtungen nicht von der Wahl der Vektoren w_1 und w_2 auf r_1 und r_2 abhängt.

Aus der Definition folgt, daß die Hauptkrümmungsrichtungen konjugiert sind, und daß eine Asymptotenrichtung zu sich selbst konjugiert ist. Weiter ist bei einem nicht ebenen Nabelpunkt jedes orthogonale Paar von Richtungen ein Paar konjugierter Richtungen. Bei einem Flachpunkt ist jede Richtung konjugiert zu jeder anderen Richtung.

Wir wollen annehmen, daß p kein Nabelpunkt ist, und $\{e_1, e_2\}$ sei die durch $dN_p(e_1) = -k_1 e_1, dN_p(e_2) = -k_2 e_2$ bestimmte Orthonormalbasis von $T_p(S)$. Es seien θ und φ die Winkel zwischen einem Paar von Richtungen r_1, r_2 und e_1. Wir behaupten, daß r_1 und r_2 genau dann konjugiert sind, wenn

$$k_1 \cos\theta \cos\varphi = -k_2 \sin\theta \sin\varphi. \qquad (2)$$

Es sind nämlich r_1 und r_2 genau dann konjugiert, wenn die Vektoren

$$w_1 = e_1 \cos\theta + e_2 \sin\theta, \qquad w_2 = e_1 \cos\varphi + e_2 \sin\varphi$$

konjugiert sind. Also gilt

$$0 = \langle dN_p(w_1), w_2 \rangle = -k_1 \cos\theta \cos\varphi - k_2 \sin\theta \sin\varphi.$$

Daher folgt Bedingung (2).

Wenn sowohl k_1 als auch k_2 von Null verschieden sind (d.h. p ist entweder ein elliptischer oder ein hyperbolischer Punkt), führt Bedingung (2) zu einer geometrischen Konstruktion konjugierter Richtungen in Termen der Dupinschen Indikatrix. Wir beschreiben die Kon-

3.2 Die Definition der Gauß-Abbildung und ihre fundamentalen Eigenschaften 111

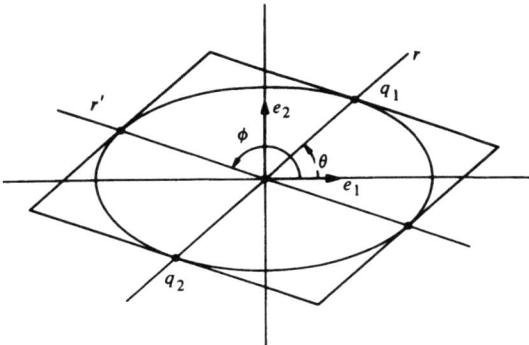

Bild 3.14
Konstruktion konjugierter Richtungen

struktion für einen elliptischen Punkt; bei einem hyperbolischen Punkt ist die Situation ähnlich. Es sei r eine Gerade durch den Ursprung von $T_p(S)$; betrachte nun die Schnittpunkte q_1, q_2 von r mit der Dupinschen Indikatrix (Bild 3.14). Die Tangenten der Dupinschen Indikatrix bei q_1 und q_2 sind parallel, und ihre gemeinsame Richtung r' ist konjugiert zu r. Wir lassen die Beweise dieser Behauptungen als Übungsaufgabe (Übung 12).

Übungen

1. Zeige, daß bei einem hyperbolischen Punkt die Hauptkrümmungsrichtungen die Winkel zwischen den Asymptotenrichtungen halbieren.
2. Zeige: Ist eine Fläche tangential zu einer Ebene längs einer Kurve, so sind die Punkte dieser Kurve entweder parabolische Punkte oder Flachpunkte.
3. Es sei $C \subset S$ eine reguläre Kurve auf einer Fläche S mit Gauß-Krümmung $K > 0$. Zeige, daß für die Krümmung k der Kurve C bei p

   $$k \geq \min(|k_1|, |k_2|)$$

   gilt, wobei k_1 und k_2 die Hauptkrümmungen von S bei p sind.
4. Nimm an, daß für eine Fläche überall $|k_1| \leq 1$, $|k_2| \leq 1$ gilt. Ist es richtig, daß auch für die Krümmung k einer Kurve auf S $|k| \leq 1$ gilt?
5. Zeige, daß die mittlere Krümmung H bei $p \in S$ durch

   $$H = \frac{1}{\pi} \int_0^\pi k_n(\theta) \, d\theta$$

   gegeben ist, wobei $k_n(\theta)$ die Normalkrümmung bei p längs einer Richtung ist, die mit einer festen Richtung den Winkel θ bildet.
6. Zeige, daß die Summe der Normalkrümmungen für jedes Paar orthogonaler Richtung in einem Punkt $p \in S$ konstant ist.
7. Zeige: Wenn die mittlere Krümmung in einem nicht ebenen Punkt Null ist, so gibt es in diesem Punkt zwei orthogonale Asymptotenrichtungen.
8. Beschreibe den Teil der Einheitssphäre, der durch das Bild der Gauß-Abbildung folgender Flächen überdeckt wird:
   a) Rotationsparaboloid $z = x^2 + y^2$.
   b) Rotationshyperboloid $x^2 + y^2 - z^2 = 1$.
   c) Katenoid $x^2 + y^2 = \cosh^2 z$.

9 Beweise:

a) Das Bild $N \circ \alpha$ einer parametrisierten regulären Kurve $\alpha: I \to S$, die keine Flachpunkte oder parabolischen Punkte enthält, unter der Gauß-Abbildung $N: S \to S^2$ ist eine parametrisierte reguläre Kurve auf der Sphäre S^2 (genannt das *sphärische Bild* von α).

b) Ist $C = \alpha(I)$ eine Krümmungslinie und k ihre Krümmung in p, so gilt
$$k = |k_n k_N|,$$
wobei k_n die Normalkrümmung in p längs der Tangente an C und k_N die Krümmung des sphärischen Bildes $N(C) \subset S^2$ in $N(p)$ ist.

10 Nimm an, daß die Schmiegebene einer Krümmungslinie $C \subset S$, die nirgendwo tangential zu einer Asymptotenrichtung ist, einen konstanten Winkel mit der Tangentialebene an S längs C bildet. Beweise, daß C eine ebene Kurve ist.

11 Es sei p ein elliptischer Punkt einer Fläche S und r und r' seien konjugierte Richtungen bei p. Variiere r in $T_p(S)$ und zeige, daß das Minimum des Winkels zwischen r und r' in einem eindeutig bestimmten Paar von Richtungen in $T_p(S)$ angenommen wird, die symmetrisch bezüglich der Hauptkrümmungsrichtungen sind.

12 Es sei p ein hyperbolischer Punkt einer Fläche S und r eine Richtung in $T_p(S)$. Beschreibe und rechtfertige eine geometrische Konstruktion, mit der man die zu r konjugierte Richtung r' in Termen der Dupin'schen Indikatrix findet (vgl. die Konstruktion am Ende von Abschnitt 3.2).

*13 (*Theorem von Beltrami-Enneper.*) Beweise, daß der Absolutbetrag der Torsion τ in einem Punkt einer Asymptotenlinie, deren Krümmung nirgends Null ist, durch
$$|\tau| = \sqrt{-K}$$
gegeben ist, wobei K die Gauß'sche Krümmung der Fläche in dem gegebenen Punkt ist.

*14 Schneidet die Fläche S_1 die Fläche S_2 längs der regulären Kurve C, so ist die Krümmung k von C in $p \in C$ gegeben durch
$$k^2 \sin^2 \theta = \lambda_1^2 + \lambda_2^2 - 2\lambda_1 \lambda_2 \cos \theta,$$
wobei λ_1 und λ_2 die Normalkrümmungen bei p längs der Tangente an C von S_1 bzw. S_2 sind, und θ der Winkel zwischen den Normalenvektoren von S_1 bzw. S_2 bei p ist.

15 (*Theorem von Joachimsthal.*) Nimm an S_1 und S_2 schneiden sich längs einer regulären Kurve C und bilden einen Winkel $\theta(p)$, $p \in C$. Nimm an C ist eine Krümmungslinie von S_1. Beweise, daß $\theta(p)$ genau dann konstant ist, wenn C eine Krümmungslinie von S_2 ist.

*16 Zeige, daß die Meridiane eines Torus Krümmungslinien sind.

17 Zeige: Ist $H \equiv 0$ auf S und hat S keine Flachpunkte, so hat die Gauß-Abbildung $N: S \to S^2$ die folgende Eigenschaft:
$$\langle dN_p(w_1), dN_p(w_2) \rangle = -K(p) \langle w_1, w_2 \rangle$$
für alle $p \in S$ und alle $w_1, w_2 \in T_p(S)$. Zeige, daß die obige Bedingung impliziert, daß der Winkel zwischen zwei sich schneidenden Kurven auf S und der Winkel zwischen ihren sphärischen Bildern (vgl. Übung 9) gleich sind bis auf ein Vorzeichen.

*18 Es seien $\lambda_1, \ldots, \lambda_m$ die Normalkrümmungen bei $p \in S$ längs Richtungen, die Winkel von $0, 2\pi/m, \ldots, (m-1)2\pi/m$ mit einer Hauptkrümmungsrichtung bilden ($m > 2$). Beweise, daß
$$\lambda_1 + \cdots + \lambda_m = mH,$$
ist, wobei H die mittlere Krümmung in p ist.

*19 Es sei $C \subset S$ eine reguläre Kurve in S. Es sei $p \in C$ und $\alpha(s)$ sei eine Parametrisierung von C bei p nach der Bogenlänge, so daß $\alpha(0) = p$. Wähle in $T_p(S)$ eine positive Orthonormalbasis $\{t, h\}$, wobei $t = \alpha'(0)$.

3.3 Die Gauß-Abbildung in lokalen Koordinaten

Die geodätische Torsion τ_g von $C \subset S$ bei p ist definiert als

$$\tau_g = \left\langle \frac{dN}{ds}(0), h \right\rangle.$$

Beweise:

a) $\tau_g = (k_1 - k_2) \cos\varphi \sin\varphi$, wobei φ der Winkel zwischen e_1 und t ist.

b) Ist τ die Torsion von C, n der (Haupt-) Normalenvektor von C und $\cos\theta = \langle N, n \rangle$, so gilt

$$\frac{d\theta}{ds} = \tau - \tau_g.$$

c) Die Krümmungslinien von S sind dadurch charakterisiert, daß ihre geodätische Torsion identisch verschwindet.

*20 (*Theorem von Dupin*.) Man sagt, drei Familien von Flächen bilden ein dreifach orthogonales System in einer offenen Menge $U \subset \mathbb{R}^3$, wenn durch jeden Punkt $p \in U$ eine eindeutig bestimmte Fläche jeder Familie geht und wenn die drei Flächen, die durch p gehen, paarweise orthogonal sind. Benutze Teil c aus Übung 19, um das Theorem von Dupin zu beweisen: *Die Flächen eines dreifach orthogonalen Systems schneiden sich gegenseitig in Krümmungslinien.*

3.3 Die Gauß-Abbildung in lokalen Koordinaten

Im vorangegangenen Abschnitt haben wir einige Begriffe eingeführt, die sich auf das lokale Verhalten der Gauß-Abbildung beziehen. Um die Geometrie in dieser Situation hervorzuheben, wurden die Definitionen gemacht, ohne auf ein Koordinatensystem Bezug zu nehmen. Einige einfache Beispiele haben wir dann direkt aus den Definitionen berechnet; dieses Vorgehen ist jedoch nicht geeignet, um allgemeine Situationen zu behandeln. In diesem Abschnitt leiten wir die Darstellungen der zweiten Fundamentalform und des Differentials der Gauß-Abbildung in einem Koordinatensystem her. Das liefert uns eine systematische Methode, um spezielle Beispiele durchzurechnen. Darüber hinaus sind die auf diese Weise hergeleiteten Darstellungen wesentlich für eine genauere Untersuchung der oben eingeführten Begriffe.

Alle in diesem Abschnitt betrachteten Parametrisierungen $\mathbf{x}: U \subset \mathbb{R}^2 \to S$ werden als mit der Orientierung N von S verträglich vorausgesetzt; d.h. es gilt in $\mathbf{x}(U)$

$$N = \frac{\mathbf{x}_u \wedge \mathbf{x}_v}{|\mathbf{x}_u \wedge \mathbf{x}_v|}.$$

Es sei $\mathbf{x}(u, v)$ eine Parametrisierung einer Fläche S bei einem Punkt $p \in$, und $\alpha(t) = \mathbf{x}(u(t), v(t))$ sei eine parametrisierte Kurve auf S mit $\alpha(0) = p$. Um die Notation zu vereinfachen, treffen wir die Vereinbarung, daß alle unten auftretenden Funktionen für ihren Wert im Punkt p stehen.

Der Tangentenvektor an $\alpha(t)$ in p ist $\alpha' = \mathbf{x}_u u' + \mathbf{x}_v v'$ und

$$dN(\alpha') = N'(u(t), v(t)) = N_u u' + N_v v'.$$

Weil N_u und N_v in $T_p(S)$ liegen, können wir schreiben

$$N_u = a_{11}\mathbf{x}_u + a_{21}\mathbf{x}_v,$$
$$N_v = a_{12}\mathbf{x}_u + a_{22}\mathbf{x}_v,$$
(1)

und deshalb gilt
$$dN(\alpha') = (a_{11}u' + a_{12}v')\mathbf{x}_u + (a_{21}u' + a_{22}v')\mathbf{x}_v;$$
also
$$dN\begin{pmatrix}u'\\v'\end{pmatrix} = \begin{pmatrix}a_{11} & a_{12}\\a_{21} & a_{22}\end{pmatrix}\begin{pmatrix}u'\\v'\end{pmatrix}.$$

Das zeigt, daß dN in der Basis $\{\mathbf{x}_u, \mathbf{x}_v\}$ durch die Matrix (a_{ij}), $i,j = 1, 2$ dargestellt wird. Beachte, daß diese Matrix nicht notwendig symmetrisch ist, wenn $\{\mathbf{x}_u, \mathbf{x}_v\}$ keine Orthonormalbasis ist.

Andererseits ist die Darstellung der zweiten Fundamentalform in der Basis $\{\mathbf{x}_u, \mathbf{x}_v\}$
$$II_p(\alpha') = -\langle dN(\alpha'), \alpha'\rangle = -\langle N_u u' + N_v v', \mathbf{x}_u u' + \mathbf{x}_v v'\rangle$$
$$= e(u')^2 + 2fu'v' + g(v')^2,$$

wobei wegen $\langle N, \mathbf{x}_u\rangle = \langle N, \mathbf{x}_v\rangle = 0$
$$e = -\langle N_u, \mathbf{x}_u\rangle = \langle N, \mathbf{x}_{uu}\rangle,$$
$$f = -\langle N_v, \mathbf{x}_u\rangle = \langle N, \mathbf{x}_{uv}\rangle = \langle N, \mathbf{x}_{vu}\rangle = -\langle N_u, \mathbf{x}_v\rangle,$$
$$g = -\langle N_v, \mathbf{x}_v\rangle = \langle N, \mathbf{x}_{vv}\rangle.$$

Wir leiten jetzt Darstellungen für die a_{ij} in Termen der Koeffizienten e, f, g her. Gleichung (1) liefert
$$-f = \langle N_u, \mathbf{x}_v\rangle = a_{11}F + a_{21}G,$$
$$-f = \langle N_v, \mathbf{x}_u\rangle = a_{12}E + a_{22}F,$$
$$-e = \langle N_u, \mathbf{x}_u\rangle = a_{11}E + a_{21}F,$$
$$-g = \langle N_v, \mathbf{x}_v\rangle = a_{12}F + a_{22}G,$$
(2)

wobei E, F und G die Koeffizienten der ersten Fundamentalform bezüglich der Basis $\{\mathbf{x}_u, \mathbf{x}_v\}$ sind (vgl. Abschnitt 2.5). Die Beziehungen (2) können wir in Matrixschreibweise ausdrücken als
$$-\begin{pmatrix}e & f\\f & g\end{pmatrix} = \begin{pmatrix}a_{11} & a_{21}\\a_{12} & a_{22}\end{pmatrix}\begin{pmatrix}E & F\\F & G\end{pmatrix}; \qquad (3)$$

also
$$\begin{pmatrix}a_{11} & a_{21}\\a_{12} & a_{22}\end{pmatrix} = -\begin{pmatrix}e & f\\f & g\end{pmatrix}\begin{pmatrix}E & F\\F & G\end{pmatrix}^{-1},$$

wobei $(\ )^{-1}$ für die zu $(\ )$ inverse Matrix steht. Man prüft leicht nach, daß
$$\begin{pmatrix}E & F\\F & G\end{pmatrix}^{-1} = \frac{1}{EG - F^2}\begin{pmatrix}G & -F\\-F & E\end{pmatrix}$$

3.3 Die Gauß-Abbildung in lokalen Koordinaten

ist; deshalb erhält man die folgenden Ausdrücke für die Koeffizienten (a_{ij}) der Matrix von dN bezüglich der Basis $\{\mathbf{x}_u, \mathbf{x}_v\}$:

$$a_{11} = \frac{fF - eG}{EG - F^2},$$

$$a_{12} = \frac{gF - fG}{EG - F^2},$$

$$a_{21} = \frac{eF - fE}{EG - F^2},$$

$$a_{22} = \frac{fF - gE}{EG - F^2}.$$

Der Vollständigkeit halber wollen wir erwähnen, daß die Beziehungen (1) mit den obigen Werten bekannt sind als die *Gleichungen von Weingarten*.

Aus Gleichung (3) erhalten wir sofort

$$K = \det(a_{ij}) = \frac{eg - f^2}{EG - F^2}. \tag{4}$$

Um die mittlere Krümmung zu berechnen, erinnern wir daran, daß $-k_1, -k_2$ die Eigenwerte von dN sind. Deshalb erfüllen k_1 und k_2 die Gleichung

$$dN(v) = -kv = -kIv \quad \text{für ein } v \in T_p(S), v \neq 0,$$

wobei I die identische Abbildung ist. Es folgt, daß die lineare Abbildung $dN + kI$ nicht invertierbar ist, als Determinante also Null hat. Somit gilt

$$\det \begin{pmatrix} a_{11} + k & a_{12} \\ a_{21} & a_{22} + k \end{pmatrix} = 0$$

oder

$$k^2 + k(a_{11} + a_{22}) + a_{11}a_{22} - a_{21}a_{12} = 0.$$

Da k_1 und k_2 die Wurzeln der obigen quadratischen Gleichung sind, schließen wir, daß

$$H = \frac{1}{2}(k_1 + k_2) = -\frac{1}{2}(a_{11} + a_{22}) = \frac{1}{2}\frac{eG - 2fF + gE}{EG - F^2} \tag{5}$$

ist, also

$$k^2 - 2Hk + K = 0,$$

und deshalb

$$k = H \pm \sqrt{H^2 - K}. \tag{6}$$

Aus dieser Beziehung folgt, wenn wir $k_1(q) \geq k_2(q), q \in S$, wählen, daß die Funktionen k_1 und k_2 stetig sind in S. Darüberhinaus sind k_1 und k_2 differenzierbar in S, außer vielleicht an den Nabelpunkten ($H^2 = K$) von S.

Für die Berechnungen dieses Kapitels schreibt man günstigerweise

$$\langle u \wedge v, w \rangle = (u, v, w) \quad \text{für beliebige } u, v, w \in \mathbb{R}^3.$$

Wir erinnern daran, daß dies nichts Anderes als die Determinante der 3×3 Matrix ist, deren Spalten (oder Zeilen) aus den Komponenten der Vektoren u, v, w bezüglich der kanonischen Basis des $\mathbb{R}^3$ bestehen.

Beispiel 1. Wir berechnen die Gaußsche Krümmung in Punkten des Torus, wobei wir die Parametrisierung (vgl. Beispiel 6 aus Abschnitt 2.2)

$$\mathbf{x}(u, v) = ((a + r \cos u) \cos v, (a + r \cos u) \sin v, r \sin u),$$
$$0 < u < 2\pi, \quad 0 < v < 2\pi,$$

verwenden. Zur Berechnung der Koeffizienten e, f, g benötigen wir N (und damit $\mathbf{x}_u$ und $\mathbf{x}_v$), $\mathbf{x}_{uu}$, $\mathbf{x}_{uv}$ und $\mathbf{x}_{vv}$:

$$\mathbf{x}_u = (-r \sin u \cos v, -r \sin u \sin v, r \cos u),$$
$$\mathbf{x}_v = (-(a + r \cos u) \sin v, (a + r \cos u) \cos v, 0),$$
$$\mathbf{x}_{uu} = (-r \cos u \cos v, -r \cos u \sin v, -r \sin u),$$
$$\mathbf{x}_{uv} = (r \sin u \sin v, -r \sin u \cos v, 0),$$
$$\mathbf{x}_{vv} = (-(a + r \cos u) \cos v, -(a + r \cos u) \sin v, 0).$$

Daraus erhalten wir

$$E = \langle \mathbf{x}_u, \mathbf{x}_u \rangle = r^2, \quad F = \langle \mathbf{x}_u, \mathbf{x}_v \rangle = 0,$$
$$G = \langle \mathbf{x}_v, \mathbf{x}_v \rangle = (a + r \cos u)^2.$$

Setzen wir diese Werte in $e = \langle N, \mathbf{x}_{uu} \rangle$ ein, so haben wir wegen $|\mathbf{x}_u \wedge \mathbf{x}_v| = \sqrt{EG - F^2}$

$$e = \left\langle \frac{\mathbf{x}_u \wedge \mathbf{x}_v}{|\mathbf{x}_u \wedge \mathbf{x}_v|}, \mathbf{x}_{uu} \right\rangle = \frac{(\mathbf{x}_u, \mathbf{x}_v, \mathbf{x}_{uu})}{\sqrt{EG - F^2}} = \frac{r^2(a + r \cos u)}{r(a + r \cos u)} = r.$$

Auf ähnliche Weise erhalten wir

$$f = \frac{(\mathbf{x}_u, \mathbf{x}_v, \mathbf{x}_{uv})}{r(a + r \cos u)} = 0,$$

$$g = \frac{(\mathbf{x}_u, \mathbf{x}_v, \mathbf{x}_{vv})}{r(a + r \cos u)} = \cos u (a + r \cos u).$$

Schließlich folgt aus $K = (eg - f^2)/(EG - F^2)$

$$K = \frac{\cos u}{r(a + r \cos u)}.$$

An diesem Ausdruck erkennt man, daß $K = 0$ längs der Breitenkreise $u = \pi/2$ und $u = 3\pi/2$ gilt; die Punkte auf diesen Breitenkreisen sind also parabolische Punkte. In dem durch $\pi/2 < u < 3\pi/2$ gegebenen Bereich des Torus ist K negativ (beachte dabei $r > 0$ und $a > r$); die Punkte in diesem Bereich sind also hyperbolische Punkte. In dem durch $0 < u < \pi/2$ und $3\pi/2 < u < 2\pi$ gegebenen Bereich ist die Krümmung positiv und die Punkte sind elliptische Punkte (Bild 3.15).

Als eine Anwendung der Darstellung der zweiten Fundamentalform in Koordinaten beweisen wir einen Satz, der uns Informationen über die Lage liefert, die eine Fläche in der Umgebung eines elliptischen oder hyperbolischen Punktes relativ zur Tangentialebene in diesem Punkt einnimmt. Wenn wir uns z.B. einen elliptischen Punkt des Torus aus Beispiel 1 anschauen, sehen wir, daß die Fläche auf einer Seite der Tangentialebene bei solch einem Punkt liegt (siehe Bild 3.15). Ist andererseits p ein hyperbolischer Punkt des Torus T und $V \subset T$ irgendeine Umgebung von p, so findet man Punkte in V, die auf beiden Seiten von $T_p(S)$ liegen, gleichgültig wie klein V ist.

3.3 Die Gauß-Abbildung in lokalen Koordinaten

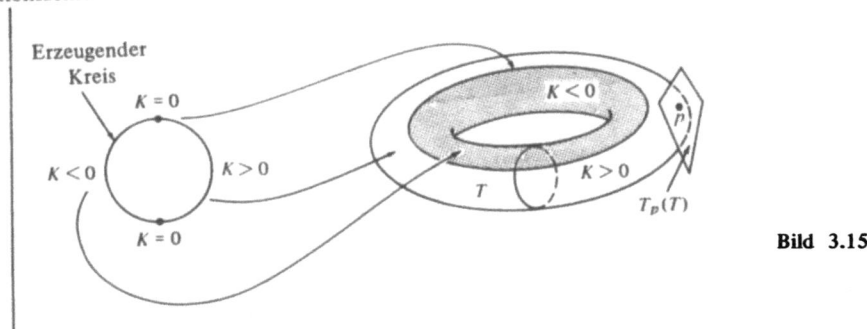

Bild 3.15

In diesem Beispiel zeigt sich ein allgemeiner lokaler Sachverhalt, der im folgenden Satz beschrieben wird.

Proposition 1. *Es sei $p \in S$ ein elliptischer Punkt einer Fläche S. Dann gibt es eine Umgebung V von p in S, so daß alle Punkte in V auf derselben Seite der Tangentialebene $T_p(S)$ liegen. Ist $p \in S$ ein hyperbolischer Punkt, dann gibt es in jeder Umgebung von p in S Punkte, die auf beiden Seiten von $T_p(S)$ liegen.*

Beweis. Es sei $\mathbf{x}(u, v)$ eine Parametrisierung bei p mit $\mathbf{x}(0, 0) = p$. Der Abstand d eines Punktes $q = \mathbf{x}(u, v)$ zur Tangentialebene $T_p(S)$ ist durch (Bild 3.16)

$$d = \langle \mathbf{x}(u, v) - \mathbf{x}(0, 0), N(p) \rangle$$

gegeben.

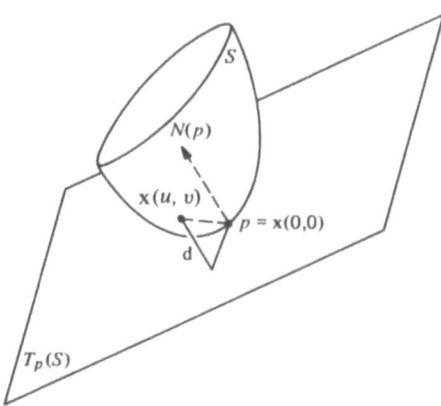

Bild 3.16

Da $\mathbf{x}(u, v)$ differenzierbar ist, liefert die Taylor'sche Formel

$$\mathbf{x}(u, v) = \mathbf{x}(0, 0) + \mathbf{x}_u u + \mathbf{x}_v v + \tfrac{1}{2}(\mathbf{x}_{uu} u^2 + 2\mathbf{x}_{uv} uv + \mathbf{x}_{vv} v^2) + \bar{R},$$

wobei die Ableitungen bei $(0, 0)$ zu nehmen sind und das Restglied der Bedingung

$$\lim_{(u,v) \to (0,0)} \frac{\bar{R}}{u^2 + v^2} = 0$$

genügt.

Es folgt
$$d = \langle \mathbf{x}(u,v) - \mathbf{x}(0,0), N(p)\rangle$$
$$= \tfrac{1}{2}\{\langle \mathbf{x}_{uu}, N(p)\rangle u^2 + 2\langle \mathbf{x}_{uv}, N(p)\rangle uv + \langle \mathbf{x}_{vv}, N(p)\rangle v^2\} + R$$
$$= \tfrac{1}{2}(eu^2 + 2fuv + gv^2) + R = \tfrac{1}{2} II_p(w) + R,$$
wobei $w = \mathbf{x}_u u + \mathbf{x}_v v$, $R = \langle \bar{R}, N(p)\rangle$ und $\lim_{w \to 0}(R/|w|^2) = 0$.

Bei einem elliptischen Punkt p hat $II_p(w)$ ein festes Vorzeichen. Deshalb hat d für alle (u, v) in der Nähe von p dasselbe Vorzeichen wie $II_p(w)$; d.h. alle solche (u, v) liegen auf derselben Seite von $T_p(S)$.

Bei einem hyperbolischen Punkt p gibt es in jeder Umgebung von p Punkte (u, v) und $(\bar{u}, \bar{v})$, so daß $II_p(w/|w|)$ und $II_p(\bar{w}/|\bar{w}|)$ entgegengesetztes Vorzeichen haben (hierbei ist $\bar{w} = \mathbf{x}_u \bar{u} + \mathbf{x}_v \bar{v}$); solche Punkte liegen deshalb auf verschiedenen Seiten von $T_p(S)$. □

Eine Aussage wie in Prop. 1 gilt nicht in einer Umgebung eines parabolischen Punktes oder eines Flachpunkts. In den obigen Beispielen von parabolischen Punkten und Flachpunkten (vgl. Beispiele 3 und 6 aus Abschnitt 3.2) liegt die Fläche auf einer Seite der Tangentialebene und hat eventuell eine Gerade gemeinsam mit dieser Ebene. Im folgenden Beispiel zeigen wir, daß eine vollkommen andere Situation eintreten kann.

Beispiel 2. Der „Affensattel" (siehe Bild 3.17) ist gegeben durch
$$x = u, \quad y = v, \quad z = u^3 - 3v^2 u.$$
Eine direkte Rechnung zeigt, daß im Punkt $(0, 0)$ die Koeffizienten der zweiten Fundamentalform $e = f = g = 0$ sind; der Punkt $(0, 0)$ ist deshalb ein Flachpunkt. In jeder Umgebung dieses Punktes gibt es jedoch Punkte auf beiden Seiten der Tangentialebene.

Beispiel 3. Betrachte die Fläche, die man erhält, wenn man die Kurve $z = y^3$, $-1 < z < 1$, um die Gerade $z = 1$ rotiert (siehe Bild 3.18). Eine einfache Rechnung zeigt, daß die Punkte, die durch Rotation des Ursprungs 0 erzeugt werden, parabolische Punkte sind. Wir verzich-

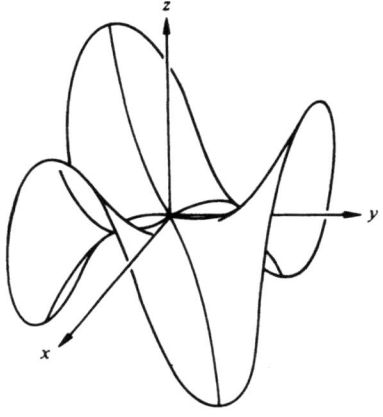

Bild 3.17

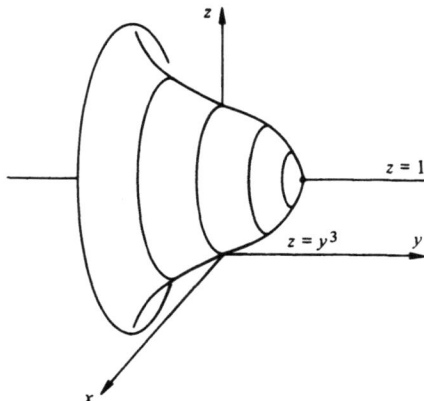

Bild 3.18

3.3 Die Gauß-Abbildung in lokalen Koordinaten

ten auf diese Rechnung, da wir gleich zeigen werden, daß die Breitenkreise und die Meridiane einer Rotationsfläche Krümmungslinien sind (Beispiel 4); zusammen mit der Tatsache, daß für die fraglichen Punkte die Meridiane (Kurven der Form $y = x^3$) Krümmung Null haben und der Breitenkreis ein Normalschnitt ist, impliziert das die obige Behauptung.

Beachte, daß es in jeder Umgebung eines solchen parabolischen Punktes Punkte gibt, die auf beiden Seiten der Tangentialebene liegen.

Die Darstellung der zweiten Fundamentalform in lokalen Koordinaten ist besonders nützlich beim Studium der Asymptotenrichtungen und der Hauptkrümmungsrichtungen. Wir betrachten zunächst die Asymptotenrichtungen.

Es sei $\mathbf{x}(u, v)$ eine Parametrisierung bei $p \in S$ mit $\mathbf{x}(0, 0) = p$ und $e = e(u, v), f = f(u, v)$, $g = g(u, v)$ seien die Koeffizienten der zweiten Fundamentalform in dieser Parametrisierung.

Wir erinnern daran (siehe Def. 9 aus Abschnitt 3.2), daß eine zusammenhängende reguläre Kurve C in der Koordinatenumgebung von $\mathbf{x}$ genau dann eine Asymptotenlinie ist, wenn für jede Parametrisierung $\alpha(t) = \mathbf{x}(u(t), v(t))$, $t \in I$, von C die Gleichung $II(\alpha'(t)) = 0$ gilt, für alle $t \in I$, d.h. genau dann, wenn

$$e(u')^2 + 2fu'v' + g(v')^2 = 0, \quad t \in I. \tag{7}$$

Aus diesem Grunde heißt Gleichung (7) die *Differentialgleichung der Asymptotenlinien*. Im nächsten Abschnitt werden wir diesem Ausdruck eine präzisere Bedeutung geben. Im Moment wollen wir aus Gleichung (7) nur den folgenden nützlichen Schluß ziehen: *Eine notwendige und hinreichende Bedingung dafür, daß eine Parametrisierung in der Umgebung eines hyperbolischen Punktes ($eg - f^2 < 0$) die Eigenschaft hat, daß die Koordinatenkurven der Parametrisierung Asymptotenlinien sind, ist $e = g = 0$.*

Falls nämlich die beiden Kurven $u = $ konst., $v = v(t)$ und $u = u(t)$, $v = $ konst. die Gleichung (7) erfüllen, erhalten wir $e = g = 0$. Gilt umgekehrt diese letzte Bedingung und ist $f \neq 0$, so lautet Gleichung (7) $fu'v' = 0$, der offensichtlich die Koordinatenkurven genügen.

Wir betrachten jetzt die Hauptkrümmungsrichtungen. Die Notation behalten wir bei. Eine zusammenhängende reguläre Kurve C in der Koordinatenumgebung von $\mathbf{x}$ ist genau dann eine Krümmungslinie, wenn für jede Parametrisierung $\alpha(t) = \mathbf{x}(u(t), v(t))$ von C, $t \in I$,

$$dN(\alpha'(t)) = \lambda(t)\alpha'(t)$$

gilt (vgl. Prop. 3 aus Abschnitt 3.2).

Es folgt, daß die Funktionen $u'(t), v'(t)$ dem Gleichungssystem

$$\frac{fF - eG}{EG - F^2}u' + \frac{gF - fG}{EG - F^2}v' = \lambda u',$$

$$\frac{eF - fE}{EG - F^2}u' + \frac{fF - gE}{EG - F^2}v' = \lambda v'$$

genügen. Nach Elimination von λ aus dem obigen System erhalten wir die *Differentialgleichung der Krümmungslinien*

$$(fE - eF)(u')^2 + (gE - eG)u'v' + (gF - fG)(v')^2 = 0,$$

die man symmetrischer als

$$\begin{vmatrix} (v')^2 & -u'v' & (u')^2 \\ E & F & G \\ e & f & g \end{vmatrix} = 0 \qquad (8)$$

schreiben kann.

Benutzen wir die Tatsache, daß die Hauptkrümmungsrichtungen orthogonal zueinander sind, so folgt aus Gleichung (8) leicht: *Eine notwendige und hinreichende Bedingung dafür, daß die Koordinatenkurven einer Parametrisierung Krümmungslinien in einer Umgebung eines Nicht-Nabelpunktes sind, ist $F = f = 0$.*

Beispiel 4 (*Rotationsflächen*). Betrachte eine Rotationsfläche, parametrisiert durch (vgl. Beispiel 4 aus Abschnitt 2.3; f und g wurden abgeändert in φ bzw. ψ)

$$\mathbf{x}(u, v) = (\varphi(v) \cos u, \varphi(v) \sin u, \psi(v)),$$
$$0 < u < 2\pi, \quad a < v < b, \quad \varphi(v) \neq 0.$$

Die Koeffizienten der ersten Fundamentalform sind

$$E = \varphi^2, \quad F = 0, \quad G = (\varphi')^2 + (\psi')^2.$$

Es ist günstig anzunehmen, daß die rotierende Kurve nach der Bogenlänge parametrisiert ist, d.h.

$$(\varphi')^2 + (\psi')^2 = G = 1.$$

Die Berechnung der Koeffizienten der zweiten Fundamentalform ergibt

$$e = \frac{(\mathbf{x}_u, \mathbf{x}_v, \mathbf{x}_{uu})}{\sqrt{EG - F^2}} = \frac{1}{\sqrt{EG - F^2}} \begin{vmatrix} -\varphi \sin u & \varphi' \cos u & -\varphi \cos u \\ \varphi \cos u & \varphi' \sin u & -\varphi \sin u \\ 0 & \psi' & 0 \end{vmatrix}$$
$$= -\varphi \psi'$$
$$f = 0,$$
$$g = \psi' \varphi'' - \psi'' \varphi'.$$

Da $F = f = 0$ ist, schließen wir, daß die Breitenkreise (v = konst.) und die Meridiane (u = konst.) einer Rotationsfläche Krümmungslinien einer solchen Fläche sind (das wurde in Beispiel 3 benutzt).

Weil

$$K = \frac{eg - f^2}{EG - F^2} = -\frac{\psi'(\psi' \varphi'' - \psi'' \varphi')}{\varphi},$$

und φ immer positiv ist, folgt, daß die parabolischen Punkte entweder durch $\psi' = 0$ (die Tangente an die erzeugende Kurve ist senkrecht zur Rotationsachse) oder durch $\varphi'\psi'' - \psi'\varphi'' = 0$ (die Krümmung der erzeugenden Kurve ist Null) beschrieben werden. Genügt ein Punkt beiden Bedingungen, ist es ein Flachpunkt, weil diese Bedingungen $e = f = g = 0$ implizieren.

Es ist nützlich, die Gaußsche Krümmung auf eine weitere Art und Weise zu schreiben. Differentiation von $(\varphi')^2 + (\psi')^2 = 1$ ergibt $\varphi'\varphi'' = -\psi'\psi''$.

3.3 Die Gauß-Abbildung in lokalen Koordinaten

Also

$$K = -\frac{\psi'(\psi'\varphi'' - \psi''\varphi')}{\varphi} = -\frac{(\psi')^2\varphi'' + (\varphi')^2\varphi''}{\varphi} = -\frac{\varphi''}{\varphi}. \tag{9}$$

Gleichung (9) ist eine günstige Darstellung der Gaußschen Krümmung einer Rotationsfläche. Sie kann z. B. benutzt werden, um die Rotationsflächen konstanter Gaußscher Krümmung zu bestimmen (vgl. Übung 7).

Um die Hauptkrümmungen zu berechnen, machen wir zunächst die folgende allgemeine Beobachtung: *Gilt für eine Parametrisierung einer regulären Fläche $F = f = 0$, so sind die Hauptkrümmungen gegeben durch e/E und g/G.* Die Gaußsche und die mittlere Krümmung sind in diesem Fall (vgl. Gleichung (4) und (5))

$$K = \frac{eg}{EG}, \qquad H = \frac{1}{2}\frac{eG + gE}{EG}.$$

Da K das Produkt und $2H$ die Summe der Hauptkrümmungen ist, folgt sofort unsere Behauptung.

Deshalb sind die Hauptkrümmungen einer Rotationsfläche gegeben durch

$$\frac{e}{E} = -\frac{\psi'\varphi}{\varphi^2} = -\frac{\psi'}{\varphi}, \qquad \frac{g}{G} = \psi'\varphi'' - \psi''\varphi'; \tag{10}$$

also ist die mittlere Krümmung einer solchen Fläche

$$H = \frac{1}{2}\frac{-\psi' + \varphi(\psi'\varphi'' - \psi''\varphi')}{\varphi}. \tag{11}$$

Beispiel 5. Sehr oft ist eine Fläche als Graph einer differenzierbaren Funktion (vgl. Prop. 1, Abschnitt 2.2) $z = h(x, y)$ gegeben, wobei (x, y) in einer offenen Menge $U \subset \mathbb{R}^2$ liegt. Deshalb ist es günstig, Formeln für die relevanten Begriffe in diesem Fall zu haben. Um solche Formeln zu bekommen, parametrisieren wir die Fläche durch

$$\mathbf{x}(u, v) = (u, v, h(u, v)), \qquad (u, v) \in U,$$

wobei $x = u$, $y = v$. Eine einfache Rechnung liefert

$$\mathbf{x}_u = (1, 0, h_u), \qquad \mathbf{x}_v = (0, 1, h_v), \qquad \mathbf{x}_{uu} = (0, 0, h_{uu}),$$
$$\mathbf{x}_{uv} = (0, 0, h_{uv}), \qquad \mathbf{x}_{vv} = (0, 0, h_{vv}).$$

Also ist

$$N(x, y) = \frac{(-h_x, -h_y, 1)}{(1 + h_x^2 + h_y^2)^{1/2}}$$

ein Einheitsnormalenfeld auf der Fläche, und die Koeffizienten der zweiten Fundamentalform sind in dieser Orientierung gegeben durch

$$e = \frac{h_{xx}}{(1 + h_x^2 + h_y^2)^{1/2}},$$
$$f = \frac{h_{xy}}{(1 + h_x^2 + h_y^2)^{1/2}},$$
$$g = \frac{h_{yy}}{(1 + h_x^2 + h_y^2)^{1/2}}.$$

Aus den obigen Darstellungen kann jede benötigte Formel leicht berechnet werden. Zum Beispiel erhalten wir aus den Gleichungen (4) und (5) die Gaußsche und die mittlere Krümmung:

$$K = \frac{h_{xx}h_{yy} - h_{xy}^2}{(1 + h_x^2 + h_y^2)^2},$$

$$2H = \frac{(1 + h_x^2)h_{yy} - 2h_x h_y h_{xy} + (1 + h_y^2)h_{xx}}{(1 + h_x^2 + h_y^2)^{3/2}}.$$

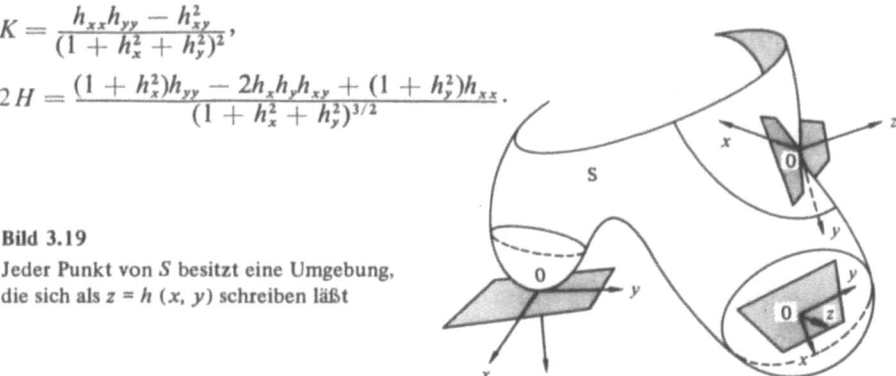

Bild 3.19
Jeder Punkt von S besitzt eine Umgebung, die sich als $z = h(x, y)$ schreiben läßt

Es gibt einen weiteren, vielleicht noch wichtigeren Grund, Flächen der Form $z = h(x, y)$ zu betrachten. Er liegt darin, daß lokal jede Fläche Graph einer differenzierbaren Funktion ist (vgl. Prop. 3, Abschnitt 2.2). Zu einem gegebenen Punkt p einer Fläche S können wir die Koordinatenachsen des $\mathbb{R}^3$ so wählen, daß der Ursprung 0 der Koordinaten bei p liegt und die z-Achse in Richtung der positiven Normalen an S in p zeigt (und damit die xy-Ebene mit $T_p(S)$ übereinstimmt). Es folgt, daß eine Umgebung von p in S in der Form $z = h(x, y)$, $(x, y) \in U \subset \mathbb{R}^2$, dargestellt werden kann, wobei U eine offene Menge und h eine differenzierbare Funktion (vgl. Prop. 3, Abschnitt 2.2) ist mit $h(0, 0) = 0$, $h_x(0, 0) = 0$, $h_y(0, 0) = 0$ (Bild 3.19).

Die zweite Fundamentalform von S in p angewandt auf den Vektor $(x, y) \in \mathbb{R}^2$ wird in diesem Fall

$$h_{xx}(0, 0)x^2 + 2h_{xy}(0, 0)xy + h_{yy}(0, 0)y^2.$$

In der elementaren Differentialrechnung von zwei Variablen ist die obige quadratische Form als die *Hessesche* von h in $(0, 0)$ bekannt. Die Hessesche von h in $(0, 0)$ ist also die zweite Fundamentalform von S bei p.

Wir wollen die obigen Betrachtungen verwenden, um die Dupinsche Indikatrix geometrisch zu deuten. In der obigen Notation sei $\epsilon > 0$ eine kleine Zahl, so daß

$$C = \{(x, y) \in T_p(S); h(x, y) = \epsilon\}$$

eine reguläre Kurve ist (eventuell müssen wir die Orientierung der Fläche ändern, um $\epsilon > 0$ zu bekommen). Wir wollen zeigen, daß in dem Fall, wo p kein Flachpunkt ist, die Kurve C der Dupinschen Indikatrix von S bei p näherungsweise ähnlich ist (Bild 3.20).

Um das zu sehen, wollen wir weiter annehmen, daß die x- und y-Achse in Richtung der Hauptkrümmungsrichtungen liegen, wobei die x-Achse in Richtung der maximalen Hauptkrümmung liegen soll. Also $f = h_{xy}(0, 0) = 0$ und

$$k_1(p) = \frac{e}{E} = h_{xx}(0, 0), \qquad k_2(p) = \frac{g}{G} = h_{yy}(0, 0).$$

3.3 Die Gauß-Abbildung in lokalen Koordinaten

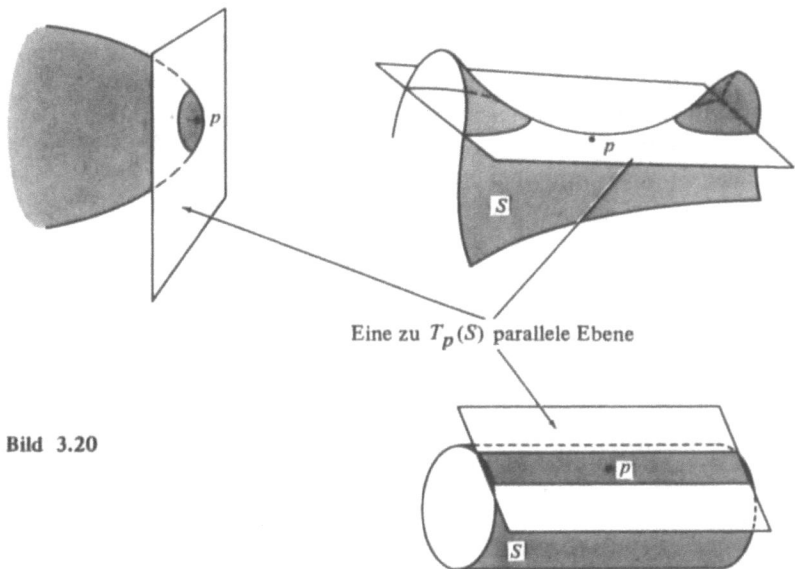

Eine zu $T_p(S)$ parallele Ebene

Bild 3.20

Entwickeln wir $h(x, y)$ in eine Taylorreihe um $(0, 0)$ und beachten $h_x(0, 0) = 0 = h_y(0, 0)$, so erhalten wir

$$h(x, y) = \tfrac{1}{2}(h_{xx}(0, 0)x^2 + 2h_{xy}(0, 0)xy + h_{yy}(0, 0)y^2) + R$$
$$= \tfrac{1}{2}(k_1 x^2 + k_2 y^2) + R,$$

wobei

$$\lim_{(x,y) \to (0,0)} \frac{R}{x^2 + y^2} = 0.$$

Also ist die Kurve C gegeben durch

$$k_1 x^2 + k_2 y^2 + 2R = 2\epsilon.$$

Wenn nun p kein Flachpunkt ist, können wir $k_1 x^2 + k_2 y^2 = 2\epsilon$ als Approximation erster Ordnung von C auffassen. Mit der Ähnlichkeitstransformation

$$x = \bar{x}\sqrt{2\epsilon}, \qquad y = \bar{y}\sqrt{2\epsilon},$$

geht $k_1 x^2 + k_2 y^2 = 2\epsilon$ über in die Kurve

$$k_1 \bar{x}^2 + k_2 \bar{y}^2 = 1;$$

das ist die Dupinsche Indikatrix bei p. Das bedeutet: *Ist p kein Flachpunkt, so sind die Dupinsche Indikatrix bei p und der Durchschnitt von S mit einer zu $T_p(S)$ parallelen und nahe bei p gelegenen Ebene von erster Ordnung ähnlich.*

Falls p ein Flachpunkt ist, gilt diese Interpretation nicht mehr (vgl. Übung 11).

Zum Abschluß dieses Abschnitts geben wir eine geometrische Interpretation der Gaußschen Krümmung in Termen der Gauß-Abbildung $N: S \to S^2$. Auf diese Art und Weise hat Gauß ursprünglich diese Krümmung eingeführt.

Dazu benötigen wir zunächst eine Definition.

Es seien S und $\bar{S}$ zwei orientierte reguläre Flächen. Es sei $\varphi: S \to \bar{S}$ eine differenzierbare Abbildung. Nimm an, daß für ein $p \in S$ $d\varphi_p$ nichtsingulär ist. Wir sagen, φ ist *orientierungserhaltend* bei p, wenn zu einer gegebenen positiven Basis $\{w_1, w_2\}$ in $T_p(S)$ $\{d\varphi_p(w_1), d\varphi_p(w_2)\}$ eine positive Basis in $T_{\varphi(p)}(\bar{S})$ ist. Ist $\{d\varphi_p(w_1), d\varphi_p(w_2)\}$ keine positive Basis, so nennen wir φ *orientierungsumkehrend* bei p.

Nun beachten wir, daß sowohl S als auch die Einheitssphäre S^2 in $\mathbb{R}^3$ eingebettet sind. Also induziert eine Orientierung N auf S eine Orientierung N auf S^2. Es sei $p \in S$ so, daß dN_p nichtsingulär ist. Weil für eine Basis $\{w_1, w_2\}$ in $T_p(S)$

$$dN_p(w_1) \wedge dN_p(w_2) = \det(dN_p)(w_1 \wedge w_2) = K w_1 \wedge w_2$$

gilt, ist die Gauß-Abbildung N orientierungserhaltend bei $p \in S$, wenn $K(p) > 0$, und orientierungsumkehrend bei $p \in S$, wenn $K(p) < 0$ ist. Das bedeutet intuitiv das Folgende (Bild 3.21): Eine Orientierung von $T_p(S)$ induziert eine Orientierung kleiner geschlossener Kurven in S um p; das Bild dieser Kurven unter N hat dieselbe Orientierung wie die ursprünglichen oder die entgegengesetzte Orientierung, je nachdem ob p ein elliptischer oder ein hyperbolischer Punkt ist.

Um diese Tatsache zu berücksichtigen, treffen wir die Vereinbarung, daß der Flächeninhalt eines abgeschlossenen Gebietes, das in einer zusammenhängenden Umgebung V, in der $K \neq 0$ gilt, enthalten ist, und der Flächeninhalt seines Bildes unter N dasselbe Vorzeichen haben, wenn $K > 0$ in V ist, und entgegengesetzte Vorzeichen, wenn $K < 0$ in V ist (da V zusammenhängend ist, ändert K sein Vorzeichen nicht in V).

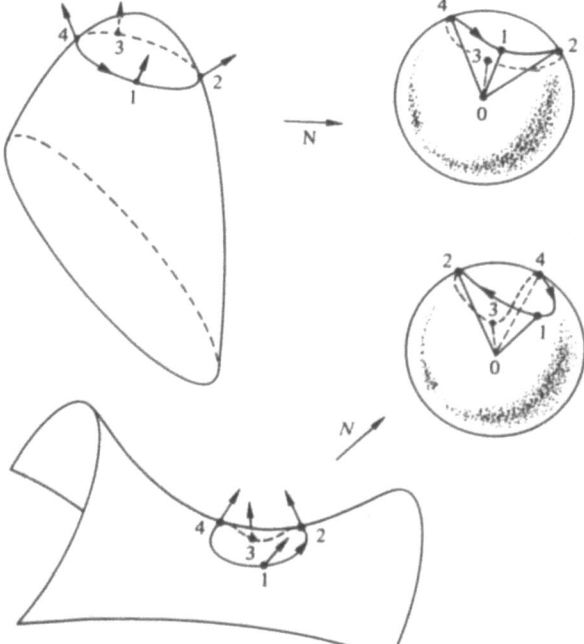

Bild 3.21
Die Gauß-Abbildung erhält die Orientierung bei einem elliptischen Punkt und kehrt sie um bei einem hyperbolischen Punkt

3.3 Die Gauß-Abbildung in lokalen Koordinaten

Jetzt können wir die versprochene geometrische Interpretation der Gaußschen Krümmung K für den Fall $K \neq 0$ geben.

Proposition 2. *Es sei p ein Punkt einer Fläche S, so daß die Gaußsche Krümmung $K(p) \neq 0$ ist. V sei eine zusammenhängende Umgebung von p, in der K sein Vorzeichen nicht ändert. Dann gilt*

$$K(p) = \lim_{A \to 0} \frac{A'}{A},$$

wobei A der Flächeninhalt eines abgeschlossenen Gebietes $B \subset V$ ist, das p enthält, und A' der Flächeninhalt des Bildes von B unter der Gauß-Abbildung $N: S \to S^2$ ist. Der Grenzwert ist so zu verstehen, daß man eine Folge von abgeschlossenen Gebieten B_n betrachtet, die in dem Sinne gegen p konvergieren, daß jede Kugel um p alle B_n, für n hinreichend groß, enthält.

Beweis. Der Flächeninhalt A von B ist gegeben durch (vgl. Abschnitt 2.5)

$$A = \iint_R |\mathbf{x}_u \wedge \mathbf{x}_v| \, du \, dv,$$

wobei $\mathbf{x}(u, v)$ eine Parametrisierung bei p ist, deren Koordinatenumgebung V enthält (wir können annehmen, daß V klein genug ist), und R ist das abgeschlossene Gebiet in der (u, v)-Ebene, das B entspricht. Der Flächeninhalt A' von $N(B)$ ist

$$A' = \iint_R |N_u \wedge N_v| \, du \, dv.$$

Verwenden wir Gleichung (1), die Definition von K und die oben getroffene Vereinbarung, so können wir

$$A' = \iint_R K |\mathbf{x}_u \wedge \mathbf{x}_v| \, du \, dv \tag{12}$$

schreiben. Führen wir den Grenzübergang durch und bezeichnen mit R auch den Flächeninhalt des abgeschlossenen Gebietes R, so erhalten wir

$$\lim_{A \to 0} \frac{A'}{A} = \lim_{R \to 0} \frac{A'/R}{A/R} = \frac{\lim_{R \to 0} (1/R) \iint_R K |\mathbf{x}_u \wedge \mathbf{x}_v| \, du \, dv}{\lim_{R \to 0} (1/R) \iint_R |\mathbf{x}_u \wedge \mathbf{x}_v| \, du \, dv}$$

$$= \frac{K |\mathbf{x}_u \wedge \mathbf{x}_v|}{|\mathbf{x}_u \wedge \mathbf{x}_v|} = K$$

(beachte, daß wir den Mittelwertsatz für Doppelintegrale verwendet haben), und damit ist der Satz bewiesen. □

Bemerkung. Vergleichen wir den Satz mit der Darstellung der Krümmung

$$k = \lim_{s \to 0} \frac{\sigma}{s}$$

einer ebenen Kurve C bei p (hierbei ist s die Bogenlänge eines kleinen Segments von C, das p enthält, und σ ist die Bogenlänge seines Bildes in der Tangentenindikatrix; vgl. Übung 3 aus Abschnitt 1.5), so erkennen wir, daß die Gaußsche Krümmung K für Flächen das Analogon zur Krümmung k für ebene Kurven ist.

Übungen

1. Zeige, daß im Ursprung $(0, 0, 0)$ des Hyperboloids $z = axy$ gilt: $K = -a^2$ und $H = 0$.

*2. Bestimme die Asymptotenlinien und die Krümmungslinien des Helikoids $x = v\cos u$, $y = v\sin u$, $z = cu$ und zeige, daß seine mittlere Krümmung Null ist.

*3. Bestimme die Asymptotenlinien des Katenoids
$$\mathbf{x}(u, v) = (\cosh v \cos u, \cosh v \sin u, v).$$

4. Bestimme die Asymptotenlinien und die Krümmungslinien von $z = xy$.

5. Betrachte die parametrisierte Fläche (Enneperfläche)
$$\mathbf{x}(u, v) = \left(u - \frac{u^3}{3} + uv^2,\ v - \frac{v^3}{3} + vu^2,\ u^2 - v^2\right)$$
und zeige:

a) Die Koeffizienten der ersten Fundamentalform sind
$$E = G = (1 + u^2 + v^2)^2, \quad F = 0.$$

b) Die Koeffizienten der zweiten Fundamentalform sind
$$e = 2, \quad g = -2, \quad f = 0.$$

c) Die Hauptkrümmungen sind
$$k_1 = \frac{2}{(1 + u^2 + v^2)^2}, \quad k_2 = -\frac{2}{(1 + u^2 + v^2)^2}.$$

d) Die Krümmungslinien sind die Koordinatenkurven.

e) Die Asymptotenlinien sind $u + v =$ konst. und $u - v =$ konst.

6. (*Eine Fläche mit $K \equiv -1$; die Pseudosphäre.*)

   *a) Bestimme eine Gleichung für die ebene Kurve C, die die Eigenschaft hat, daß das Segment der Tangente zwischen dem Berührpunkt und einer Geraden r in der Ebene, die die Kurve nicht schneidet, konstant gleich 1 ist (diese Kurve heißt *Traktrix*; siehe Bild 1.9).

   b) Laß die Traktrix C um die Gerade r rotieren; untersuche, ob die so erhaltene „Rotationsfläche" (die *Pseudosphäre*; siehe Bild 3.22) regulär ist, und gib eine Parametrisierung in einer Umgebung eines regulären Punktes an.

   c) Zeige, daß die Gaußsche Krümmung in jedem regulären Punkt der Pseudosphäre -1 ist.

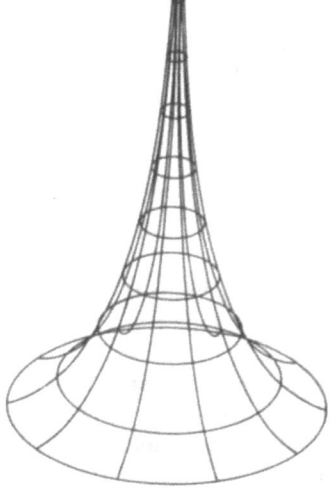

Bild 3.22
Die Pseudosphäre

3.3 Die Gauß-Abbildung in lokalen Koordinaten   127

7 (*Rotationsflächen konstanter Krümmung.*) $(\varphi(v)\cos u, \varphi(v)\sin u, \psi(v))$ ist als Rotationsfläche konstanter Gaußscher Krümmung K gegeben. Um die Funktionen φ und ψ zu bestimmen, wähle den Parameter v so, daß $(\varphi')^2 + (\psi')^2 = 1$ ist (das bedeutet geometrisch, daß v die Bogenlänge der erzeugenden Kurve $(\varphi(v), \psi(v))$ ist). Zeige

a) Für φ gilt $\varphi'' + K\varphi = 0$, und ψ ergibt sich als $\psi = \int \sqrt{1 - (\varphi')^2}\, dv$; dabei ist $0 < u < 2\pi$, und der Definitionsbereich von v ist so zu wählen, daß das letzte Integral sinnvoll ist.

b) Alle Rotationsflächen konstanter Krümmung $K = 1$, die die Ebene $0xy$ senkrecht schneiden, sind gegeben durch

$$\varphi(v) = C\cos v, \qquad \psi(v) = \int_0^v \sqrt{1 - C^2 \sin^2 v}\, dv,$$

wobei C eine Konstante ist ($C = \varphi(0)$). Bestimme den Definitionsbereich von v und fertige eine Skizze vom Profil der Fläche in der xz-Ebene in den Fällen $C = 1$, $C > 1$, $C < 1$ an. Beachte, daß $C = 1$ eine Sphäre liefert (Bild 3.23).

c) Alle Rotationsflächen konstanter Krümmung $K = -1$ lassen sich auf eine der folgenden Arten darstellen

1. $\varphi(v) = C\cosh v$,
   $\psi(v) = \int_0^v \sqrt{1 - C^2 \sinh^2 v}\, dv$.

2. $\varphi(v) = C\sinh v$,
   $\psi(v) = \int_0^v \sqrt{1 - C^2 \cosh^2 v}\, dv$.

3. $\varphi(v) = e^v$,
   $\psi(v) = \int_0^v \sqrt{1 - e^{2v}}\, dv$.

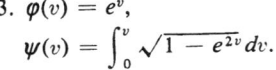

Rotationsachse

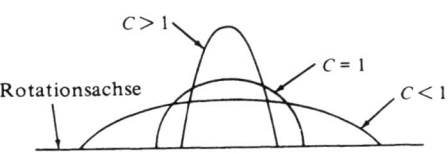

Bild 3.23

Bestimme den Definitionsbereich von v und fertige eine Skizze vom Profil der Fläche in der xz-Ebene an.

d) Die Fläche vom Typ 3 in Teil c ist die Pseudosphäre aus Übung 6.

e) Die einzigen Rotationsflächen mit $K \equiv 0$ sind der senkrechte Kreiszylinder, der senkrechte Kreiskegel und die Ebene.

8 (*Berührung von mindestens zweiter Ordnung von Flächen.*) Zwei Flächen S und $\bar{S}$ mit einem gemeinsamen Punkt p *berühren sich von mindestens zweiter Ordnung* bei p, wenn es Parametrisierungen $\mathbf{x}(u,v)$ und $\bar{\mathbf{x}}(u,v)$ von S bzw. $\bar{S}$ bei p gibt, so daß

$$\mathbf{x}_u = \bar{\mathbf{x}}_u, \quad \mathbf{x}_v = \bar{\mathbf{x}}_v, \quad \mathbf{x}_{uu} = \bar{\mathbf{x}}_{uu}, \quad \mathbf{x}_{uv} = \bar{\mathbf{x}}_{uv}, \quad \mathbf{x}_{vv} = \bar{\mathbf{x}}_{vv}$$

in p gilt. Beweise das Folgende:

*a) S und $\bar{S}$ mögen sich von mindestens zweiter Ordnung bei p berühren; $\mathbf{x}: U \to S$ und $\bar{\mathbf{x}}: U \to \bar{S}$ seien beliebige Parametrisierungen bei p von S bzw. $\bar{S}$; und $f: V \subset \mathbb{R}^3 \to \mathbb{R}$ sei eine differenzierbare Funktion in einer Umgebung V von p in $\mathbb{R}^3$. Dann sind die partiellen Ableitungen der Ordnung ≤ 2 von $f \circ \bar{\mathbf{x}}: U \to \mathbb{R}$ genau dann Null in $\bar{\mathbf{x}}^{-1}(p)$, wenn die partiellen Ableitungen der Ordnung ≤ 2 von $f \circ \mathbf{x}: U \to \mathbb{R}$ in $\mathbf{x}^{-1}(p)$ verschwinden.

*b) S und $\bar{S}$ mögen sich von mindestens zweiter Ordnung bei p berühren. Es seien $z = f(x,y)$ und $z = \bar{f}(x,y)$ die Gleichungen von S bzw. $\bar{S}$ in einer Umgebung von p, wobei die xy-Ebene die gemeinsame Tangentialebene in $p = (0,0)$ ist. Dann sind alle partiellen Ableitungen der Ordnung ≤ 2 der Funktion $f(x,y) - \bar{f}(x,y)$ im Punkte $(0,0)$ gleich Null.

c) Es sei p ein Punkt einer Fläche $S \subset \mathbb{R}^3$. $0xyz$ sei ein kartesisches Koordinatensystem des $\mathbb{R}^3$, so daß $0 = p$ und daß die xy-Ebene die Tangentialebene an S in p ist. Zeige, daß das Paraboloid

$$z = \tfrac{1}{2}(x^2 f_{xx} + 2xy f_{xy} + y^2 f_{yy}), \qquad (*)$$

das man erhält, wenn man die Terme dritter und höherer Ordnung in der Taylorentwicklung um $p = (0,0)$ vernachlässigt, S bei p von mindestens zweiter Ordnung berührt (die Fläche $(*)$ heißt das *Schmiegparaboloid* an S bei p).

*d) Berührt ein Paraboloid (die entarteten Fälle von Ebene und parabolischem Zylinder seien eingeschlossen) eine Fläche S bei p von mindestens zweiter Ordnung, dann ist es das Schmiegparaboloid an S bei p.

e) Berühren sich zwei Flächen von mindestens zweiter Ordnung bei p, so stimmen die Schmiegparaboloide an S und $\bar{S}$ bei p überein. Folgere, daß die Gaußsche und die mittlere Krümmung von S und $\bar{S}$ bei p gleich sind.

f) Der Begriff der Berührung von mindestens zweiter Ordnung ist invariant unter Diffeomorphismen des $\mathbb{R}^3$; d.h. berühren sich S und $\bar{S}$ von mindestens zweiter Ordnung bei p und ist $\varphi: \mathbb{R}^3 \to \mathbb{R}^3$ ein Diffeomorphismus, dann berühren sich $\varphi(S)$ und $\varphi(\bar{S})$ von mindestens zweiter Ordnung bei $\varphi(p)$.

g) Berühren sich S und $\bar{S}$ von mindestens zweiter Ordnung bei p, so gilt

$$\lim_{r \to 0} \frac{d}{r^2} = 0,$$

wobei d die Länge eines Segments ist, das von den Flächen aus einer zu $T_p(S) = T_p(\bar{S})$ senkrechten Geraden, die zu p den Abstand r hat, ausgeschnitten wird.

9 (*Berührung von Kurven.*) Definiere Berührung von mindestens n-ter Ordnung (n eine ganze Zahl ≥ 1) für reguläre Kurven in $\mathbb{R}^3$ mit gemeinsamem Punkt p und beweise:

a) Der Begriff der Berührung von mindestens n-ter Ordnung ist invariant unter Diffeomorphismen.

b) Zwei Kurven berühren sich genau dann von mindestens erster Ordnung, wenn sie bei p tangential zueinander sind.

10 (*Berührung von Kurven und Flächen.*) Eine Kurve C und eine Fläche S, die einen Punkt p gemeinsam haben, berühren sich von mindestens n-ter Ordnung (n eine ganze Zahl ≥ 1) bei p, wenn es eine Kurve $\bar{C} \subset S$ durch p gibt, so daß C und $\bar{C}$ sich bei p von mindestens n-ter Ordnung berühren. Beweise:

a) Ist $f(x, y, z) = 0$ eine Darstellung einer Umgebung von p in S und $\alpha(t) = (x(t), y(t), z(t))$ eine Parametrisierung von C bei p mit $\alpha(0) = p$, so berühren sich C und S genau dann von mindestens n-ter Ordnung, wenn

$$f(x(0), y(0), z(0)) = 0, \quad \frac{df}{dt} = 0, \ldots, \frac{d^n f}{dt^n} = 0,$$

wobei die Ableitungen für $t = 0$ zu nehmen sind.

b) Berührt eine Ebene eine Kurve C von mindestens zweiter Ordnung bei p, so ist das die Schmiegebene von C bei p.

c) Berührt eine Kugel eine Kurve C von mindestens dritter Ordnung bei p, und ist $\alpha(s)$ eine Parametrisierung dieser Kurve nach der Bogenlänge mit $\alpha(0) = p$, so ist der Mittelpunkt der Kugel durch

$$\alpha(0) + \frac{1}{k}n + \frac{k'}{k^2\tau}b$$

gegeben. Eine solche Kugel heißt *Schmiegkugel* von C bei p.

11 Betrachte den Affensattel S aus Beispiel 2. Konstruiere die Dupinsche Indikatrix bei $p = (0, 0, 0)$ unter Verwendung der Definition aus Abschnitt 3.2 und vergleiche sie mit der Kurve, die man als Durchschnitt von S mit einer Ebene erhält, die nahe bei p liegt und parallel ist zu $T_p(S)$. Warum sind sie nicht näherungsweise ähnlich (vgl. Beispiel 5 aus Abschnitt 3.3)? Untersuche das Argument in Beispiel 5 aus Abschnitt 3.3 und zeige, wo es zusammenbricht.

12 Betrachte die parametrisierte Fläche

$$\mathbf{x}(u, v) = \left(\sin u \cos v, \sin u \sin v, \cos u + \log \tan \frac{u}{2} + \varphi(v)\right),$$

wobei φ eine differenzierbare Funktion ist. Beweise:

3.3 Die Gauß-Abbildung in lokalen Koordinaten

a) Die Kurven v = const. verlaufen in Ebenen, die durch die z-Achse gehen und die Fläche unter dem konstanten Winkel θ schneiden, der durch

$$\cos\theta = \frac{\varphi'}{\sqrt{1+(\varphi')^2}}$$

gegeben ist. Schließe daraus, daß die Kurven v = konst. Krümmungslinien der Fläche sind.

b) Die Länge des Segmentes einer Tangente an eine Kurve v = konst., das durch den Berührpunkt und die z-Achse bestimmt wird, ist konstant gleich 1. Folgere, daß jede der Kurven v = konst. eine Traktrix ist (vgl. Übung 6).

13 Es sei $F: \mathbb{R}^3 \to \mathbb{R}^3$ die durch $F(p) = cp$, $p \in \mathbb{R}^3$, $c > 0$, definierte Abbildung (eine Ähnlichkeitstransformation). $S \subset \mathbb{R}^3$ sei eine reguläre Fläche und $\bar{S} = F(S)$. Zeige, daß $\bar{S}$ eine reguläre Fläche ist, und gib Formeln an, die den Zusammenhang zwischen der Gaußschen und der mittleren Krümmung K und H von S und der Gaußschen und mittleren Krümmung $\bar{K}$ und $\bar{H}$ von $\bar{S}$ beschreiben.

14 Betrachte die Fläche, die man durch Rotation der Kurve $y = x^3$, $-1 < x < 1$, um die Gerade $x = 1$ erhält. Zeige, daß die Punkte, die man durch Rotation des Ursprungs $(0, 0)$ der Kurve erhält, Flachpunkte der Fläche sind.

*15 Gib ein Beispiel für eine Fläche, die einen isolierten parabolischen Punkt hat (d.h. es gibt eine Umgebung von p, die keine anderen parabolischen Punkte enthält).

*16 Zeige, daß eine kompakte Fläche (d.h. sie ist beschränkt und abgeschlossin in $\mathbb{R}^3$) einen elliptischen Punkt hat.

17 Definiere die Gaußsche Krümmung für eine nichtorientierbare Fläche. Kann man die mittlere Krümmung für eine nichtorientierbare Fläche definieren?

18 Zeige, daß das Möbiusband von Bild 3.1 parametrisiert werden kann durch

$$\mathbf{x}(u, v) = \left(\left(2 - v\sin\frac{u}{2}\right)\sin u, \left(2 - v\sin\frac{u}{2}\right)\cos u, v\cos\frac{u}{2}\right)$$

und daß seine Gaußsche Krümmung

$$K = -\frac{1}{\{\frac{1}{4}v^2 + (2 - v\sin(u/2))^2\}^2}$$

ist.

*19 Gib die Asymptotenlinien des einschaligen Hyperboloids $x^2 + y^2 - z^2 = 1$ an.

*20 Bestimme die Nabelpunkte des Ellipsoids

$$\frac{x^2}{a^2} + \frac{y^2}{b^2} + \frac{z^2}{c^2} = 1.$$

*21 Es sei S eine Fläche mit Orientierung N. $V \subset S$ sei eine offene Menge in S und $f: V \subset S \to \mathbb{R}$ eine nirgends verschwindende differenzierbare Funktion in V. Es seien v_1 und v_2 zwei differenzierbare (tangentiale) Vektorfelder auf V, so daß v_1 und v_2 in jedem Punkt von V orthonormal sind und $v_1 \wedge v_2 = N$ gilt.

a) Beweise, daß die Gaußsche Krümmung K von S durch

$$K = \frac{\langle d(fN)(v_1) \wedge d(fN)(v_2), fN\rangle}{f^3}$$

gegeben ist. Der Vorteil dieser Formel liegt darin, daß man oft durch eine geschickte Wahl von f die Berechnung von K vereinfachen kann, wie in Teil b illustriert wird.

b) Verwende das obige Ergebnis, um zu zeigen, daß die Gaußsche Krümmung des Ellipsoids

$$\frac{x^2}{a^2} + \frac{y^2}{b^2} + \frac{z^2}{c^2} = 1,$$

durch

$$K = \frac{1}{a^2b^2c^2}\frac{1}{f^4}$$

gegeben ist, wobei f die Einschränkung der Funktion

$$\sqrt{\frac{x^2}{a^4} + \frac{y^2}{b^4} + \frac{z^2}{c^4}}$$

auf das Ellipsoid ist.

22. (*Die Hessesche.*) Es sei $h: S \to \mathbb{R}$ eine differenzierbare Funktion auf einer Fläche S und es sei $p \in S$ ein kritischer Punkt von h (d.h. $dh_p = 0$). Es sei $w \in T_p(S)$ und

$$\alpha: (-\epsilon, \epsilon) \to S$$

sei eine parametrisierte Kurve mit $\alpha(0) = p$, $\alpha'(0) = w$. Setze

$$H_p h(w) = \frac{d^2(h \circ \alpha)}{dt^2}\bigg|_{t=0}.$$

a) Es sei $x: U \to S$ eine Parametrisierung von S bei p. Zeige (die Tatsache, daß p ein kritischer Punkt von h ist, ist dabei wesentlich)

$$H_p h(u'\mathbf{x}_u + v'\mathbf{x}_v) = h_{uu}(p)(u')^2 + 2h_{uv}(p)u'v' + h_{vv}(p)(v')^2.$$

Folgere, daß $H_p h: T_p(S) \to \mathbb{R}$ eine wohldefinierte (d.h. sie hängt nicht von der Wahl von α ab) quadratische Form auf $T_p(S)$ ist. $H_p h$ heißt die *Hessesche* von h bei p.

b) Es sei $h: S \to \mathbb{R}$ die Höhenfunktion von S bezüglich $T_p(S)$; d.h. $h(q) = \langle q - p, N(p) \rangle$, $q \in S$. Verifiziere, daß p ein kritischer Punkt von h und somit die Hessesche $H_p h$ wohldefiniert ist. Ist $w \in T_p(S)$, $|w| = 1$, so zeige $H_p h(w) = $ Normalkrümmung bei p in Richtung w. Schließe daraus, daß *die Hessesche der Höhenfunktion bezüglich $T_p(S)$ bei p die zweite Fundamentalform von S bei p ist.*

23. (*Morse-Funktionen auf Flächen.*) Ein kritischer Punkt $p \in S$ einer differenzierbaren Funktion $h: S \to \mathbb{R}$ heißt *nichtentartet*, wenn die selbstadjungierte lineare Abbildung $A_p h$, die der quadratischen Form $H_p h$ zugeordnet ist, nichtsingulär ist (hierbei ist $H_p h$ die Hessesche von h bei p; vgl. Übung 22). Andernfalls ist p ein *entarteter* kritischer Punkt. Eine differenzierbare Funktion auf S heißt *Morse-Funktion*, wenn alle ihre kritischen Punkte nichtentartet sind. Es sei $h_r: S \subset \mathbb{R}^3 \to \mathbb{R}$ die Abstandsfunktion von S zu r; d.h.

$$h_r(q) = \sqrt{\langle q - r, q - r \rangle}, \quad q \in S, \quad r \in \mathbb{R}^3, \quad r \notin S.$$

a) Zeige, daß $p \in S$ genau dann ein kritischer Punkt von h_r ist, wenn die Gerade pr normal zu S in p ist.

b) Es sei p ein kritischer Punkt von $h_r: S \to \mathbb{R}$. Es sei $w \in T_p(S)$, $|w| = 1$, und $\alpha: (-\epsilon, \epsilon) \to S$ eine nach der Bogenlänge parametrisierte Kurve mit $\alpha(0) = p$, $\alpha'(0) = w$. Zeige, daß

$$H_p h_r(w) = \frac{1}{h_r(p)} - k_n$$

gilt, wobei k_n die Normalkrümmung in p längs der Richtung w ist. Schließe daraus, daß die Orthonormalbasis $\{e_1, e_2\}$, wobei e_1 und e_2 längs der Hauptkrümmungsrichtungen von $T_p(S)$ liegen, die selbstadjungierte lineare Abbildung $A_p h_r$ diagonalisiert. Folgere weiter, daß p genau dann ein entarteter kritischer Punkt von h ist, wenn entweder $h_r(p) = 1/k_1$ oder $h_r(p) = 1/k_2$ gilt, wo k_1 und k_2 die Hauptkrümmungen bei p sind.

c) Zeige, daß die Menge

$$B = \{r \in \mathbb{R}^3; h_r \text{ ist eine Morse-Funktion}\}$$

eine offene und dichte Menge in $\mathbb{R}^3$ ist; hierbei bedeutet dicht, daß es in jeder Umgebung eines gegebenen Punktes des $\mathbb{R}^3$ Punkte von B gibt (das zeigt, daß *es auf jeder regulären Fläche „viele" Morse-Funktionen gibt*).

3.4 Vektorfelder

24 (*Lokale Konvexität und Krümmung.*) Eine Fläche $S \subset \mathbb{R}^3$ ist *lokal konvex* bei einem Punkt $p \in S$, wenn es eine Umgebung $V \subset S$ von p gibt, so daß V in einem der durch $T_p(S)$ bestimmten abgeschlossenen Halbräume liegt. Hat V zusätzlich nur einen gemeinsamen Punkt mit $T_p(S)$, so heißt S *streng lokal konvex* bei p.

a) Beweise, daß S streng lokal konvex bei p ist, wenn die Hauptkrümmungen von S bei p von Null verschieden sind und dasselbe Vorzeichen haben (d. h. für die Gaußsche Krümmung $K(p)$ gilt $K(p) > 0$).

b) Wenn S lokal konvex ist bei p, so zeige, daß die Hauptkrümmungen bei p keine verschiedenen Vorzeichen haben können (somit $K(p) \geq 0$).

c) Um zu zeigen, daß $K(p) \geq 0$ nicht lokale Konvexität impliziert, betrachte die Fläche $f(x, y) = x^3(1 + y^2)$, definiert auf der offenen Menge $U = \{(x, y) \in \mathbb{R}^2; y^2 < \frac{1}{2}\}$. Zeige, daß die Gaußsche Krümmung dieser Fläche nichtnegativ ist auf U, die Fläche aber dennoch nicht lokal konvex bei $(0, 0) \in U$ ist (ein tiefer Satz von R. Sacksteder impliziert, daß wir ein solches Beispiel nicht auf die ganze Ebene $\mathbb{R}^2$ fortsetzen können, wenn wir darauf bestehen, daß die Krümmung nichtnegativ bleibt).

*d) Das Beispiel aus Teil c ist in dem folgenden lokalen Sinn sehr speziell. Es sei p ein Punkt in einer Fläche S, und nimm an, daß es eine Umgebung $V \subset S$ von p gibt, so daß die Hauptkrümmungen auf V nicht verschiedene Vorzeichen haben (dies ist nicht der Fall im Beispiel aus Teil c). Beweise, daß S lokal konvex ist bei p.

3.4 Vektorfelder[1]

In diesem Abschnitt benutzen wir die fundamentalen Sätze für gewöhnliche Differentialgleichungen (Existenz, Eindeutigkeit und Abhängigkeit von den Anfangsbedingungen), um die Existenz bestimmter Koordinatensysteme auf Flächen zu beweisen.

Ist der Leser bereit, die Ergebnisse der Korollare 2, 3 und 4 am Ende dieses Abschnitts zu akzeptieren (die man verstehen kann, ohne den Abschnitt gelesen zu haben), so kann dieses Material beim ersten Lesen ausgelassen werden.

Wir beginnen mit einer geometrischen Darstellung der Ergebnisse über Differentialgleichungen, die wir benutzen wollen. Ein *Vektorfeld* auf einer offenen Menge $V \subset \mathbb{R}^2$ ist eine Abbildung, die jedem $q \in U$ einen Vektor $w(q) \in \mathbb{R}^2$ zuordnet. Das Vektorfeld w heißt *differenzierbar*, wenn wir $q = (x, y)$ und $w(q) = (a(x, y), b(x, y))$ schreiben und die Funktionen a und b differenzierbare Funktionen in U sind.

Geometrisch entspricht die Definition der Tatsache, daß man jedem Punkt $(x, y) \in U$ einen Vektor mit Koordinaten $a(x, y)$ und $b(x, y)$ zuordnet, die sich differenzierbar mit (x, y) ändern (Bild 3.24).

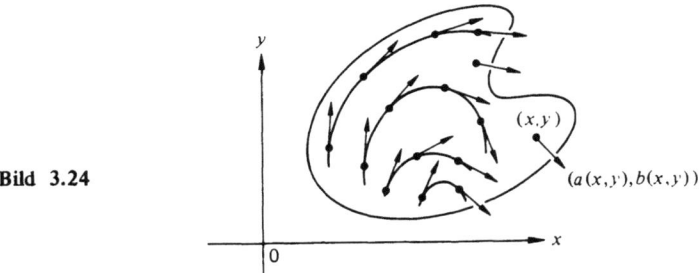

Bild 3.24

---

[1] Dieser Abschnitt kann beim ersten Lesen übergangen werden.

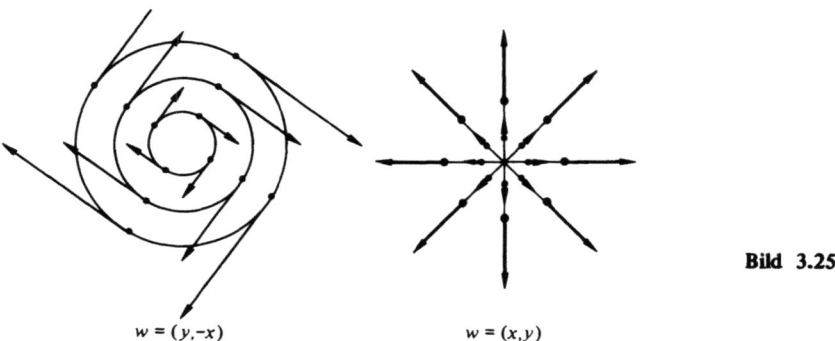

Bild 3.25

$w = (y, -x)$ $w = (x, y)$

Im Folgenden betrachten wir nur differenzierbare Vektorfelder.

Bild 3.25 zeigt einige Beispiele von Vektorfeldern.

Ist ein Vektorfeld w gegeben, so ist es natürlich zu fragen, ob es eine *Trajektorie* dieses Feldes gibt, d.h. ob es eine differenzierbare parametrisierte Kurve $\alpha(t) = (x(t), y(t)), t \in I$, gibt, so daß $\alpha'(t) = w(\alpha(t))$ ist.

Z.B. ist eine Trajektorie des Vektorfeldes $w(x, y) = (x, y)$, die durch den Punkt (x_0, y_0) geht, die Gerade $\alpha(t) = (x_0 e^t, y_0 e^t), t \in \mathbb{R}$, und eine Trajektorie von $w(x, y) = (y, -x)$ durch (x_0, y_0) ist die Kreislinie $\beta(t) = (r \sin t, r \cos t), t \in \mathbb{R}, r^2 = x_0^2 + y_0^2$.

In der Sprache der gewöhnlichen Differentialgleichungen sagt man, daß das Vektorfeld w ein System von *Differentialgleichungen* bestimmt

$$\frac{dx}{dt} = a(x, y),$$
$$\frac{dy}{dt} = b(x, y), \qquad (1)$$

und daß eine Trajektorie von w eine *Lösung* der Gleichung (1) ist.

Der fundamentale Satz über (lokale) Existenz und Eindeutigkeit von Lösungen der Gleichung (1) ist zu der folgenden Aussage über Trajektorien äquivalent (im Folgenden bezeichnen I und J offene Intervalle in $\mathbb{R}$, die den Ursprung $0 \in \mathbb{R}$ enthalten).

Theorem 1. *Es sei w ein Vektorfeld auf einer offenen Menge $U \subset \mathbb{R}^2$. Zu gegebenem $p \in U$ gibt es eine Trajektorie $\alpha: I \to U$ von w (d.h. $\alpha'(t) = w(\alpha(t)), t \in I$) mit $\alpha(0) = p$. Diese Trajektorie ist in dem folgenden Sinn eindeutig bestimmt. Jede andere Trajektorie $\beta: J \to U$ mit $\beta(0) = p$ stimmt mit α in $I \cap J$ überein.*

Eine wichtige Ergänzung zu Theorem 1 ist die Tatsache, daß die Trajektorie durch p „sich differenzierbar mit p ändert". Diese Idee kann man folgendermaßen präzisieren.

Theorem 2. *Es sei w ein Vektorfeld auf einer offenen Menge $U \subset \mathbb{R}^2$. Zu jedem $p \in U$ gibt es eine Umgebung $V \subset U$ von p, ein Intervall I und eine Abbildung $\alpha: V \times I \to U$, so daß gilt*

3.4 Vektorfelder

1. Für festes $q \in V$ ist die Kurve $\alpha(q, t), t \in I$, die Trajektorie von w durch q, d.h.

$$\alpha(q, 0) = q, \quad \frac{\partial \alpha}{\partial t}(q, t) = w(\alpha(q, t)).$$

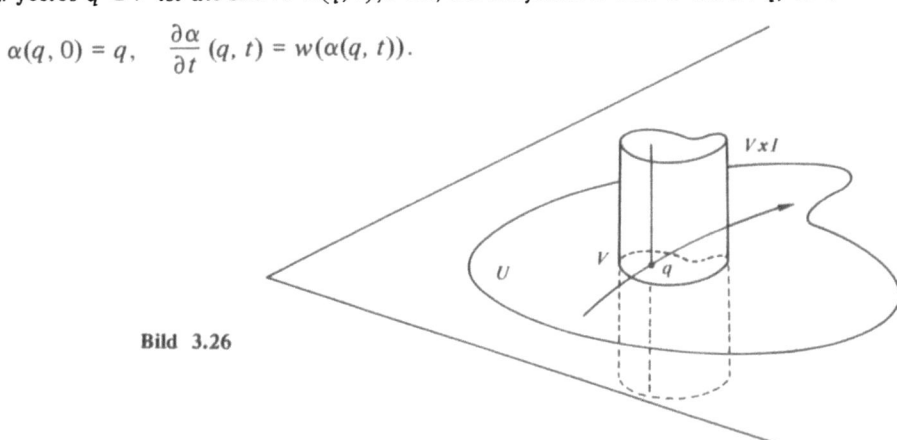

Bild 3.26

2. α ist differenzierbar.

Geometrisch bedeutet Theorem 2, daß alle Trajektorien, die für $t = 0$ durch eine bestimmte Umgebung V von p gehen, zu einer einzigen differenzierbaren Abbildung zusammengefaßt werden können. In diesem Sinn hängen die Trajektorien differenzierbar von p ab (Bild 3.26).

Die Abbildung α heißt der *(lokale) Fluß* von w bei p. Wir setzen Theorem 1 und 2 in diesem Buch voraus; ein Beweis findet sich z.B. in W. Walter, *Gewöhnliche Differentialgleichungen*, Springer Verlag, Berlin-Heidelberg-New York, 1976. Für unsere Zwecke benötigen wir die folgenden Konsequenzen dieser Sätze.

Lemma. *Es sei w ein Vektorfeld auf einer offenen Menge $U \subset \mathbb{R}^2$ und $p \in U$ sei ein Punkt mit $w(p) \neq 0$. Dann gibt es eine Umgebung $W \subset U$ von p und eine differenzierbare Funktion $f: W \to \mathbb{R}$, so daß f konstant ist auf jeder Trajektorie von w und $df_q \neq 0$ für alle $q \in W$.*

Beweis. Wähle in $\mathbb{R}^2$ ein kartesisches Koordinatensystem, so daß $p = (0, 0)$ und $w(p)$ in Richtung der x-Achse liegt. Es sei $\alpha: V \times I \to U$ der lokale Fluß bei p, $V \subset U$, $t \in I$, und $\tilde{\alpha}$ die Einschränkung von α auf das Rechteck

$$(V \times I) \cap \{(x, y, t) \in \mathbb{R}^3 \,;\, x = 0\}$$

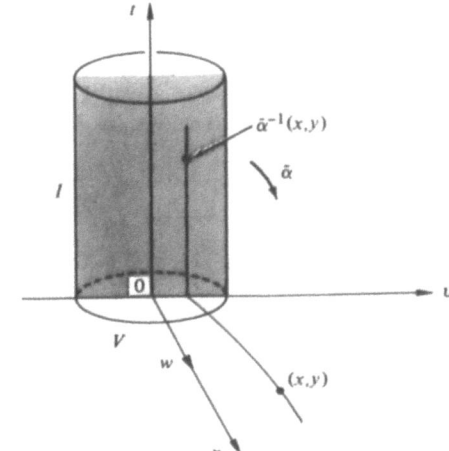

Bild 3.27

(siehe Bild 3.27). Nach Definition des lokalen Flußes bildet $d\tilde{\alpha}_p$ den Einheitsvektor der t-Achse auf w und den Einheitsvektor der y-Achse auf sich selbst ab. Deshalb ist $d\tilde{\alpha}_p$ nicht singulär. Es folgt, daß es eine Umgebung $W \subset V$ von p gibt, auf der $\tilde{\alpha}^{-1}$ definiert und differenzierbar ist. Die Projektion von $\tilde{\alpha}^{-1}(x, y)$ auf die y-Achse ist eine differenzierbare Funktion $\xi = f(x, y)$, die denselben Wert ξ für alle Punkte der Trajektorie durch $(0, \xi)$ hat. Weil $d\tilde{\alpha}_p$ nicht singulär ist, kann W so klein gewählt werden, daß $df_q \neq 0$ ist für alle $q \in W$. f ist deshalb die gesuchte Funktion. □

Die Funktion f aus dem obigen Lemma heißt ein (lokales) *erstes Integral* von w in einer Umgebung von p. Ist z.B. $w(x, y) = (y, -x)$, definiert auf $\mathbb{R}^2$, so ist ein erstes Integral $f: \mathbb{R}^2 - \{(0, 0)\} \to \mathbb{R}$ die Funktion $f(x, y) = x^2 + y^2$.

Eng verwandt mit dem Konzept des Vektorfeldes ist das Konzept des Richtungsfeldes. Ein *Richtungsfeld* r auf einer offenen Menge $U \subset \mathbb{R}^2$ ist eine Abbildung, die jedem $p \in U$ eine Gerade $r(p)$ in $\mathbb{R}^2$ durch p zuordnet. r heißt *differenzierbar* bei $p \in U$, wenn es ein differenzierbares Vektorfeld w ohne Nullstellen gibt, das auf einer Umgebung $V \subset U$ von p definiert ist, so daß für jedes $q \in V$, $w(q) \neq 0$ eine Basis von $r(q)$ ist; r ist *differenzierbar auf U*, wenn es für jedes $p \in U$ differenzierbar ist.

Jedem differenzierbaren Vektorfeld w auf $U \subset \mathbb{R}^2$ ohne Nullstellen entspricht ein differenzierbares Richtungsfeld, gegeben durch $r(p)$ = die durch $w(p), p \in U$, erzeugte Gerade.

Nach Definition liefert jedes differenzierbare Richtungsfeld lokal ein differenzierbares Vektorfeld ohne Nullstellen. Das gilt jedoch nicht global, wie man an dem Richtungsfeld auf $\mathbb{R}^2 - \{(0, 0)\}$ sieht, das durch die Tangenten an die Kurven in Bild 3.28 gegeben ist; jeder Versuch diese Kurven so zu orientieren, daß man ein differenzierbares Vektorfeld ohne Nullstellen erhält, führt zu einem Widerspruch.

Eine reguläre zusammenhängende Kurve $C \subset U$ heißt *Integralkurve* eines Richtungsfeldes r, definiert auf $U \subset \mathbb{R}^2$, wenn $r(q)$ die Tangente an C in q ist für alle $q \in C$. Wie wir vorhin gesehen haben, ist es klar, daß zu einem gegebenen differenzierbaren Richtungsfeld r auf einer offenen Menge $U \subset \mathbb{R}^2$ durch jeden Punkt $q \in U$ eine Integralkurve C von r geht; C stimmt lokal mit der Spur einer Trajektorie des durch r in U bestimmten Vektorfeldes überein. Im folgenden betrachten wir nur differenzierbare Richtungsfelder und lassen im allgemeinen das Wort „differenzierbar" weg.

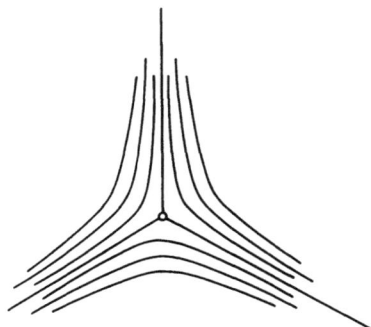

Bild 3.28
Ein nichtorientierbares Richtungsfeld auf $\mathbb{R}^2 - \{(0,0)\}$

3.4 Vektorfelder

In natürlicher Weise beschreibt man Richtungsfelder folgendermaßen. Wir nennen zwei von Null verschiedene Vektoren w_1 und w_2 bei $q \in \mathbb{R}^2$ *äquivalent*, wenn $w_1 = \lambda w_2$ für ein $\lambda \in \mathbb{R}$, $\lambda \neq 0$, gilt. Zwei solche Vektoren repräsentieren dieselbe Gerade durch q, und wenn umgekehrt zwei von Null verschiedene Vektoren zu derselben Geraden durch q gehören, sind sie äquivalent. Deshalb kann man ein Richtungsfeld r auf einer offenen Menge $U \subset \mathbb{R}^2$ dadurch beschreiben, daß man jedem $q \in U$ ein Paar reeller Zahlen (r_1, r_2) (die Koordinaten eines von Null verschiedenen Vektors in r) zuordnet, wobei man die Paare (r_1, r_2) und $(\lambda r_1, \lambda r_2)$, $\lambda \neq 0$, als äquivalent betrachtet. In der Sprache der Differentialgleichungen ist ein Richtungsfeld r gewöhnlich gegeben als

$$a(x,y)\frac{dx}{dt} + b(x,y)\frac{dy}{dt} = 0, \tag{2}$$

was einfach bedeutet, daß man einem Punkt $q = (x, y)$ die Gerade durch q zuordnet, die den Vektor $(b, -a)$ oder eins seiner von Null verschiedenen Vielfachen enthält (Bild 3.29). Die Spur der Trajektorie des Vektorfeldes $(b, -a)$ ist eine Integralkurve zu r. Weil Parametrisierungen in den obigen Betrachtungen keine Rolle spielen, schreibt man oft anstelle der Gleichung (2) den Ausdruck

$$a\, dx + b\, dy = 0$$

mit derselben Bedeutung wie vorher.

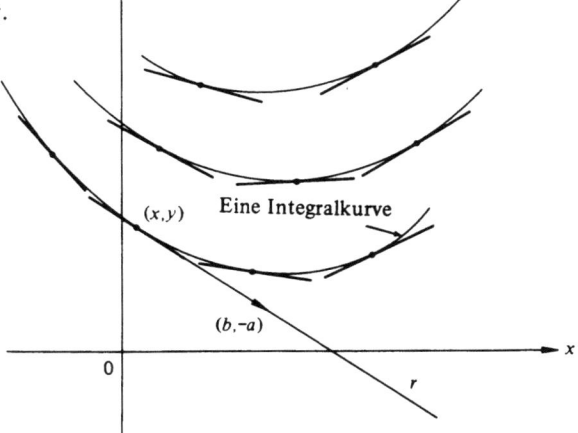

Bild 3.29
Die Differentialgleichung
$a\, dx + b\, dy = 0$

Die oben eingeführten Ideen gehören zum Gebiet der lokalen Aussagen des $\mathbb{R}^2$, die nur von der „differenzierbaren Struktur" des $\mathbb{R}^2$ abhängen. Sie können deshalb ohne weitere Schwierigkeiten wie folgt auf reguläre Flächen übertragen werden.

Definition 1. Ein *Vektorfeld* w auf einer offenen Menge $U \subset S$ einer regulären Fläche S ist eine Abbildung die jedem $p \in U$ einen Vektor $w(p) \in T_p(S)$ zuordnet. Das Vektorfeld w ist *differenzierbar* bei $p \in U$, wenn in einer Parametrisierung $\mathbf{x}(u, v)$ bei p die Funktionen $a(u, v)$ und $b(u, v)$, gegeben durch

$$w(p) = a(u, v)\mathbf{x}_u + b(u, v)\mathbf{x}_v$$

differenzierbare Funktionen bei p sind; es ist klar, daß diese Definition unabhängig von der Wahl von x ist.

Ähnlich können wir Trajektorien, Richtungsfelder und Integralkurven definieren. Theorem 1 und 2 und das obige Lemma lassen sich leicht auf die jetzige Situation übertragen; bis auf die Tatsache, daß man $\mathbb{R}^2$ durch S ersetzt, bleiben die Aussagen genau dieselben.

Beispiel 1. Ein Vektorfeld auf dem üblichen Torus T erhält man, indem man die Meridiane von T nach der Bogenlänge parametrisiert und $w(p)$ als den Geschwindigkeitsvektor des Meridians durch p definiert (Bild 3.30). Beachte, daß $|w(p)| = 1$ für alle $p \in T$ gilt. Es ist eine Übungsaufgabe (Übung 2) nachzuprüfen, daß w differenzierbar ist.

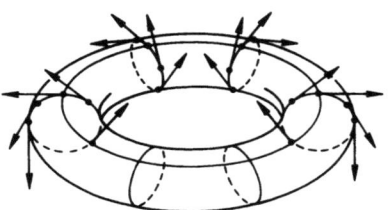

Bild 3.30

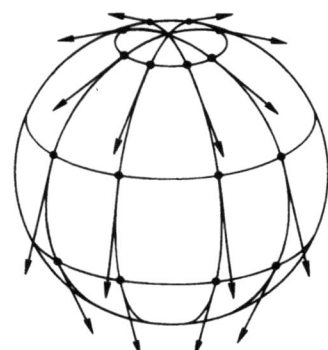

Bild 3.31

Beispiel 2. Ein ähnliches Verfahren, diesmal auf der Sphäre S^2 unter Benutzung der Halbmeridiane von S^2, liefert ein Vektorfeld w, das auf der Sphäre ohne die zwei Pole N und S definiert ist. Um ein auf der ganzen Sphäre definiertes Vektorfeld zu erhalten, parametrisiere alle Halbmeridiane nach demselben Parameter t, $-1 < t < 1$, und definiere $v(p) = (1 - t^2) w(p)$ für $p \in S^2 - \{N\} \cup \{S\}$ und $v(N) = v(S) = 0$ (Bild 3.31).

Beispiel 3. Es sei $S = \{(x, y, z) \in \mathbb{R}^3 ; z = x^2 - y^2\}$ das hyperbolische Paraboloid. Der Durchschnitt von S mit den Ebenen $z =$ konst. $\neq 0$ bestimmt eine Familie von Kurven $\{C_\alpha\}$, so daß durch jeden Punkt aus $S - \{(0, 0, 0)\}$ genau eine Kurve C_α geht. Die Tangenten an solche Kurven liefern ein differenzierbares Richtungsfeld r auf $S - \{(0, 0, 0)\}$. Wir suchen ein Richtungsfeld r' auf $S - \{(0, 0, 0)\}$, das in jedem Punkt orthogonal ist zu r, und wollen Integralkurven von r' bestimmen. r' heißt das zu r *orthogonale Feld*, und seine Integralkurven die zu r *orthogonale Familie* (vgl. Übung 15, Abschnitt 2.5).

Zunächst parametrisieren wir S durch

$$\mathbf{x}(u, v) = (u, v, u^2 - v^2), \quad u = x, \quad v = y.$$

Die Familie $\{C_\alpha\}$ ist gegeben durch $u^2 - v^2 =$ konst. $\neq 0$ (oder besser als Bild dieser Menge unter $\mathbf{x}$). Ist $u'\mathbf{x}_u + v'\mathbf{x}_v$ ein Tangentenvektor einer regulären Parametrisierung einer Kurve C_α, so erhalten wir nach Differentiation von $u^2 - v^2 =$ konst.,

$$2uu' - 2vv' = 0.$$

Es folgt, daß r in der Parametrisierung $\mathbf{x}$ durch das Paar (v, u) oder ein von Null verschiedenes Vielfaches davon gegeben ist.

3.4 Vektorfelder

Nun sei $(a(u,v), b(u,v))$ eine Darstellung des orthogonalen Feldes r' in der Parametrisierung $\mathbf{x}$. Weil

$$E = 1 + 4u^2, \qquad F = -4uv, \qquad G = 1 + 4v^2$$

ist, und r' in jedem Punkt orthogonal ist zu r, gilt

$$Eav + F(bv + au) + Gbu = 0$$

oder

$$(1 + 4u^2)av - 4uv(bv + au) + (1 + 4v^2)bu = 0.$$

Es folgt

$$va + ub = 0. \tag{3}$$

Dadurch ist das Paar (a, b) in jedem Punkt bis auf ein von Null verschiedenes Vielfaches bestimmt und damit das Feld r'.

Um die Integralkurven von r' zu bestimmen, sei $u'\mathbf{x}_u + v'\mathbf{x}_v$ ein Tangentenvektor einer regulären Parametrisierung einer Integralkurve von r'. Dann genügt (u', v') der Gleichung (3); d.h.

$$vu' + uv' = 0$$

oder

$$uv = \text{konst.}$$

Es folgt, daß die zu $\{C_\alpha\}$ orthogonale Familie als Durchschnitt von S mit den hyperbolischen Zylindern $xy = \text{konst.} \neq 0$ gegeben ist.

Das Hauptergebnis dieses Abschnitts ist der folgende Satz.

Theorem. *Es seien w_1 und w_2 zwei Vektorfelder auf einer offenen Menge $U \subset S$, die in einem Punkt $p \in U$ linear unabhängig sind. Dann ist es möglich, eine Umgebung $V \subset U$ von p so zu parametrisieren, daß für jedes $q \in V$ die Koordinatenkurven dieser Parametrisierung durch q tangential zu den durch $w_1(q)$ und $w_2(q)$ bestimmten Geraden sind.*

Beweis. Es sei W eine Umgebung von p, in der die ersten Integrale f_1 und f_2 von w_1 bzw. w_2 definiert sind. Definiere eine Abbildung $\varphi: W \to \mathbb{R}^2$ durch

$$\varphi(q) = (f_1(q), f_2(q)), \qquad q \in W.$$

Weil f_1 auf den Trajektorien von w_1 konstant und $(df_1) \neq 0$ ist, gilt bei p

$$d\varphi_p(w_1) = ((df_1)_p(w_1), (df_2)_p(w_1)) = (0, a),$$

wobei $a = (df_2)_p(w_1) \neq 0$ ist, da w_1 und w_2 linear unabhängig sind. Ähnlich gilt

$$d\varphi_p(w_2) = (b, 0),$$

wo $b = (df_1)_p(w_2) \neq 0$.

Es folgt, daß $d\varphi_p$ nichtsingulär und φ damit ein lokaler Diffeomorphismus ist. Es gibt deshalb eine Umgebung $\bar{U} \subset \mathbb{R}^2$ von $\varphi(p)$, die durch $\mathbf{x} = \varphi^{-1}$ diffeomorph auf eine Umgebung $V = \mathbf{x}(\bar{U})$ von p abgebildet wird; d.h. $\mathbf{x}$ ist eine Parametrisierung von S bei p, deren Koordinatenkurven

$$f_1(q) = \text{konst.}, \quad f_2(q) = \text{konst.}$$

bei q tangential zu den durch $w_1(q)$ bzw. $w_2(q)$ bestimmten Geraden sind. □

Man sollte beachten, daß der Satz nicht impliziert, daß die Koordinatenkurven so parametrisiert werden können, daß ihre Geschwindigkeitsvektoren $w_1(q)$ und $w_2(q)$ sind. Die Behauptung des Satzes bezieht sich auf die Koordinatenkurven als reguläre Kurven (Punktmengen); genauer gilt

Korollar 1. *Zu zwei gegebenen Richtungsfeldern r und r' auf einer offenen Menge $U \subset S$ mit $r(p) \neq r'(p)$ für ein $p \in U$ gibt es eine Parametrisierung x in einer Umgebung von p, so daß die Koordinatenkurven von x die Integralkurven von r und r' sind.*

Die erste Anwendung des obigen Satzes ist der Beweis der Existenz einer orthogonalen Parametrisierung in jedem Punkt einer regulären Fläche.

Korollar 2. *Zu jedem $p \in S$ gibt es eine Parametrisierung $x(u, v)$ in einer Umgebung V von p, so daß sich die Koordinatenkurven u = konst., v = konst. für jedes $q \in V$ orthogonal schneiden (ein solches x heißt orthogonale Parametrisierung).*

Beweis. Betrachte eine beliebige Parametrisierung $\bar{x}: \bar{U} \to S$ bei p und definiere zwei Vektorfelder $w_1 = \bar{x}_{\bar{u}}$, $w_2 = -(\bar{F}/\bar{E})\bar{x}_{\bar{u}} + \bar{x}_{\bar{v}}$ auf $\bar{x}(\bar{U})$, wobei $\bar{E}, \bar{F}, \bar{G}$ die Koeffizienten der ersten Fundamentalform in $\bar{x}$ sind. Da $w_1(q)$, $w_2(q)$ orthogonale Vektoren sind für jedes $q \in \bar{x}(\bar{U})$, liefert eine Anwendung des Satzes die gesuchte Parametrisierung. □

Eine zweite Anwendung des Satzes (genauer von Korollar 1) ist die Existenz von Koordinaten, die durch die Asymptotenrichtungen und die Hauptkrümmungsrichtungen gegeben sind.
Wie wir in Abschnitt 3.3 gesehen haben, sind die Asymptotenlinien Lösungen von

$$e(u')^2 + 2fu'v' + g(v')^2 = 0.$$

In einer Umgebung eines hyperbolischen Punktes p gilt $eg - f^2 < 0$. Drehe die uv-Ebene so, daß $e(p) > 0$ wird. Dann kann die linke Seite der obigen Gleichung in zwei verschiedene Linearfaktoren faktorisiert werden

$$(Au' + Bv')(Au' + Dv') = 0, \tag{4}$$

wobei die Koeffizienten die Bedingungen

$$A^2 = e, \quad A(B + D) = 2f, \quad BD = g$$

erfüllen. Das obige Gleichungssystem hat zwei reelle Lösungen, da $eg - f^2 < 0$. Daher erhalten wir aus Gleichung (4) die beiden Gleichungen

$$Au' + Bv' = 0, \tag{4a}$$

$$Au' + Dv' = 0. \tag{4b}$$

Jede dieser Gleichungen bestimmt ein differenzierbares Richtungsfeld (z.B. bestimmt Gleichung (4a) die Richtung, die den von Null verschiedenen Vektor $(B, -A)$ enthält), und in jedem Punkt der fraglichen Umgebung sind die durch die Gleichungen (4a) und (4b) gegebenen Richtungen verschieden. Wenden wir Korollar 1 an, so sehen wir, daß es möglich ist, eine Umgebung von p so zu parametrisieren, daß die Koordinatenkurven die Integralkurven der Gleichungen (4a) und (4b) sind. Anders ausgedrückt:

3.4 Vektorfelder

Korollar 3. *Es sei $p \in S$ ein hyperbolischer Punkt von S. Dann ist es möglich, eine Umgebung von p so zu parametrisieren, daß die Koordinatenkurven dieser Parametrisierung die Asymptotenlinien von S sind.*

Beispiel 4. Ein fast triviales Beispiel, das aber gut die obige Methode illustriert, liefert das hyperbolische Paraboloid $z = x^2 - y^2$. Wie üblich parametrisieren wir die gesamte Fläche durch
$$\mathbf{x}(u, v) = (u, v, u^2 - v^2).$$
Eine einfache Rechnung zeigt
$$e = \frac{2}{(1 + 4u^2 + 4v^2)^{1/2}}, \quad f = 0, \quad g = -\frac{2}{(1 + 4u^2 + 4v^2)^{1/2}}.$$
Also können wir die Gleichung der Asymptotenlinien schreiben als
$$\frac{2}{(1 + 4u^2 + 4v^2)^{1/2}}((u')^2 - (v')^2) = 0,$$
die in zwei lineare Gleichungen faktorisiert werden kann und die zwei Richtungsfelder
$$r_1: \quad u' + v' = 0,$$
$$r_2: \quad u' - v' = 0$$
liefert. Die Integralkurven dieser Richtungsfelder sind durch die zwei Familien von Kurven gegeben:
$$r_1: \quad u + v = \text{konst.},$$
$$r_2: \quad u - v = \text{konst.}$$
Die Funktionen $f_1(u, v) = u + v$, $f_2(u, v) = u - v$ sind offensichtlich erste Integrale der Vektorfelder zu r_1 bzw. r_2. Setzen wir also
$$\bar{u} = u + v, \quad \bar{v} = u - v,$$
so erhalten wir eine neue Parametrisierung der gesamten Fläche $z = x^2 - y^2$, in der die Koordinatenkurven die Asymptotenlinien der Fläche sind.
In diesem Spezialfall gilt der Parameterwechsel für die ganze Fläche. Im allgemeinen braucht er nicht global injektiv zu sein, auch wenn die gesamte Fläche nur aus hyperbolischen Punkten besteht.
Ähnlich ist es möglich, in einer Umgebung eines Nicht-Nabelpunktes von S die Differentialgleichung der Krümmungslinien in verschiedene Linearfaktoren zu zerlegen. Mit einem analogen Argument erhalten wir

Korollar 4. *Es sei $p \in S$ kein Nabelpunkt von S. Dann ist es möglich, eine Umgebung von p so zu parametrisieren, daß die Koordinatenkurven dieser Parametrisierung die Krümmungslinien von S sind.*

Übungen

1. Zeige, daß die Differenzierbarkeit eines Vektorfeldes nicht von der Wahl eines Koordinatensystems abhängt.

2 Beweise, daß das Vektorfeld, das man auf dem Torus dadurch erhält, daß man alle seine Meridiane nach der Bogenlänge parametrisiert und ihre Tangentenvektoren nimmt (Beispiel 1), differenzierbar ist.

3 Beweise, daß ein auf einer regulären Fläche $S \subset \mathbb{R}^3$ definiertes Vektorfeld w genau dann differenzierbar ist, wenn es als Abbildung $w: S \to \mathbb{R}^3$ differenzierbar ist.

4 Es sei S eine Fläche und $x: U \to S$ eine Parametrisierung von S. Dann bestimmt
$$a(u, v)u' + b(u, v)v' = 0,$$
wobei a und b differenzierbare Funktionen sind, ein Richtungsfeld r auf $x(U)$, nämlich die Abbildung, die jedem $x(u, v)$ die Gerade zuordnet, die den Vektor $bx_u - ax_v$ enthält. Zeige: Eine notwendige und hinreichende Bedingung dafür, daß ein orthogonales Feld r' auf $x(U)$ existiert (vgl. Beispiel 3), ist, daß die beiden Funktionen
$$Eb - Fa, \quad Fb - Ga$$
nirgendwo gleichzeitig verschwinden (hierbei sind E, F und G die Koeffizienten der ersten Fundamentalform in x), und daß r' dann bestimmt ist durch
$$(Eb - Fa)u' + (Fb - Ga)v' = 0.$$

5 Es sei S eine Fläche und $x: U \to S$ eine Parametrisierung von S. Ist $ac - b^2 < 0$, so zeige, daß
$$a(u, v)(u')^2 + 2b(u, v)u'v' + c(u, v)(v')^2 = 0$$
in zwei verschiedene Gleichungen faktorisiert werden kann, von denen jede ein Richtungsfeld auf $x(U) \subset S$ bestimmt. Beweise, daß diese Richtungsfelder genau dann orthogonal sind, wenn
$$Ec - 2Fb + Ga = 0.$$
ist.

6 Eine Gerade r trifft die z-Achse und bewegt sich so, daß sie einen konstanten Winkel $\alpha \neq 0$ mit der z-Achse bildet, und jeder ihrer Punkte eine Helix mit Ganghöhe $c \neq 0$ um die z-Achse beschreibt. Das durch r beschriebene Objekt ist die Spur der parametrisierten Fläche (siehe Bild 3.32)
$$x(u, v) = (v \sin \alpha \cos u, v \sin \alpha \sin u, v \cos \alpha + cu).$$
Man sieht leicht, daß x eine reguläre parametrisierte Fläche ist (vgl. Übung 13, Abschnitt 2.5). Schränke die Parameter (u, v) auf eine offene Menge U ein, so daß $x(U) = S$ eine reguläre Fläche ist (vgl. Prop. 2, Abschnitt 2.3).

a) Bestimme die zu der Familie von Koordinatenkurven u = konst. orthogonale Familie (vgl. Beispiel 3).

b) Benutze die Kurven u = konst. und die dazu orthogonale Familie, um eine orthogonale Parametrisierung von S zu erhalten. Zeige, daß die Koeffizienten der ersten Fundamentalform in den neuen Parametern $(\bar{u}, \bar{v})$
$$\bar{G} = 1, \quad \bar{F} = 0, \quad \bar{E} = \{c^2 + (\bar{v} - c\bar{u} \cos \alpha)^2\} \sin^2 \alpha$$
sind.

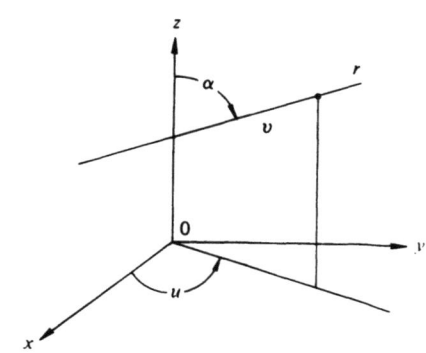

Bild 3.32

3.4 Vektorfelder

7 Definiere die *Ableitung* $w(f)$ *einer differenzierbaren Funktion* $f: U \subset S \to \mathbb{R}$ *bezüglich eines Vektorfeldes* w *auf* U durch

$$w(f)(q) = \frac{d}{dt}(f \circ \alpha)\bigg|_{t=0}, \quad q \in U,$$

wobei $\alpha: I \to S$ eine Kurve mit $\alpha(0) = q$, $\alpha'(0) = w(q)$ ist. Beweise:

a) w ist genau dann in U differenzierbar, wenn $w(f)$ differenzierbar ist für alle differenzierbaren f auf U.

b) Es seien λ und μ reelle Zahlen und $g: U \subset S \to \mathbb{R}$ eine differenzierbare Funktion auf U; dann gilt

$$w(\lambda f + \mu f) = \lambda w(f) + \mu w(f),$$
$$w(fg) = w(f)g + fw(g).$$

8 Ist w ein differenzierbares Vektorfeld auf einer Fläche S und $w(p) \neq 0$ für ein $p \in S$, so zeige, daß man eine Umgebung von p durch $\mathbf{x}(u, v)$ so parametrisieren kann, daß $\mathbf{x}_u = w$ gilt.

9 a) Es sei $A: V \to W$ eine nichtsinguläre lineare Abbildung zwischen Vektorräumen V und W der Dimension 2, die mit innerem Produkt $\langle \, , \, \rangle$ bzw. $(\, , \,)$ versehen sind. A heißt *Ähnlichkeitstransformation*, wenn es eine reelle Zahl $\lambda \neq 0$ gibt, so daß $(Av_1, Av_2) = \lambda \langle v_1, v_2 \rangle$ für alle Vektoren $v_1, v_2 \in V$ gilt. Nimm an, A ist keine Ähnlichkeitstransformation, und zeige, daß es ein *eindeutig* bestimmtes Paar von orthonormalen Vektoren e_1 und e_2 in V gibt, so daß Ae_1, Ae_2 orthogonal sind in W.

b) Verwende Teil a), um den *Satz von Tissot* zu beweisen: Es sei $\varphi: U_1 \subset S_1 \to S_2$ ein Diffeomorphismus von einer Umgebung U_1 eines Punktes p einer Fläche S_1 in eine Fläche S_2. Nimm an, daß die lineare Abbildung $d\varphi$ nirgends eine Ähnlichkeitstransformation ist. Dann ist es möglich, eine Umgebung von p in S_1 so durch eine orthogonale Parametrisierung $\mathbf{x}_1: U \to S_1$ zu parametrisieren, daß $\varphi \circ \mathbf{x}_1 = \mathbf{x}_2: U \to S_2$ ebenfalls eine orthogonale Parametrisierung in einer Umgebung von $\varphi(p) \in S_2$ ist.

10 Es sei T der Torus aus Beispiel 6 in Abschnitt 2.2. Definiere eine Abbildung $\varphi: \mathbb{R}^2 \to T$ durch

$$\varphi(u, v) = ((r \cos u + a) \cos v, (r \cos u + a) \sin v, r \sin u),$$

wobei u und v die kartesischen Koordinaten in $\mathbb{R}^2$ sind. Es sei $u = at$, $v = bt$ eine Gerade in $\mathbb{R}^2$ durch $(0, 0) \in \mathbb{R}^2$. Betrachte in T die Kurve $\alpha(t) = \varphi(at, bt)$. Beweise:

a) φ ist ein lokaler Diffeomorphismus.

b) Die Kurve $\alpha(t)$ ist eine reguläre Kurve; $\alpha(t)$ ist genau dann eine geschlossene Kurve, wenn b/a eine rationale Zahl ist.

*c) Ist b/a irrational, so ist die Kurve $\alpha(t)$ dicht in T; d.h. in jeder Umgebung eines Punktes $p \in T$ gibt es einen Punkt von $\alpha(t)$.

*11 Benutze die lokale Eindeutigkeit der Trajektorien eines Vektorfeldes w auf $U \subset S$, um das folgende Resultat zu beweisen. Zu $p \in U$ gibt es eine eindeutig bestimmte Trajektorie $\alpha: I \to U$ von w mit $\alpha(0) = p$, die in folgendem Sinne *maximal* ist: Jede andere Trajektorie $\beta: J \to U$ mit $\beta(0) = p$ ist die Einschränkung von α auf J (d.h. $J \subset I$ und $\alpha_{|J} = \beta$).

*12 Ist w ein differenzierbares Vektorfeld auf einer kompakten Fläche S und $\alpha(t)$ die maximale Trajektorie von w mit $\alpha(0) = p \in S$, so zeige, daß $\alpha(t)$ für alle $t \in \mathbb{R}$ definiert ist.

13 Konstruiere ein differenzierbares Vektorfeld auf einer offenen Scheibe in der Ebene (die nicht kompakt ist), so daß eine maximale Trajektorie nicht für alle $t \in \mathbb{R}$ definiert ist (das zeigt, daß die Kompaktheitsbedingung in Übung 12 wesentlich ist).

3.5 Regelflächen und Minimalflächen[1])

In der Differentialgeometrie gibt es eine ganze Reihe von Spezialfällen (Rotationsflächen, Parallelflächen, Regelflächen, Minimalflächen usw.), die entweder für sich interessant sind (wie Minimalflächen) oder ein schönes Beispiel abgeben für die Stärke und Grenzen differenzierbarer Methoden in der Geometrie. Getreu dem Geiste dieses Buchs haben wir bis jetzt diese Spezialfälle in Beispielen und Übungen behandelt.

Es mag jedoch nützlich sein, einige dieser Gegenstände genauer darzustellen. Das soll nun geschehen. Wir benutzen diesen Abschnitt, um die Theorie der Regelflächen zu entwickeln und eine Einführung in die Theorie der Minimalflächen zu geben. Während des ganzen Abschnitts wird es günstig sein, den Begriff der parametrisierten Fläche, definiert in Abschnitt 2.3, zu verwenden.

Der Leser kann den gesamten Abschnitt oder Teile davon auslassen. Bis auf die Tatsache, daß in Beispiel 6 von Abschnitt B auf Abschnitt A Bezug genommen wird, sind die beiden Gebiete unabhängig von einander, und ihre Ergebnisse werden nicht wesentlich an irgendeiner Stelle im Buch verwendet.

A. Regelflächen

Eine (differenzierbare) *Ein-Parameter-Familie von Geraden* $\{\alpha(t), w(t)\}$ ist eine Abbildung, die jedem $t \in I$ einen Punkt $\alpha(t) \in \mathbb{R}^3$ und einen Vektor $w(t) \in \mathbb{R}^3$, $w(t) \neq 0$, so zuordnet, daß $\alpha(t)$ und $w(t)$ differenzierbar von t abhängen. Für jedes $t \in I$ heißt die Gerade L_t, die durch $\alpha(t)$ geht und zu $w(t)$ parallel ist, die *Gerade der Familie bei* t.

Ist eine Ein-Parameter-Familie von Geraden $\{\alpha(t), w(t)\}$ gegeben, so heißt die Fläche

$$\mathbf{x}(t, v) = \alpha(t) + vw(t), \quad t \in I, \quad v \in \mathbb{R},$$

die durch die Familie $\{\alpha(t), w(t)\}$ erzeugte *Regelfläche*. Die Geraden L_t heißen *Regelgeraden* und die Kurve $\alpha(t)$ *Leitkurve* der Fläche $\mathbf{x}$. Manchmal bezeichnen wir mit dem Ausdruck Regelfläche auch die Spur von $\mathbf{x}$. Man sollte beachten, daß $\mathbf{x}$ singuläre Punkte haben kann, d.h. Punkte (t, v) mit $\mathbf{x}_t \wedge \mathbf{x}_v = 0$.

Beispiel 1. Die einfachsten Beispiele von Regelflächen sind die Tangentenflächen an eine reguläre Kurve (vgl. Beispiel 4, Abschnitt 2.3), Zylinder und Kegel. Ein *Zylinder* ist eine

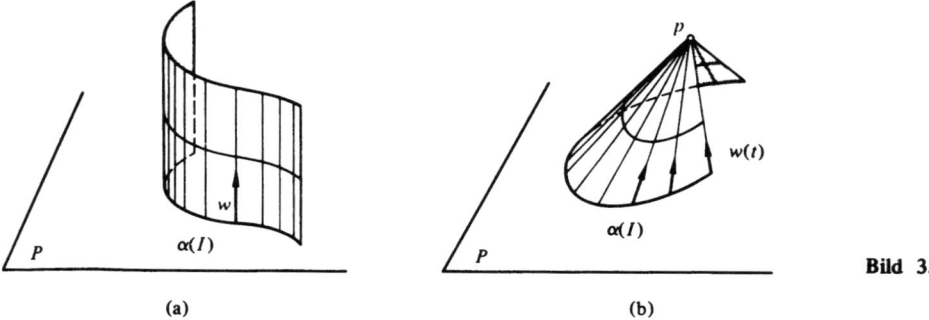

Bild 3.33

---

[1]) Dieser Abschnitt kann beim ersten Lesen übergangen werden.

3.5 Regelflächen und Minimalflächen

Regelfläche, die von einer Ein-Parameter-Familie $\{\alpha(t), w(t)\}$, $t \in I$, erzeugt wird, wobei $\alpha(I)$ in einer Ebene P liegt und $w(t)$ zu einer festen Richtung in $\mathbb{R}^3$ parallel ist (Bild 3.33(a)). Ein *Kegel* ist eine Regelfläche, die durch eine Ein-Parameter-Familie $\{\alpha(t), w(t)\}$, $t \in I$, erzeugt wird, wobei $\alpha(I) \subset P$ und alle Regelgeraden durch einen Punkt $p \notin P$ gehen (Bild 3.33(b)).

Beispiel 2. Es sei S^1 der Einheitskreis $x^2 + y^2 = 1$ in der xy-Ebene und $\alpha(t)$ eine Parametrisierung von S^1 nach der Bogenlänge. Für jedes s sei $w(s) = \alpha'(s) + e_3$, wobei e_3 der Einheitsvektor auf der z-Achse ist (Bild 3.34). Dann ist

$$\mathbf{x}(s, v) = \alpha(s) + v(\alpha'(s) + e_3)$$

eine Regelfläche. Schreiben wir

$$\mathbf{x}(s, v) = (\cos s - v \sin s, \sin s + v \cos s, v)$$

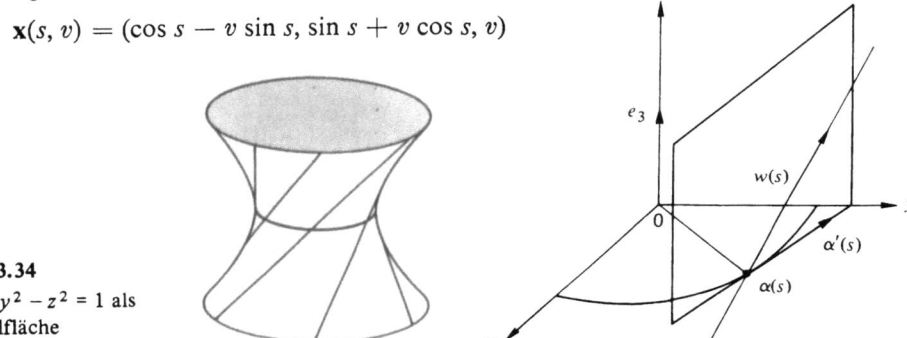

Bild 3.34
$x^2 + y^2 - z^2 = 1$ als Regelfläche

und beachten $x^2 + y^2 - z^2 = 1 + v^2 - v^2 = 1$, so erkennen wir, daß die Spur von x ein Rotationshyperboloid ist.

Es ist interessant zu bemerken, daß wir dieselbe Fläche erhalten, wenn wir $w(s) = -\alpha'(s) + e_3$ nehmen. Das zeigt, daß das Rotationshyperboloid zwei Mengen von Regelgeraden besitzt.

Wir haben Regelflächen so definiert, daß Singularitäten nicht ausgeschlossen sind. Das ist notwendig, wenn wir Tangentenflächen und Kegel mit einbeziehen wollen. Wir werden jedoch bald zeigen, daß zumindest Regelflächen, die einer vernünftigen Bedingung genügen, (eventuelle) Singularitäten nur längs einer Kurve auf dieser Fläche haben.

Wir beginnen jetzt mit dem Studium allgemeiner Regelflächen. Wir dürfen ohne Einschränkung der Allgemeinheit annehmen, daß $|w(t)| = 1$, $t \in I$, gilt. Um die Theorie zu entwickeln, benötigen wir die nichttriviale Annahme, daß $w'(t) \neq 0$ für alle $t \in I$ gilt. Sind die Nullstellen von $w'(t)$ isoliert, können wir unsere Fläche so in einzelne Teile zerlegen, daß die Theorie für jedes von ihnen angewandt werden kann. Haben die Nullstellen von $w'(t)$ jedoch Häufungspunkte, kann die Situation komplizierter werden. Das werden wir hier nicht behandeln.

Die Annahme $w'(t) \neq 0$, $t \in I$, wird gewöhnlich dadurch ausgedrückt, daß man sagt, die Regelfläche x sei *nicht zylindrisch*. Falls nichts Anderes gesagt wird, nehmen wir an, daß

$$\mathbf{x}(t, v) = \alpha(t) + vw(t) \tag{1}$$

eine nichtzylindrische Regelfläche ist mit $|w(t)| = 1, t \in I$. Beachte, daß die Annahme $|w(t)| \equiv 1$ impliziert, daß $\langle w(t), w'(t) \rangle = 0$ ist für alle $t \in I$.
Wir suchen zunächst eine parametrisierte Kurve $\beta(t)$, so daß $\langle \beta'(t), w'(t) \rangle = 0$ ist für $t \in I$, und $\beta(t)$ auf der Spur von **x** liegt; d.h.

$$\beta(t) = \alpha(t) + u(t)w(t) \tag{2}$$

für eine reellwertige Funktion $u = u(t)$. Nehmen wir an, daß es eine solche Kurve β gibt, so erhalten wir

$$\beta' = \alpha' + u'w + uw';$$

wegen $\langle w, w' \rangle = 0$ ist deshalb

$$0 = \langle \beta', w' \rangle = \langle \alpha', w' \rangle + u \langle w', w' \rangle.$$

Daraus folgt für $u(t)$

$$u = -\frac{\langle \alpha', w' \rangle}{\langle w', w' \rangle}. \tag{3}$$

Definieren wir also β durch Gleichungen (2) und (3), so erhalten wir die gesuchte Kurve. Wir zeigen jetzt, daß die Kurve β nicht von der Wahl der Leitkurve α der Regelfläche abhängt. β heißt dann *Striktionslinie* und ihre Punkte heißen *Zentralpunkte* der Regelfläche.
Um unsere Behauptung zu beweisen, sei $\bar{\alpha}$ eine weitere Leitkurve der Regelfläche; d.h. für alle (t, v)

$$\mathbf{x}(t, v) = \alpha(t) + vw(t) = \bar{\alpha}(t) + sw(t) \tag{4}$$

für eine Funktion $s = s(v)$. Dann folgt aus den Gleichungen (2) und (3)

$$\beta - \bar{\beta} = (\alpha - \bar{\alpha}) + \frac{\langle \bar{\alpha}' - \alpha', w' \rangle}{\langle w', w' \rangle} w,$$

wobei $\bar{\beta}$ die Striktionslinie zu $\bar{\alpha}$ ist. Andererseits impliziert Gleichung (4)

$$\alpha - \bar{\alpha} = (s - v)w(t).$$

Deshalb gilt

$$\beta - \bar{\beta} = \left\{(s - v) + \frac{\langle (v - s)w', w' \rangle}{\langle w', w' \rangle}\right\} w = 0,$$

da $\langle w, w' \rangle = 0$. Damit ist die Behauptung bewiesen.
Wir nehmen jetzt die Striktionslinie als Leitkurve der Regelfläche und schreiben sie wie folgt

$$\mathbf{x}(t, u) = \beta(t) + uw(t). \tag{5}$$

Mit dieser Wahl gilt

$$\mathbf{x}_t = \beta' + uw', \quad \mathbf{x}_u = w$$

und

$$\mathbf{x}_t \wedge \mathbf{x}_u = \beta' \wedge w + uw' \wedge w.$$

Da $\langle w', w \rangle = 0$ und $\langle w', \beta' \rangle = 0$ ist, schließen wir $\beta' \wedge w = \lambda w'$ für eine Funktion $\lambda = \lambda(t)$.

3.5 Regelflächen und Minimalflächen

Also
$$|\mathbf{x}_t \wedge \mathbf{x}_u|^2 = |\lambda w' + uw' \wedge w|^2$$
$$= \lambda^2 |w'|^2 + u^2 |w'|^2 = (\lambda^2 + u^2)|w'|^2.$$

Es folgt, daß die einzigen singulären Punkte der Regelfläche (5) auf der Striktionslinie $u = 0$ liegen, und daß sie nur auftreten, wenn $\lambda(t) = 0$ ist. Beachte weiter

$$\lambda = \frac{(\beta', w, w')}{|w'|^2},$$

wobei wie üblich (β', w, w') für $\langle \beta' \wedge w, w' \rangle$ steht.

Wir wollen die Gaußsche Krümmung der Fläche (5) in ihren regulären Punkten berechnen. Weil

$$\mathbf{x}_{tt} = \beta'' + uw'', \quad \mathbf{x}_{tu} = w', \quad \mathbf{x}_{uu} = 0$$

ist, gilt für die Koeffizienten der zweiten Fundamentalform

$$g = 0, \quad f = \frac{(\mathbf{x}_t, \mathbf{x}_u, \mathbf{x}_{ut})}{|\mathbf{x}_t \wedge \mathbf{x}_u|} = \frac{(\beta', w, w')}{|\mathbf{x}_t \wedge \mathbf{x}_u|};$$

und deshalb (weil $g = 0$ ist, benötigen wir nicht den Wert von e, um K zu berechnen),

$$K = \frac{eg - f^2}{EG - F^2} = -\frac{\lambda^2 |w'|^4}{(\lambda^2 + u^2)^2 |w'|^4} = -\frac{\lambda^2}{(\lambda^2 + u^2)^2}. \tag{6}$$

Damit ist gezeigt: *In regulären Punkten gilt für die Gaußsche Krümmung K einer Regelfläche $K \leq 0$, und K ist Null nur längs der Regelgeraden, die die Striktionslinie in einem singulären Punkt treffen.*

Gleichung (6) erlaubt es uns, die (regulären) Zentralpunkte einer Regelfläche geometrisch zu interpretieren. Die Punkte einer Regelgeraden sind nämlich, vielleicht bis auf die Zentralpunkte, reguläre Punkte der Fläche. Für $\lambda \neq 0$ ist $|K(u)|$ eine stetige Funktion auf der Regelgeraden, und wegen Gleichung (6) ist der Zentralpunkt dadurch charakterisiert, daß $|K(u)|$ dort sein Maximum annimmt.

Für eine andere geometrische Interpretation der Striktionslinie siehe Übung 4.

Wir bemerken weiter, daß die Krümmung K dieselben Werte in den Punkten einer Regelgeraden annimmt, die symmetrisch zum Zentralpunkt liegen (das rechtfertigt die Bezeichnung „Zentral").

Die Funktion $\lambda(t)$ heißt *Verteilungsparameter* von **x**. Weil die Striktionslinie unabhängig von der Wahl der Leitkurve ist, folgt, daß das auch für λ gilt. Ist **x** regulär, so haben wir die folgende Interpretation von λ. Der Normalenvektor an die Fläche in (t, u) ist

$$N(t, u) = \frac{\mathbf{x}_t \wedge \mathbf{x}_u}{|\mathbf{x}_t \wedge \mathbf{x}_u|} = \frac{\lambda w' + uw' \wedge w}{\sqrt{\lambda^2 + u^2}|w'|}.$$

Andererseits gilt ($\lambda \neq 0$)

$$N(t, 0) = \frac{w'\lambda}{|w'||\lambda|}.$$

Ist also θ der Winkel zwischen $N(t, u)$ und $N(t, 0)$, so ist

$$\tan \theta = \frac{u}{|\lambda|}. \tag{7}$$

Ist also θ der Winkel zwischen dem Normalenvektor in einem Punkt einer Regelgeraden und dem Normalenvektor im Zentralpunkt dieser Regelgeraden, so ist $\tan θ$ proportional zum Abstand zwischen diesen beiden Punkten, und der Proportionalitätsfaktor ist das Inverse des Verteilungsparameters.

Beispiel 3. Es sei S das hyperbolische Paraboloid $z = kxy$, $k \neq 0$. Um zu zeigen, daß S eine Regelfläche ist, beachten wir, daß die Geraden $y = z/tk$, $x = t$, für jedes $t \neq 0$ zu S gehören. Bilden wir den Durchschnitt dieser Familie von Geraden mit der Ebene $z = 0$, so erhalten wir die Kurve $x = t$, $y = 0$, $z = 0$. Nimmt man diese Kurve als Leitkurve und Vektoren $w(t)$ parallel zu den Geraden $y = z/tk$, $x = t$, so ergibt sich

$$\alpha(t) = (t, 0, 0), \quad w(t) = \frac{(0, 1, kt)}{\sqrt{1 + k^2 t^2}}.$$

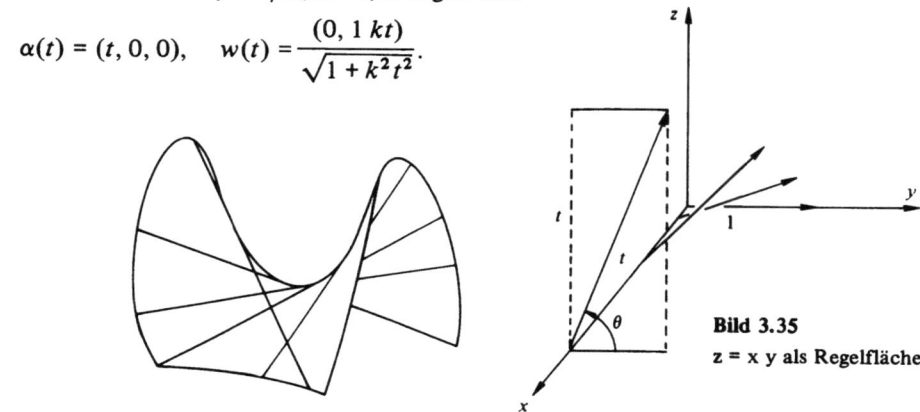

Bild 3.35
$z = x\,y$ als Regelfläche

Das liefert eine Regelfläche (Bild 3.35)

$$\mathbf{x}(t, v) = \alpha(t) + v w(t) = \left(t, \frac{v}{\sqrt{1 + k^2 t^2}}, \frac{vkt}{\sqrt{1 + k^2 t^2}}\right), \quad t \in \mathbb{R}, v \in \mathbb{R},$$

deren Spur offensichtlich mit S übereinstimmt.

Weil $\alpha'(t) = (1, 0, 0)$, sehen wir, daß α selbst die Striktionslinie ist. Der Verteilungsparameter ist

$$\lambda = \frac{1}{k}.$$

Wir bemerken weiter, daß der Tangens des Winkels θ zwischen $w(t)$ und $w(0)$ gleich tk ist.

Die letzte Bemerkung führt zu einer interessanten allgemeinen Eigenschaft von Regelflächen. Wenn wir die Familie der Normalenvektoren längs einer Regelgeraden einer regulären Regelfläche betrachten, so erzeugt diese Familie eine weitere Regelfläche. Nach Gleichung (7) und der letzten Bemerkung, ist diese Fläche genau das hyperbolische Paraboloid $z = kxy$, wobei $1/k$ der Wert des Verteilungsparameters der gewählten Regelgeraden ist.

Unter den Regelflächen spielen die abwickelbaren eine ausgezeichnete Rolle. Betrachten wir zunächst eine beliebige Regelfläche (nicht notwendig nichtzylindrisch)

$$\mathbf{x}(t, v) = \alpha(t) + v w(t), \tag{8}$$

3.5 Regelflächen und Minimalflächen

die durch die Familie $\{\alpha(t), w(t)\}$ mit $|w(t)| \equiv 1$ erzeugt wird. Die Fläche (8) heißt *abwickelbar*, wenn

$$(w, w', \alpha') \equiv 0. \tag{9}$$

Um eine geometrische Interpretation der Bedingung (9) zu finden, berechnen wir die Gaußsche Krümmung einer abwickelbaren Fläche in einem regulären Punkt. Eine ähnliche Rechnung wie die, die zur Herleitung von Gleichung (6) gemacht wurde, ergibt

$$g = 0, \quad f = \frac{(w, w', \alpha')}{|\mathbf{x}_t \wedge \mathbf{x}_v|}.$$

Wegen Bedingung (9) ist $f \equiv 0$ und damit

$$K = \frac{eg - f^2}{EG - F^2} \equiv 0.$$

Das bedeutet: *In regulären Punkten ist die Gaußsche Krümmung einer abwickelbaren Fläche identisch Null.*

Für eine weitere geometrische Interpretation einer abwickelbaren Fläche siehe Übung 6.

Wir können jetzt zwei Fälle abwickelbarer Flächen (die allerdings nicht alles ausschöpfen) unterscheiden:

1. $w(t) \wedge w'(t) \equiv 0$. Das impliziert $w'(t) \equiv 0$. Also ist $w(t)$ konstant, und die Regelfläche ist ein Zylinder über einer Kurve, die man erhält, wenn man den Zylinder mit einer Ebene normal zu $w(t)$ schneidet.
2. $w(t) \wedge w'(t) \neq 0$ für alle $t \in I$. In diesem Fall ist $w'(t) \neq 0$ für alle $t \in I$. Die Fläche ist also nichtzylindrisch, und wir können unsere vorher gewonnenen Ergebnisse verwenden. Wir können also die Striktionslinie (2) bestimmen und feststellen, daß der Verteilungsparameter

$$\lambda = \frac{(\beta', w, w')}{|w'|^2} \equiv 0 \tag{10}$$

ist. Deshalb ist die Striktionslinie der Ort der singulären Punkte der abwickelbaren Fläche. Ist $\beta'(t) \neq 0$ für alle $t \in I$, so folgt aus Gleichung (10) und der Tatsache, daß $\langle \beta', w' \rangle \equiv 0$ ist, daß w parallel ist zu β'. Also ist die Regelfläche die Tangentenfläche zu β. Ist $\beta'(t) = 0$ für alle $t \in I$, so ist die Striktionslinie ein Punkt und die Regelfläche ist ein Kegel mit Spitze in diesem Punkt.

Natürlich erschöpfen die obigen Fälle nicht alle Möglichkeiten. Wie üblich kann die Analyse sehr kompliziert werden, wenn sich die Nullstellen der betrachteten Funktionen häufen. Außerhalb dieser Häufungspunkte ist eine abwickelbare Fläche auf jeden Fall Vereinigung von Stücken von Zylindern, Kegeln und Tangentenflächen.

Beispiel 4. (*Die Einhüllende einer Familie von Tangentialebenen längs einer Kurve auf einer Fläche*). Es sei S eine reguläre Fläche und $\alpha = \alpha(s)$ eine Kurve auf S, die nach der Bogenlänge parametrisiert ist. Nimm an, daß α nirgendwo tangential zu einer Asymptotenrichtung ist. Betrachte die Regelfläche

$$\mathbf{x}(s, v) = \alpha(s) + v \frac{N(s) \wedge N'(s)}{|N'(s)|}, \tag{11}$$

wobei wir mit $N(s)$ den Einheitsnormalenvektor von S eingeschränkt auf die Kurve $\alpha(s)$ bezeichnen (weil $\alpha'(s)$ keine Asymptotenrichtung ist, gilt $N'(s) \neq 0$ für alle s). Wir zeigen, daß x eine abwickelbare Fläche ist, die in einer Umgebung von $v = 0$ regulär ist und tangential zu S längs $v = 0$. Vorher wollen wir jedoch eine geometrische Interpretation der Fläche x geben.

Betrachte die Familie $\{T_{\alpha(s)}(S)\}$ von Tangentialebenen an die Fläche S längs der Kurve $\alpha(s)$. Ist Δs klein, so schneiden sich die beiden Tangentialebenen $T_{\alpha(s)}(S)$ und $T_{\alpha(s+\Delta s)}(S)$ aus der Familie längs einer Geraden, die parallel ist zu dem Vektor

$$\frac{N(s) \wedge N(s + \Delta s)}{\Delta s}.$$

Lassen wir Δs gegen Null gehen, so strebt diese Gerade einer Grenzlage zu, die parallel ist zu dem Vektor

$$\lim_{\Delta s \to 0} \frac{N(s) \wedge N(s + \Delta s)}{\Delta s} = \lim_{\Delta s \to 0} N(s) \wedge \frac{(N(s + \Delta s) - N(s))}{\Delta s}$$
$$= N(s) \wedge N'(s).$$

Das bedeutet intuitiv, daß die Regelgeraden von x die Grenzlagen der Durchschnitte von benachbarten Ebenen der Familie $T_{\alpha(s)}(S)$ sind. x heißt die *Einhüllende der Familie von Tangentialebenen an S längs $\alpha(s)$* (Bild 3.36).

Ist α z.B. eine Parametrisierung eines Breitenkreises einer Sphäre S^2, so ist die Einhüllende der Tangentialebenen an S^2 längs α entweder ein Zylinder, wenn der Breitenkreis ein Äquator ist, oder ein Kegel, wenn der Breitenkreis kein Äquator ist (Bild 3.37).

Um zu zeigen, daß x eine abwickelbare Fläche ist, überprüfen wir Bedingung (9). Durch eine direkte Rechnung erhalten wir nämlich

$$\left\langle \frac{N \wedge N'}{|N'|} \wedge \left(\frac{N \wedge N'}{|N'|}\right)', \alpha' \right\rangle = \left\langle \frac{N \wedge N'}{|N'|} \wedge \frac{(N \wedge N')'}{|N'|}, \alpha' \right\rangle$$
$$= \frac{1}{|N'|^2} \langle\langle N \wedge N', N''\rangle N, \alpha'\rangle = 0.$$

Damit ist unsere Behauptung bewiesen.

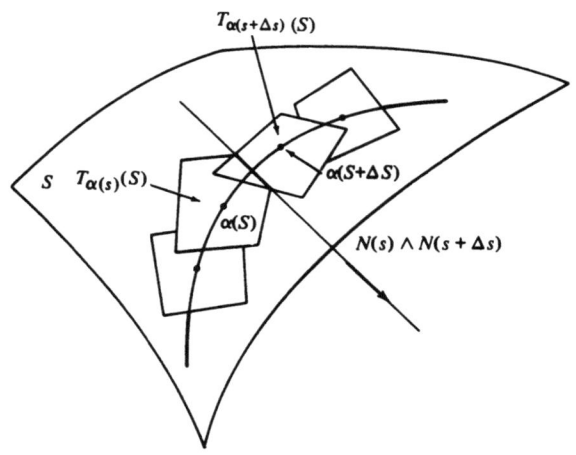

Bild 3.36

3.5 Regelflächen und Minimalflächen

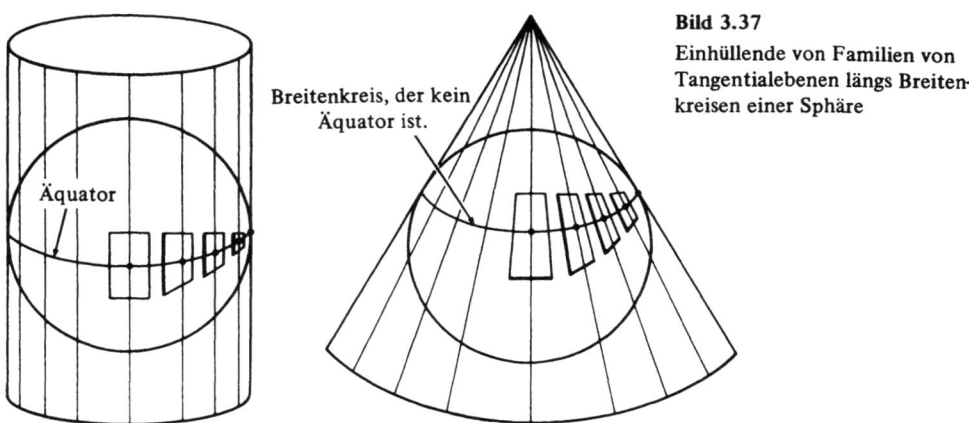

Bild 3.37
Einhüllende von Familien von Tangentialebenen längs Breitenkreisen einer Sphäre

Wir beweisen jetzt, daß $\mathbf{x}$ in einer Umgebung von $v = 0$ regulär und tangential zu S längs α ist. Bei $v = 0$ gilt nämlich

$$\mathbf{x}_s \wedge \mathbf{x}_v = \alpha' \wedge \frac{(N \wedge N')}{|N'|} = \langle N', \alpha' \rangle \frac{N}{|N'|} = -\langle N, \alpha'' \rangle \frac{N}{|N'|}$$

$$= -\frac{(k_n N)}{|N'|},$$

wobei $k_n = k_n(s)$ die Normalkrümmung von α ist. Da $k_n(s)$ nirgendwo Null ist, ist also $\mathbf{x}$ regulär in einer Umgebung von $v = 0$ und der Einheitsnormalenvektor von $\mathbf{x}$ in $\mathbf{x}(s, 0)$ stimmt mit $N(s)$ überein. Also ist $\mathbf{x}$ tangential zu S längs $v = 0$, und damit ist der Beweis unserer Behauptung erbracht.

Wir fassen unsere Schlußfolgerungen wie folgt zusammen. *Es sei $\alpha(s)$ eine nach der Bogenlänge parametrisierte Kurve auf einer Fläche S. Nimm an α ist nirgendwo tangential zu einer Asymptotenrichtung. Dann ist die Einhüllende (9) der Familie von Tangentialebenen an S längs α eine abwickelbare Fläche, die regulär in einer Umgebung von $\alpha(s)$ und tangential zu S längs $\alpha(s)$ ist.*

B. Minimalflächen

Eine reguläre parametrisierte Fläche heißt *Minimalfläche*, wenn ihre mittlere Krümmung überall verschwindet. Eine reguläre Fläche $S \subset \mathbb{R}^3$ heißt *Minimalfläche*, wenn jede ihrer Parametrisierungen eine Minimalfläche ist.

Um zu erklären, warum wir das Wort minimal für solche Flächen gebrauchen, müssen wir den Begriff der Variation einführen. Es sei $\mathbf{x}: U \subset \mathbb{R}^2 \to \mathbb{R}^3$ eine reguläre parametrisierte Fläche. Wähle ein beschränktes Gebiet $D \subset U$ (vgl. Abschnitt 2.5) und eine differenzierbare Funktion $h: \bar{D} \to \mathbb{R}$, wobei $\bar{D}$ die Vereinigung des Gebiets D mit seinem Rand ∂D ist. Die durch h bestimmte *normale Variation* von $\mathbf{x}(\bar{D})$ ist die durch

$$\varphi: \bar{D} \times (-\epsilon, \epsilon) \to \mathbb{R}^3$$

$$\varphi(u, v, t) = \mathbf{x}(u, v) + th(u, v)N(u, v), \quad (u, v) \in \bar{D}, t \in (-\epsilon, \epsilon)$$

gegebene Abbildung (Bild 3.38).

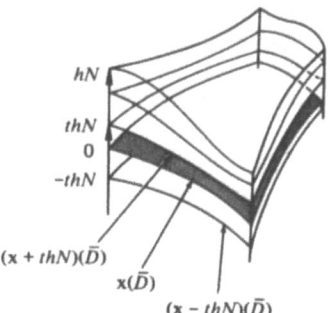

Bild 3.38
Eine normale Variation von x (D)

Für jedes feste $t \in (-\epsilon, \epsilon)$ ist die Abbildung $\mathbf{x}^t: D \to \mathbb{R}^3$,

$$\mathbf{x}^t(u, v) = \varphi(u, v, t)$$

eine parametrisierte Fläche mit

$$\frac{\partial \mathbf{x}^t}{\partial u} = \mathbf{x}_u + thN_u + th_u N,$$

$$\frac{\partial \mathbf{x}^t}{\partial v} = \mathbf{x}_v + thN_v + th_v N.$$

Wenn wir also mit E^t, F^t, G^t die Koeffizienten der ersten Fundamentalform von $\mathbf{x}^t$ bezeichnen, so erhalten wir

$$E^t = E + th(\langle \mathbf{x}_u, N_u \rangle + \langle \mathbf{x}_u, N_u \rangle) + t^2 h^2 \langle N_u, N_u \rangle + t^2 h_u h_u,$$
$$F^t = F + th(\langle \mathbf{x}_u, N_v \rangle + \langle \mathbf{x}_v, N_u \rangle) + t^2 h^2 \langle N_u, N_v \rangle + t^2 h_u h_v,$$
$$G^t = G + th(\langle \mathbf{x}_v, N_v \rangle + \langle \mathbf{x}_v, N_v \rangle) + t^2 h^2 \langle N_v, N_v \rangle + t^2 h_v h_v.$$

Nutzen wir aus, daß

$$\langle \mathbf{x}_u, N_u \rangle = -e, \qquad \langle \mathbf{x}_u, N_v \rangle + \langle \mathbf{x}_v, N_u \rangle = -2f, \qquad \langle \mathbf{x}_v, N_v \rangle = -g$$

ist und die mittlere Krümmung (Abschnitt 3.3, Gleichung (5))

$$H = \frac{1}{2} \frac{Eg - 2fF + Ge}{EG - F^2},$$

ist, so erhalten wir

$$E^t G^t - (F^t)^2 = EG - F^2 - 2th(Eg - 2Ff + Ge) + R$$
$$= (EG - F^2)(1 - 4thH) + R,$$

wobei $\lim_{t \to 0} (R/t) = 0$ ist.

Es folgt, daß $\mathbf{x}^t$ für hinreichend kleines ϵ eine reguläre parametrisierte Fläche ist. Außerdem ist der Flächeninhalt $A(t)$ von $\mathbf{x}^t(\bar{D})$

$$A(t) = \int_D \sqrt{E^t G^t - (F^t)^2} \, du \, dv$$
$$= \int_D \sqrt{1 - 4thH + \bar{R}} \sqrt{EG - F^2} \, du \, dv,$$

3.5 Regelflächen und Minimalflächen

wobei $\bar{R} = R/(EG - F^2)$. Wenn ϵ also genügend klein ist, so ist A eine differenzierbare Funktion und die Ableitung bei $t = 0$ ist

$$A'(0) = -\int_D 2hH\sqrt{EG - F^2}\, du\, dv. \tag{12}$$

Wir können jetzt den Gebrauch des Wortes minimal im Zusammenhang mit Flächen verschwindender mittlerer Krümmung rechtfertigen.

Proposition 1. *Es sei* $\mathbf{x}: U \to \mathbb{R}^3$ *eine reguläre parametrisierte Fläche und* $D \subset U$ *ein beschränktes Gebiet in* U. *Dann ist* $\mathbf{x}$ *genau dann eine Minimalfläche, wenn* $A'(0) = 0$ *für alle solche* D *und alle normalen Variationen von* $\mathbf{x}(\bar{D})$ *gilt.*

Beweis. Ist $\mathbf{x}$ eine Minimalfläche, so ist $H \equiv 0$, und die Bedingung ist offensichtlich erfüllt. Nimm umgekehrt an, daß die Bedingung erfüllt ist, aber $H(q) \neq 0$ für ein $q \in D$. Wähle $h: \bar{D} \to \mathbb{R}$, so daß $h(q) = H(q)$ gilt und h identisch Null ist außerhalb einer kleinen Umgebung von q. Dann ist $A'(0) < 0$ für die durch dieses h bestimmte Variation; dies ist ein Widerspruch. □

Also ist jedes beschränkte abgeschlossene Gebiet $\mathbf{x}(D)$ einer Minimalfläche $\mathbf{x}$ ein kritischer Punkt des Flächenfunktionals für eine beliebige normale Variation von $\mathbf{x}(\bar{D})$. Man sollte beachten, daß dieser kritische Punkt kein Minimum sein muß, und das Wort „minimal" deshalb etwas seltsam erscheint. Es ist jedoch eine Terminologie, die historisch bedingt ist; sie wurde von Lagrange 1760 eingeführt (der als erster Minimalflächen definierte).

Minimalflächen kann man sich vorstellen als Seifenhäute, die man erhält, wenn man einen Draht in eine Seifenlösung taucht und ihn vorsichtig wieder herauszieht. Wenn man das Experiment richtig durchführt, erhält man eine Seifenhaut, die eben diesen Draht als Rand hat. Physikalische Betrachtungen zeigen, daß die Seifenhaut sich so einstellt, daß in ihren regulären Punkten die mittlere Krümmung Null ist. Auf diese Weise kann man viele schöne Minimalflächen „herstellen", wie z.B. die in Bild 3.39.

Bild 3.39

Bemerkung 1. Wir sollten darauf hinweisen, daß nicht alle Seifenhäute Minimalflächen nach unserer Definition sind. Wir haben vorausgesetzt, daß Minimalflächen regulär sind (wir hätten annehmen können, daß es isolierte Singularitäten gibt, aber alles weitere würde

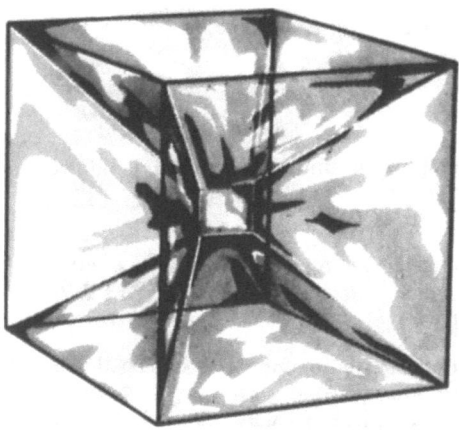

Bild 3.40

die Behandlung viel weniger elementar machen). Wenn man jedoch z.B. einen Würfel als Draht benutzt (Bild 3.40), bilden sich Seifenhäute, die Singularitäten längs Strecken haben.

Bemerkung 2. Der Zusammenhang zwischen Minimalflächen und Seifenhäuten führte auf das berühmte Plateausche Problem (Plateau war ein belgischer Physiker, der um 1850 sorgfältige Experimente mit Seifenhäuten durchführte). Das Problem kann grob wie folgt beschrieben werden: *Man beweise, daß es zu jeder geschlossenen Kurve $C \subset \mathbb{R}^3$ eine Fläche S minimalen Inhalts gibt, die C als Rand hat.* Das Problem zu präzisieren (welche Kurven und Flächen sind erlaubt, und was heißt es, daß C der Rand von S ist), ist für sich schon ein nichttrivialer Teil des Problems. Eine Version des Plateauschen Problems wurde von Douglas und Radó gleichzeitig 1930 gelöst. Weitere Versionen (und Verallgemeinerungen des Problems auf höhere Dimensionen) haben zur Schaffung mathematischer Objekte geführt, zu denen unter anderem auch Seifenhäute gehören. Der interessierte Leser sei auf Kapitel 2 von Lawson [20] verwiesen (Literaturangaben am Ende des Buchs), das weitere Details und eine neuere Bibliographie zum Plateauschen Problem enthält.

Es ist nützlich, für beliebige parametrisierte reguläre Flächen den *mittleren Krümmungsvektor*, definiert durch $\mathbf{H} = HN$, einzuführen. Die geometrische Bedeutung der Richtung von $\mathbf{H}$ kann man Gleichung (12) entnehmen. Wählen wir nämlich $h = H$, so gilt für diese spezielle Variation

$$A'(0) = -2 \int_D \langle \mathbf{H}, \mathbf{H} \rangle \sqrt{EG - F^2}\, du\, dv < 0.$$

Wenn wir also $\mathbf{x}(\bar{D})$ in Richtung des Vektors $\mathbf{H}$ deformieren, so wird der Flächeninhalt anfänglich kleiner.

Der mittlere Krümmungsvektor gestattet eine andere Interpretation, der wir uns jetzt zuwenden, weil sie bedeutende Implikationen für die Theorie der Minimalflächen hat.

Eine reguläre parametrisierte Fläche $\mathbf{x} = \mathbf{x}(u, v)$ heißt *isotherm*, wenn $\langle \mathbf{x}_u, \mathbf{x}_u \rangle = \langle \mathbf{x}_v, \mathbf{x}_v \rangle$ und $\langle \mathbf{x}_u, \mathbf{x}_v \rangle = 0$ ist.

3.5 Regelflächen und Minimalflächen

Proposition 2. *Es sei* $\mathbf{x} = \mathbf{x}(u, v)$ *eine reguläre parametrisierte Fläche, und nimm an,* $\mathbf{x}$ *ist isotherm. Dann gilt*

$$\mathbf{x}_{uu} + \mathbf{x}_{vv} = 2\lambda^2 \mathbf{H},$$

wobei $\lambda^2 = \langle \mathbf{x}_u, \mathbf{x}_u \rangle = \langle \mathbf{x}_v, \mathbf{x}_v \rangle$ *ist.*

Beweis. Weil $\mathbf{x}$ isotherm ist, gilt $\langle \mathbf{x}_u, \mathbf{x}_u \rangle = \langle \mathbf{x}_v, \mathbf{x}_v \rangle$ und $\langle \mathbf{x}_u, \mathbf{x}_v \rangle = 0$. Nach Differentiation erhalten wir

$$\langle \mathbf{x}_{uu}, \mathbf{x}_u \rangle = \langle \mathbf{x}_{vu}, \mathbf{x}_v \rangle = -\langle \mathbf{x}_u, \mathbf{x}_{vv} \rangle.$$

Also gilt

$$\langle \mathbf{x}_{uu} + \mathbf{x}_{vv}, \mathbf{x}_u \rangle = 0.$$

Ähnlich erhält man

$$\langle \mathbf{x}_{uu} + \mathbf{x}_{vv}, \mathbf{x}_v \rangle = 0.$$

Daraus folgt, daß $\mathbf{x}_{uu} + \mathbf{x}_{vv}$ parallel zu N ist. Weil $\mathbf{x}$ isotherm ist, gilt

$$H = \frac{1}{2} \frac{g + e}{\lambda^2}.$$

Also $2\lambda^2 H = g + e = \langle N, \mathbf{x}_{uu} + \mathbf{x}_{vv} \rangle$; und somit

$$\mathbf{x}_{uu} + \mathbf{x}_{vv} = 2\lambda^2 \mathbf{H}. \qquad \square$$

Der Laplaceoperator Δ, angewandt auf eine differenzierbare Funktion $f: U \subset \mathbb{R}^2 \to \mathbb{R}$, ist definiert durch $\Delta f = (\partial^2 f / \partial u^2) + (\partial^2 f / \partial v^2)$, $(u, v) \in U$. Man sagt f ist *harmonisch* in U, wenn $\Delta f = 0$ ist. Aus Proposition 2 erhalten wir

Korollar. *Es sei* $\mathbf{x}(u, v) = (x(u, v), y(u, v), z(u, v))$ *eine parametrisierte Fläche, und* $\mathbf{x}$ *sei isotherm. Dann ist* $\mathbf{x}$ *genau dann eine Minimalfläche, wenn die Koordinatenfunktionen* x, y, z *harmonisch sind.*

Beispiel 5. Das *Katenoid*

$$\mathbf{x}(u, v) = (a \cosh v \cos u, a \cosh v \sin u, av),$$
$$0 < u < 2\pi, \quad -\infty < v < \infty.$$

Das ist die Fläche, die man erhält, wenn man die Kettenlinie $y = a \cosh(z/a)$ um die z-Achse rotieren läßt (Bild 3.41). Man rechnet leicht nach, daß $E = G = a^2 \cosh^2 v$, $F = 0$ und

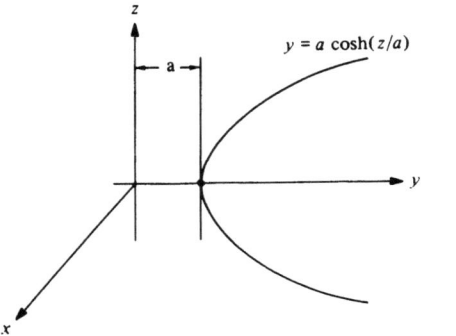

Bild 3.41

$x_{uu} + x_{vv} = 0$ ist. Also ist das Katenoid eine Minimalfläche. Sie ist dadurch charakterisiert, daß sie die einzige Rotationsfläche ist, die eine Minimalfläche ist.

Die letzte Behauptung kann man folgendermaßen beweisen. Wir suchen eine Kurve $y = f(x)$, so daß sie nach Rotation um die x-Achse eine Minimalfläche erzeugt. Weil die Breitenkreise und Meridiane einer Rotationsfläche Krümmungslinien der Fläche sind (Abschnitt 3.3, Beispiel 4), muß gelten, daß die Krümmung der Kurve $y = f(x)$ das Negative der Normalkrümmung des Kreises ist, der durch den Punkt $f(x)$ erzeugt wird (beides sind Hauptkrümmungen). Da die Krümmung von $y = f(x)$

$$\frac{y''}{(1 + (y')^2)^{3/2}}$$

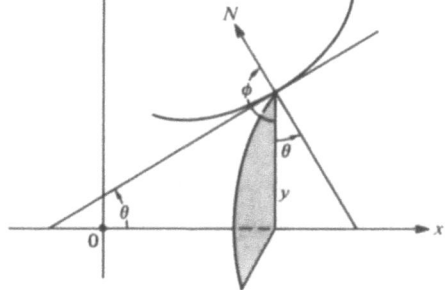

Bild 3.42

ist, und die Normalkrümmung des Kreises die Projektion der üblichen Krümmung ($= 1/y$) auf die Normale N an die Fläche ist (siehe Bild 3.42), ergibt sich

$$\frac{y''}{(1 + (y')^2)^{3/2}} = -\frac{1}{y} \cos \varphi.$$

Aber $-\cos\varphi = \cos\theta$ (siehe Bild 3.42), und weil $\tan\theta = y'$ ist, erhalten wir

$$\frac{y''}{(1 + (y')^2)^{3/2}} = \frac{1}{y} \frac{1}{(1 + (y')^2)^{1/2}}$$

als Gleichung, der die Kurve $y = f(x)$ genügen muß.

Offenbar gibt es einen Punkt x mit $f'(x) \neq 0$. Wir betrachten eine Umgebung dieses Punktes, in der $f' \neq 0$ ist. Multiplizieren wir beide Seiten der obigen Gleichung mit $2y'$, so erhalten wir

$$\frac{2y''y'}{1 + (y')^2} = \frac{2y'}{y}.$$

Setzen wir $z = 1 + (y')^2$ (damit $z' = 2y''y'$), so gilt

$$\frac{z'}{z} = \frac{2y'}{y},$$

was nach Integration (k eine Konstante)

$$\log z = \log y^2 + \log k^2 = \log(yk)^2$$

oder

$$1 + (y')^2 = z = (yk)^2$$

liefert. Den letzten Ausdruck können wir schreiben als

$$\frac{k\,dy}{\sqrt{(yk)^2 - 1}} = k\,dx,$$

3.5 Regelflächen und Minimalflächen

was, wiederum nach Integration (c eine Konstante)

$$\cosh^{-1}(yk) = kx + c$$

oder

$$y = \frac{1}{k} \cosh(kx + c)$$

ergibt.

Also ist die Kurve $y = f(x)$ in der Umgebung eines Punktes, wo $f' \neq 0$ ist, eine Kettenlinie. Aber dann kann y' nur in $x = 0$ Null sein, und wenn die Fläche zusammenhängend sein soll, ist sie aus Stetigkeitsgründen, wie behauptet, ein Katenoid.

Beispiel 6 (*Das Helikoid*). (vgl. Beispiel 3, Abschnitt 2.5)

$$\mathbf{x}(u, v) = (a \sinh v \cos u, a \sinh v \sin u, au).$$

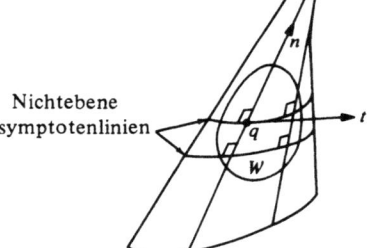

Nichtebene Asymptotenlinien

Bild 3.43

Man prüft leicht nach, daß $E = G = a^2 \cosh^2 v$, $F = 0$ und $\mathbf{x}_{uu} + \mathbf{x}_{vv} = 0$ gilt. Also ist das Helikoid eine Minimalfläche. Es hat die zusätzliche Eigenschaft, daß es die einzige Minimalfläche außer der Ebene ist, die gleichzeitig eine Regelfläche ist.

Wir können einen Beweis für die letzte Behauptung geben, wenn wir annehmen, daß die Nullstellen der Gaußschen Krümmung einer Minimalfläche isoliert sind (einen Beweis findet man z. B. in dem Übersichtsartikel von Osserman, der am Ende dieses Abschnitts zitiert ist, p. 76). Setzen wir das voraus, so gehen wir folgendermaßen vor.

Nimm an, daß die Fläche keine Ebene ist. Dann ist in einer Umgebung W der Fläche die Gaußsche Krümmung streng negativ. Weil die mittlere Krümmung Null ist, wird W von zwei Familien von Asymptotenlinien überdeckt, die sich orthogonal schneiden. Da die Regelgeraden Asymptotenlinien sind, und die Fläche keine Ebene ist, können wir einen Punkt $q \in W$ so wählen, daß die von der Regelgeraden verschiedene Asymptotenlinie durch q in q nicht verschwindende Torsion hat. Weil die Schmiegebene an eine Asymptotenlinie die Tangentialebene an die Fläche ist, gibt es eine Umgebung $V \subset W$, so daß die Regelgeraden von V die Hauptnormalen an die Familie der verdrillten Asymptotenlinien sind (Bild 3.43). Es ist eine interessante Übung in der Kurventheorie zu beweisen, daß dies genau dann der Fall ist, wenn die verdrillten Asymptotenlinien kreiszylindrische Schraubenlinien sind (vgl. Übung 18, Abschnitt 1.5). Also ist V Teil eines Helikoids. Weil die Torsion einer kreiszylindrischen Schraubenlinie konstant ist, sieht man leicht, daß die ganze Fläche wie behauptet Teil eines Helikoids ist.

Das Helikoid und das Katenoid wurden 1776 von Meusnier entdeckt, der auch zeigte, daß die Lagrange'sche Definition von Minimalflächen als kritische Punkte eines Variationsproblems äquivalent zum Verschwinden der mittleren Krümmung ist. Lange Zeit waren dies die einzigen bekannten Beispiele von Minimalflächen. Erst 1835 fand Scherk weitere Beispiele, von denen wir eins in Beispiel 8 vorstellen. In Übung 14 beschreiben wir einen interessanten Zusammenhang zwischen dem Helikoid und dem Katenoid.

Beispiel 7 (*Enneperschen Minimalfläche*). Die Enneperschen Fläche ist die parametrisierte Fläche

$$\mathbf{x}(u, v) = \left(u - \frac{u^3}{3} + uv^2, v - \frac{v^3}{3} + vu^2, u^2 - v^2\right), \quad (u, v) \in \mathbb{R}^2,$$

von der man leicht nachweist, daß sie eine Minimalfläche ist (Bild 3.44). Beachte, daß die Ersetzung von (u, v) durch $(-v, u)$ in der Fläche den Wechsel von (x, y, z) in $(-y, x, -z)$ bewirkt. Führen wir also eine Drehung in positiver Richtung um den Winkel $\pi/2$ um die z-Achse durch und danach eine Spiegelung an der xy-Ebene, so bleibt die Fläche invariant.

Interessant an der Enneperschen Fläche ist, daß sie Selbstdurchschneidungen hat. Das sieht man, wenn man $u = \rho \cos\theta, v = \rho \sin\theta$ setzt und

$$\mathbf{x}(\rho, \theta) = \left(\rho \cos\theta - \frac{\rho^3}{3} \cos 3\theta, \rho \sin\theta + \frac{\rho^3}{3} \sin 3\theta, \rho^2 \cos 2\theta\right)$$

schreibt. Wenn also $\mathbf{x}(\rho_1, \theta_1) = \mathbf{x}(\rho_2, \theta_2)$ ist, so zeigt eine direkte Rechnung

$$x^2 + y^2 = \rho_1^2 + \frac{\rho_1^6}{9} - \cos 4\theta_1 \frac{2\rho_1^4}{3}$$

$$= \left(\rho_1 + \frac{\rho_1^3}{3}\right)^2 - \frac{4}{3}(\rho_1^2 \cos 2\theta_1)^2$$

$$= \left(\rho_2 + \frac{\rho_2^3}{3}\right)^2 - \frac{4}{3}(\rho_2^2 \cos 2\theta_2)^2.$$

Weil $\rho_1^2 \cos 2\theta_1 = \rho_2^2 \cos 2\theta_2$, folgt deshalb

$$\rho_1 + \frac{\rho_1^3}{3} = \rho_2 + \frac{\rho_2^3}{3};$$

das aber impliziert $\rho_1 = \rho_2$. Es folgt $\cos 2\theta_1 = \cos 2\theta_2$.
Ist z.B. $\rho_1 = \rho_2$ und $\theta_1 = 2\pi - \theta_2$, so erhalten wir aus

$$y(\rho_1, \theta_1) = y(\rho_2, \theta_2),$$

daß $y = -y$ ist, also $y = 0$. D.h. die Punkte (ρ_1, θ_1) und (ρ_2, θ_2) gehören zu der Kurve $\sin\theta + (\rho^2/3) \sin 3\theta = 0$. Offenbar gehört mit jedem Punkt (ρ, θ) auf dieser Kurve auch der Punkt $(\rho, 2\pi - \theta)$ zu ihr, und es gilt

$$x(\rho, \theta) = x(\rho, 2\pi - \theta), \quad z(\rho, \theta) = z(\rho, 2\pi - \theta).$$

Also ist der Durchschnitt der Fläche mit der Ebene $y = 0$ eine Kurve, längs welcher sich die Fläche selbst durchschneidet.

3.5 Regelflächen und Minimalflächen

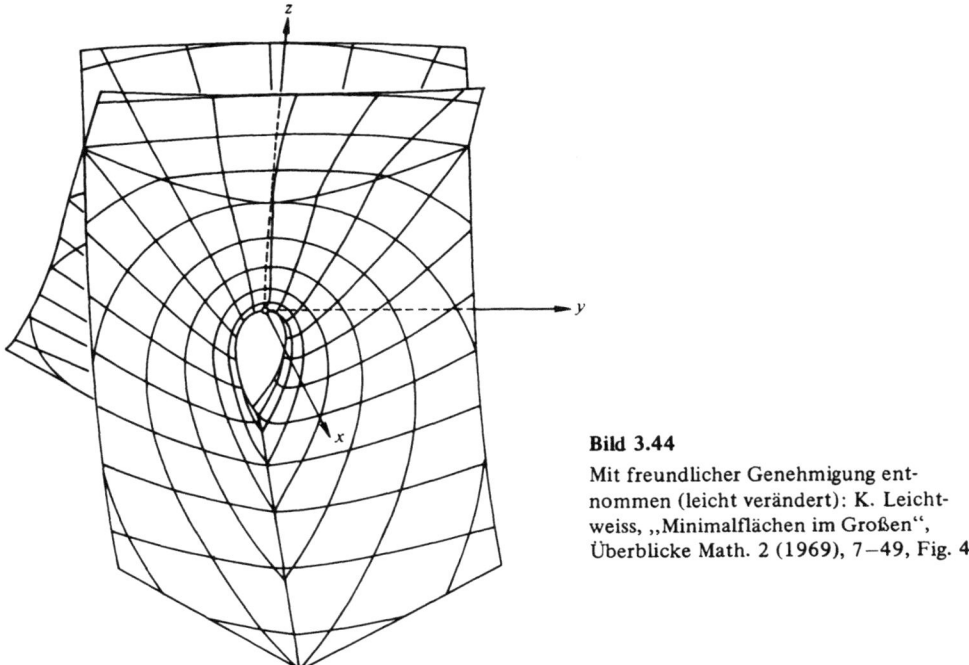

Bild 3.44
Mit freundlicher Genehmigung entnommen (leicht verändert): K. Leichtweiss, „Minimalflächen im Großen", Überblicke Math. 2 (1969), 7–49, Fig. 4

Ähnlich kann man zeigen, daß der Durchschnitt der Fläche mit der Ebene $x = 0$ auch eine Selbstdurchschneidungskurve ist (das entspricht dem Fall $\rho_1 = \rho_2, \theta_1 = \pi - \theta_2$). Man sieht leicht, daß die Ennepersche Fläche keine anderen Selbstdurchschneidungen hat.

Ich möchte Alcides Lins Neto dafür danken, daß er dieses Beispiel ausgearbeitet hat, um eine erste Skizze von Bild 3.44 zu machen.

Bevor wir zum nächsten Beispiel kommen, beschreiben wir eine nützliche Beziehung zwischen Minimalflächen und analytischen Funktionen einer komplexen Variablen. $\mathbb{C}$ bezeichne die komplexe Ebene, die wie üblich mit dem $\mathbb{R}^2$ identifiziert wird, indem man $\zeta = u + iv$, $\zeta \in \mathbb{C}, (u, v) \in \mathbb{R}^2$ setzt. Wir erinnern daran, daß eine Funktion $f: U \subset \mathbb{C} \to \mathbb{C}$ *analytisch* ist, wenn für

$$f(\zeta) = f_1(u, v) + if_2(u, v)$$

die reellwertigen Funktionen f_1 und f_2 stetige partielle Ableitungen erster Ordnung besitzen, die die sogenannten Cauchy-Riemannschen Gleichungen erfüllen

$$\frac{\partial f_1}{\partial u} = \frac{\partial f_2}{\partial v}, \qquad \frac{\partial f_1}{\partial v} = -\frac{\partial f_2}{\partial u}.$$

Nun sei $\mathbf{x}: U \subset \mathbb{R}^2 \to \mathbb{R}^3$ eine reguläre parametrisierte Fläche. Definiere komplexe Funktionen $\varphi_1, \varphi_2, \varphi_3$ durch

$$\varphi_1(\zeta) = \frac{\partial x}{\partial u} - i\frac{\partial x}{\partial v}, \qquad \varphi_2(\zeta) = \frac{\partial y}{\partial u} - i\frac{\partial y}{\partial v}, \qquad \varphi_3(\zeta) = \frac{\partial z}{\partial u} - i\frac{\partial z}{\partial v},$$

wobei x, y und z die Komponentenfunktionen von $\mathbf{x}$ sind.

Lemma. x *ist genau dann isotherm, wenn* $\varphi_1^2 + \varphi_2^2 + \varphi_3^2 \equiv 0$. *Ist diese letzte Bedingung erfüllt, so ist* x *genau dann eine Minimalfläche, wenn* φ_1, φ_2 *und* φ_3 *analytische Funktionen sind.*

Beweis. Eine einfache Rechnung liefert

$$\varphi_1^2 + \varphi_2^2 + \varphi_3^2 = E - G + 2iF,$$

woraus der erste Teil des Lemmas folgt. Weiter ist $x_{uu} + x_{vv} = 0$ genau dann, wenn

$$\frac{\partial}{\partial u}\left(\frac{\partial x}{\partial u}\right) = -\frac{\partial}{\partial v}\left(\frac{\partial x}{\partial v}\right),$$

$$\frac{\partial}{\partial u}\left(\frac{\partial y}{\partial u}\right) = -\frac{\partial}{\partial v}\left(\frac{\partial y}{\partial v}\right),$$

$$\frac{\partial}{\partial u}\left(\frac{\partial z}{\partial u}\right) = -\frac{\partial}{\partial v}\left(\frac{\partial z}{\partial v}\right),$$

woraus die eine Hälfte der Cauchy-Riemannschen Gleichungen für $\varphi_1, \varphi_2, \varphi_3$ folgt. Da die andere Hälfte automatisch gilt, schließen wir, daß genau dann $x_{uu} + x_{vv} = 0$ ist, wenn φ_1, φ_2 und φ_3 analytisch sind. □

Beispiel 8 (*Scherksche Minimalfläche*). Diese ist gegeben durch

$$x(u,v) = \left(\arg\frac{\zeta+i}{\zeta-i},\ \arg\frac{\zeta+1}{\zeta-1},\ \log\left|\frac{\zeta^2+1}{\zeta^2-1}\right|\right),$$

$$\zeta \neq \pm 1, \zeta \neq \pm i,$$

wobei $\zeta = u + iv$ und $\arg \zeta$ der Winkel zwischen ζ und der reellen Achse ist. Man rechnet leicht nach, daß

$$\arg\frac{\zeta+i}{\zeta-i} = \tan^{-1}\frac{2u}{u^2+v^2-1},$$

$$\arg\frac{\zeta+1}{\zeta-1} = \tan^{-1}\frac{-2v}{u^2+v^2-1},$$

$$\log\left|\frac{\zeta^2+1}{\zeta^2-1}\right| = \frac{1}{2}\log\frac{(u^2-v^2+1)^2 + 4u^2v^2}{(u^2-v^2-1)^2 + 4u^2v^2}$$

gilt; deshalb ist

$$\varphi_1 = \frac{\partial x}{\partial u} - i\frac{\partial x}{\partial v} = -\frac{2}{1+\zeta^2}, \qquad \varphi_2 = -\frac{2i}{1-\zeta^2}, \qquad \varphi_3 = \frac{4\zeta}{1-\zeta^4}.$$

Da $\varphi_1^2 + \varphi_2^2 + \varphi_3^2 \equiv 0$ ist und φ_1, φ_2 und φ_3 analytisch sind, ist x eine isotherme Parametrisierung einer Minimalfläche.

Aus den Darstellungen von x, y und z erkennt man leicht, daß

$$z = \log\frac{\cos y}{\cos x}$$

ist.

Diese Darstellung zeigt, daß die Scherksche Fläche auf dem Schachbrettmuster von Bild 3.45 definiert ist (außer in den Ecken der Quadrate, wo die Fläche eine vertikale Gerade ist).

3.5 Regelflächen und Minimalflächen

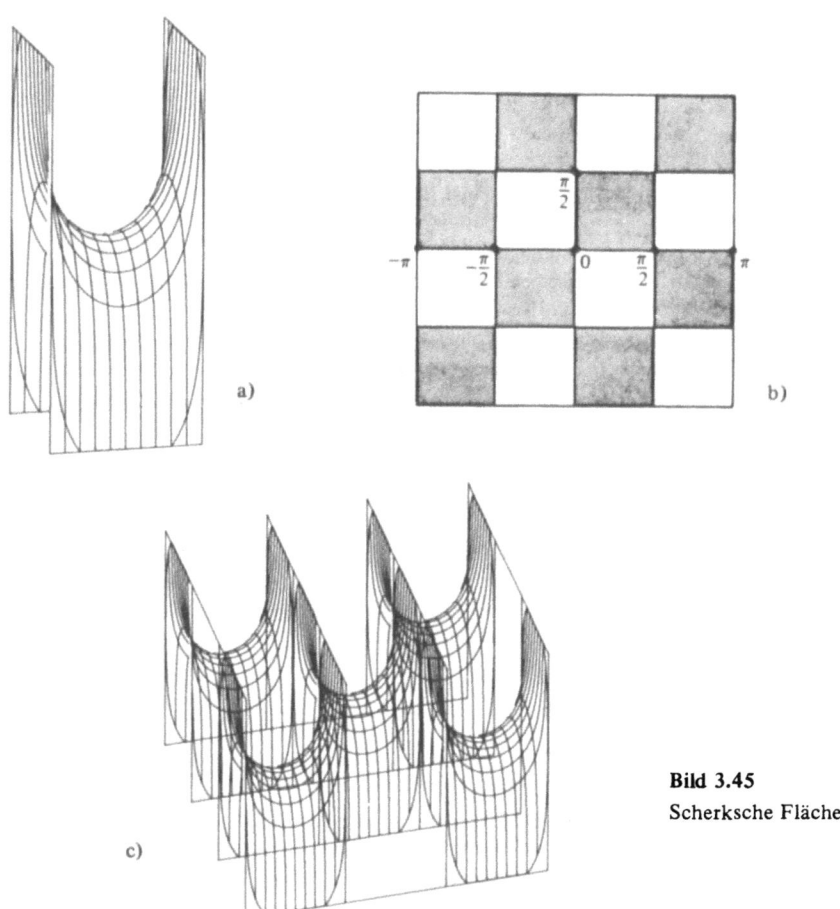

Bild 3.45
Scherksche Fläche

Minimalflächen sind vielleicht die am meisten untersuchten Flächen in der Differentialgeometrie, und wir haben das Gebiet nur kurz gestreift. Eine sehr lesbare Einführung ist R. Osserman, *A Survey of Minimal Surfaces*, Van Nostrand Mathematical Studies, Van Nostrand Reinhold, New York, 1969. Die Theorie der Minimalflächen hat sich zu einem blühenden Zweig der Differentialgeometrie entwickelt, in dem immer noch interessante und nichttriviale Fragen untersucht werden. Sie hat tiefe Verbindungen zu analytischen Funktionen komplexer Variablen und zu partiellen Differentialgleichungen. In der Regel haben die Resultate aus dieser Theorie die schöne Eigenschaft, daß man sie sich leicht vorstellen kann, sie aber sehr schwer zu beweisen sind. Um dem Leser einen Eindruck von dem Gebiet zu geben, beenden wir diesen kurzen Abschnitt damit, daß wir ein erstaunliches Ergebnis ohne Beweis vorstellen.

Theorem (Osserman). *Es sei $S \subset \mathbb{R}^3$ eine reguläre, abgeschlossene (als Teilmenge des $\mathbb{R}^3$) Minimalfläche in $\mathbb{R}^3$, die keine Ebene ist. Dann ist das Bild der Gauß-Abbildung $N: S \to S^2$*

dicht in der Sphäre S^2 (*d. h. beliebig nahe zu irgendeinem Punkt von* S^2 *gibt es Punkte aus* $N(S) \subset S^2$).

Einen Beweis dieses Satzes findet man im oben zitierten Überblicksartikel von Osserman.

Übungen

1 Zeige, daß das Helikoid (vgl. Beispiel 3, Abschnitt 2.5) eine Regelfläche, seine Striktionslinie die z-Achse und sein Verteilungsparameter konstant ist.

2 Zeige, daß auf dem Rotationshyperboloid $x^2 + y^2 - z^2 = 1$ der Breitenkreis mit dem kleinsten Radius die Striktionslinie ist, die Regelgeraden sich unter einem konstanten Winkel schneiden und der Verteilungsparameter konstant ist.

3 Es sei $\alpha: I \to S \subset \mathbb{R}^3$ eine Kurve auf einer regulären Fläche S; betrachte die Regelfläche, die von der Familie $\{\alpha(t), N(t)\}$ erzeugt wird, wobei $N(t)$ die Flächennormale in $\alpha(t)$ ist. Beweise, daß $\alpha(I) \subset S$ genau dann eine Krümmungslinie in S ist, wenn diese Regelfläche abwickelbar ist.

4 Nimm an, daß die nichtzylindrische Regelfläche

$$\mathbf{x}(t, v) = \alpha(t) + vw(t), \quad |w| = 1,$$

regulär ist. Es seien $w(t_1)$, $w(t_2)$ die Richtungen zweier Regelgeraden von $\mathbf{x}$, und $\mathbf{x}(t_1, v_1)$, $\mathbf{x}(t_2, v_2)$ seien die Fußpunkte der Senkrechten, die diesen beiden Regelgeraden gemeinsam ist. Bei $t_2 \to t_1$ streben diese Punkte zu einem Punkt $\mathbf{x}(t_1, \bar{v})$. Um $(t_1, \bar{v})$ zu bestimmen, beweise folgendes.

a) Der Einheitsvektor der gemeinsamen Senkrechten konvergiert gegen einen Einheitsvektor tangential an die Fläche in $(t_1, \bar{v})$. Schließe, daß in $(t, \bar{v})$

$$\langle w' \wedge w, N \rangle = 0$$

gilt.

b) $\bar{v} = -(\langle \alpha', w' \rangle / \langle w', w' \rangle)$.

Also ist $(t_1, \bar{v})$ der Zentralpunkt der Regelgeraden durch t_1; das liefert eine andere Interpretation der Striktionslinie (vorausgesetzt sie ist nicht singulär).

5 Ein *rechtwinkliges Konoid* ist eine Regelfläche, deren Regelgeraden L_t eine feste Achse r, die nicht die Leitkurve $\alpha: I \to \mathbb{R}$ trifft, unter einem rechten Winkel schneiden.

a) Gib eine Parametrisierung des rechtwinkligen Konoids an und eine Bedingung, die impliziert, daß es nicht zylindrisch ist.

b) Bestimme zu einem gegebenen rechtwinkligen Konoid die Striktionslinie und den Verteilungsparameter.

6 Es sei

$$\mathbf{x}(t, v) = \alpha(t) + vw(t)$$

eine abwickelbare Fläche. Beweise, daß in regulären Punkten

$$\langle N_v, \mathbf{x}_v \rangle = \langle N_v, \mathbf{x}_t \rangle = 0$$

gilt. Schließe daraus, daß *die Tangentialebene einer abwickelbaren Fläche konstant ist längs* (der regulären Punkte) *einer Regelgeraden*.

7 Es sei S eine reguläre Fläche und $C \subset S$ eine reguläre Kurve auf S, die nirgends tangential zu einer Asymptotenrichtung ist. Betrachte die Einhüllende der Familie von Tangentialebenen von S längs C. Beweise, daß die Richtung einer Regelgeraden, die durch einen Punkt $p \in C$ geht, konjugiert zu der tangentiellen Richtung von C bei p ist.

8 Zeige, daß für einen Breitenkreis $C \subset S^2$ der Einheitssphäre S^2 die Einhüllende der Tangentialebenen von S^2 längs C entweder ein Zylinder oder ein Kegel ist, je nachdem ob C ein Äquator ist oder nicht.

9 (*Brennflächen.*) Es sei S eine reguläre Fläche ohne parabolische Punkte und ohne Nabelpunkte. $\mathbf{x}: U \to S$ sei eine Parametrisierung von S, so daß die Koordinatenkurven Krümmungslinien sind

3.5 Regelflächen und Minimalflächen

(ist U klein, so ist das keine Einschränkung, vgl. Korollar 4, Abschnitt 3.4). Die parametrisierten Flächen

$$\mathbf{y}(u,v) = \mathbf{x}(u,v) + \rho_1 N(u,v),$$
$$\mathbf{z}(u,v) = \mathbf{x}(u,v) + \rho_2 N(u,v),$$

wobei $\rho_1 = 1/k_1$, $\rho_2 = 1/k_2$ ist, heißen *Brennflächen* von $\mathbf{x}(U)$ (oder *Mittelpunktsflächen* von $\mathbf{x}(U)$; diese Terminologie kommt daher, daß z.B. $\mathbf{y}(u,v)$ der Mittelpunkt des Schmiegkreises (vgl. Abschnitt 1.6, Übung 2) des Normalschnitts in $\mathbf{x}(u,v)$ ist, der der Hauptkrümmung k_1 entspricht). Beweise:

a) Sind $(k_1)_u$ und $(k_2)_v$ überall ungleich Null, so sind $\mathbf{y}$ und $\mathbf{z}$ reguläre parametrisierte Flächen.
b) In regulären Punkten sind die Richtungen auf einer Brennfläche, die den Hauptkrümmungsrichtungen auf $\mathbf{x}(U)$ entsprechen, konjugiert. Das bedeutet z.B., daß $\mathbf{y}_u$ und $\mathbf{y}_v$ konjugierte Vektoren in $\mathbf{y}(U)$ sind für alle $(u,v) \in U$.
c) Eine Brennfläche, sagen wir $\mathbf{y}$, kann folgendermaßen konstruiert werden: Betrachte die Krümmungslinie $\mathbf{x}(u, \text{konst.})$ in $\mathbf{x}(U)$ und konstruiere die abwickelbare Fläche, die von den Normalen auf $\mathbf{x}(U)$ längs der Kurve $\mathbf{x}(u, \text{konst.})$ erzeugt wird (vgl. Übung 3). Die Striktionslinie einer solchen abwickelbaren Fläche liegt auf $\mathbf{y}(U)$, und wenn $\mathbf{x}(u, \text{konst.})$ $\mathbf{x}(U)$ durchläuft, durchläuft diese Striktionslinie $\mathbf{y}(U)$ (Bild 3.46).

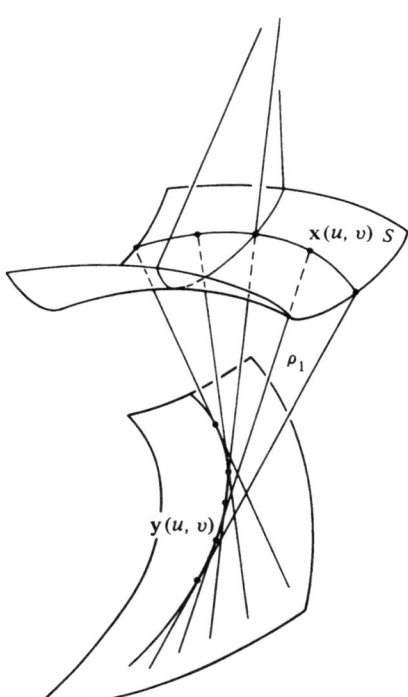

Bild 3.46
Konstruktion einer Brennfläche

10 Beispiel 4 kann folgendermaßen verallgemeinert werden. Eine *differenzierbare Ein-Parameter-Familie von Ebenen* $\{\alpha(t), N(t)\}$ ist eine Abbildung, die jedem $t \in I$ einen Punkt $\alpha(t) \in \mathbb{R}^3$ und einen Einheitsvektor $N(t) \in \mathbb{R}^3$ so zuordnet, daß sowohl α als auch N differenzierbare Abbildungen sind. Eine Familie $\{\alpha(t), N(t)\}$, $t \in I$, heißt *Familie von Tangentialebenen*, wenn $\alpha'(t) \neq 0$, $N'(t) \neq 0$ ist und $\langle \alpha'(t), N(t) \rangle = 0$ ist für alle $t \in I$.

a) Gib einen Beweis dafür, daß eine differenzierbare Ein-Parameter-Familie von Tangentialebenen $\{\alpha(t), N(t)\}$ eine differenzierbare Ein-Parameter-Familie von Geraden $\{\alpha(t), (N \wedge N')/|N'|\}$ bestimmt, die eine abwickelbare Fläche

$$\mathbf{x}(t, v) = \alpha(t) + v \frac{N \wedge N'}{|N'|} \qquad (*)$$

erzeugt. Die Fläche (*) heißt die Einhüllende der Familie $\{\alpha(t), N(t)\}$.

b) Ist $\alpha'(t) \wedge (N(t) \wedge N'(t)) \neq 0$ für alle $t \in I$, so zeige, daß die Einhüllende (*) regulär ist in einer Umgebung von $v = 0$, und daß $N(t)$ der Einheitsnormalenvektor von $\mathbf{x}$ bei $(t, 0)$ ist.

c) Es sei $\alpha = \alpha(s)$ eine nach der Bogenlänge parametrisierte Kurve in $\mathbb{R}^3$. Nimm an, daß die Krümmung $k(s)$ und die Torsion $\tau(s)$ von α nirgendwo verschwinden. Beweise, daß die Familie der Schmiegebenen $\{\alpha(s), b(s)\}$ eine differenzierbare Ein-Parameter-Familie von Tangentialebenen ist, und daß die Einhüllende dieser Familie die Tangentenfläche zu $\alpha(s)$ ist (vgl. Beispiel 5, Abschnitt 2.3).

11 Es sei $\mathbf{x} = \mathbf{x}(u, v)$ eine reguläre parametrisierte Fläche. Eine *Parallelfläche* zu $\mathbf{x}$ ist eine parametrisierte Fläche

$$\mathbf{y}(u, v) = \mathbf{x}(u, v) + aN(u, v),$$

wobei a eine Konstante ist.

a) Zeige, daß $\mathbf{y}_u \wedge \mathbf{y}_v = (1 - 2Ha + Ka^2)(\mathbf{x}_u \wedge \mathbf{x}_v)$ ist, wobei K und H die Gaußsche bzw. die mittlere Krümmung ist.

b) Beweise, daß in regulären Punkten die Gaußsche Krümmung von $\mathbf{y}$ durch

$$\frac{K}{1 - 2Ha + Ka^2}$$

und die mittlere Krümmung von $\mathbf{y}$ durch

$$\frac{H - Ka}{1 - 2Ha + Ka^2}$$

gegeben ist.

c) Eine Fläche $\mathbf{x}$ habe konstante mittlere Krümmung $c \neq 0$. Betrachte die Parallelfläche zu $\mathbf{x}$ im Abstand $1/2c$ und zeige, daß diese Parallelfläche konstante Gaußsche Krümmung gleich $4c^2$ hat.

12 Beweise, daß es keine kompakten (d.h. beschränkt und abgeschlossen in $\mathbb{R}^3$) Minimalflächen gibt.

13 a) Es sei S eine reguläre Fläche ohne Nabelpunkte. Beweise, daß S genau dann eine Minimalfläche ist, wenn die Gauß-Abbildung $N: S \to S^2$ für alle $p \in S$ und alle $w_1, w_2 \in T_p(S)$ die Gleichung

$$\langle dN_p(w_1), dN_p(w_2) \rangle_{N(p)} = \lambda(p) \langle w_1, w_2 \rangle_p$$

erfüllt, wobei $\lambda(p) \neq 0$ eine Zahl ist, die nur von p abhängt.

b) Es sei $\mathbf{x}: U \to S^2$ eine Parametrisierung der Einheitssphäre S^2 durch die stereographische Projektion. Betrachte eine Umgebung V eines Punktes p der Minimalfläche aus Teil a, so daß $N: S \to S^2$, eingeschränkt auf V, ein Diffeomorphismus ist (weil $K(p) = \det(dN_p) \neq 0$ ist, gibt es ein solches V nach dem Umkehrsatz). Zeige, daß die Parametrisierung $\mathbf{y} = N^{-1} \circ \mathbf{x}: U \to S$ isotherm ist (*das liefert eine Methode, isotherme Parametrisierungen auf Minimalflächen ohne Flachpunkte einzuführen*).

14 Wenn zwei differenzierbare Funktionen $f, g: U \subset \mathbb{R}^2 \to \mathbb{R}$ die Cauchy-Riemannschen Gleichungen

$$\frac{\partial f}{\partial u} = \frac{\partial g}{\partial v}, \qquad \frac{\partial f}{\partial v} = -\frac{\partial g}{\partial u}$$

3.5 Regelflächen und Minimalflächen

erfüllen, sieht man leicht, daß sie harmonisch sind; in dieser Situation nennt man f und g *konjugiert harmonisch*. Es seien **x** und **y** isotherme Parametrisierungen von Minimalflächen, so daß ihre Komponentenfunktionen paarweise konjugiert harmonisch sind; dann heißen **x** und **y** *konjugierte Minimalflächen*. Beweise:

a) Das Helikoid und das Katenoid sind konjugierte Minimalflächen.

b) Sind zwei konjugierte Minimalflächen **x** und **y** gegeben, so ist die Fläche

$$\mathbf{z} = (\cos t)\mathbf{x} + (\sin t)\mathbf{y} \qquad (*)$$

wiederum eine Minimalfläche für alle $t \in \mathbb{R}$.

c) Alle Flächen der Ein-Parameter-Familie (*) haben dieselbe Fundamentalform: $E = \langle \mathbf{x}_u, \mathbf{x}_u \rangle = \langle \mathbf{y}_u, \mathbf{y}_u \rangle$, $F = 0$, $G = \langle \mathbf{x}_v, \mathbf{x}_v \rangle = \langle \mathbf{y}_v, \mathbf{y}_v \rangle$.

Daher können zwei konjugierte Minimalflächen durch eine Ein-Parameter-Familie von Minimalflächen verbunden werden, und die erste Fundamentalform dieser Familie ist unabhängig von t.

4 Die innere Geometrie von Flächen

4.1 Einleitung

In Kapitel 2 haben wir die erste Fundamentalform einer Fläche S eingeführt und gezeigt, wie man sie benutzen kann, um einfache metrische Größen auf S zu berechnen (Länge, Winkel, Flächeninhalt usw.). Wichtig dabei ist, daß solche Rechnungen durchgeführt werden können, ohne die Fläche zu „verlassen", sobald die erste Fundamentalform bekannt ist. Deshalb nennt man diese Größen innere Größen der Fläche S.

Die Geometrie der ersten Fundamentalform erschöpft sich jedoch nicht in den oben erwähnten einfachen Begriffen. Wie wir in diesem Kapitel sehen werden, können viele wichtige lokale Eigenschaften einer Fläche allein in Termen der ersten Fundamentalform ausgedrückt werden. Das Studium solcher Eigenschaften nennt man die *innere Geometrie* der Fläche. Dieses Kapitel ist der inneren Geometrie gewidmet.

In Abschnitt 4.2 definieren wir den Begriff der Isometrie, der im wesentlichen die intuitive Idee, daß zwei Flächen „dieselbe" erste Fundamentalform haben, präzisiert.

In Abschnitt 4.3 beweisen wir die berühmte Formel von Gauß, die die Gaußsche Krümmung K als Funktion der Koeffizienten der ersten Fundamentalform und ihrer Ableitungen ausdrückt. Das bedeutet, daß K eine innere Größe ist; eine ganz erstaunliche Tatsache, wenn wir bedenken, daß K unter Benutzung der zweiten Fundamentalform definiert wurde.

In Abschnitt 4.4 beginnen wir mit dem systematischen Studium der inneren Geometrie. Es stellt sich heraus, daß dieses Gebiet vereinheitlicht werden kann durch den Begriff der kovarianten Ableitung eines Vektorfeldes auf einer Fläche. Das ist eine Verallgemeinerung der gewöhnlichen Ableitung eines Vektorfeldes auf der Ebene und spielt eine fundamentale Rolle während des gesamten Kapitels.

Abschnitt 4.5 ist dem Gauß-Bonnet-Theorem gewidmet, sowohl in seiner lokalen wie in seiner globalen Version. Dies ist wahrscheinlich der bedeutendste Satz dieses Buchs. Auch in einem kurzen Kurs sollte man versuchen, Abschnitt 4.5 zu erreichen.

In Abschnitt 4.6 definieren wir die Exponentialabbildung und führen zwei spezielle Koordinatensysteme ein, nämlich die Normalkoordinaten und die geodätischen Polarkoordinaten.

In Abschnitt 4.7 greifen wir einige delikate Punkte in der Theorie der Geodätischen auf, die in den vorhergehenden Abschnitten unbehandelt blieben. Z.B. beweisen wir für jeden Punkt p einer Fläche S die Existenz einer Umgebung von p in S, die eine Normalumgebung aller ihrer Punkte ist (der Begriff Normalumgebung wird in Abschnitt 4.6 definiert). Wir beweisen weiter die Existenz konvexer Umgebungen.

4.2 Isometrien. Konforme Abbildungen

Beispiele 1 und 2 aus Abschnitt 2.5 zeigen eine interessante Besonderheit. Obwohl der Zylinder und die Ebene verschiedene Flächen sind, sind ihre ersten Fundamentalformen „gleich" (zumindest in den von uns betrachteten Koordinatenumgebungen). Das bedeutet, daß, soweit es innere metrische Fragen betrifft (Länge, Winkel, Flächeninhalt), sich die Ebene und der Zylinder lokal auf dieselbe Weise verhalten. (Das ist intuitiv klar, weil wir einen Zylinder längs einer Erzeugenden aufschneiden und ihn auf einen Teil der Ebene abwickeln können.) In diesem Kapitel werden wir sehen, daß viele andere wichtige Begriffe, die man für reguläre Flächen hat, nur von der ersten Fundamentalform abhängen und zu der Kategorie der inneren Größen gerechnet werden sollten. Es ist deshalb nützlich, genau zu formulieren, was man darunter versteht, daß zwei reguläre Flächen dieselbe erste Fundamentalform haben.

S und $\bar{S}$ bezeichnen im folgenden reguläre Flächen.

Definition 1. Ein Diffeomorphismus $\varphi: S \to \bar{S}$ ist eine *Isometrie*, wenn für alle $p \in S$ und alle $w_1, w_2 \in T_p(S)$

$$\langle w_1, w_2 \rangle_p = \langle d\varphi_p(w_1), d\varphi_p(w_2) \rangle_{\varphi(p)}$$

gilt. Man nennt die Flächen S und $\bar{S}$ dann *isometrisch*.

Anders ausgedrückt ist ein Diffeomorphismus φ eine Isometrie, wenn das Differential $d\varphi$ das innere Produkt erhält. Es folgt, da $d\varphi$ eine Isometrie ist,

$$I_p(w) = \langle w, w \rangle_p = \langle d\varphi_p(w), d\varphi_p(w) \rangle_{\varphi(p)} = I_{\varphi(p)}(d\varphi_p(w))$$

für alle $w \in T_p(S)$. Erhält umgekehrt ein Diffeomorphismus die erste Fundamentalform, d.h.

$$I_p(w) = I_{\varphi(p)}(d\varphi_p(w)) \quad \text{für alle } w \in T_p(S),$$

so gilt

$$2\langle w_1, w_2 \rangle = I_p(w_1 + w_2) - I_p(w_1) - I_p(w_2)$$
$$= I_{\varphi(p)}(d\varphi_p(w_1 + w_2)) - I_{\varphi(p)}(d\varphi_p(w_1)) - I_{\varphi(p)}(d\varphi_p(w_2))$$
$$= 2\langle d\varphi_p(w_1), d\varphi_p(w_2) \rangle,$$

und deshalb ist φ eine Isometrie.

Definition 2. Eine Abbildung $\varphi: V \to \bar{S}$ einer Umgebung V von $p \in S$ ist eine *lokale Isometrie* bei p, wenn es eine Umgebung $\bar{V}$ von $\varphi(p) \in \bar{S}$ gibt, so daß $\varphi: V \to \bar{V}$ eine Isometrie ist. Gibt es zu jedem $p \in S$ eine lokale Isometrie mit $\bar{S}$, so heißt die Fläche S *lokal isometrisch* zu $\bar{S}$. S und $\bar{S}$ sind *lokal isometrisch*, wenn S lokal isometrisch ist zu $\bar{S}$ und $\bar{S}$ lokal isometrisch ist zu S.

Ist $\varphi: S \to \bar{S}$ ein Diffeomorphismus und eine lokale Isometrie für jedes $p \in S$, so ist φ offenbar eine (globale) Isometrie. Es kann jedoch vorkommen, daß zwei Flächen lokal isometrisch sind, ohne (global) isometrisch zu sein, wie das folgende Beispiel zeigt.

Beispiel 1. Es sei φ eine Abbildung der Koordinatenumgebung $\bar{\mathbf{x}}(U)$ des Zylinders in Beispiel 2 aus Abschnitt 2.5 in die Ebene $\mathbf{x}(\mathbb{R}^2)$ von Beispiel 1 aus Abschnitt 2.5, definiert durch $\varphi = \mathbf{x} \circ \bar{\mathbf{x}}^{-1}$ (wir haben in der Parametrisierung des Zylinders $\mathbf{x}$ durch $\bar{\mathbf{x}}$ ersetzt). Dann ist φ eine lokale Isometrie. Jeder Vektor w nämlich, der tangential an den Zylinder in einem Punkt $p \in \bar{\mathbf{x}}(U)$ ist, ist tangential an eine Kurve $\bar{\mathbf{x}}(u(t), v(t))$, wobei $(u(t), v(t))$ eine Kurve in $U \subset \mathbb{R}^2$ ist. Also kann w geschrieben werden als

$$w = \bar{\mathbf{x}}_u u' + \bar{\mathbf{x}}_v v'.$$

Andererseits ist $d\varphi(w)$ tangential an die Kurve

$$\varphi(\bar{\mathbf{x}}(u(t), v(t))) = \mathbf{x}(u(t), v(t)).$$

Also ist $d\varphi(w) = \mathbf{x}_u u' + \mathbf{x}_v v'$. Weil $E = \bar{E}$, $F = \bar{F}$ und $G = \bar{G}$ ist, erhalten wir

$$\begin{aligned} I_p(w) &= \bar{E}(u')^2 + 2\bar{F}u'v' + \bar{G}(v')^2 \\ &= E(u')^2 + 2Fu'v' + G(v')^2 = I_{\varphi(p)}(d\varphi_p(w)), \end{aligned}$$

wie behauptet. Es folgt, daß der Zylinder $x^2 + y^2 = 1$ lokal isometrisch zu einer Ebene ist.

Die Isometrie kann nicht auf den ganzen Zylinder fortgesetzt werden, da der Zylinder nicht einmal homöomorph zu einer Ebene ist. Ein strenger Beweis der letzten Behauptung würde hier zu weit führen, aber das folgende intuitive Argument zeigt vielleicht die Idee des Beweises. Eine einfach geschlossene Kurve in der Ebene kann stetig zu einem Punkt zusammengezogen werden, ohne aus der Ebene herauszugehen (Bild 4.1). Eine solche Eigenschaft würde sicherlich unter einem Homöomorphismus erhalten bleiben. Ein Breitenkreis des Zylinders (Bild 4.1) hat aber diese Eigenschaft nicht, und das widerspricht der Existenz eines Homöomorphismus' zwischen der Ebene und dem Zylinder.

Bevor wir weitere Beispiele bringen, verallgemeinern wir das obige Argument, um ein Kriterium für lokale Isometrie in Termen der lokalen Koordinaten zu erhalten.

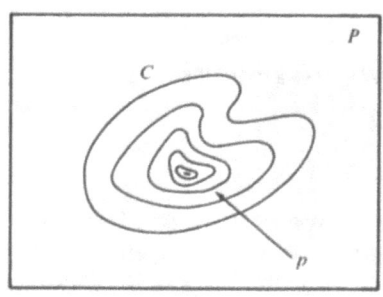
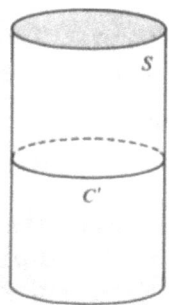

Bild 4.1
$C \subset P$ kann stetig in p deformiert werden, ohne P zu verlassen. Das gilt nicht für $C' \subset S$.

Proposition 1. *Nimm an, es gibt Parametrisierungen* $\mathbf{x}: U \to S$ *und* $\bar{\mathbf{x}}: U \to \bar{S}$ *mit* $E = \bar{E}$, $F = \bar{F}$ *und* $G = \bar{G}$ *in* U. *Dann ist die Abbildung* $\varphi = \bar{\mathbf{x}} \circ \mathbf{x}^{-1} : \mathbf{x}(U) \to \bar{S}$ *eine lokale Isometrie.*

Beweis. Es sei $p \in \mathbf{x}(U)$ und $w \in T_p(S)$. Dann ist w tangential an eine Kurve $\mathbf{x}(\alpha(t))$ bei $t = 0$, wobei $\alpha(t) = (u(t), v(t))$ eine Kurve in U ist; also kann w geschrieben werden als ($t = 0$)

$$w = \mathbf{x}_u u' + \mathbf{x}_v v'.$$

4.2 Isometrien. Konforme Abbildungen

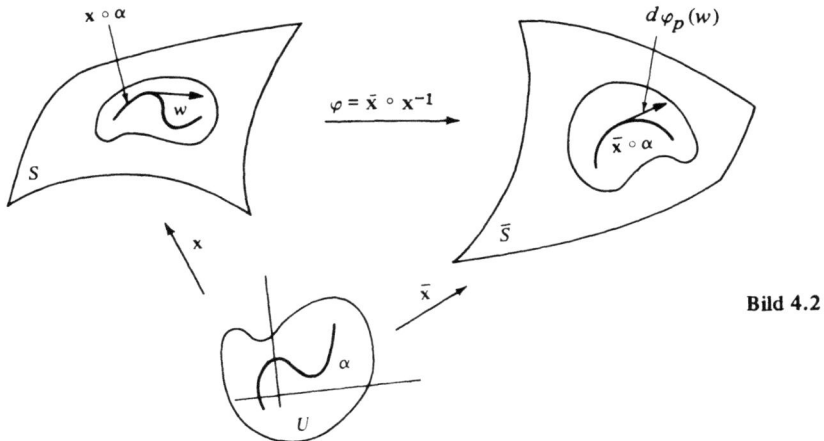

Bild 4.2

Nach Definition ist der Vektor $d\varphi_p(w)$ der Tangentenvektor an die Kurve $\bar{\mathbf{x}} \circ \mathbf{x}^{-1} \circ \mathbf{x}(\alpha(t))$, d.h. an die Kurve $\bar{\mathbf{x}}(\alpha(t))$ in $t = 0$ (Bild 4.2). Also gilt

$$d\varphi_p(w) = \bar{\mathbf{x}}_u u' + \bar{\mathbf{x}}_v v'.$$

Da

$$I_p(w) = E(u')^2 + 2Fu'v' + G(v')^2,$$
$$I_{\varphi(p)}(d\varphi_p(w)) = \bar{E}(u')^2 + 2\bar{F}u'v' + \bar{G}(v')^2$$

ist, schließen wir $I_p(w) = I_{\varphi(p)}(d\varphi_p(w))$ für alle $p \in \mathbf{x}(U)$ und alle $w \in T_p(S)$; also ist φ eine lokale Isometrie. □

Beispiel 2. Es sei S eine Rotationsfläche und

$$\mathbf{x}(u, v) = (f(v) \cos u, f(v) \sin u, g(v)),$$
$$a < v < b, \qquad 0 < u < 2\pi, \qquad f(v) > 0$$

eine Parametrisierung von S (vgl. Beispiel 4, Abschnitt 2.3). Die Koeffizienten der ersten Fundamentalform von S in der Parametrisierung $\mathbf{x}$ sind gegeben durch

$$E = (f(v))^2, \qquad F = 0, \qquad G = (f'(v))^2 + (g'(v))^2.$$

Insbesondere hat die Rotationsfläche der *Kettenlinie*

$$x = a \cosh v, \qquad z = av, \qquad -\infty < v < \infty$$

die folgende Parametrisierung

$$\mathbf{x}(u, v) = (a \cosh v \cos u, a \cosh v \sin u, av),$$
$$0 < u < 2\pi, \qquad -\infty < v < \infty,$$

bezüglich welcher die Koeffizienten der ersten Fundamentalform

$$E = a^2 \cosh^2 v, \qquad F = 0, \qquad G = a^2(1 + \sinh^2 v) = a^2 \cosh^2 v$$

sind. Diese Rotationsfläche heißt *Katenoid* (siehe Bild 4.3).

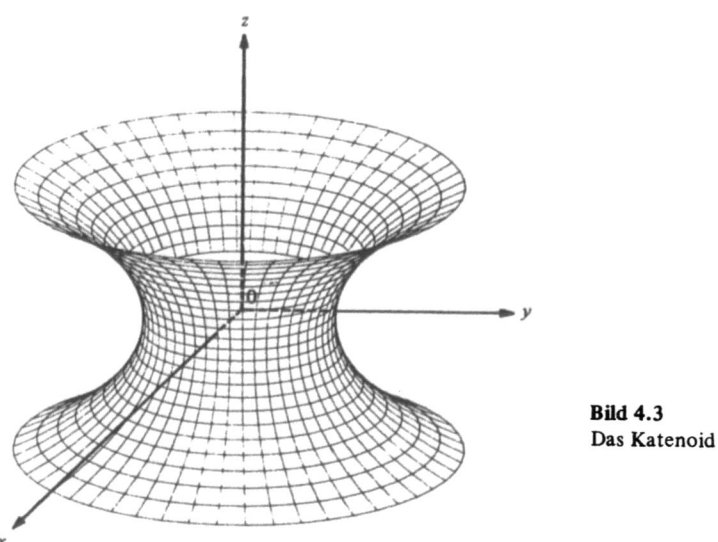

Bild 4.3
Das Katenoid

Wir werden zeigen, daß das Katenoid lokal isometrisch zum Helikoid aus Beispiel 3, Abschnitt 2.5, ist.
Eine Parametrisierung des Helikoids ist gegeben durch

$$\bar{x}(\bar{u}, \bar{v}) = (\bar{v} \cos \bar{u}, \bar{v} \sin \bar{u}, a\bar{u}), \quad 0 < \bar{u} < 2\pi, -\infty < \bar{v} < \infty.$$

Wir führen die folgende Parametertransformation durch:

$$\bar{u} = u, \quad \bar{v} = a \sinh v, \quad 0 < u < 2\pi, -\infty < v < \infty;$$

das ist möglich, da die Abbildung offensichtlich injektiv ist und die Jakobische

$$\frac{\partial(\bar{u}, \bar{v})}{\partial(u, v)} = a \cosh v$$

nirgends verschwindet. Also erhalten wir eine neue Parametrisierung des Helikoids durch

$$\bar{x}(u, v) = (a \sinh v \cos u, a \sinh v \sin u, au),$$

bezüglich der die Koeffizienten der ersten Fundamentalform sich als

$$E = a^2 \cosh^2 v, \quad F = 0, \quad G = a^2 \cosh^2 v$$

berechnen. Mit Prop. 1 schließen wir, daß das Katenoid und das Helikoid lokal isometrisch sind.
Bild 4.4 liefert eine geometrische Vorstellung davon, wie die Isometrie wirkt; sie bildet „eine Umdrehung" des Helikoids (Koordinatenumgebung, die $0 < u < 2\pi$ entspricht) auf das Katenoid ohne einen Meridian ab.

Bemerkung 1. Die Isometrie zwischen dem Helikoid und dem Katenoid ist bereits in Kapitel 3 im Zusammenhang mit Minimalflächen aufgetaucht; vgl. Übung 14, Abschnitt 3.5.

4.2 Isometrien. Konforme Abbildungen

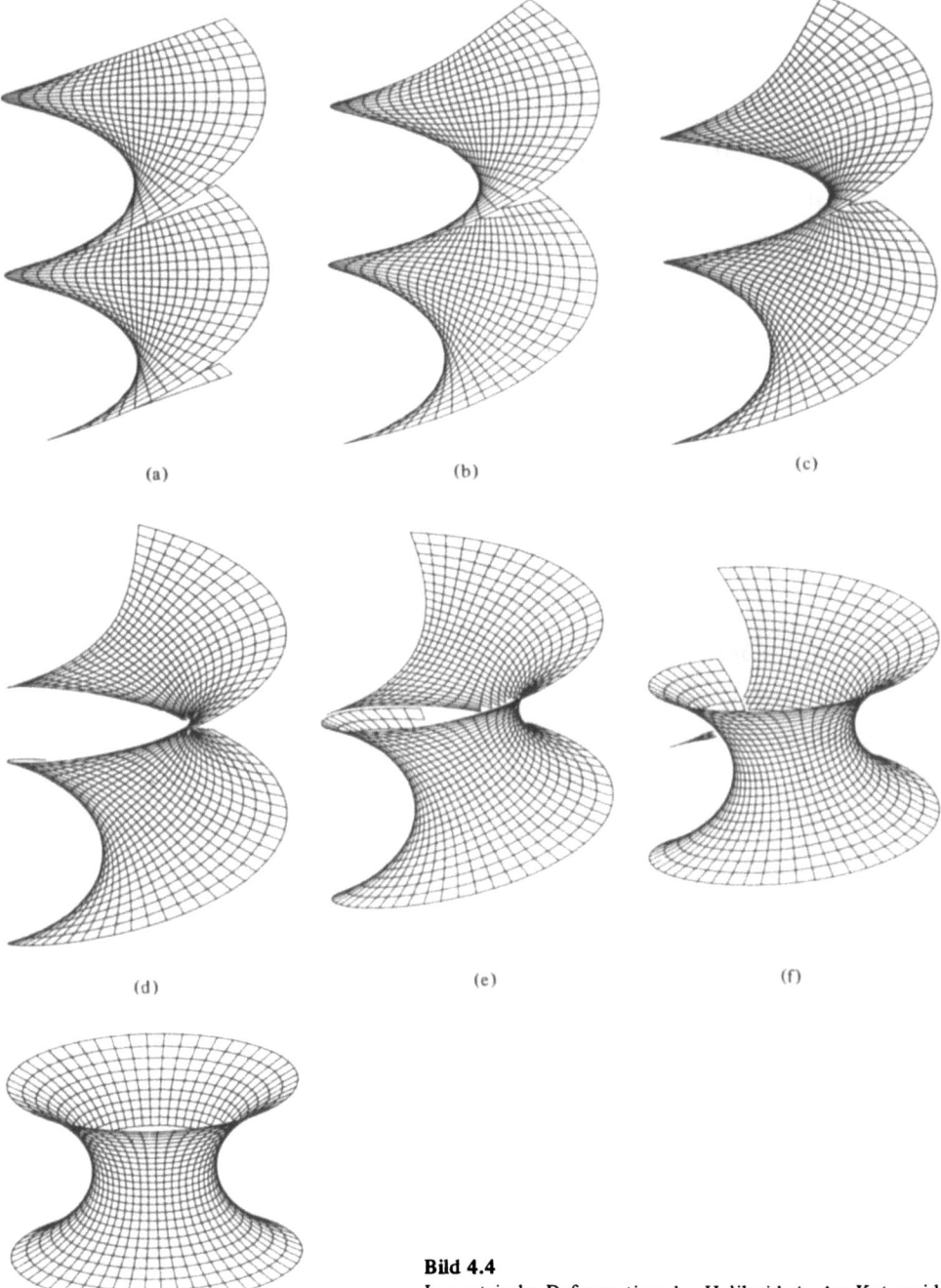

Bild 4.4
Isometrische Deformation des Helikoids in das Katenoid.
(a) Phase 1. (b) Phase 2 ... (g) Phase 7.

Beispiel 3. Wir werden zeigen, daß der einschalige Kegel (ohne die Spitze)
$$z = +k\sqrt{x^2 + y^2}, \quad (x, y) \neq (0, 0)$$
lokal isometrisch zu einer Ebene ist. Die Idee ist es, zu zeigen, daß ein Kegel ohne eine Erzeugende auf ein Stück der Ebene „abgewickelt" werden kann.
Es sei $U \subset \mathbb{R}^2$ die offene Menge, die in Polarkoordinaten (ρ, θ) durch
$$0 < \rho < \infty, \quad 0 < \theta < 2\pi \sin \alpha$$
gegeben ist, wobei $2\alpha (0 < 2\alpha < \pi)$ der Winkel an der Spitze des Kegels ist (d.h. wo $\cotan \alpha = k$), und $F: U \to \mathbb{R}^3$ sei die Abbildung (Bild 4.5)
$$F(\rho, \theta) = \left(\rho \sin \alpha \cos\left(\frac{\theta}{\sin \alpha}\right), \rho \sin \alpha \sin\left(\frac{\theta}{\sin \alpha}\right), \rho \cos \alpha \right).$$
Offenbar ist $F(U)$ in dem Kegel enthalten, weil
$$k\sqrt{x^2 + y^2} = \cotan \alpha \sqrt{\rho^2 \sin^2 \alpha} = \rho \cos \alpha = z$$
ist. Wenn θ das Intervall $(0, 2\pi \sin \alpha)$ durchläuft, so gilt weiter, daß $\theta/\sin \alpha$ das Intervall $(0, 2\pi)$ durchläuft. Also werden alle Punkte des Kegels bis auf die Erzeugende $\theta = 0$ durch $F(U)$ überdeckt.
Man prüft leicht nach, daß F und dF injektiv sind in U; also ist F ein Diffeomorphismus von U auf den Kegel ohne eine Erzeugende.
Wir zeigen jetzt, daß F eine Isometrie ist. U kann man sich nämlich als reguläre Fläche vorstellen, die parametrisiert ist durch
$$\bar{x}(\rho, \theta) = (\rho \cos \theta, \rho \sin \theta, 0), \quad 0 < \rho < \infty, \ 0 < \theta < 2\pi \sin \alpha.$$
Die Koeffizienten der ersten Fundamentalform von U in dieser Parametrisierung sind
$$\bar{E} = 1, \quad \bar{F} = 0, \quad \bar{G} = \rho^2.$$
Andererseits sind die Koeffizienten der ersten Fundamentalform des Kegels in der Parametrisierung $F \circ \bar{x}$
$$E = 1, \quad F = 0, \quad G = \rho^2.$$
Aus Prop. 1 schließen wir, daß F wie gewünscht eine lokale Isometrie ist.

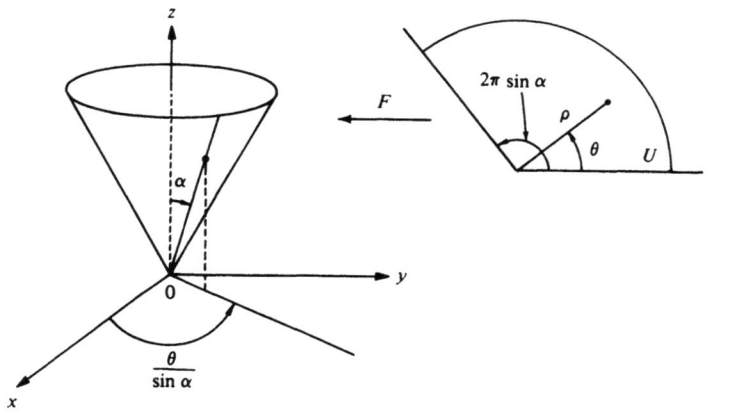

Bild 4.5

4.2 Isometrien. Konforme Abbildungen

Bemerkung 2. Die Tatsache, daß wir Längen von Kurven auf Flächen allein unter Benutzung der ersten Fundamentalform berechnen können, gestattet es uns, einen „inneren" Abstand zwischen Punkten in S einzuführen. Grob gesprochen definieren wir den (inneren) *Abstand $d(p, q)$* zwischen zwei Punkten von S als das Infimum der Längen von Kurven, die p und q verbinden. Dieser Abstand ist offenbar größer oder gleich dem Abstand $\|p-q\|$ von p zu q *als Punkten* in $\mathbb{R}^3$ (Bild 4.6). Wir zeigen in Übung 3, daß der Abstand d invariant ist unter Isometrien; d.h. wenn $\varphi: S \to \bar{S}$ eine Isometrie ist, so gilt $d(p, q) = d(\varphi(p), \varphi(q))$ für $p, q \in S$.

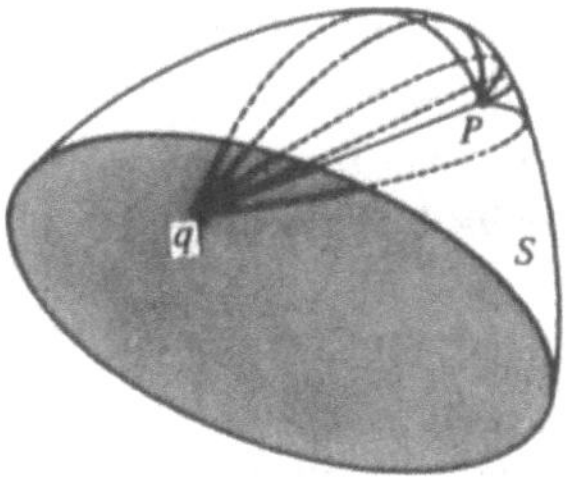

Bild 4.6

Der Begriff der Isometrie ist eine natürliche Äquivalenz hinsichtlich der metrischen Eigenschaften regulärer Flächen. Genauso wie diffeomorphe Flächen vom Differenzierbarkeitsstandpunkt aus äquivalent sind, sind isometrische Flächen äquivalent aus metrischer Sicht.

Es ist möglich, weitere Äquivalenzrelationen in das Studium von Flächen einzuführen. Aus unserer Sicht sind Diffeomorphismen und Isometrien die wichtigsten. Behandelt man jedoch Probleme aus dem Bereich der komplex analytischen Funktionen, so ist es wichtig, die konforme Äquivalenz einzuführen, die wir jetzt kurz diskutieren.

Definition 3. Ein Diffeomorphismus $\varphi: S \to \bar{S}$ ist eine *konforme Abbildung*, wenn für alle $p \in S$ und alle $v_1, v_2 \in T_p(S)$ gilt

$$\langle d\varphi_p(v_1), d\varphi_p(v_2) \rangle = \lambda^2(p) \langle v_1, v_2 \rangle_p,$$

wobei λ^2 eine nirgends verschwindende differenzierbare Funktion auf S ist; die Flächen S und $\bar{S}$ heißen dann *konform*. Eine Abbildung $\varphi: V \to \bar{S}$ einer Umgebung V von $p \in S$ nach $\bar{S}$ ist eine *lokal konforme Abbildung* bei p, wenn es eine Umgebung $\bar{V}$ von $\varphi(p)$ gibt, so daß $\varphi: V \to \bar{V}$ eine konforme Abbildung ist. Wenn es zu jedem $p \in S$ eine lokal konforme Abbildung bei p gibt, so heißt die Fläche S *lokal konform* zu $\bar{S}$.

Die geometrische Bedeutung der obigen Definition ist die, daß die Winkel (aber nicht notwendig die Längen) unter konformen Abbildungen erhalten bleiben. Es seien nämlich $\alpha: I \to S$ und $\beta: I \to S$ zwei Kurven in S, die sich, sagen wir bei $t = 0$, schneiden. Ihr Winkel θ bei $t = 0$ ist gegeben durch

$$\cos \theta = \frac{\langle \alpha', \beta' \rangle}{|\alpha'||\beta'|}, \quad 0 < \theta < \pi.$$

Eine konforme Abbildung $\varphi: S \to \bar{S}$ bildet diese Kurven auf Kurven $\varphi \circ \alpha: I \to \bar{S}, \varphi \circ \beta: I \to \bar{S}$ ab, die sich bei $t = 0$ unter einem Winkel $\bar{\theta}$ schneiden, der wie behauptet durch

$$\cos \bar{\theta} = \frac{\langle d\varphi(\alpha'), d\varphi(\beta') \rangle}{|d\varphi(\alpha')||d\varphi(\beta')|} = \frac{\lambda^2 \langle \alpha', \beta' \rangle}{\lambda^2 |\alpha'||\beta'|} = \cos \theta$$

gegeben ist. Man kann leicht zeigen, daß diese Eigenschaft lokal konforme Abbildungen charakterisiert (Übung 14).

Der folgende Satz ist das Analogon zu Prop. 1 für konforme Abbildungen. Der Beweis sei dem Leser zur Übung überlassen.

Proposition 2. *Es seien* $x: U \to S$ *und* $\bar{x}: U \to \bar{S}$ *Parametrisierungen, so daß* $E = \lambda^2 \bar{E}$, $F = \lambda^2 \bar{F}$ *und* $G = \lambda^2 \bar{G}$ *in* U *gilt, wobei* λ^2 *eine nirgends verschwindende differenzierbare Funktion auf* U *ist. Dann ist die Abbildung* $\varphi = \bar{x} \circ x^{-1} : x(U) \to \bar{S}$ *eine lokal konforme Abbildung.*

Lokale Konformität ist offenbar eine Äquivalenzrelation; d.h. ist S_1 lokal konform zu S_2 und S_2 lokal konform zu S_3, so ist S_1 lokal konform zu S_3.

Die wichtigste Eigenschaft konformer Abbildungen enthält der folgende Satz, den wir nicht beweisen werden.

Theorem. *Je zwei reguläre Flächen sind lokal konform.*

Der Beweis stützt sich darauf, daß man eine Umgebung eines beliebigen Punktes einer regulären Fläche so parametrisieren kann, daß die Koeffizienten der ersten Fundamentalform folgende Gestalt haben

$$E = \lambda^2(u,v) > 0, \quad F = 0, \quad G = \lambda^2(u,v).$$

Solch ein Koordinatensystem heißt *isotherm*. Setzt man die Existenz eines isothermen Koordinatensystems einer regulären Fläche S voraus, so ist S offenbar lokal konform zu einer Ebene, und nach Komposition lokal konform zu jeder anderen Fläche.

Der Beweis dafür, daß es auf jeder regulären Fläche isotherme Koordinatensysteme gibt, ist nicht einfach und wird hier nicht vorgeführt. Der interessierte Leser sei auf das Buch L. Bers, *Riemann Surfaces*, New York University, Institute of Mathematical Sciences, New York, 1957–1958, pp. 15–35, verwiesen.

Bemerkung 3. Isotherme Parametrisierungen sind schon in Kapitel 3 im Zusammenhang mit Minimalflächen aufgetaucht; vgl. Prop. 2 und Übung 13 aus Abschnitt 3.5.

Übungen

1. Es sei $F: U \subset \mathbb{R}^2 \to \mathbb{R}^3$ gegeben durch
   $$F(u,v) = (u \sin \alpha \cos v, u \sin \alpha \sin v, u \cos \alpha),$$
   $(u,v) \in U = \{(u,v) \in \mathbb{R}^2; u > 0\}, \quad \alpha = \text{konst.}$
   a) Zeige, daß F ein lokaler Diffeomorphismus von U auf einen Kegel C mit Spitze im Ursprung und 2α als Öffnungswinkel ist.
   b) Ist F eine lokale Isometrie?

2. Beweise die folgende „Umkehrung" von Prop. 1: Es sei $\varphi: S \to \bar{S}$ eine Isometrie und $x: U \to S$ eine Parametrisierung bei $p \in S$; dann ist $\bar{x} = \varphi \circ x$ eine Parametrisierung bei $\varphi(p)$ und es gilt $E = \bar{E}$, $F = \bar{F}$ und $G = \bar{G}$.

*3. Zeige, daß ein Diffeomorphismus $\varphi: S \to \bar{S}$ genau dann eine Isometrie ist, wenn die Bogenlänge jeder parametrisierten Kurve in S gleich der Länge der Bildkurve unter φ ist.

4. Benutze die stereographische Projektion (vgl. Übung 16, Abschnitt 2.2) um zu zeigen, daß die Sphäre lokal konform zur Ebene ist.

4.2 Isometrien. Konforme Abbildungen

5 Es seien $\alpha_1: I \to \mathbb{R}^3$, $\alpha_2: I \to \mathbb{R}^3$ reguläre parametrisierte Kurven mit der Bogenlänge als Parameter. Nimm an, für die Krümmungen k_1 von α_1 und k_2 von α_2 gilt $k_1(s) = k_2(s) \neq 0$, $s \in I$. Es seien

$$\mathbf{x}_1(s, v) = \alpha_1(s) + v\alpha_1'(s),$$
$$\mathbf{x}_2(s, v) = \alpha_2(s) + v\alpha_2'(s)$$

ihre (regulären) Tangentenflächen (vgl. Beispiel 5, Abschnitt 2.3) und V sei eine Umgebung von (s_0, v_0), so daß $\mathbf{x}_1(V) \subset \mathbb{R}^3$, $\mathbf{x}_2(V) \subset \mathbb{R}^3$ reguläre Flächen sind (vgl. Prop. 2, Abschnitt 2.3). Zeige, daß $\mathbf{x}_1 \circ \mathbf{x}_2^{-1}: \mathbf{x}_2(U) \to \mathbf{x}_1(U)$ eine Isometrie ist.

*6 Es sei $\alpha: I \to \mathbb{R}^3$ eine reguläre parametrisierte Kurve mit $k(t) \neq 0$ für $t \in I$. Es sei $\mathbf{x}(t, v)$ ihre Tangentenfläche. Beweise, daß es zu jedem $(t_0, v_0) \in I \times (\mathbb{R} - \{0\})$ eine Umgebung V von (t_0, v_0) gibt, so daß $\mathbf{x}(V)$ isometrisch zu einer offenen Teilmenge der Ebene ist (*Tangentenflächen sind also lokal isometrisch zu Ebenen*).

7 Es seien V und W (endlich dimensionale) Vektorräume mit inneren Produkten $\langle\,,\rangle$ und $F: V \to W$ eine lineare Abbildung. Zeige, daß die folgenden Bedingungen äquivalent sind:
   a) $\langle F(v_1), F(v_2)\rangle = \langle v_1, v_2\rangle$ für alle $v_1, v_2 \in V$.
   b) $|F(v)| = |v|$ für alle $v \in V$.
   c) Ist $\{v_1, \ldots, v_n\}$ eine Orthonormalbasis in V, so ist $\{F(v_1), \ldots, F(v_n)\}$ eine orthonormale Familie in W.
   d) Es gibt eine Orthonormalbasis $\{v_1, \ldots, v_n\}$ in V, so daß $\{F(v_1), \ldots, F(v_n)\}$ eine orthonormale Familie in W ist.

Ist eine dieser Bedingungen erfüllt, so heißt F *lineare Isometrie* von V nach W. (Ist $W = V$, nennt man lineare Isometrien oft *orthogonale Transformationen*)

*8 Es sei $G: \mathbb{R}^3 \to \mathbb{R}^3$ eine Abbildung mit
$$|G(p) - G(q)| = |p - q| \quad \text{für alle } p, q \in \mathbb{R}^3$$
(d.h. G ist eine *abstandserhaltende* Abbildung). Beweise, daß es $p_0 \in \mathbb{R}^3$ und eine lineare Isometrie (vgl. Übung 7) F des Vektorraums $\mathbb{R}^3$ gibt, so daß
$$G(p) = F(p) + p_0 \quad \text{für alle } p \in \mathbb{R}^3$$
gilt.

9 Es seien S_1, S_2 und S_3 reguläre Flächen. Beweise:
   a) Ist $\varphi: S_1 \to S_2$ eine Isometrie, so ist $\varphi^{-1}: S_2 \to S_1$ auch eine Isometrie.
   b) Sind $\varphi: S_1 \to S_2$ und $\psi: S_2 \to S_3$ Isometrien, so ist $\psi \circ \varphi: S_1 \to S_3$ eine Isometrie.

Das impliziert, daß die Isometrien einer regulären Fläche in natürlicher Weise eine Gruppe bilden, die *Isometriegruppe* von S.

10 Es sei S eine Rotationsfläche. Zeige, daß die Rotationen um ihre Achse Isometrien von S sind.

*11 a) Es sei $S \subset \mathbb{R}^3$ eine reguläre Fläche und $F: \mathbb{R}^3 \to \mathbb{R}^3$ ein abstandserhaltender Diffeomorphismus des $\mathbb{R}^3$ (siehe Übung 8), mit $F(S) \subset S$. Beweise, daß die Einschränkung von F auf S eine Isometrie von S ist.
   b) Benutze Teil a) um zu zeigen, daß die Isometriegruppe (siehe Übung 10) der Einheitssphäre $x^2 + y^2 + z^2 = 1$ die Gruppe der orthogonalen linearen Transformationen des $\mathbb{R}^3$ enthält (sie ist tatsächlich gleich; siehe Übung 2.3, Abschnitt 4.4).
   c) Gib ein Beispiel an, das zeigt, daß es Isometrien $\varphi: S_1 \to S_2$ gibt, die sich nicht zu abstandserhaltenden Abbildungen $F: \mathbb{R}^3 \to \mathbb{R}^3$ fortsetzen lassen.

*12 Es sei $C = \{(x, y, z) \in \mathbb{R}^3; x^2 + y^2 = 1\}$ ein Zylinder. Konstruiere eine Isometrie $\varphi: C \to C$, so daß die Menge der Fixpunkte von φ, d.h. die Menge $\{p \in C; \varphi(p) = p\}$ genau zwei Punkte enthält.

13 Es seien V und W (endlich dimensionale) Vektorräume mit inneren Produkten $\langle\,,\,\rangle$. Es sei $G\colon V \to W$ eine lineare Abbildung. Beweise, daß die folgenden Bedingungen äquivalent sind:

a) Es gibt eine reelle Konstante $\lambda \neq 0$, so daß
$$\langle G(v_1), G(v_2)\rangle = \lambda^2 \langle v_1, v_2\rangle \quad \text{für alle} \quad v_1, v_2 \in V$$
gilt.

b) Es gibt eine reelle Konstante $\lambda > 0$, so daß
$$|G(v)| = \lambda |v| \quad \text{für alle } v \in V$$
gilt.

c) Es gibt eine Orthonormalbasis $\{v_1, \ldots, v_n\}$ von V, so daß $\{G(v_1), \ldots, G(v_n)\}$ eine orthogonale Familie in W ist und die Vektoren $G(v_i)$, $i = 1, \ldots, n$, dieselbe (von Null verschiedene) Länge haben.

Ist eine dieser Bedingungen erfüllt, so heißt G *lineare konforme Abbildung* (oder *Ähnlichkeitstransformation*).

14 Man sagt, eine differenzierbare Abbildung $\varphi\colon S_1 \to S_2$ erhält Winkel, wenn für jedes $p \in S_1$ und jedes Paar von Vektoren $v_1, v_2 \in T_p(S_1)$
$$\cos(v_1, v_2) = \cos(d\varphi_p(v_1), d\varphi_p(v_2))$$
gilt. Beweise, daß φ genau dann lokal konform ist, wenn φ Winkel erhält.

15 Es sei $\varphi\colon \mathbb{R}^2 \to \mathbb{R}^2$ gegeben durch $\varphi(x,y) = (u(x,y), v(x,y))$, wobei u und v differenzierbare Funktionen sind, die die Cauchy-Riemannschen Gleichungen
$$u_x = v_y, \quad u_y = -v_x$$
erfüllen. Zeige, daß φ eine lokal konforme Abbildung von $\mathbb{R}^2 - Q$ nach $\mathbb{R}^2$ ist, wobei $Q = \{(x,y) \in \mathbb{R}^2; u_x^2 + u_y^2 = 0\}$.

16 Es sei $\mathbf{x}\colon U \subset \mathbb{R}^2 \to \mathbb{R}^3$, wobei
$$U = \{(\theta, \varphi) \in \mathbb{R}^2;\ 0 < \theta < \pi, 0 < \varphi < 2\pi\},$$
$$\mathbf{x}(\theta, \varphi) = (\sin\theta\cos\varphi, \sin\theta\sin\varphi, \cos\theta),$$
eine Parametrisierung der Einheitssphäre S^2. Es sei
$$\log \tan \tfrac{1}{2}\theta = u, \quad \varphi = v.$$
Zeige, daß eine neue Parametrisierung der Koordinatenumgebung $\mathbf{x}(U) = V$ gegeben wird durch
$$\mathbf{y}(u,v) = \left(\frac{1}{\cosh u}\cos v, \frac{1}{\cosh u}\sin v, \tanh u\right).$$
Beweise, daß die Koeffizienten der ersten Fundamentalform in der Parametrisierung $\mathbf{y}$
$$E = G = (\cosh u)^{-2}, F = 0$$
sind. Also ist $\mathbf{y}^{-1}\colon V \subset S^2 \to \mathbb{R}^2$ eine konforme Abbildung, die die Meridiane und Breitenkreise von S^2 auf Geraden in der Ebene abbildet. Diese Abbildung heißt *Mercator-Projektion*.

*17 Betrachte ein Dreieck auf der Einheitssphäre, dessen Seiten aus Segmenten von Loxodromen bestehen (d.h. Kurven, die einen konstanten Winkel mit den Meridianen bilden; vgl. Beispiel 4, Abschnitt 2.5) und das keine Pole enthält. Beweise, daß die Summe der Innenwinkel eines solchen Dreiecks gleich π ist.

18 Ein Diffeomorphismus $\varphi\colon S \to \bar{S}$ heißt *flächenerhaltend*, wenn der Flächeninhalt jedes abgeschlossenen Gebiets $R \subset S$ gleich dem Flächeninhalt von $\varphi(R)$ ist. Ist φ flächenerhaltend und konform, so zeige, daß φ eine Isometrie ist.

19 Es sei $S^2 = \{(x,y,z) \in \mathbb{R}^3; x^2 + y^2 + z^2 = 1\}$ die Einheitssphäre und $C = \{(x,y,z) \in \mathbb{R}^3;\ x^2 + y^2 = 1\}$ der umschriebene Zylinder.

Es sei
$$\varphi: S^2 - \{(0, 0, 1), (0, 0, -1)\} = M \to C$$

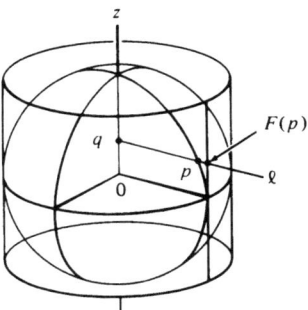

Bild 4.7

die wie folgt definierte Abbildung. Für jedes $p \in M$ trifft die Gerade durch p und senkrecht zu $0z$ die Achse $0z$ in einem Punkt q. Es sei ℓ die Halbgerade, die bei q beginnt und p enthält (Bild 4.7). Nach Definition ist $\{\varphi(p)\} = C \cap \ell$.

Beweise, daß φ ein flächenerhaltender Diffeomorphismus ist.

20 Es sei $\mathbf{x}: U \subset \mathbb{R}^2 \to S$ die Parametrisierung einer Rotationsfläche S:
$$\mathbf{x}(u, v) = (f(v) \cos u, f(v) \sin u, g(v)), \quad f(v) > 0,$$
$$U = \{(u, v) \in R^2; 0 < u < 2\pi, a < v < b\}.$$

a) Zeige, daß die durch
$$\varphi(u, v) = \left(u, \int \frac{\sqrt{(f'(v))^2 + (g'(v))^2}}{f(v)} \, dv\right)$$
gegebene Abbildung $\varphi: U \to \mathbb{R}^2$ ein lokaler Diffeomorphismus ist.

b) Benutze Teil a), um zu beweisen, daß eine Rotationsfläche S lokal konform zur Ebene ist und zwar so, daß jede lokal konforme Abbildung $\theta: V \subset S \to \mathbb{R}^2$ die Breitenkreise und Meridiane der Umgebung V auf ein orthogonales System von Geraden in $\theta(V) \subset \mathbb{R}^2$ abbildet. (Beachte, daß dies eine Verallgemeinerung der Mercator-Projektion aus Übung 16 ist).

c) Zeige, daß die durch
$$\psi(u, v) = \left(u, \int f(v)\sqrt{(f'(v))^2 + (g'(v))^2} \, dv\right)$$
definierte Abbildung $\psi: U \to \mathbb{R}^2$ ein lokaler Diffeomorphismus ist.

d) Benutze Teil c), um zu beweisen, daß es zu jedem Punkt p einer Rotationsfläche S eine Umgebung $V \subset S$ und eine Abbildung $\bar{\theta}: V \to \mathbb{R}^2$ von V in die Ebene gibt, die flächenerhaltend ist.

4.3 Der Satz von Gauß und die Verträglichkeitsbedingungen

Die Eigenschaften aus Kapitel 3 erhielten wir aus dem Studium der Variation der Tangentialebene in der Umgebung eines Punktes. Indem wir die Analogie zu Kurven weiter verfolgen, werden wir jedem Punkt einer Fläche ein Dreibein (das Analogon zum Frenetschen Dreibein) zuordnen und die Ableitungen seiner Vektoren untersuchen. S bezeichnet wie üblich eine reguläre, orientierbare und orientierte Fläche. Es sei $\mathbf{x}: U \subset \mathbb{R}^2 \to S$ eine Parametrisierung der Fläche in der gegebenen Orientierung von S. Man kann jedem Punkt aus $\mathbf{x}(U)$ in natürlicher Weise ein Dreibein bestehend aus den Vektoren $\mathbf{x}_u, \mathbf{x}_v$ und N zuordnen. Das Studium dieses Dreibeins ist das Thema dieses Abschnitts.

Stellen wir die Ableitungen der Vektoren $\mathbf{x}_u, \mathbf{x}_v$ und N in der Basis $\{\mathbf{x}_u, \mathbf{x}_v, N\}$ dar, so erhalten wir

$$\begin{aligned}
\mathbf{x}_{uu} &= \Gamma^1_{11}\mathbf{x}_u + \Gamma^2_{11}\mathbf{x}_v + L_1 N, \\
\mathbf{x}_{uv} &= \Gamma^1_{12}\mathbf{x}_u + \Gamma^2_{12}\mathbf{x}_v + L_2 N, \\
\mathbf{x}_{vu} &= \Gamma^1_{21}\mathbf{x}_u + \Gamma^2_{21}\mathbf{x}_v + \bar{L}_2 N, \\
\mathbf{x}_{vv} &= \Gamma^1_{22}\mathbf{x}_u + \Gamma^2_{22}\mathbf{x}_v + L_3 N, \\
N_u &= a_{11}\mathbf{x}_u + a_{21}\mathbf{x}_v, \\
N_v &= a_{12}\mathbf{x}_u + a_{22}\mathbf{x}_v,
\end{aligned} \tag{1}$$

wobei wir die a_{ij}, $i, j = 1, 2$, schon in Kapitel 3 angegeben haben und die anderen Koeffizienten noch zu bestimmen sind. Die Koeffizienten Γ^k_{ij}, $i, j, k = 1, 2$, heißen die *Christoffel Symbole* von S in der Parametrisierung x. Aus $\mathbf{x}_{uv} = \mathbf{x}_{vu}$ schließen wir $\Gamma^1_{12} = \Gamma^1_{21}$ und $\Gamma^2_{12} = \Gamma^2_{21}$; d.h. die Christoffel Symbole sind symmetrisch bezüglich ihrer unteren Indizes.

Bilden wir das innere Produkt der ersten vier Beziehungen in (1) mit N, so erhalten wir sofort $L_1 = e$, $L_2 = \bar{L}_2 = f$, $L_3 = g$, wobei e, f, g die Koeffizienten der zweiten Fundamentalform von S sind.

Um die Christoffel Symbole zu bestimmen, bilden wir das innere Produkt der ersten vier Beziehungen mit $\mathbf{x}_u$ und $\mathbf{x}_v$ und erhalten das System

$$\begin{cases}
\Gamma^1_{11}E + \Gamma^2_{11}F = \langle \mathbf{x}_{uu}, \mathbf{x}_u \rangle = \tfrac{1}{2}E_u, \\
\Gamma^1_{11}F + \Gamma^2_{11}G = \langle \mathbf{x}_{uu}, \mathbf{x}_v \rangle = F_u - \tfrac{1}{2}E_v, \\
\Gamma^1_{12}E + \Gamma^2_{12}F = \langle \mathbf{x}_{uv}, \mathbf{x}_u \rangle = \tfrac{1}{2}E_v, \\
\Gamma^1_{12}F + \Gamma^2_{12}G = \langle \mathbf{x}_{uv}, \mathbf{x}_v \rangle = \tfrac{1}{2}G_u, \\
\Gamma^1_{22}E + \Gamma^2_{22}F = \langle \mathbf{x}_{vv}, \mathbf{x}_u \rangle = F_v - \tfrac{1}{2}G_u, \\
\Gamma^1_{22}F + \Gamma^2_{22}G = \langle \mathbf{x}_{vv}, \mathbf{x}_v \rangle = \tfrac{1}{2}G_v.
\end{cases} \tag{2}$$

Beachte, daß die obigen Gleichungen zu drei Paaren von Gleichungen zusammengefaßt worden sind und daß für jedes Paar die Determinante des Systems $EG - F^2 \neq 0$ ist. Also ist es möglich, das obige System zu lösen und *die Christoffel Symbole in Termen der Koeffizienten der ersten Fundamentalform E, F, G und ihrer Ableitungen zu berechnen*. Wir werden keine expliziten Formeln für die Γ^k_{ij} angeben, da es leichter ist, in jedem Spezialfall mit dem System (2) zu arbeiten. (Siehe Beispiel 1 unten) Die folgende Konsequenz der Tatsache, daß wir das System (2) lösen können, ist jedoch sehr wichtig: *Alle geometrischen Größen und Eigenschaften, die sich in Termen der Christoffel Symbole ausdrücken lassen, sind invariant unter Isometrien.*

Beispiel 1. Wir berechnen die Christoffel Symbole für eine Rotationsfläche, die parametrisiert ist durch (vgl. Beispiel 4, Abschnitt 2.3)

$$\mathbf{x}(u, v) = (f(v)\cos u, f(v)\sin u, g(v)), \qquad f(v) \neq 0.$$

Da

$$E = (f(v))^2, \qquad F = 0, \qquad G = (f'(v))^2 + (g'(v))^2$$

ist,

4.3 Der Satz von Gauß und die Verträglichkeitsbedingungen

erhalten wir

$$E_u = 0, \qquad E_v = 2ff',$$
$$F_u = F_v = 0, \qquad G_u = 0,$$
$$G_v = 2(f'f'' + g'g''),$$

wobei der Strich die Ableitung bezüglich v bezeichnet. Die ersten beiden Gleichungen des Systems (2) liefern dann

$$\Gamma_{11}^1 = 0, \qquad \Gamma_{11}^2 = -\frac{ff'}{(f')^2 + (g')^2}.$$

Als nächstes liefert das zweite Gleichungspaar des Systems (2)

$$\Gamma_{12}^1 = \frac{ff'}{f^2}, \qquad \Gamma_{12}^2 = 0.$$

Schließlich erhalten wir aus den letzten beiden Gleichungen des Systems (2)

$$\Gamma_{22}^1 = 0, \qquad \Gamma_{22}^2 = \frac{f'f'' + g'g''}{(f')^2 + (g')^2}.$$

Wie wir gerade gesehen haben, benötigt man für die Darstellung der Ableitungen von $\mathbf{x}_u$, $\mathbf{x}_v$ und N in der Basis $\{\mathbf{x}_u, \mathbf{x}_v, N\}$ nur die Kenntnis der Koeffizienten der ersten und zweiten Fundamentalform von S. Um Beziehungen zwischen diesen Koeffizienten zu erhalten, betrachten wir die Ausdrücke

$$(\mathbf{x}_{uu})_v - (\mathbf{x}_{uv})_u = 0,$$
$$(\mathbf{x}_{vv})_u - (\mathbf{x}_{vu})_v = 0, \qquad (3)$$
$$N_{uv} - N_{vu} = 0.$$

Setzen wir die Werte von (1) ein, so können wir die obigen Beziehungen in der Form

$$A_1\mathbf{x}_u + B_1\mathbf{x}_v + C_1 N = 0,$$
$$A_2\mathbf{x}_u + B_2\mathbf{x}_v + C_2 N = 0, \qquad (3a)$$
$$A_3\mathbf{x}_u + B_3\mathbf{x}_v + C_3 N = 0$$

schreiben, wobei A_i, B_i, C_i, $i = 1, 2, 3$ Funktionen von E, F, G, e, f, g und ihren Ableitungen sind. Da die Vektoren $\mathbf{x}_u, \mathbf{x}_v, N$ linear unabhängig sind, impliziert (3a), daß es neun Relationen gibt

$$A_i = 0, \qquad B_i = 0, \qquad C_i = 0, \qquad i = 1, 2, 3.$$

Als Beispiel bestimmen wir die Relationen $A_1 = 0, B_1 = 0, C_1 = 0$. Unter Benutzung der Werte von (1) kann man die erste der Beziehungen (3) schreiben als

$$\Gamma_{11}^1 \mathbf{x}_{uv} + \Gamma_{11}^2 \mathbf{x}_{vv} + e N_v + (\Gamma_{11}^1)_v \mathbf{x}_u + (\Gamma_{11}^2)_v \mathbf{x}_v + e_v N$$
$$= \Gamma_{12}^1 \mathbf{x}_{uu} + \Gamma_{12}^2 \mathbf{x}_{vu} + f N_u + (\Gamma_{12}^1)_u \mathbf{x}_u + (\Gamma_{12}^2)_u \mathbf{x}_v + f_u N. \qquad (4)$$

Wir benutzen wiederum (1) und setzen die Koeffizienten von $\mathbf{x}_v$ gleich, so daß wir erhalten

$$\Gamma_{11}^1 \Gamma_{12}^2 + \Gamma_{11}^2 \Gamma_{22}^2 + e a_{22} + (\Gamma_{11}^2)_v$$
$$= \Gamma_{12}^1 \Gamma_{11}^2 + \Gamma_{12}^2 \Gamma_{12}^2 + f a_{21} + (\Gamma_{12}^2)_u.$$

Setzen wir die bereits berechneten Werte der a_{ij} ein (vgl. Abschnitt 3.3), so folgt

$$(\Gamma_{12}^2)_u - (\Gamma_{11}^2)_v + \Gamma_{12}^1\Gamma_{11}^2 + \Gamma_{12}^2\Gamma_{12}^2 - \Gamma_{11}^2\Gamma_{22}^2 - \Gamma_{11}^1\Gamma_{12}^2$$
$$= -E\frac{eg - f^2}{EG - F^2} \qquad (5)$$
$$= -EK.$$

An dieser Stelle wollen wir unsere Berechnungen unterbrechen, um unsere Aufmerksamkeit auf die Tatsache zu lenken, daß aus der obigen Gleichung der folgende Satz von C. F. Gauß folgt.

Theorema Egregium (Gauß). *Die Gaußsche Krümmung K einer Fläche ist invariant unter lokalen Isometrien.*

Ist nämlich $\mathbf{x}: U \subset \mathbb{R}^2 \to S$ eine Parametrisierung bei $p \in S$ und $\varphi: V \subset S \to S$, wobei $V \subset \mathbf{x}(U)$ eine Umgebung von $p \in S$ ist, eine lokale Isometrie bei p, so ist $\mathbf{y} = \varphi \circ \mathbf{x}$ eine Parametrisierung von S bei $\varphi(p)$. Da φ eine Isometrie ist, stimmen die Koeffizienten der ersten Fundamentalform in den Parametrisierungen $\mathbf{x}$ und $\mathbf{y}$ an den entsprechenden Punkten q und $\varphi(q)$, $q \in V$, überein; also stimmen die entsprechenden Christoffel Symbole ebenfalls überein. Nach Gleichung (5) kann K in einem Punkt als Funktion der Christoffel Symbole in einer gegebenen Parametrisierung bei dem Punkt berechnet werden. Es folgt $K(q) = K(\varphi(q))$ für alle $q \in V$.

Der obige Ausdruck, der den Wert von K in Termen der Koeffizienten der ersten Fundamentalform und ihrer Ableitungen liefert, ist als die *Gaußsche Formel* bekannt. Sie wurde zuerst von Gauß in einer berühmten Arbeit [1] bewiesen.

Der Satz von Gauß wird aufgrund seiner weitreichenden Konsequenzen als eine der bedeutendsten Tatsachen der Differentialgeometrie betrachtet. Für den Augenblick erwähnen wir nur das folgende Korollar.

Wie in Abschnitt 4.2 bewiesen wurde, ist ein Katenoid lokal isometrisch zu einem Helikoid. Aus dem Satz von Gauß folgt, daß die Gaußschen Krümmungen an entsprechenden Punkten gleich sind, eine Tatsache, die geometrisch nichttrivial ist.

Es ist in der Tat bemerkenswert, daß eine Größe wie die Gaußsche Krümmung, deren Definition wesentlich von der Lage einer Fläche im Raum Gebrauch machte, nicht von dieser Lage sondern nur von der metrischen Struktur (erste Fundamentalform) der Fläche abhängt.

Im nächsten Abschnitt werden wir sehen, daß viele andere Größen der Differentialgeometrie in denselben Bereich wie die Gaußsche Krümmung gehören; d.h. sie hängen nur von der ersten Fundamentalform der Fläche ab. Es ist also sinnvoll, über eine Geometrie der ersten Fundamentalform zu sprechen, die wir innere Geometrie nennen, weil sie ohne Bezug auf den umgebenden Raum entwickelt werden kann (sobald die erste Fundamentalform gegeben ist).

Da wir ein weiteres geometrisches Ergebnis im Auge haben, kommen wir zu unseren Berechnungen zurück. Vergleichen wir die Koeffizienten von $\mathbf{x}_u$ in (4), so sehen wir, daß man die Relation $A_1 = 0$ schreiben kann als

$$(\Gamma_{12}^1)_u - (\Gamma_{11}^1)_v + \Gamma_{12}^2\Gamma_{12}^1 - \Gamma_{11}^2\Gamma_{22}^1 = FK. \qquad (5a)$$

4.3 Der Satz von Gauß und die Verträglichkeitsbedingungen

Vergleicht man ebenfalls in (4) die Koeffizienten von N, so erhält man $C_1 = 0$ in der Form

$$e_v - f_u = e\Gamma^1_{12} + f(\Gamma^2_{12} - \Gamma^1_{11}) - g\Gamma^2_{11}. \tag{6}$$

Beachte, daß Relation (5a) (wenn $F \neq 0$) nur eine weitere Form der Gaußschen Formel (5) ist.
Wenden wir dasselbe Verfahren auf den zweiten Ausdruck von (3) an, so erhalten wir, daß sowohl die Gleichung $A_2 = 0$ als auch $B_2 = 0$ wiederum die Gaußsche Formel (5) ergibt. Weiter ist $C_2 = 0$ äquivalent zu

$$f_v - g_u = e\Gamma^1_{22} + f(\Gamma^2_{22} - \Gamma^1_{12}) - g\Gamma^2_{12}. \tag{6a}$$

Schließlich kann man dasselbe Verfahren auf den letzten Ausdruck von (3) anwenden, das für $C_3 = 0$ eine Identität liefert und für $A_3 = 0$ und $B_3 = 0$ wiederum die Gleichungen (6) und (6a). Die Gleichungen (6) und (6a) heißen die *Mainardi-Codazzi Gleichungen*.
Die Gaußsche Formel und die Gleichungen von Mainardi-Codazzi sind in der Theorie der Flächen als *Verträglichkeitsbedingungen* bekannt.
Es ist eine natürliche Frage, ob es außer den bereits hergeleiteten weitere Verträglichkeitsrelationen zwischen der ersten und der zweiten Fundamentalform gibt. Das Theorem unten zeigt, daß die Antwort negativ ist. Anders ausgedrückt: Man erhält durch fortwährendes Differenzieren oder irgendeinen anderen Prozeß keine weiteren Beziehungen zwischen den Koeffizienten E, F, G, e, f, g und ihren Ableitungen. Tatsächlich ist das Theorem expliziter und besagt, daß die Kenntnis der ersten und zweiten Fundamentalform eine Fläche lokal bestimmt. Genauer gilt

Theorem (Bonnet). *Es seien E, F, G, e, f, g differenzierbare Funktionen auf einer offenen Menge $V \subset \mathbb{R}^2$ mit $E > 0$ und $G > 0$. Nimm an, daß die gegebenen Funktionen formal die Gleichungen von Gauß und Mainardi-Codazzi erfüllen und $EG - F^2 > 0$ gilt. Dann gibt es zu jedem $q \in V$ eine Umgebung $U \subset V$ von q und einen Diffeomorphismus $\mathbf{x}: U \to \mathbf{x}(U) \subset \mathbb{R}^3$, so daß die reguläre Fläche $\mathbf{x}(U) \subset \mathbb{R}^3$ E, F, G und e, f, g als Koeffizienten der ersten bzw. zweiten Fundamentalform hat. Ist weiter U zusammenhängend und*

$$\mathbf{x}: U \to \bar{\mathbf{x}}(U) \subset \mathbb{R}^3$$

ein weiterer Diffeomorphismus, der denselben Bedingungen genügt, dann gibt es eine Translation T und eine eigentliche lineare orthogonale Transformation ρ in $\mathbb{R}^3$, so daß $\bar{\mathbf{x}} = T \circ \rho \circ \mathbf{x}$ ist.

Ein Beweis dieses Satzes findet sich im Anhang zu Kapitel 4.
Für später ist es nützlich zu bemerken, daß die Mainardi-Codazzi Gleichungen sich vereinfachen, wenn die Koordinatenumgebung keine Nabelpunkte enthält und die Koordinatenkurven Krümmungslinien sind ($F = 0 = f$). Dann kann man die Gleichungen (6) und (6a) schreiben als

$$e_v = e\Gamma^1_{12} - g\Gamma^2_{11}, \qquad g_u = g\Gamma^2_{12} - e\Gamma^1_{22}.$$

Beachten wir, daß $F = 0$

$$\Gamma^2_{11} = -\frac{1}{2}\frac{E_v}{G}, \qquad \Gamma^1_{12} = \frac{1}{2}\frac{E_v}{E},$$

$$\Gamma^1_{22} = -\frac{1}{2}\frac{G_u}{E}, \qquad \Gamma^2_{12} = \frac{1}{2}\frac{G_u}{G}$$

impliziert, so folgern wir, daß die Mainardi-Codazzi Gleichungen die folgende Form annehmen:

$$e_v = \frac{E_v}{2}\left(\frac{e}{E} + \frac{g}{G}\right), \tag{7}$$

$$g_u = \frac{G_u}{2}\left(\frac{e}{E} + \frac{g}{G}\right).$$

Übungen

1 Ist x eine orthogonale Parametrisierung, d.h. $F = 0$, so zeige

$$K = -\frac{1}{2\sqrt{EG}}\left\{\left(\frac{E_v}{\sqrt{EG}}\right)_v + \left(\frac{G_u}{\sqrt{EG}}\right)_u\right\}.$$

2 Ist x eine isotherme Parametrisierung, d.h. $E = G = \lambda(u, v)$ und $F = 0$, so zeige

$$K = -\frac{1}{2\lambda}\Delta(\log \lambda),$$

wobei $\Delta \varphi$ die Anwendung des Laplaceoperators auf die Funktion φ: $(\partial^2 \varphi/\partial u^2) + (\partial^2 \varphi/\partial v^2)$ bezeichnet. Ist $E = G = (u^2 + v^2 + c)^{-2}$ und $F = 0$, so schließe $K = $ konst. $= 4c$.

3 Prüfe nach, daß die Flächen

$$\mathbf{x}(u, v) = (u \cos v, u \sin v, \log u),$$
$$\bar{\mathbf{x}}(u, v) = (u \cos v, u \sin v, v)$$

dieselbe Gaußsche Krümmung in den Punkten $\mathbf{x}(u, v)$ und $\bar{\mathbf{x}}(u, v)$ haben, die Abbildung $\bar{\mathbf{x}} \circ \mathbf{x}^{-1}$ aber keine Isometrie ist. Das zeigt, daß die „Umkehrung" des Gaußschen Satzes nicht richtig ist.

4 Zeige, daß keine Umgebung eines Punktes einer Sphäre isometrisch in die Ebene abgebildet werden kann.

5 Bilden die Koordinatenkurven ein Tschebysheff-Netz (vgl. Übungen 7 und 8, Abschnitt 2.5) so gilt $E = G = 1$ und $F = \cos \theta$. Zeige, daß in diesem Fall

$$K = -\frac{\theta_{uv}}{\sin \theta}$$

gilt.

6 Zeige, daß es keine Fläche $\mathbf{x}(u, v)$ mit $E = G = 1, F = 0$ und $e = 1, g = -1, f = 0$ gibt.

7 Gibt es eine Fläche $\mathbf{x} = \mathbf{x}(u, v)$ mit $E = 1, F = 0, G = \cos^2 u$ und $e = \cos^2 u, f = 0, g = 1$?

8 Berechne die Christoffel Symbole für eine offene Teilmenge der Ebene.
  a) In kartesischen Koordinaten.
  b) In Polarkoordinaten.
  Benutze die Gaußsche Formel, um K in beiden Fällen zu berechnen.

9 Gib eine Begründung dafür, daß die unten aufgeführten Flächen nicht paarweise lokal isometrisch sind.
  a) Sphäre.
  b) Zylinder.
  c) Sattelfläche $z = x^2 - y^2$.

4.4 Parallelverschiebung. Geodätische

Wir kommen jetzt zu einer systematischen Darstellung der inneren Geometrie. Um die intuitive Bedeutung der Konzepte hervorzuheben, werden wir oft Definitionen und Interpretationen angeben, die sich auf den Raum außerhalb der Fläche beziehen. Wir werden jedoch in jedem Fall beweisen, daß die eingeführten Begriffe nur von der ersten Fundamentalform abhängen.

Wir beginnen mit der Definition der kovarianten Ableitung eines Vektorfeldes, die für Flächen das Analogon zur gewöhnlichen Differentiation von Vektoren in der Ebene ist. Wir erinnern daran, daß ein (*tangentiales*) *Vektorfeld* auf einer offenen Menge $U \subset S$ einer regulären Fläche S eine Abbildung w ist, die jedem $p \in U$ einen Vektor $w(p) \in T_p(S)$ zuordnet. Das Vektorfeld w ist *differenzierbar* in p, wenn für eine Parametrisierung $\mathbf{x}(u, v)$ bei p die Komponenten a und b von $w = a\mathbf{x}_u + b\mathbf{x}_v$ in der Basis $\{\mathbf{x}_u, \mathbf{x}_v\}$ differenzierbare Funktionen in p sind. w ist *differenzierbar in U*, wenn es für jedes $p \in U$ differenzierbar ist.

Definition 1. Es sei w ein differenzierbares Vektorfeld auf einer offenen Menge $U \subset S$ und $p \in U$. Es sei $y \in T_p(S)$. Betrachte eine parametrisierte Kurve

$$\alpha: (-\epsilon, \epsilon) \to U$$

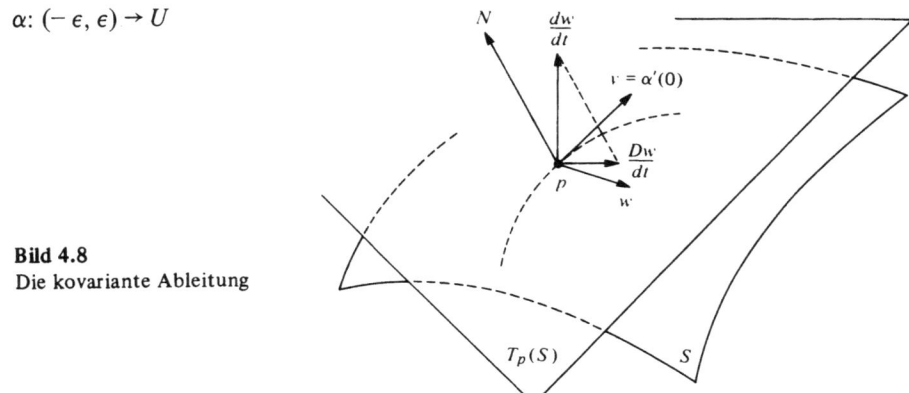

Bild 4.8
Die kovariante Ableitung

mit $\alpha(0) = p$ und $\alpha'(0) = y$. Es sei $w(t)$, $t \in (-\epsilon, \epsilon)$, die Einschränkung des Vektorfeldes w auf die Kurve α. Der Vektor, den man durch Normalprojektion von $(dw/dt)(0)$ auf die Ebene $T_p(S)$ erhält, heißt die *kovariante Ableitung* des Vektorfeldes w bei p bezüglich des Vektors y. Diese kovariante Ableitung wird mit $(Dw/dt)(0)$ oder $(D_y w)(p)$ bezeichnet (Bild 4.8).

Die obige Definition verwendet den Normalenvektor an S und eine spezielle Kurve α, tangential zu y in p. Um zu zeigen, daß die kovariante Ableitung ein Begriff der inneren Geometrie ist und nicht von der Wahl der Kurve α abhängt, geben wir ihre Darstellung in Termen einer Parametrisierung $\mathbf{x}(u, v)$ von S bei p an.

Es sei $\mathbf{x}(u(t), v(t)) = \alpha(t)$ die Darstellung der Kurve α und

$$w(t) = a(u(t), v(t))\mathbf{x}_u + b(u(t), v(t))\mathbf{x}_v$$
$$= a(t)\mathbf{x}_u + b(t)\mathbf{x}_v$$

die Darstellung von $w(t)$ in der Parametrisierung $\mathbf{x}(u, v)$.

Dann gilt

$$\frac{dw}{dt} = a(\mathbf{x}_{uu}u' + \mathbf{x}_{uv}v') + b(\mathbf{x}_{vu}u' + \mathbf{x}_{vv}v') + a'\mathbf{x}_u + b'\mathbf{x}_v,$$

wobei der Strich die Ableitung bezüglich t bezeichnet. Da Dw/dt die Komponente von dw/dt in der Tangentialebene ist, benutzen wir die Darstellung in (1) aus Abschnitt 4.3 für $\mathbf{x}_{uu}, \mathbf{x}_{uv}$ und $\mathbf{x}_{vv}$ und erhalten, wenn wir die Normalkomponente weglassen,

$$\frac{Dw}{dt} = (a' + \Gamma^1_{11}au' + \Gamma^1_{12}av' + \Gamma^1_{12}bu' + \Gamma^1_{22}bv')\mathbf{x}_u \\ + (b' + \Gamma^2_{11}au' + \Gamma^2_{12}av' + \Gamma^2_{12}bu' + \Gamma^2_{22}bv')\mathbf{x}_v. \quad (1)$$

Die Darstellung (1) zeigt, daß (Dw/dt) nur von dem Vektor $(u', v') = y$ und nicht von der Kurve α abhängt. Darüber hinaus erscheint die Fläche in Gleichung (1) in Form der Christoffel Symbole, d.h. in Form der ersten Fundamentalform. Damit haben wir unsere Behauptung gezeigt.

Wenn S speziell eine Ebene ist, so wissen wir, daß es möglich ist, eine Parametrisierung zu finden, für die $E = G = 1$ und $F = 0$ ist. Ein kurzer Blick auf die Gleichungen für die Christoffel Symbole zeigt, daß in diesem Fall die Γ^k_{ij} verschwinden. Aus Gleichung (1) folgt, daß in dieser Situation die kovariante Ableitung mit der üblichen Ableitung von Vektoren in der Ebene übereinstimmt (das sieht man auch geometrisch aus Definition 1). Die kovariante Ableitung ist deshalb eine Verallgemeinerung der gewöhnlichen Ableitung von Vektoren in der Ebene.

Eine weitere Konsequenz aus Gleichung (1) ist die, daß die Definition der kovarianten Ableitung auf Vektorfelder ausgedehnt werden kann, die nur auf den Punkten einer parametrisierten Kurve definiert sind. Um das klarzumachen, benötigen wir einige Definitionen.

Definition 2. Eine *parametrisierte Kurve* $\alpha: [0, l] \to S$ ist die Einschränkung auf $[0, l]$ von einer differenzierbaren Abbildung von $(0 - \epsilon, l + \epsilon), \epsilon > 0$, nach S. Ist $\alpha(0) = p$ und $\alpha(l) = q$, so sagen wir, α *verbindet* p und q. α ist *regulär*, wenn $\alpha'(t) \neq 0$ für $t \in [0, l]$ gilt.

Im folgenden ist es günstig, die Notation $[0, l] = I$ zu verwenden, wenn es auf den Endpunkt l nicht ankommt.

Definition 3. Es sei $\alpha: I \to S$ eine parametrisierte Kurve in S. Ein *Vektorfeld w längs α* ist eine Abbildung, die jedem $t \in I$ einen Vektor

$$w(t) \in T_{\alpha(t)}(S)$$

zuordnet. Das Vektorfeld w ist *differenzierbar* in $t_0 \in I$, wenn in einer Parametrisierung $\mathbf{x}(u, v)$ bei $\alpha(t_0)$ die Komponenten $a(t), b(t)$ von $w(t) = a\mathbf{x}_u + b\mathbf{x}_v$ differenzierbare Funktionen von t in t_0 sind. w ist *differenzierbar in I*, wenn es differenzierbar ist für jedes $t \in I$.

Ein Beispiel eines (differenzierbaren) Vektorfeldes längs α ist gegeben durch das Tangentenvektorfeld $\alpha'(t)$ von α (Bild 4.9).

4.4 Parallelverschiebung. Geodätische

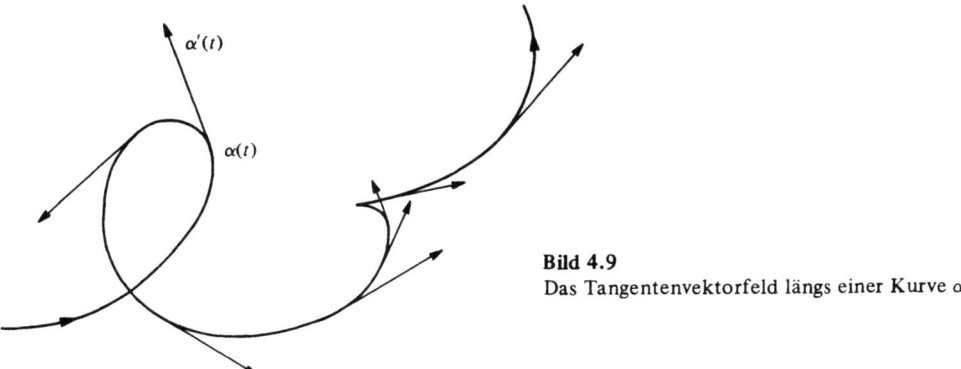

Bild 4.9
Das Tangentenvektorfeld längs einer Kurve α

Definition 4. Es sei w ein differenzierbares Vektorfeld längs $\alpha: I \to S$. Die Darstellung (1) von $(Dw/dt)(t)$, $t \in I$, ist wohldefiniert und heißt die *kovariante Ableitung* von w in t.

Von einem Standpunkt außerhalb der Fläche muß man, um die kovariante Ableitung eines Vektorfeldes w längs $\alpha: I \to S$ in $t \in I$ zu bestimmen, die übliche Ableitung $(dw/dt)(t)$ von w in t nehmen und diesen Vektor orthogonal auf die Tangentialebene $T_{\alpha(t)}(S)$ projizieren. Daraus folgt, daß zwei Flächen, die tangential sind längs einer parametrisierten Kurve α, dieselbe kovariante Ableitung eines Vektorfeldes w längs α haben.

Eine Kurve $\alpha(t)$ auf S können wir uns vorstellen als Bahn eines Punkts, der sich auf der Fläche bewegt. $\alpha'(t)$ ist dann die Geschwindigkeit und $\alpha''(t)$ die Beschleunigung von α. Die kovariante Ableitung $D\alpha'/dt$ des Vektorfeldes $\alpha'(t)$ ist die tangentielle Komponente der Beschleunigung $\alpha''(t)$. Intuitiv ist $D\alpha'/dt$ die Beschleunigung des Punktes $\alpha(t)$ „von der Fläche S aus betrachtet".

Definition 5. Ein Vektorfeld w längs einer parametrisierten Kurve $\alpha: I \to S$ heißt *parallel*, wenn $Dw/dt = 0$ ist für alle $t \in I$.

In dem Spezialfall der Ebene reduziert sich der Begriff des parallelen Vektorfeldes längs einer parametrisierten Kurve auf den Fall eines konstanten Vektorfeldes längs der Kurve; d.h. die Länge des Vektors und sein Winkel mit einer festen Richtung sind konstant (Bild 4.10). Diese Eigenschaften bleiben in einem gewissen Sinne auf jeder Fläche erhalten, wie der folgende Satz zeigt.

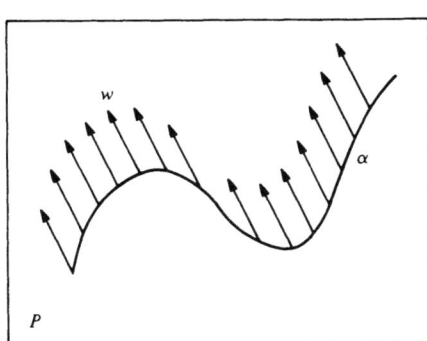

Bild 4.10

Propositon 1. *Es seien w und v parallele Vektorfelder längs $\alpha: I \to S$. Dann ist $\langle w(t), v(t) \rangle$ konstant. Insbesondere sind $|w(t)|$ und $|v(t)|$ konstant, und auch der Winkel zwischen $w(t)$ und $v(t)$ ist konstant.*

Beweis. Daß ein Vektorfeld w parallel ist längs α, bedeutet, daß dw/dt normal ist zur Tangentialebene an die Fläche in $\alpha(t)$; d.h.

$$\langle v(t), w'(t) \rangle = 0, \quad t \in I.$$

Andererseits ist auch $v'(t)$ normal zur Tangentialebene in $\alpha(t)$. Deshalb gilt

$$\langle v(t), w(t) \rangle' = \langle v'(t), w(t) \rangle + \langle v(t), w'(t) \rangle = 0;$$

d.h. $\langle v(t), w(t) \rangle$ = konstant. □

Natürlich können auf einer beliebigen Fläche parallele Vektorfelder für unsere $\mathbb{R}^3$-Intuition seltsam aussehen. Zum Beispiel ist das Tangentenvektorfeld eines Meridians (parametrisiert nach der Bogenlänge) der Einheitssphäre S^2 ein paralleles Vektorfeld auf S^2 (Bild 4.11). Weil nämlich der Meridian ein Großkreis auf S^2 ist, ist die übliche Ableitung eines solchen Vektorfeldes normal zu S^2. Also ist seine kovariante Ableitung Null.

Der folgende Satz zeigt, daß es parallele Vektorfelder längs jeder parametrisierten Kurve $\alpha(t)$ gibt, und daß sie vollkommen bestimmt sind durch ihre Werte in einem Punkt t_0.

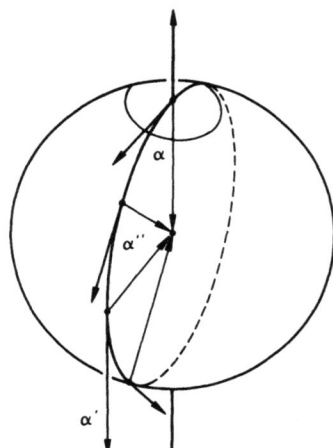

Bild 4.11
Ein paralleles Feld auf einer Sphäre

Proposition 2. *Es sei $\alpha: I \to S$ eine parametrisierte Kurve in S und $w_0 \in T_{\alpha(t_0)}(S)$, $t_0 \in I$. Dann gibt es ein eindeutig bestimmtes paralleles Vektorfeld $w(t)$ längs α mit $w(t_0) = w_0$.*

Einen elementaren Beweis von Prop. 2 geben wir weiter hinten in diesem Abschnitt an. Wer mit dem Gegenstand von Abschnitt 3.6 vertraut ist, wird jedoch bemerken, daß der Beweis sofort aus dem Existenz- und Eindeutigkeitssatz für gewöhnliche Differentialgleichungen folgt.

Prop. 2 erlaubt es uns, von der Parallelverschiebung eines Vektors längs einer parametrisierten Kurve zu sprechen.

4.4 Parallelverschiebung. Geodätische

Definition 6. Es sei $\alpha: I \to S$ eine parametrisierte Kurve und $w_0 \in T_{\alpha(t_0)}(\mathcal{S})$, $t_0 \in I$. Es sei w das parallele Vektorfeld längs α mit $w(t_0) = w_0$. Der Vektor $w(t_1)$, $t_1 \in I$, heißt die *Parallelverschiebung* von w_0 längs α im Punkt t_1.

Man sollte beachten, daß die Parallelverschiebung nicht von der Parametrisierung von $\alpha(I)$ abhängt, wenn $\alpha: I \to S$, $t \in I$, eine reguläre Kurve ist. Denn ist $\beta: J \to S$, $\sigma \in J$, eine andere reguläre Parametrisierung von $\alpha(I)$, so folgt aus Gleichung (1)

$$\frac{Dw}{d\sigma} = \frac{Dw}{dt}\frac{dt}{d\sigma}, \quad t \in I, \sigma \in J.$$

Da $dt/d\sigma \neq 0$ ist, ist $w(t)$ genau dann parallel, wenn $w(\sigma)$ parallel ist.

Prop. 1 enthält eine interessante Eigenschaft der Parallelverschiebung. Fixiere zwei Punkte $p, q \in S$ und betrachte eine parametrisierte Kurve $\alpha: I \to S$ mit $\alpha(0) = p$ und $\alpha(l) = q$. Bezeichne mit $P: T_p(S) \to T_q(S)$ die Abbildung die jedem $v \in T_p(S)$ seine Parallelverschiebung längs α in q zuordnet. Prop. 1 sagt aus, daß diese Abbildung eine Isometrie ist.

Eine weitere interessante Eigenschaft der Parallelverschiebung ist die folgende: Sind zwei Flächen S und $\bar{S}$ tangential längs einer parametrisierten Kurve α und ist w_0 ein Vektor aus $T_{\alpha(t_0)}(S) = T_{\alpha(t_0)}(\bar{S})$, so ist $w(t)$ die Parallelverschiebung von w_0 bezüglich der Fläche S genau dann, wenn $w(t)$ die Parallelverschiebung von w_0 bezüglich $\bar{S}$ ist. Die kovariante Ableitung Dw/dt von w ist nämlich dieselbe für beide Flächen. Weil die Parallelverschiebung eindeutig ist, folgt die Behauptung. Die obige Eigenschaft gestattet es uns, an einem einfachen Beispiel die Parallelverschiebung zu illustrieren.

Beispiel 1. Es sei C ein Breitenkreis der Breite $\frac{\pi}{2} - \varphi$ (siehe Bild 4.12) einer orientierten Einheitssphäre und w_0 ein Einheitsvektor, tangential zu C in einem Punkt p aus C. Wir wollen die Parallelverschiebung von w_0 längs C bestimmen, wobei C nach der Bogenlänge s parametrisiert ist mit $s = 0$ bei p.

Betrachte den Kegel, der zu der Sphäre tangential ist längs C. Der Winkel ψ in der Spitze dieses Kegels ist $\psi = (\pi/2) - \varphi$. Aufgrund der obigen Eigenschaft genügt es, die Parallelverschiebung von w_0 längs C bezüglich des tangentialen Kegels zu bestimmen.

Der Kegel ohne eine Erzeugende ist jedoch isometrisch zu einer offenen Menge $U \subset \mathbb{R}^2$ (vgl. Beispiel 3, Abschnitt 4.2), die in Polarkoordinaten gegeben ist durch

$$0 < \rho < +\infty, \quad 0 < \theta < 2\pi \sin \psi.$$

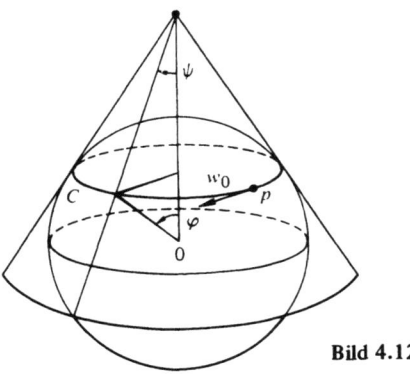

Bild 4.12

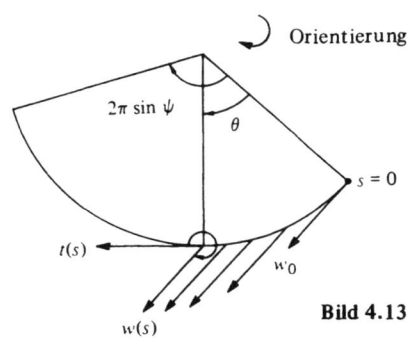

Bild 4.13

Da in der Ebene die Parallelverschiebung mit dem üblichen Begriff übereinstimmt, erhalten wir für eine Verschiebung s von p, die dem Mittelpunktswinkel θ (siehe Bild 4.13) entspricht, daß der orientierte Winkel zwischen dem Tangentenvektor $t(s)$ und der Parallelverschiebung $w(s)$ durch $2\pi - \theta$ gegeben ist.

Manchmal ist es nützlich, den Begriff der „gebrochenen Kurve" zur Verfügung zu haben, der folgendermaßen definiert werden kann.

Definition 7. Eine Abbildung $\alpha: [0, l] \to S$ ist eine *parametrisierte stückweise reguläre Kurve*, wenn α stetig ist und es eine Unterteilung

$$0 = t_0 < t_1 < \cdots < t_k < t_{k+1} = l$$

des Intervalls $[0, l]$ gibt, so daß die Einschränkung $\alpha_{|[t_i, t_{i+1}]}$, $i = 0, \ldots, k$, eine parametrisierte reguläre Kurve ist. Jedes $\alpha_{|[t_i, t_{i+1}]}$ heißt *regulärer Bogen* von α.

Der Begriff der Parallelverschiebung kann leicht auf parametrisierte stückweise reguläre Kurven übertragen werden. Liegt der Anfangswert w_0 z.B. im Intervall $[t_i, t_{i+1}]$, so führen wir in dem regulären Bogen $\alpha_{|[t_i, t_{i+1}]}$ eine Parallelverschiebung wie üblich durch; ist $t_{i+1} \neq l$, so nehmen wir $w(t_{i+1})$ als Anfangswert für die Parallelverschiebung im nächsten Bogen $\alpha_{|[t_{i+1}, t_{i+2}]}$ und so fort.

Beispiel 2[1]**).** Das vorhergehende Beispiel ist ein Spezialfall einer interessanten geometrischen Konstruktion der Parallelverschiebung. Es sei C eine reguläre Kurve auf einer Fläche S; nimm an, C ist nirgends tangential an eine Asymptotenrichtung. Betrachte die Einhüllende der Familie von Tangentialebenen an S längs C (vgl. Beispiel 4, Abschnitt 3.5). In einer Umgebung von C ist diese Einhüllende eine reguläre Fläche Σ, die tangential ist zu S längs C. (In Beispiel 1 kann man für Σ ein Band um C auf dem Kegel nehmen, der tangential zur Sphäre längs C ist.) Also ist die Parallelverschiebung eines Vektors $w \in T_p(S)$, $p \in S$, längs C dieselbe, ob wir sie bezüglich S oder bezüglich Σ betrachten. Darüber hinaus ist Σ eine abwickelbare Fläche; deshalb ist ihre Gaußsche Krümmung identisch Null.

Nun werden wir später in diesem Buch (Abschnitt 4.6, Satz von Minding) beweisen, daß eine Fläche mit Gaußscher Krümmung Null lokal isometrisch zu einer Ebene ist. Daher können wir eine Umgebung $V \subset \Sigma$ von p durch eine Isometrie $\varphi: V \to P$ in eine Ebene P abbilden. Um die Parallelverschiebung von w längs $V \cap C$ zu erhalten, nehmen wir die übliche Parallelverschiebung in der Ebene von $d\varphi_p(w)$ längs $\varphi(C)$ und holen sie mit $d\varphi$ auf Σ zurück (Bild 4.14).

Das liefert eine geometrische Konstruktion der Parallelverschiebung längs kleiner Bögen von C. Wir überlassen es dem Leser zur Übung zu zeigen, daß diese Konstruktion schrittweise auf einen gegebenen Bogen von C ausgeweitet werden kann. (Benutze den Satz von Heine-Borel und gehe vor wie bei gebrochenen Kurven.)

Die parametrisierten Kurven $\gamma: I \to \mathbb{R}^2$ in einer Ebene, längs welcher ihr Tangentenvektorfeld $\gamma'(t)$ parallel ist, sind genau die Geraden der Ebene. Diejenigen parametrisierten Kurven, die eine analoge Bedingung für eine Fläche erfüllen, heißen Geodätische.

---

[1]) Dieses Beispiel benutzt die Ergebnisse über Regelflächen aus Abschnitt 3.5.

4.4 Parallelverschiebung. Geodätische

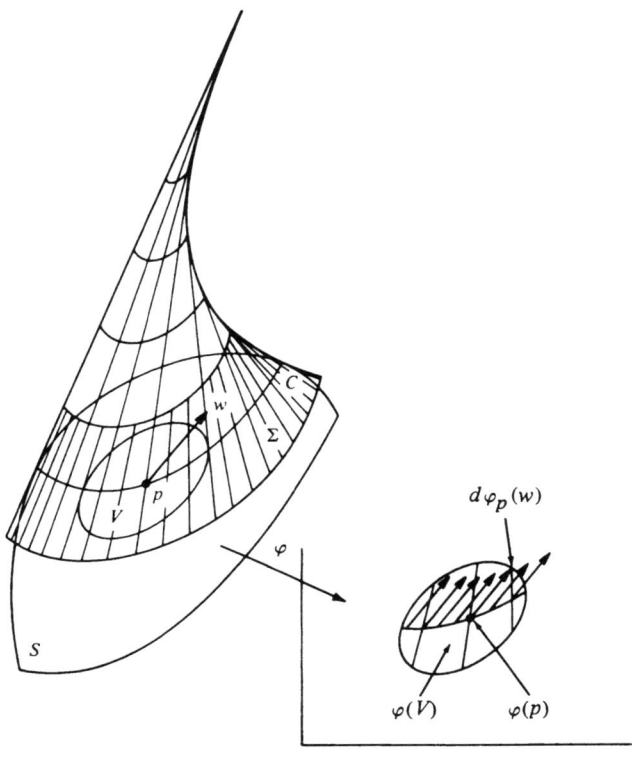

Bild 4.14
Parallelverschiebung längs C

Definition 8. Eine nichtkonstante parametrisierte Kurve $\gamma: I \to S$ heißt *geodätisch* in $t \in I$, wenn ihr Tangentenvektorfeld $\gamma'(t)$ längs γ parallel ist in t; d.h.

$$\frac{D\gamma'(t)}{dt} = 0;$$

γ ist eine *parametrisierte Geodätische*, wenn sie geodätisch ist für alle $t \in I$.

Aus Prop. 1 erhalten wir sofort $|\gamma'(t)| = $ konst. $= c \neq 0$. Deshalb können wir die Bogenlänge $s = ct$ als Parameter einführen und schließen, daß der Parameter t einer parametrischen Geodätischen γ proportional zur Bogenlänge von γ ist.

Beachte, daß eine parametrisierte Geodätische Selbstüberschneidungen haben kann. (Beispiel 6 wird dies illustrieren; siehe Bild 4.20). Ihr Tangentenvektor ist jedoch niemals Null und die Parametrisierung damit regulär.

Der Begriff „geodätisch" ist offenbar lokal. Die vorherigen Betrachtungen erlauben es uns, die Definition von „geodätisch" auf Teilmengen von S zu übertragen, die reguläre Kurven sind.

Definition 8a. Eine reguläre zusammenhängende Kurve C in S heißt *Geodätische*, wenn für jedes $p \in C$ die Parametrisierung $\alpha(s)$ einer Koordinatenumgebung von p nach der Bogenlänge s eine parametrisierte Geodätische ist; d.h. $\alpha'(s)$ ist ein paralleles Vektorfeld längs $\alpha(s)$.

Beachte, daß jede in einer Fläche enthaltene Gerade den Bedingungen von Def. 8 genügt.
Von einem Standpunkt außerhalb der Fläche S ist Def. 8a äquivalent dazu, daß $\alpha''(s) = kn$ normal ist zur Tangentialebene, d.h. parallel zur Normalen an die Fläche. Anders ausgedrückt, eine reguläre Kurve $C \subset S$ ($k \neq 0$) ist genau dann eine Geodätische, wenn ihr Hauptnormalenvektor in jedem Punkt $p \in C$ parallel ist zur Normalen an S in p.
Die obige Eigenschaft kann man benutzen, um einige Geodätische geometrisch als solche zu erkennen, wie die folgenden Beispiele zeigen.

Beispiel 3. Die Großkreise einer Sphäre S^2 sind Geodätische. Die Großkreise C erhält man nämlich, indem man die Sphäre mit einer Ebene schneidet, die durch den Mittelpunkt 0 der Sphäre geht. Die Hauptnormale in einem Punkt $p \in C$ liegt in Richtung der Geraden, die p mit 0 verbindet, weil C ein Kreis mit Mittelpunkt 0 ist. Da S^2 eine Sphäre ist, liegen die Normalen in derselben Richtung, woraus unsere Behauptung folgt.
Weiter hinten in diesem Abschnitt beweisen wir die allgemeine Tatsache, daß es zu jedem Punkt $p \in S$ und jeder Richtung in $T_p(S)$ genau eine Geodätische $C \subset S$ gibt, die durch p geht und tangential zu dieser Richtung ist. Im Falle der Sphäre geht durch jeden Punkt und tangential zu jeder Richtung genau ein Großkreis, der wie eben bewiesen, eine Geodätische ist. Aufgrund der Eindeutigkeit sind die Großkreise deshalb die einzigen Geodätischen auf einer Sphäre.

Beispiel 4. Für den senkrechten Kreiszylinder über dem Kreis $x^2 + y^2 = 1$, sind offenbar die Kreise Geodätische, die man als Durchschnitt des Zylinders mit Ebenen erhält, die normal zur Zylinderachse sind. Das gilt deshalb, weil die Hauptnormale in einem beliebigen Punkt eines solchen Kreises parallel ist zur Normalen an die Fläche in diesem Punkt. Andererseits sind aufgrund der Beobachtung nach Def. 8a die Geraden auf dem Zylinder (Erzeugende) ebenfalls Geodätische.
Um die Existenz weiterer Geodätischer C auf dem Zylinder nachzuweisen, betrachten wir eine Parametrisierung (vgl. Beispiel 2, Abschnitt 2.5)

$$\mathbf{x}(u, v) = (\cos u, \sin u, v)$$

des Zylinders in einem Punkt $p \in C$ mit $\mathbf{x}(0, 0) = p$. In dieser Parametrisierung läßt sich eine Umgebung von p in C darstellen als $\mathbf{x}(u(s), v(s))$, wobei s die Bogenlänge von C ist. Wie wir vorher gesehen haben (vgl. Beispiel 1, Abschnitt 4.2) ist $\mathbf{x}$ eine lokale Isometrie, die eine Umgebung U von $(0, 0)$ in der uv-Ebene in den Zylinder abbildet. Weil die Bedingung an eine Geodätische lokal und invariant unter Isometrien ist, muß die Kurve $(u(s), v(s))$ eine Geodätische in U sein, die durch $(0, 0)$ geht. Aber die Geodätischen der Ebene sind die Geraden. Wenn wir die bereits betrachteten Fälle ausschließen, erhalten wir deshalb

$$u(s) = as, \quad v(s) = bs, \quad a^2 + b^2 = 1.$$

Wenn also eine reguläre Kurve C (die weder ein Kreis noch eine Gerade ist) eine Geodätische des Zylinders ist, so ist sie lokal von der Form (Bild 4.15)

$$(\cos as, \sin as, bs),$$

und damit eine Helix. Auf diese Weise haben wir alle Geodätischen eines senkrechten Kreiszylinders bestimmt.

4.4 Parallelverschiebung. Geodätische

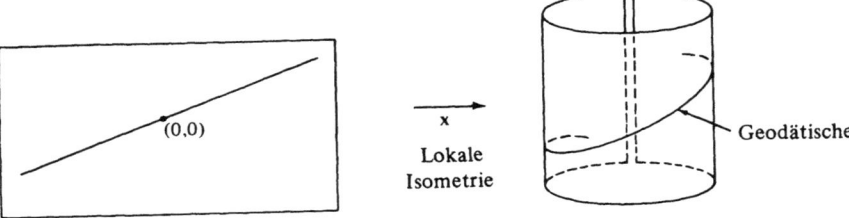

Bild 4.15 Geodätische auf einem Zylinder

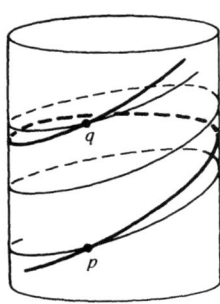

Bild 4.16
Zwei Geodätische auf einem
Zylinder, die p und q verbinden

Beachte, daß man zwei Punkte auf dem Zylinder, die nicht auf einem zur xy-Ebene parallelen Kreis liegen, durch unendlich viele Schraubenlinien verbinden kann. Das bedeutet, daß man zwei Punkte auf einem Zylinder im allgemeinen durch eine unendliche Zahl von Geodätischen verbinden kann, im Gegensatz zur Situation in der Ebene. Beachte, daß so etwas nur auftreten kann bei Geodätischen, die eine „vollständige Drehung" machen, da der Zylinder ohne eine Erzeugende isometrisch zu einer Ebene ist (Bild 4.16).

Führen wir die Analogie mit der Ebene fort, so stellen wir fest, daß die Geraden, d.h. die Geodätischen einer Ebene, auch dadurch charakterisiert sind, daß sie reguläre Kurven der Krümmung Null sind. Nun ist die Krümmung einer orientierten ebenen Kurve gegeben als der Absolutbetrag der Ableitung des Einheitstangentenvektorfeldes tangential zur Kurve versehen mit einem Vorzeichen, das die Konkavität der Kurve in Bezug zur Orientierung der Ebene ausdrückt (vgl. Abschnitt 1.5, Bem. 1). Um das Vorzeichen mit in Betracht zu ziehen, ist es günstig, folgenden Begriff zu definieren.

Definition 9. Es sei w ein differenzierbares Einheitsvektorfeld längs einer parametrisierten Kurve $\alpha: I \to S$ auf einer orientierten Fläche S. Da $w(t)$, $t \in I$, ein Einheitsvektorfeld ist, ist $(dw/dt)(t)$ normal zu $w(t)$ und deshalb gilt

$$\frac{Dw}{dt} = \lambda (N \wedge w(t)).$$

Die reelle Zahl $\lambda = \lambda(t)$, die mit $[Dw/dt]$ bezeichnet wird, heißt *algebraischer Wert der kovarianten Ableitung* von w in t.

Beachte, daß das Vorzeichen von $[Dw/dt]$ von der Orientierung von S abhängt und daß $[Dw/dt] = \langle dw/dt, N \wedge w \rangle$ gilt.

Wir sollten ganz allgemein darauf hinweisen, daß von jetzt ab die Orientierung von S eine wesentliche Rolle spielt bei den Begriffen, die eingeführt werden. Der aufmerksame Leser wird bemerkt haben, daß die Definition der Parallelverschiebung und der Geodätischen unabhängig ist von der Orientierung von S. Im Gegensatz dazu wechselt die geodätische Krümmung, die wir unten definieren, ihr Vorzeichen bei einer Orientierungsänderung von S.

Wir definieren jetzt für Kurven in einer Fläche einen Begriff, der das Analogon zur Krümmung von ebenen Kurven ist.

Definition 10. Es sei C eine orientierte reguläre Kurve in einer orientierten Fläche S und $\alpha(s)$ eine Parametrisierung von C in einer Umgebung von $p \in S$ nach der Bogenlänge s. Der algebraische Wert der kovarianten Ableitung $[D\alpha'(s)/ds] = k_g$ von $\alpha'(s)$ heißt *geodätische Krümmung* von C in p.

Die Geodätischen, die reguläre Kurven sind, sind also dadurch charakterisiert, daß sie Kurven mit geodätischer Krümmung Null sind.

Von einem Standpunkt außerhalb der Fläche ist der Absolutbetrag der geodätischen Krümmung k_g von C in p der Absolutbetrag der tangentiellen Komponente des Vektors $\alpha''(s) = kn$, wobei k die Krümmung von C in p und n der Normalvektor an C in p ist. Erinnern wir uns daran, daß der Absolutbetrag der Normalkomponente des Vektors kn der Absolutbetrag der Normalkrümmung k_n von $C \subset S$ in p ist, so erhalten wir sofort (Bild 4.17).

$$k^2 = k_g^2 + k_n^2.$$

Als Beispiel kann der Absolutbetrag der geodätischen Krümmung k_g eines Breitenkreises C der Breite $\pi/2 - \varphi$ in einer Einheitssphäre S^2 aus dieser Beziehung berechnet werden (siehe Bild 4.18)

$$\frac{1}{\sin^2 \varphi} = k_n^2 + k_g^2 = 1 + k_g^2;$$

d.h.

$$k_g^2 = \cotan^2 \varphi.$$

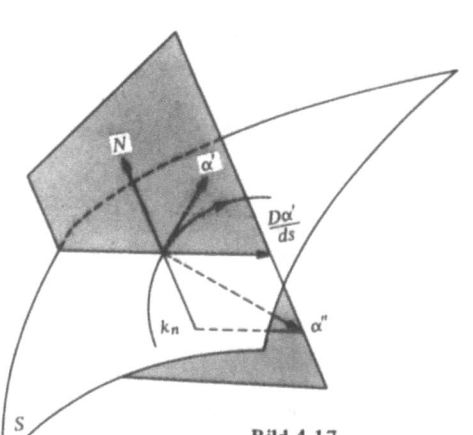

Bild 4.17

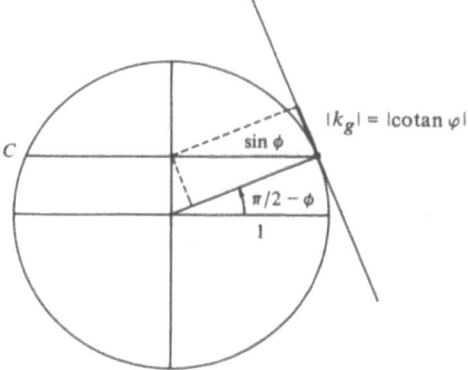

Bild 4.18 Geodätische Krümmung eines Breitenkreises auf der Einheitssphäre

4.4 Parallelverschiebung. Geodätische

Das Vorzeichen von k_g hängt ab von den Orientierungen von S^2 und C.

Eine weitere Konsequenz dieser „äußeren" Interpretation ist, daß zwei Flächen, die tangential sind längs einer regulären Kurve C, denselben Absolutbetrag der geodätischen Krümmung von C haben.

Bemerkung. Die geodätische Krümmung von $C \subset S$ wechselt das Vorzeichen, wenn wir entweder die Orientierung von C oder von S ändern.

Wir leiten jetzt eine Darstellung für den algebraischen Wert der kovarianten Ableitung her (Prop. 3 unten). Dazu benötigen wir einige Vorbereitungen.

Es seien v und w zwei differenzierbare Vektorfelder längs der parametrisierten Kurve $\alpha: I \to S$ mit $|v(t)| = |w(t)| = 1$, $t \in I$. Wir wollen eine differenzierbare Funktion $\varphi: I \to \mathbb{R}$ so definieren, daß $\varphi(t)$, $t \in I$, den Winkel zwischen $v(t)$ und $w(t)$ in der Orientierung von S mißt. Dazu betrachten wir das differenzierbare Vektorfeld $\bar{v}$ längs α, das dadurch definiert ist, daß $\{v(t), \bar{v}(t)\}$ eine positive Orthonormalbasis für jedes $t \in I$ sein soll. Also kann $w(t)$ dargestellt werden als

$$w(t) = a(t)v(t) + b(t)\bar{v}(t),$$

wobei a und b differenzierbare Funktionen auf I sind und $a^2 + b^2 = 1$ gilt.

Das folgende Lemma 1 zeigt, daß man den Winkel φ_0 zwischen $v(t_0)$ und $w(t_0)$, hat man ihn einmal festgelegt, differenzierbar auf I „fortsetzen" kann. Das liefert die gesuchte Funktion.

Lemma 1. *Es seien a und b differenzierbare Funktionen auf I mit $a^2 + b^2 = 1$ und φ_0 sei so, daß $a(t_0) = \cos \varphi_0$ und $b(t_0) = \sin \varphi_0$ gilt. Dann gilt für die differenzierbare Funktion*

$$\varphi = \varphi_0 + \int_{t_0}^{t} (ab' - ba') \, dt,$$

daß $\cos \varphi(t) = a(t)$, $\sin \varphi(t) = b(t)$, $t \in I$, und $\varphi(t_0) = \varphi_0$ ist.

Beweis. Es genügt zu zeigen, daß die Funktion

$$(a - \cos \varphi)^2 + (b - \sin \varphi)^2 = 2 - 2(a \cos \varphi + b \sin \varphi)$$

identisch verschwindet, oder daß

$$A = a \cos \varphi + b \sin \varphi = 1.$$

Benutzen wir $aa' = -bb'$ und die Definition von φ, so erhalten wir leicht

$$A' = -a(\sin \varphi)\varphi' + b(\cos \varphi)\varphi' + a' \cos \varphi + b' \sin \varphi$$
$$= -b'(\sin \varphi)(a^2 + b^2) - a'(\cos \varphi)(a^2 + b^2)$$
$$+ a' \cos \varphi + b' \sin \varphi = 0.$$

Daher ist $A(t) = $ konst., und da $A(t_0) = 1$ ist, ist das Lemma bewiesen. □

Wir bringen nun die kovariante Ableitung zweier Einheitsvektorfelder längs einer Kurve in Beziehung zu dem von ihnen gebildeten Winkel.

Lemma 2. *Es seien v und w zwei differenzierbare Vektorfelder längs der Kurve $\alpha: I \to S$ mit $|v(t)| = |w(t)| = 1$, $t \in I$. Dann gilt*

$$\left[\frac{Dw}{dt}\right] - \left[\frac{Dv}{dt}\right] = \frac{d\varphi}{dt},$$

wobei φ, wie in Lemma 1, der Winkel zwischen v und w ist, der differenzierbar von t abhängt.

Beweis. Wir führen die Vektoren $\bar{v} = N \wedge v$ und $\bar{w} = N \wedge w$ ein. Dann gilt

$$w = (\cos \varphi)v + (\sin \varphi)\bar{v}, \tag{2}$$

$$\begin{aligned}\bar{w} = N \wedge w &= (\cos \varphi)N \wedge v + (\sin \varphi)N \wedge \bar{v} \\ &= (\cos \varphi)\bar{v} - (\sin \varphi)v.\end{aligned} \tag{3}$$

Wir differenzieren (2) bezüglich t und erhalten

$$w' = -(\sin \varphi)\varphi'v + (\cos \varphi)v' + (\cos \varphi)\varphi'\bar{v} + (\sin \varphi)\bar{v}'.$$

Bilden wir das innere Produkt der letzten Beziehung mit $\bar{w}$, benutzen (3) und beachten, daß $\langle v, \bar{v}\rangle = 0$, $\langle v, v'\rangle = 0$ ist, so können wir schließen

$$\begin{aligned}\langle w', \bar{w}\rangle &= (\sin^2 \varphi)\varphi' + (\cos^2 \varphi)\langle v', \bar{v}\rangle + (\cos^2 \varphi)\varphi' - (\sin^2 \varphi)\langle \bar{v}', v\rangle \\ &= \varphi' + (\cos^2 \varphi)\langle v', \bar{v}\rangle - (\sin^2 \varphi)\langle \bar{v}', v\rangle.\end{aligned}$$

Andererseits folgt aus $\langle v, \bar{v}\rangle = 0$, d.h.

$$\langle v', \bar{v}\rangle = -\langle v, \bar{v}'\rangle,$$

daß

$$\langle w', \bar{w}\rangle = \varphi' + (\cos^2 \varphi + \sin^2 \varphi)\langle v', \bar{v}\rangle = \varphi' + \langle v', \bar{v}\rangle.$$

ist. Wir schließen

$$\left[\frac{Dw}{dt}\right] = \langle w', \bar{w}\rangle = \varphi' + \langle v', \bar{v}\rangle = \frac{d\varphi}{dt} + \left[\frac{Dv}{dt}\right],$$

da

$$\langle w', \bar{w}\rangle = \left\langle\frac{dw}{dt}, \bar{w}\right\rangle = \left[\frac{Dw}{dt}\right]\langle N \wedge w, \bar{w}\rangle = \left[\frac{Dw}{dt}\right]$$

ist; damit ist der Beweis des Lemmas beendet. □

Eine direkte Konsequenz aus dem obigen Lemma ist die folgende Beobachtung. Es sei C eine reguläre orientierte Kurve auf S, $\alpha(s)$ eine Parametrisierung von C bei p nach der Bogenlänge s und $v(s)$ ein paralleles Vektorfeld längs $\alpha(s)$. Setzen wir $w(s) = \alpha'(s)$, so erhalten wir

$$k_g(s) = \left[\frac{D\alpha'(s)}{ds}\right] = \frac{d\varphi}{ds}.$$

Anders ausgedrückt, *die geodätische Krümmung ist die Änderungsrate des Winkels, den die Tangente an die Kurve mit einer parallelen Richtung längs der Kurve bildet.* Im Fall der Ebene ist die parallele Richtung fest und die geodätische Krümmung reduziert sich auf die übliche Krümmung.

4.4 Parallelverschiebung. Geodätische

Wir können jetzt die versprochene Darstellung des algebraischen Werts der kovarianten Ableitung angeben. Wenn wir von einer Parametrisierung einer orientierten Fläche reden, so nehmen wir an, daß die Parametrisierung verträglich ist mit der gegebenen Orientierung.

Proposition 3. *Es sei* $\mathbf{x}(u, v)$ *eine orthogonale Parametrisierung (d. h. $F = 0$) einer Umgebung einer orientierten Fläche S und $w(t)$ ein differenzierbares Einheitsvektorfeld längs der Kurve* $\mathbf{x}(u(t), v(t))$. *Dann gilt*

$$\left[\frac{Dw}{dt}\right] = \frac{1}{2\sqrt{EG}}\left\{G_u\frac{dv}{dt} - E_v\frac{du}{dt}\right\} + \frac{d\varphi}{dt},$$

wobei $\varphi(t)$ der Winkel von $\mathbf{x}_u$ nach $w(t)$ in der gegebenen Orientierung ist.

Beweis. Es seien $e_1 = \mathbf{x}_u/\sqrt{E}$, $e_2 = \mathbf{x}_v/\sqrt{G}$ die Einheitsvektoren tangential an die Koordinatenkurven. Beachte, daß $e_1 \wedge e_2 = N$ gilt, wobei N die gegebene Orientierung von S ist. Nach Lemma 2 können wir schreiben

$$\left[\frac{Dw}{dt}\right] = \left[\frac{De_1}{dt}\right] + \frac{d\varphi}{dt},$$

wobei $e_1(t) = e_1(u(t), v(t))$ das Vektorfeld e_1, eingeschränkt auf die Kurve $\mathbf{x}(u(t), v(t))$, ist. Jetzt gilt

$$\left[\frac{De_1}{dt}\right] = \left\langle\frac{de_1}{dt}, N \wedge e_1\right\rangle = \left\langle\frac{de_1}{dt}, e_2\right\rangle = \langle(e_1)_u, e_2\rangle\frac{du}{dt} + \langle(e_1)_v, e_2\rangle\frac{dv}{dt}.$$

Andererseits gilt, da $F = 0$ ist,

$$\langle\mathbf{x}_{uu}, \mathbf{x}_v\rangle = -\tfrac{1}{2}E_v,$$

und deshalb

$$\langle(e_1)_u, e_2\rangle = \left\langle\left(\frac{\mathbf{x}_u}{\sqrt{E}}\right)_u, \frac{\mathbf{x}_v}{\sqrt{G}}\right\rangle = -\frac{1}{2}\frac{E_v}{\sqrt{EG}}.$$

Ähnlich gilt

$$\langle(e_1)_v, e_2\rangle = \frac{1}{2}\frac{G_u}{\sqrt{EG}}.$$

Setzen wir diese Beziehungen in die Darstellung von $[Dw/dt]$ ein, so erhalten wir schließlich

$$\left[\frac{Dw}{dt}\right] = \frac{1}{2\sqrt{EG}}\left\{G_u\frac{dv}{dt} - E_v\frac{du}{dt}\right\} + \frac{d\varphi}{dt},$$

womit der Beweis beendet ist. □

Als Anwendung von Prop. 3 beweisen wir die Existenz und Eindeutigkeit der Parallelverschiebung (Prop. 2).

Beweis von Prop. 2. Wir nehmen zunächst an, daß die parametrisierte Kurve $\alpha: I \to S$ in einer Koordinatenumgebung einer orthogonalen Parametrisierung $\mathbf{x}(u, v)$ enthalten ist. Mit der Bezeichnung von Prop. 3 ist die Bedingung dafür, daß das Vektorfeld w parallel ist, die folgende

$$\frac{d\varphi}{dt} = -\frac{1}{2\sqrt{EG}}\left\{G_u\frac{dv}{dt} - E_v\frac{du}{dt}\right\} = B(t).$$

Bezeichnen wir mit φ_0 einen orientierten Winkel von $\mathbf{x}_u$ nach w_0, so ist das Vektorfeld w vollständig bestimmt durch

$$\varphi = \varphi_0 + \int_{t_0}^{t} B(t)\, dt,$$

woraus in diesem Fall die Existenz und Eindeutigkeit von w folgt.

Ist $\alpha(I)$ nicht in einer Koordinatenumgebung enthalten, so verwenden wir die Kompaktheit von I, um $\alpha(I)$ in endlich viele Stücke zu zerlegen, von denen jedes in einer Koordinatenumgebung liegt. Benutzen wir die Eindeutigkeit aus dem ersten Teil des Beweises in den nichtleeren Durchschnitten dieser Stücke, so überträgt man leicht das Ergebnis auf diesen Fall. □

Eine weitere Anwendung von Prop. 3 ist die folgende Darstellung der geodätischen Krümmung, die als Formel von Liouville bekannt ist.

Proposition 4 (Liouville). *Es sei $\alpha(s)$ eine Parametrisierung nach der Bogenlänge von einer Umgebung eines Punktes $p \in S$ einer regulären orientierten Kurve C auf einer orientierten Fläche S. Es sei $\mathbf{x}(u,v)$ eine orthogonale Parametrisierung von S bei p und $\varphi(s)$ der Winkel zwischen $\mathbf{x}_u$ und $\alpha'(s)$ in der gegebenen Orientierung. Dann gilt*

$$k_g = (k_g)_1 \cos\varphi + (k_g)_2 \sin\varphi + \frac{d\varphi}{ds},$$

wobei $(k_g)_1$ und $(k_g)_2$ die geodätischen Krümmungen der Koordinatenkurven $v = \text{konst.}$ bzw. $u = \text{konst.}$ sind.

Beweis. Setzen wir $w = \alpha'(s)$ in Prop. 3, so erhalten wir

$$k_g = \frac{1}{2\sqrt{EG}} \left\{ G_u \frac{dv}{ds} - E_v \frac{du}{ds} \right\} + \frac{d\varphi}{ds}.$$

Längs der Koordinatenkurve $v = \text{konst.}$, $u = u(s)$ gilt $dv/ds = 0$ und $du/ds = 1/\sqrt{E}$; deshalb

$$(k_g)_1 = -\frac{E_v}{2E\sqrt{G}}.$$

Ähnlich gilt

$$(k_g)_2 = \frac{G_u}{2G\sqrt{E}}.$$

Setzen wir diese Beziehungen in die obige Formel für k_g ein, so erhalten wir

$$k_g = (k_g)_1 \sqrt{E}\frac{du}{ds} + (k_g)_2 \sqrt{G}\frac{dv}{ds} + \frac{d\varphi}{ds}.$$

Da

$$\sqrt{E}\frac{du}{ds} = \left\langle \alpha'(s), \frac{\mathbf{x}_u}{\sqrt{E}} \right\rangle = \cos\varphi \quad \text{und} \quad \sqrt{G}\frac{dv}{ds} = \sin\varphi$$

ist, ist schließlich, wie behauptet

$$k_g = (k_g)_1 \cos\varphi + (k_g)_2 \sin\varphi + \frac{d\varphi}{ds}$$

gezeigt. □

4.4 Parallelverschiebung. Geodätische

Wir führen jetzt die Gleichungen einer Geodätischen in einer Koordinatenumgebung ein. Zu diesem Zweck sei $\gamma: I \to S$ eine parametrisierte Kurve in S und $\mathbf{x}(u, v)$ eine Parametrisierung von S in einer Umgebung V von $\gamma(t_0)$, $t_0 \in I$. Es sei $J \subset I$ ein offenes Intervall, das t_0 enthält, mit $\gamma(J) \subset V$. Es sei $\mathbf{x}(u(t), v(t))$, $t \in J$, die Darstellung von $\gamma: J \to S$ in der Parametrisierung $\mathbf{x}$. Dann ist das Tangentenvektorfeld $\gamma'(t)$, $t \in J$, gegeben durch

$$w = u'(t)\mathbf{x}_u + v'(t)\mathbf{x}_v.$$

Deshalb ist die Tatsache, daß w parallel ist, äquivalent zu dem System von Differentialgleichungen

$$\begin{aligned} u'' + \Gamma_{11}^1 (u')^2 + 2\Gamma_{12}^1 u'v' + \Gamma_{22}^1 (v')^2 &= 0, \\ v'' + \Gamma_{11}^2 (u')^2 + 2\Gamma_{12}^2 u'v' + \Gamma_{22}^2 (v')^2 &= 0, \end{aligned} \quad (4)$$

das man aus Gleichung (1) erhält, indem man $a = u'$, $b = v'$ nimmt und die Koeffizienten von $\mathbf{x}_u$ und $\mathbf{x}_v$ gleich Null setzt.

In anderen Worten: $\gamma: I \to S$ ist genau dann eine Geodätische, wenn das System (4) erfüllt ist für jedes Intervall $J \subset I$, so daß $\gamma(J)$ in einer Koordinatenumgebung liegt. Das System (4) nennt man die *Differentialgleichungen der Geodätischen auf S*.

Eine wichtige Folgerung aus der Tatsache, daß die Geodätischen durch das System (4) beschrieben werden, ist der folgende Satz.

Proposition 5. *Es seien ein Punkt $p \in S$ und ein Vektor $w \in T_p(S)$, $w \neq 0$, gegeben. Dann gibt es $\epsilon > 0$ und eine eindeutig bestimmte parametrisierte Geodätische $\gamma: (-\epsilon, \epsilon) \to S$ mit $\gamma(0) = p$, $\gamma'(0) = w$.*

In Abschnitt 4.7 werden wir zeigen, wie man Prop. 5 aus Sätzen über Vektorfelder ableiten kann.

Bemerkung. Der Grund dafür, daß man $w \neq 0$ nimmt in Prop. 5, ist der, daß wir in der Definition von parametrisierten Geodätischen (vgl. Def. 8) konstante Kurven ausgeschlossen haben.

Wir verwenden den Rest dieses Abschnitts darauf, einige geometrische Anwendungen der Differentialgleichung (4) anzugeben. Diesen Teil kann der Leser übergehen. In diesem Fall sollten auch die Übungen 18, 20 und 21 ausgelassen werden.

Beispiel 5. Wir benutzen das System (4), um lokal die Geodätischen auf einer Rotationsfläche (vgl. Beispiel 4, Abschnitt 2.3) zu studieren, wobei wir die Parametrisierung

$$x = f(v) \cos u, \quad y = f(v) \sin u, \quad z = g(v)$$

verwenden. Nach Beispiel 1 von Abschnitt 4.3 sind die Christoffel Symbole gegeben durch

$$\Gamma_{11}^1 = 0, \quad \Gamma_{11}^2 = -\frac{ff'}{(f')^2 + (g')^2}, \quad \Gamma_{12}^1 = \frac{ff'}{f^2},$$

$$\Gamma_{12}^2 = 0, \quad \Gamma_{22}^1 = 0, \quad \Gamma_{22}^2 = \frac{f'f'' + g'g''}{(f')^2 + (g')^2}.$$

Damit erhält System (4) die folgende Gestalt

$$\begin{aligned} u'' + \frac{2ff'}{f^2} u'v' &= 0, \\ v'' - \frac{ff'}{(f')^2 + (g')^2} (u')^2 + \frac{f'f'' + g'g''}{(f')^2 + (g')^2} (v')^2 &= 0. \end{aligned} \quad (4a)$$

Aus diesen Gleichungen werden wir einige Folgerungen ziehen.

Zunächst sind wie erwartet die Meridiane u = konst., $v = v(s)$, parametrisiert nach der Bogenlänge s, Geodätische. Die erste Gleichung von (4a) ist trivialerweise erfüllt, wenn u = konst. ist. Die zweite wird

$$v'' + \frac{f'f'' + g'g''}{(f')^2 + (g')^2}(v')^2 = 0.$$

Da die erste Fundamentalform längs des Meridians u = konst., $v = v(s)$

$$((f')^2 + (g')^2)(v')^2 = 1$$

ergibt, schließen wir, daß

$$(v')^2 = \frac{1}{(f')^2 + (g')^2}$$

ist. Nach Differentiation gilt deshalb

$$2v'v'' = -\frac{2(f'f'' + g'g'')}{((f')^2 + (g')^2)^2}v' = -\frac{2(f'f'' + g'g'')}{(f')^2 + (g')^2}(v')^3,$$

oder, da $v' \neq 0$ ist,

$$v'' = -\frac{f'f'' + g'g''}{(f')^2 + (g')^2}(v')^2;$$

d.h. längs des Meridians ist auch die zweite der Gleichungen (4a) erfüllt. Also sind die Meridiane in der Tat Geodätische.

Nun werden wir untersuchen, welche Breitenkreise v = konst., $u = u(s)$, parametrisiert nach der Bogenlänge, Geodätische sind. Die erste der Gleichungen (4a) ergibt u' = konst. und die zweite wird

$$\frac{ff'}{(f')^2 + (g')^2}(u')^2 = 0.$$

Damit der Breitenkreis v = konst., $u = u(s)$ eine Geodätische ist, muß $u' \neq 0$ sein. Da $(f')^2 + (g')^2 \neq 0$ und $f \neq 0$ ist, schließen wir aus der obigen Gleichung, daß $f' = 0$ ist. Anders ausgedrückt: damit ein Breitenkreis einer Rotationsfläche eine Geodätische ist, muß ein solcher Breitenkreis notwendigerweise durch Rotation eines Punktes der erzeugenden Kurve entstehen, in dem die Tangente parallel zur Rotationsachse ist (Bild 4.19). Diese Bedingung ist offenbar auch hinreichend, da sie impliziert, daß die Normale des Breitenkreises mit der Flächennormalen übereinstimmt (Bild 4.19).

Für weitere Zwecke leiten wir eine interessante geometrische Folgerung aus der ersten Gleichung in (4a) her, die als Clairautsche Relation bekannt ist. Beachte, daß die erste der Gleichungen (4a) geschrieben werden kann als

$$(f^2 u')' = f^2 u'' + 2ff'u'v' = 0;$$

daher ist

$$f^2 u' = \text{konst.} = c.$$

Andererseits ist der Winkel θ, $0 \leq \theta \leq \pi/2$, unter dem sich eine Geodätische und ein Breitenkreis schneiden, gegeben durch

$$\cos\theta = \frac{|\langle \mathbf{x}_u, \mathbf{x}_u u' + \mathbf{x}_v v'\rangle|}{|\mathbf{x}_u|} = |fu'|,$$

4.4 Parallelverschiebung. Geodätische

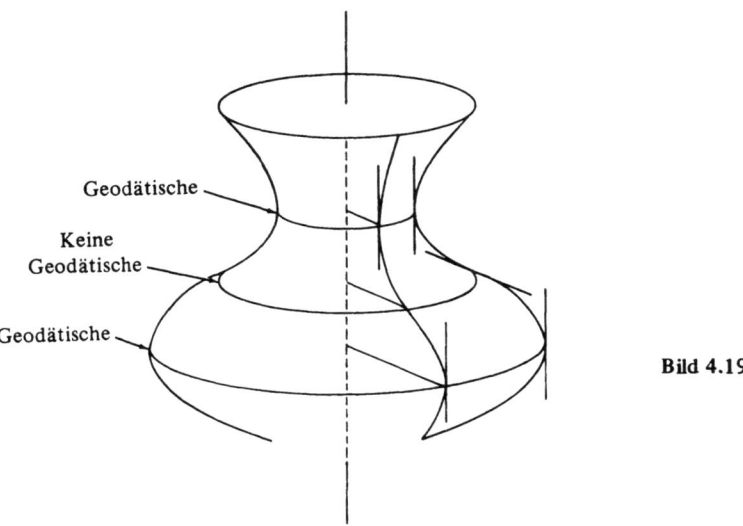

Bild 4.19

wobei $\{x_u, x_v\}$ die Basis ist, die zur gegebenen Parametrisierung gehört. Da $f = r$ der Radius des Breitenkreises im Schnittpunkt ist, erhalten wir die *Clairautsche Relation*:

$r \cos \theta$ = konst. = $|c|$.

Im nächsten Beispiel zeigen wir, wie nützlich diese Beziehung ist. Siehe auch die Übungen 18, 20 und 21.

Schließlich zeigen wir, daß das System (4a) mit Hilfe von Stammfunktionen integriert werden kann. Es sei $u = u(s)$, $v = v(s)$ eine nach der Bogenlänge parametrisierte Geodätische, die weder ein Meridian noch ein Breitenkreis sein soll. Die erste Gleichung aus (4a) läßt sich dann schreiben als $f^2 u'$ = konst. = $c \neq 0$.

Beachte zunächst, daß die erste Fundamentalform längs $(u(s), v(s))$

$$1 = f^2 \left(\frac{du}{ds}\right)^2 + ((f')^2 + (g')^2) \left(\frac{dv}{ds}\right)^2 \tag{5}$$

zusammen mit der ersten Gleichung aus (4a) äquivalent ist zur zweiten Gleichung aus (4a). Substituiert man nämlich $f^2 u' = c$ in Gleichung 5, so erhält man

$$\left(\frac{dv}{ds}\right)^2 ((f')^2 + (g')^2) = -\frac{c^2}{f^2} + 1;$$

also nach Differentiation bzgl. s,

$$2\frac{dv}{ds}\frac{d^2v}{ds^2}((f')^2 + (g')^2) + \left(\frac{dv}{ds}\right)^2 (2f'f'' + 2g'g'') \frac{dv}{ds} = \frac{2ff'c^2}{f^4} \frac{dv}{ds},$$

was zur zweiten Gleichung von (4a) äquivalent ist, da $(u(s), v(s))$ kein Breitenkreis ist. (Natürlich kann die Geodätische tangential zu einem Breitenkreis sein, der keine Geodätische ist, und dann gilt $v'(s) = 0$. Die Clairautsche Relation zeigt jedoch, daß dies nur in isolierten Punkten geschehen kann.)

Weil andererseits $c \neq 0$ ist (denn die Geodätische ist kein Meridian), haben wir $u'(s) \neq 0$. Also können wir $u = u(s)$ umkehren und erhalten $s = s(u)$, und daher $v = v(s(u))$. Multiplizieren wir Gleichung (5) mit $(ds/du)^2$, so bekommen wir

$$\left(\frac{ds}{du}\right)^2 = f^2 + ((f')^2 + (g')^2)\left(\frac{dv}{ds}\frac{ds}{du}\right)^2,$$

oder, indem wir $(ds/du)^2 = f^4/c^2$ benutzen,

$$f^2 = c^2 + c^2 \frac{(f')^2 + (g')^2}{f^2}\left(\frac{dv}{du}\right)^2,$$

d.h.

$$\frac{dv}{du} = \frac{1}{c} f \sqrt{\frac{f^2 - c^2}{(f')^2 + (g')^2}};$$

daraus folgt

$$u = c \int \frac{1}{f} \sqrt{\frac{(f')^2 + (g')^2}{f^2 - c^2}}\, dv + \text{konst}; \tag{6}$$

das ist die Gleichung eines Stücks einer Geodätischen auf einer Rotationsfläche, die weder ein Breitenkreis noch ein Meridian ist.

Beispiel 6. Wir werden zeigen, daß sich jede Geodätische auf einem Rotationsparaboloid $z = x^2 + y^2$, die kein Meridian ist, unendlich oft schneidet.

Es sei p_0 ein Punkt des Paraboloids und P_0 der Breitenkreis vom Radius r_0 durch p_0. Es sei γ eine parametrisierte Geodätische durch p_0, die mit P_0 einen Winkel θ_0 bildet. Da nach der Clairautschen Relation

$$r \cos\theta = \text{konst.} = |c|, \quad 0 \leq \theta \leq \frac{\pi}{2}$$

ist, schließen wir, daß θ mit r wächst.

Deshalb wächst θ, wenn wir der Geodätischen in Richtung der wachsenden Breitenkreise folgen. In manchen Rotationsflächen kann sich γ asymptotisch einem Meridian annähern. Wir werden gleich zeigen, daß dies bei einem Rotationsparaboloid nicht der Fall ist. D.h. die Geodätische γ schneidet alle Meridiane und windet sich deshalb unendlich oft um das Paraboloid.

Folgen wir andererseits der Richtung abnehmender Breitenkreise, so fällt der Winkel θ und nähert sich dem Wert 0, der einem Breitenkreis vom Radius $|c|$ entspricht (beachte, daß für $\theta_0 \neq 0$ $|c| < r_0$ gilt). Wir werden weiter hinten im Buch beweisen, daß auf einer Rotationsfläche keine Geodätische asymptotisch zu einem Breitenkreis sein kann, der nicht selbst Geodätische ist (Abschnitt 4.7). Da kein Breitenkreis des Paraboloids eine Geodätische ist, ist die Geodätische tatsächlich tangential zu dem Breitenkreis vom Radius $|c|$ im Punkt p_1. Da 1 das Maximum von $\cos\theta$ ist, wächst der Wert von r von p_1 aus. Deshalb sind wir in derselben Situation wie zuvor. Die Geodätische windet sich unendlich oft um das Paraboloid in Richtung wachsender r's und schneidet den anderen Zweig offenbar unendlich oft (Bild 4.20).

Beachte, daß für $\theta_0 = 0$ die Anfangssituation die des Punktes p_1 ist.

Es bleibt noch zu zeigen, daß die Geodätische γ bei wachsendem r alle Meridiane des Paraboloids trifft. Beachte zunächst, daß die Geodätische nicht tangential zu einem Meridian sein kann. Sonst würde sie aufgrund des Eindeutigkeitsteils von Prop. 5 mit dem Meridian

4.4 Parallelverschiebung. Geodätische

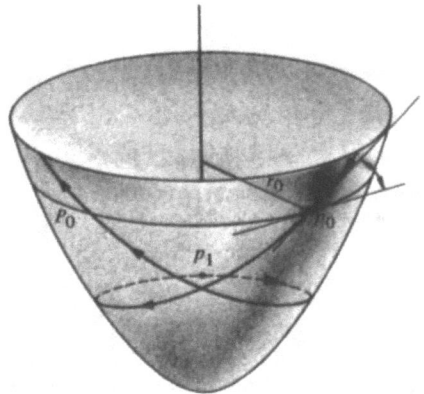

Bild 4.20

übereinstimmen. Da der Winkel θ mit r wächst, würde γ sich asymptotisch einem Meridian, sagen wir M, nähern, wenn sie nicht alle Meridiane schneiden würde.

Wir wollen annehmen, daß dies der Fall ist, und ein System von lokalen Koordinaten für das Paraboloid $z = x^2 + y^2$ wählen, das gegeben ist durch

$$x = v \cos u, \qquad y = v \sin u, \qquad z = v^2,$$
$$0 < v < +\infty, \qquad 0 < u < 2\pi,$$

so daß die zugehörige Koordinatenumgebung M als $u = u_0$ enthält. Nach Voraussetzung gilt $u \to u_0$ bei $v \to \infty$. Andererseits ist die Gleichung der Geodätischen γ in diesem Koordinatensystem gegeben durch (vgl. Gleichung (6), Beispiel 5, und wähle eine Orientierung von γ, so daß $c > 0$ ist)

$$u = c \int \frac{1}{v} \sqrt{\frac{1 + 4v^2}{v^2 - c^2}} \, dv + \text{konst.} > c \int \frac{dv}{v} + \text{konst.},$$

da

$$\frac{1 + 4v^2}{v^2 - c^2} > 1.$$

Aus der obigen Ungleichung folgt, daß u mit $v \to \infty$ über alle Grenzen wächst, was der Tatsache widerspricht, daß γ sich asymptotisch M nähert. Deshalb schneidet γ alle Meridiane. Damit ist die Behauptung am Anfang dieses Beispiels bewiesen.

Übungen

1. a) Ist eine Kurve $C \subset S$ sowohl Krümmungslinie als auch Geodätische, so zeige, daß C eine ebene Kurve ist.
   b) Zeige, daß eine Geodätische, die eine ebene Kurve und keine Gerade ist, eine Krümmungslinie ist.
   c) Gib ein Beispiel für eine Krümmungslinie, die eine ebene Kurve, aber keine Geodätische ist.

2. Beweise, daß eine Kurve $C \subset S$ genau dann sowohl Asymptotenlinie als auch Geodätische ist, wenn C ein Stück einer Geraden ist.

3. Zeige ohne Benutzung von Prop. 5, daß die Geraden die einzigen Geodätischen in der Ebene sind.

4 Es seien v und w Vektorfelder längs einer Kurve $\alpha: I \to S$. Beweise
$$\frac{d}{dt}\langle v(t), w(t)\rangle = \left\langle \frac{Dv}{dt}, w(t)\right\rangle + \left\langle v(t), \frac{Dw}{dt}\right\rangle.$$

5 Betrachte den Rotationstorus, der durch Rotation des Kreises
$$(x - a)^2 + z^2 = r^2, y = 0$$
um die z-Achse ($a > r > 0$) erzeugt wird. Die Breitenkreise, die durch die Punkte $(a + r, 0)$, $(a - r, 0)$, (a, r) erzeugt werden, heißen *maximaler, minimaler* bzw. *oberer Breitenkreis*. Prüfe nach, welcher dieser Breitenkreise
a) eine Geodätische,
b) eine Asymptotenlinie,
c) eine Krümmungslinie
ist.

*6 Berechne die geodätische Krümmung des oberen Breitenkreises des Torus aus Übung 5.

7 Bilde den Durchschnitt des Zylinders $x^2 + y^2 = 1$ mit einer Ebene, die durch die x-Achse geht und einen Winkel θ mit der xy-Ebene bildet.
a) Zeige, daß die Schnittkurve eine Ellipse C ist.
b) Berechne den Absolutbetrag der geodätischen Krümmung von C im Zylinder in den Punkten, in denen C ihre Achsen trifft.

*8 Sind alle Geodätischen einer zusammenhängenden Fläche ebene Kurven, so zeige, daß die Fläche in einer Ebene oder einer Sphäre liegt.

*9 Betrachte zwei Meridiane C_1 und C_2 einer Sphäre, die im Punkt p_1 den Winkel φ bilden. Betrachte die Parallelverschiebung des Tangentenvektors w_0 von C_1 längs C_1 und C_2 vom Anfangspunkt p_1 aus zum Punkt p_2, wo sich die beiden Meridiane wieder schneiden. Es seien w_1 und w_2 die dabei entstehenden Vektoren. Berechne den Winkel zwischen w_1 und w_2.

*10 Zeige, daß die geodätische Krümmung einer orientierten Kurve $C \subset S$ in einem Punkt $p \in C$ gleich der Krümmung der ebenen Kurve ist, die man durch Projektion von C auf die Tangentialebene längs der Normalen an die Fläche in p erhält.

11 Gib eine genaue Formulierung und beweise: Der algebraische Wert der kovarianten Ableitung ist invariant unter orientierungserhaltenden Isometrien.

*12 Eine Menge regulärer Kurven auf einer Fläche S heißt *differenzierbare Familie von Kurven* auf S, wenn die Tangenten an die Kurven aus dieser Menge ein differenzierbares Richtungsfeld bilden (siehe Abschnitt 3.4). Nimm an, daß es auf einer Fläche S zwei differenzierbare orthogonale Familien von Geodätischen gibt. Beweise, daß die Gaußsche Krümmung von S Null ist.

*13 Es sei V eine zusammenhängende Umgebung eines Punktes p einer Fläche S. Nimm an, daß die Parallelverschiebung zwischen zwei Punkten aus V unabhängig ist von der Kurve, die diese beiden Punkte verbindet. Zeige, daß die Gaußsche Krümmung von V Null ist.

14 Es sei S eine orientierte reguläre Fläche und $\alpha: I \to S$ eine nach der Bogenlänge parametrisierte Kurve. Im Punkt $p = \alpha(s)$ betrachten wir die drei Einheitsvektoren (das *Darbouxsche Dreibein*) $T(s) = \alpha'(s)$, $N(s) =$ Normalenvektor an S in p, $V(s) = N(s) \wedge T(s)$. Zeige:
$$\frac{dT}{ds} = 0 + aV + bN,$$
$$\frac{dV}{ds} = -aT + 0 + cN,$$
$$\frac{dN}{ds} = -bT - cV + 0,$$

4.4 Parallelverschiebung. Geodätische

wobei $a = a(s)$, $b = b(s)$, $c = c(s)$, $s \in I$. Die obigen Formeln sind das Analogon der Frenetschen Formeln für das Dreibein T, V, N. Um die geometrische Bedeutung der Koeffizienten zu erkennen, beweise:

a) $c = -\langle dN/ds, V \rangle$; schließe daraus, daß $\alpha(I) \subset S$ genau dann eine Krümmungslinie ist, wenn $c \equiv 0$ ist ($-c$ heißt *geodätische Torsion* von α; vgl. Übung 19, Abschnitt 3.2).
b) b ist die Normalkrümmung von $\alpha(I) \subset S$ in p.
c) a ist die geodätische Krümmung von $\alpha(I) \subset S$ in p.

15 Es sei p_0 ein Pol einer Einheitssphäre S^2 und q, p zwei solche Punkte auf dem zugehörigen Äquator, daß die Meridiane $p_0 q$ und $p_0 p$ einen Winkel θ bei p_0 bilden. Betrachte einen Einheitsvektor v tangential an den Meridian $p_0 q$ in p_0 und die Parallelverschiebung von v längs der geschlossenen Kurve, die aus dem Meridian $p_0 q$, dem Breiteabschnitt qp und dem Meridian pp_0 besteht (Bild 4.21).

a) Bestimme den Winkel zwischen der Endposition von v und v.
b) Mach dasselbe, wenn die Punkte p und q nicht auf dem Äquator sondern auf einem Breitenkreis der Breite $\pi/2 - \varphi$ liegen (vgl. Beispiel 1).

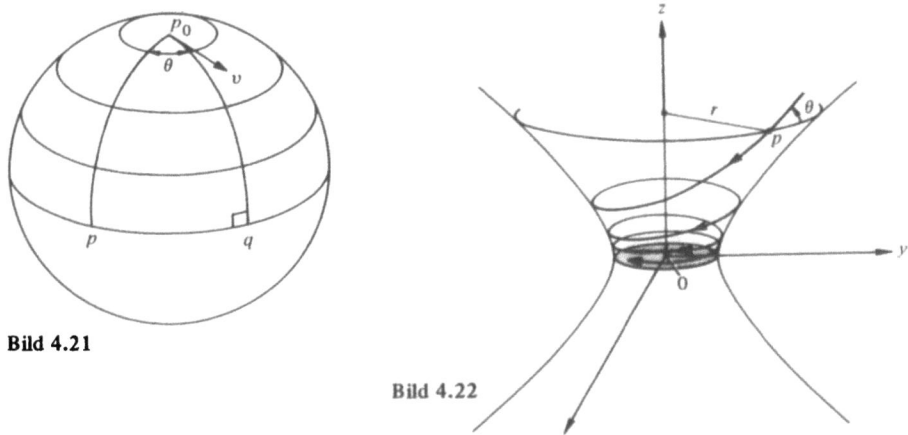

Bild 4.21

Bild 4.22

*16 Es sei p ein Punkt einer orientierten Fläche S. Nimm an, daß es eine Umgebung von p in S gibt, die nur aus parabolischen Punkten besteht. Zeige, daß die (eindeutig bestimmte) Asymptotenlinie durch p ein offenes Stück einer Geraden ist. Zeige an einem Beispiel, daß die Bedingung, daß es eine Umgebung aus parabolischen Punkten gibt, wesentlich ist.

17 Es sei $\alpha: I \to S$ eine nach der Bogenlänge s parametrisierte Kurve mit nicht verschwindender Krümmung. Betrachte die parametrisierte Fläche (Abschnitt 2.3)

$$\mathbf{x}(s, v) = \alpha(s) + v b(s), \quad s \in I, \, -\epsilon < v < \epsilon, \epsilon > 0,$$

wobei b der Binormalenvektor von α ist. Ist ϵ klein, so zeige, daß $\mathbf{x}(I \times (-\epsilon, \epsilon)) = S$ eine reguläre Fläche ist, in der $\alpha(I)$ eine Geodätische ist (*also ist jede Kurve eine Geodätische in der durch ihre Binormalen erzeugten Fläche*).

*18 Betrachte eine Geodätische, die in einem Punkt p auf dem oberen Teil ($z > 0$) eines Rotationshyperboloids $x^2 + y^2 - z^2 = 1$ beginnt und einen Winkel θ mit dem Breitenkreis bildet, der durch p geht, so daß $\cos \theta = 1/r$ ist, wobei r der Abstand von p zur z-Achse ist. Zeige: Folgt man der Geodätischen in Richtung abnehmender Breitenkreise, so nähert sie sich asymptotisch dem Breitenkreis $x^2 + y^2 = 1$, $z = 0$ (Bild 4.22).

*19 Zeige folgendes: Betrachtet man die Differentialgleichungen (4) für nach der Bogenlänge parametrisierte Geodätische, so ist die zweite Gleichung von (4), außer für die Koordinatenkurven, eine Konsequenz der ersten Gleichung von (4).

*20 Es sei T ein Rotationstorus, von dem wir annehmen, daß er folgendermaßen parametrisiert ist (vgl. Beispiel 6, Abschnitt 2.2)

$$\mathbf{x}(u, v) = ((r \cos u + a) \cos v, (r \cos u + a) \sin v, r \sin u).$$

Beweise:

a) Ist eine Geodätische tangential zum Breitenkreis $u = \pi/2$, so liegt sie ganz in dem abgeschlossenen Gebiet von T, das durch

$$-\frac{\pi}{2} \leq u \leq \frac{\pi}{2}$$

gegeben ist.

b) Eine Geodätische, die den Breitenkreis $u = 0$ unter einem Winkel θ ($0 < \theta < \pi/2$) schneidet, schneidet auch den Breitenkreis $u = \pi$, wenn

$$\cos \theta < \frac{a-r}{a+r}$$

ist.

21 *Liouvillesche Flächen* sind solche Flächen, bei denen man ein System von lokalen Koordinaten $\mathbf{x}(u, v)$ finden kann, so daß sich die Koeffizienten der ersten Fundamentalform schreiben lassen als

$$E = G = U + V, \quad F = 0,$$

wobei $U = U(u)$ eine Funktion nur von u und $V = V(v)$ eine Funktion nur von v ist. Beachte, daß Liouvillesche Flächen eine Verallgemeinerung der Rotationsflächen sind und beweise (vgl. Beispiel 5)

a) Die Geodätischen einer Liouvilleschen Fläche erhält man durch Integration in der Form

$$\int \frac{du}{\sqrt{U-c}} = \pm \int \frac{dv}{\sqrt{V+c}} + c_1,$$

wobei c und c_1 Konstanten sind, die von den Anfangsbedingungen abhängen.

b) Ist θ, $0 \leq \theta \leq \pi/2$, der Winkel zwischen einer Geodätischen und der Kurve v = konst., so gilt

$$U \sin^2 \theta - V \cos^2 \theta = \text{konst.}$$

(Beachte, daß dies das Analogon zur Clairautschen Relation für Liouvillesche Flächen ist.)

22 Es sei $S^2 = \{(x, y, z) \in \mathbf{R}^3; x^2 + y^2 + z^2 = 1\}$ und $p \in S^2$. Für jede stückweise reguläre parametrisierte Kurve $\alpha: [0, l] \to S^2$ mit $\alpha(0) = \alpha(l) = p$ sei $P_\alpha: T_p(S^2) \to T_p(S^2)$ die Abbildung, die jedem $v \in T_p(S^2)$ seine Parallelverschiebung längs α zurück nach p zuordnet. Nach Prop. 1 ist P_α eine Isometrie. Beweise, daß es zu jeder Rotation R von $T_p(S)$ ein α gibt, so daß $R = P_\alpha$ ist.

23 Zeige, daß die Isometrien der Einheitssphäre

$$S^2 = \{(x, y, z) \in \mathbf{R}^3; x^2 + y^2 + z^2 = 1\}$$

die Einschränkungen von linearen orthogonalen Transformationen des $\mathbf{R}^3$ auf S^2 sind.

4.5 Der Satz von Gauß-Bonnet und seine Anwendungen

In diesem Abschnitt behandeln wir den Satz von Gauß-Bonnet und einige seiner Konsequenzen. Die Geometrie in diesem Satz ist relativ einfach, und die Schwierigkeit seines Be-

4.5 Der Satz von Gauß-Bonnet und seine Anwendungen

weises liegt an bestimmten topologischen Tatsachen. Diese werden wir ohne Beweis angeben.

Der Satz von Gauß-Bonnet ist wahrscheinlich der tiefste Satz in der Differentialgeometrie von Flächen. Eine erste Version dieses Satzes wurde von Gauß in einer berühmten Arbeit [1] angegeben und behandelt geodätische Dreiecke auf Flächen (d.h. Dreiecke, deren Seiten Stücke von Geodätischen sind). Grob gesprochen wird die Aussage gemacht, daß der Exzeß eines geodätischen Dreiecks T (d.h. die Differenz zwischen der Summe der Innenwinkel $\varphi_1, \varphi_2, \varphi_3$ von T und π) gleich dem Integral der Gaußschen Krümmung K über T ist; d.h. (Bild 4.23)

$$\sum_{i=1}^{3} \varphi_i - \pi = \iint_T K \, d\sigma.$$

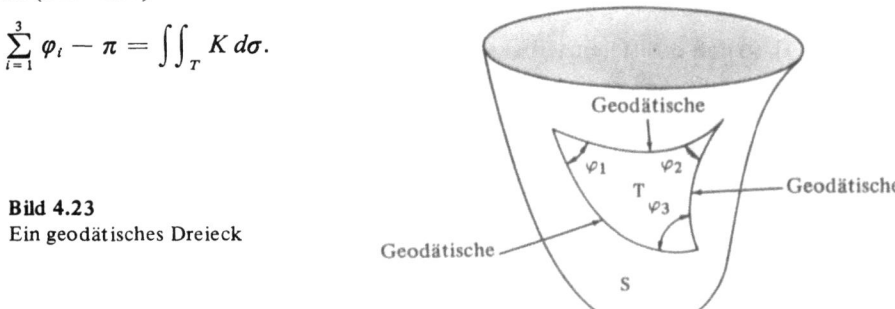

Bild 4.23
Ein geodätisches Dreieck

Ist z.B. $K \equiv 0$, so erhalten wir $\Sigma \varphi_i = \pi$, eine Übertragung des Satzes von Thales aus der Schulgeometrie auf Flächen mit Krümmung Null. Und wenn $K \equiv 1$, so erhalten wir $\Sigma \varphi_i - \pi =$ Flächeninhalt $(T) > 0$. Auf einer Einheitssphäre ist also die Summe der Innenwinkel eines geodätischen Dreiecks größer als π, und der Exzeß ist genau der Flächeninhalt von T. Ähnlich ist auf der Pseudosphäre (Übung 6, Abschnitt 3.3) die Summe der Innenwinkel eines geodätischen Dreiecks kleiner als π (Bild 4.24).

Die Übertragung des Satzes auf Gebiete, die von nichtgeodätischen einfachen Kurven (siehe Gleichung (1) unten) berandet werden, stammt von O. Bonnet. Um ihn weiter zu verallgemeinern, sagen wir auf kompakte Flächen, muß man einige topologische Betrachtungen anstellen. In der Tat ist es einer der bedeutendsten Aspekte des Satzes von Gauß-Bonnet, daß er eine bemerkenswerte Beziehung zwischen der Topologie einer kompakten Fläche und dem Integral ihrer Krümmung liefert (siehe Korollar 2 unten).

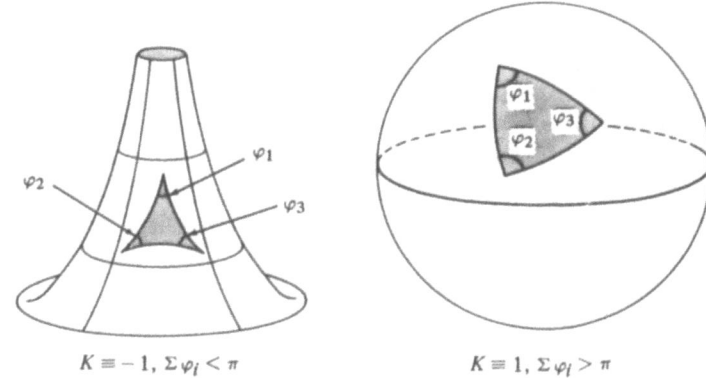

Bild 4.24

$K \equiv -1, \Sigma \varphi_i < \pi$ $\qquad$ $K \equiv 1, \Sigma \varphi_i > \pi$

Wir beginnen nun mit den Details für eine lokale Version des Satzes von Gauß-Bonnet. Dazu benötigen wir einige Definitionen.

Es sei $\alpha: [0, l] \to S$ eine stetige Abbildung des abgeschlossenen Intervalls $[0, l]$ in die reguläre Fläche S. Man sagt, α ist eine *einfache, geschlossene, stückweise reguläre, parametrisierte Kurve*, wenn

1. $\alpha(0) = \alpha(l)$.
2. $t_1 \neq t_2$, $t_1, t_2 \in [0, l)$ impliziert $\alpha(t_1) \neq \alpha(t_2)$.
3. Es gibt eine Unterteilung
$$0 = t_0 < t_1 < \cdots < t_k < t_{k+1} = l,$$
von $[0, l]$, so daß α differenzierbar und regulär ist auf jedem $[t_i, t_{i+1}]$, $i = 0, \ldots, k$.

Das bedeutet intuitiv, daß α eine geschlossene Kurve ist (Bedingung 1) ohne Selbstüberschneidungen (Bedingung 2), die nur an endlich vielen Stellen keine wohldefinierte Tangente besitzt (Bedingung 3).

Die Punkte $\alpha(t_i)$, $i = 0, \ldots, k$, heißen *Ecken* von α und die Spuren $\alpha([t_i, t_{i+1}])$ *reguläre Bögen* von α. Es ist üblich, die Spur $\alpha([0, l])$ von α eine *geschlossene, stückweise reguläre Kurve* zu nennen.

Aufgrund der Regularitätsbedingung existiert für jede Ecke $\alpha(t_i)$ der linksseitige Grenzwert, d.h. für $t < t_i$

$$\lim_{t \to t_i} \alpha'(t) = \alpha'(t_i - 0) \neq 0,$$

und der rechtsseitige Grenzwert, d.h. für $t > t_i$,

$$\lim_{t \to t_i} \alpha'(t) = \alpha'(t_i + 0) \neq 0.$$

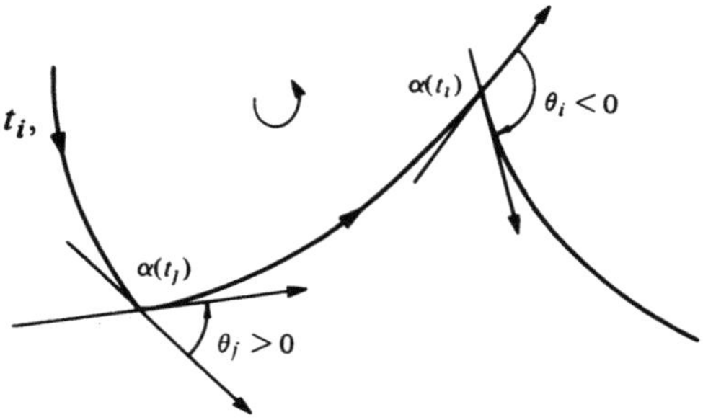

Bild 4.25

Nimm nun an, daß S orientiert ist, und sei $|\theta_i|$, $0 < |\theta_i| \leq \pi$ der kleinere Winkel von $\alpha'(t_i - 0)$ zu $\alpha'(t_i + 0)$. Ist $|\theta_i| \neq \pi$, so erhält θ_i das Vorzeichen der Determinante $(\alpha'(t_i - 0), \alpha'(t_i + 0), N)$. Das bedeutet, daß in dem Fall, wo die Ecke $\alpha(t_i)$ keine „Spitze" ist (Bild 4.25), das Vorzeichen von θ_i durch die Orientierung von S gegeben ist. Der mit dem Vorzeichen versehene Winkel θ_i, $-\pi < \theta_i < \pi$, heißt *Außenwinkel* an der Ecke $\alpha(t_i)$.

Ist die Ecke $\alpha(t_i)$ eine Spitze, d.h. $|\theta_i| = \pi$, so wählen wir das Vorzeichen von θ_i wie folgt. Aufgrund der Regularitätsbedingung sehen wir, daß es eine Zahl $\epsilon' > 0$ gibt, so daß die Determinante $(\alpha'(t_i - \epsilon), \alpha'(t_i + \epsilon), N)$ ihr Vorzeichen nicht ändert für alle $0 < \epsilon < \epsilon'$. θ_i wird mit dem Vorzeichen dieser Determinante versehen (Bild 4.26).

Es sei $\mathbf{x}: U \subset \mathbb{R}^2 \to S$ eine mit der Orientierung von S verträgliche Parametrisierung. Nimm weiter an, daß U zu einer offenen Scheibe in der Ebene homöomorph ist.

Es sei $\alpha: [0, l] \to \mathbf{x}(U) \subset S$ eine einfache, geschlossene, stückweise reguläre, parametrisierte Kurve mit Ecken $\alpha(t_i)$ und Außenwinkeln θ_i, $i = 0, \ldots, k$. $\varphi_i: [t_i, t_{i+1}] \to \mathbb{R}$ seien differenzierbare Funktionen, die in jedem $t \in [t_i, t_{i+1}]$ den positiven Winkel von $\mathbf{x}_u$ zu $\alpha'(t)$ messen (vgl. Lemma 1, Abschnitt 4.4).

Die erste topologische Tatsache, die wir ohne Beweis angeben, ist der folgende Satz.

4.5 Der Satz von Gauß-Bonnet und seine Anwendungen

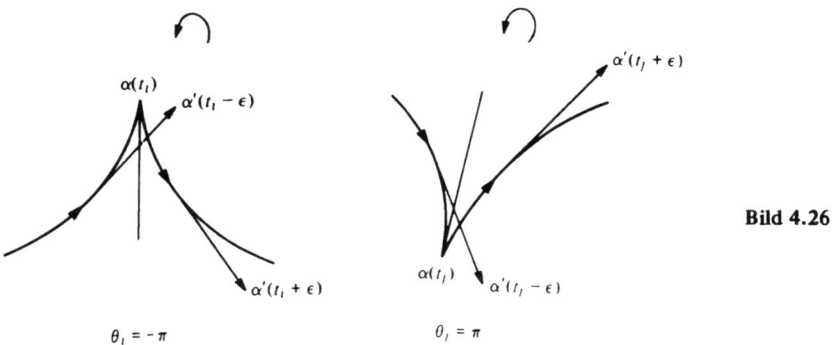

Bild 4.26

Theorem (Umlaufsatz). *Mit der obigen Notation gilt*

$$\sum_{i=0}^{k} (\varphi_i(t_{i+1}) - \varphi_i(t_i)) + \sum_{i=0}^{k} \theta_i = \pm 2\pi,$$

wobei das Vorzeichen von der Orientierung von α abhängt.

Dieser Satz besagt, daß die totale Variation des Winkels zwischen dem Tangentenvektor und einer festen Richtung zusammen mit den „Sprüngen" an den Ecken gleich 2π ist.

Ein eleganter Beweis dieses Satzes stammt von H. Hopf, *Compositio Math.* 2 (1935), 50–62.

Bevor wir die lokale Version des Satzes von Gauß-Bonnet formulieren können, benötigen wir noch etwas Terminologie.

S sei eine orientierte Fläche. Ein abgeschlossenes Gebiet $R \subset S$ (Vereinigung einer zusammenhängenden offenen Menge mit ihrem Rand) heißt *einfach*, wenn R homöomorph zu einer Scheibe ist, und der Rand ∂R von R die Spur einer einfachen, geschlossenen, stückweise regulären, parametrisierten Kurve $\alpha: I \to S$ ist. Man sagt dann α ist *positiv orientiert*, wenn für jedes $\alpha(t)$, das zu einem regulären Bogen gehört, die positive orthogonale Basis $\{\alpha'(t), h(t)\}$ von $T_{\alpha(t)}(S)$ die Bedingung erfüllt, daß $h(t)$ zu R „hinzeigt"; genauer gilt, ist $\beta: I \to R$ eine Kurve mit $\beta(0) = \alpha(t)$ und $\beta'(0) \neq \alpha'(t)$, so hat man $\langle \beta'(0), h(t) \rangle > 0$. Intuitiv bedeutet das folgendes: Geht man die Kurve α in der positiven Richtung entlang, wobei der Kopf in Richtung N zeigt, so bleibt R auf der linken Seite (Bild 4.27). Man kann zeigen, daß eine der beiden möglichen Orientierungen von α zu einer positiven Orientierung führt.

Jetzt sei $\mathbf{x}: U \subset \mathbb{R}^2 \to S$ eine mit der Orientierung von S verträgliche Parametrisierung und $R \subset \mathbf{x}(U)$ ein beschränktes abgeschlossenes Gebiet von S. Ist f eine differenzierbare Funktion auf S, so sieht man leicht, daß das Integral

$$\iint_{\mathbf{x}^{-1}(R)} f(u,v) \sqrt{EG - F^2} \, du \, dv$$

innerhalb der Klasse der Orientierung von $\mathbf{x}$ nicht von der Parametrisierung $\mathbf{x}$ abhängt. (Der Beweis ist derselbe wie bei der Definition des Flächeninhalts; vgl. Abschnitt 2.5). Dieses Integral hat deshalb eine geometrische Bedeutung und heißt das *Integral von f über das abgeschlossene Gebiet R*.

Bild 4.27
Eine positiv orientierte Randkurve

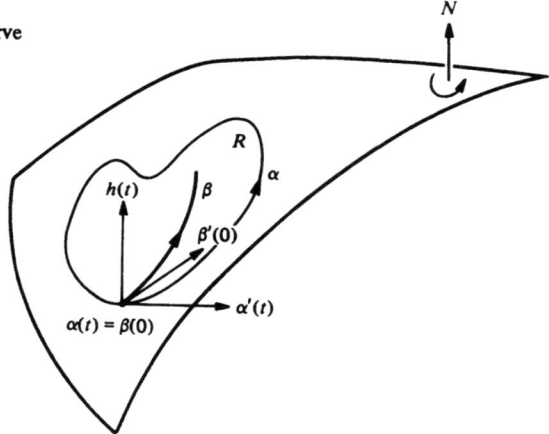

Es wird üblicherweise mit

$$\iint_R f \, d\sigma$$

bezeichnet.
Mit diesen Definitionen formulieren wir nun das

Gauß-Bonnet-Theorem (Lokale Version). *Es sei* $x: U \to S$ *eine orthogonale Parametrisierung (d.h. $F = 0$) einer orientierten Fläche S, wobei $U \subset \mathbb{R}^2$ homöomorph zu einer offenen Scheibe und x mit der Orientierung von S verträglich ist. Es sei $R \subset x(U)$ ein einfaches abgeschlossenes Gebiet in S und $\alpha: I \to S$ mit $\partial R = \alpha(I)$. Nimm an, daß α positiv orientiert und nach der Bogenlänge s parametrisiert ist. $\alpha(s_0), \ldots, \alpha(s_k)$ und $\theta_0, \ldots, \theta_k$ seien die Ecken und die Außenwinkel von α. Dann gilt*

$$\sum_{i=0}^{k} \int_{s_i}^{s_{i+1}} k_g(s) \, ds + \iint_R K \, d\sigma + \sum_{i=0}^{k} \theta_i = 2\pi, \qquad (1)$$

wobei $k_g(s)$ die geodätische Krümmung der regulären Bögen von α und K die Gaußsche Krümmung von S ist.

Bemerkung. Die Einschränkung, daß das abgeschlossene Gebiet R im Bild einer orthogonalen Parametrisierung enthalten ist, wurde nur gemacht, um den Beweis zu vereinfachen. Wie wir später sehen werden (Korollar 1 des globalen Gauß-Bonnet-Theorems), gilt das obige Resultat für beliebige einfache abgeschlossene Gebiete einer regulären Fläche. Das ist plausibel, da Gleichung (1) in keiner Weise auf eine besondere Parametrisierung Bezug nimmt[1].

Beweis. Es sei $u = u(s), v = v(s)$ die Darstellung von α in der Parametrisierung x. Nach Prop. 3 aus Abschnitt 4.4 gilt

$$k_g(s) = \frac{1}{2\sqrt{EG}} \left\{ G_u \frac{dv}{ds} - E_v \frac{du}{ds} \right\} + \frac{d\varphi_i}{ds},$$

---

[1] Akzeptiert man die Richtigkeit dieser Behauptung, so kann man bereits jetzt zu den Anwendungen 2 und 6 unten übergehen.

4.5 Der Satz von Gauß-Bonnet und seine Anwendungen

wobei $\varphi_i = \varphi_i(s)$ eine differenzierbare Funktion ist, die den positiven Winkel von $\mathbf{x}_u$ zu $\alpha'(s)$ auf $[s_i, s_{i+1}]$ mißt. Indem wir den obigen Ausdruck auf jedem Intervall integrieren und die Ergebnisse aufaddieren, erhalten wir

$$\sum_{i=0}^{k} \int_{s_i}^{s_{i+1}} k_g(s)\,ds = \sum_{i=0}^{k} \int_{s_i}^{s_{i+1}} \left(\frac{G_u}{2\sqrt{EG}} \frac{dv}{ds} - \frac{E_v}{2\sqrt{EG}} \frac{du}{ds} \right) ds$$
$$+ \sum_{i=0}^{k} \int_{s_i}^{s_{i+1}} \frac{d\varphi_i}{ds}\,ds.$$

Jetzt benutzen wir den Satz von Gauß-Green in der uv-Ebene, der folgendes besagt: *Sind $P(u,v)$ und $Q(u,v)$ differenzierbare Funktionen auf einem einfachen abgeschlossenen Gebiet $A \subset \mathbb{R}^2$, dessen Rand durch $u = u(s)$ und $v = v(s)$ gegeben ist, so gilt*

$$\sum_{i=0}^{k} \int_{s_i}^{s_{i+1}} \left(P \frac{du}{ds} + Q \frac{dv}{ds} \right) ds = \iint_A \left(\frac{\partial Q}{\partial u} - \frac{\partial P}{\partial v} \right) du\,dv.$$

Daraus folgt

$$\sum_{i=0}^{k} \int_{s_i}^{s_{i+1}} k_g(s)\,ds = \iint_{\mathbf{x}^{-1}(R)} \left\{ \left(\frac{E_v}{2\sqrt{EG}} \right)_v + \left(\frac{G_u}{2\sqrt{EG}} \right)_u \right\} du\,dv$$
$$+ \sum_{i=0}^{k} \int_{s_i}^{s_{i+1}} \frac{d\varphi_i}{ds}\,ds.$$

Aus der Gaußschen Formel für $F = 0$ (vgl. Übung 1, Abschnitt 4.3) wissen wir

$$\iint_{\mathbf{x}^{-1}(R)} \left\{ \left(\frac{E_v}{2\sqrt{EG}} \right)_v + \left(\frac{G_u}{2\sqrt{EG}} \right)_u \right\} du\,dv = - \iint_{\mathbf{x}^{-1}(R)} K\sqrt{EG}\,du\,dv$$
$$= - \iint_R K\,d\sigma.$$

Andererseits gilt aufgrund des Umlaufsatzes

$$\sum_{i=0}^{k} \int_{s_i}^{s_{i+1}} \frac{d\varphi_i}{ds}\,ds = \sum_{i=0}^{k} (\varphi_i(s_{i+1}) - \varphi_i(s_i))$$
$$= \pm 2\pi - \sum_{i=0}^{k} \theta_i.$$

Da die Kurve α positiv orientiert ist, sollte das Vorzeichen plus sein, wie man sich leicht am Spezialfall des Kreises in einer Ebene klarmacht.

Setzen wir alles zusammen, so erhalten wir

$$\sum_{i=0}^{k} \int_{s_i}^{s_{i+1}} k_g(s)\,ds + \iint_R K\,d\sigma + \sum_{i=0}^{k} \theta_i = 2\pi. \qquad \square$$

Bevor wir zur globalen Version des Gauß-Bonnet-Theorems kommen, wollen wir zeigen, wie man die in diesem Beweis benutzten Techniken dazu verwenden kann, die Gaußsche Krümmung in Termen der Parallelverschiebung zu interpretieren.

Dazu sei $\mathbf{x}: U \to S$ eine orthogonale Parametrisierung bei einem Punkt $p \in S$, und $R \subset \mathbf{x}(U)$ sei ein einfaches abgeschlossenes Gebiet ohne Ecken, das p im Innern enthält. $\alpha: [0, l] \to \mathbf{x}(U)$ sei eine nach der Bogenlänge s parametrisierte Kurve, so daß die Spur von α der Rand von R ist. Es sei w_0 ein Einheitstangentenvektor an S in $\alpha(0)$ und $w(s), s \in [0, l]$, sei die

Parallelverschiebung von w_0 längs α (Bild 4.28). Unter Benutzung von Prop. 3 aus Abschnitt 4.4 und des Satzes von Gauß-Green in der uv-Ebene erhalten wir

$$0 = \int_0^l \left[\frac{Dw}{ds}\right] ds$$

$$= \underbrace{\int_0^l \frac{1}{2\sqrt{EG}} \left\{ G_u \frac{dv}{ds} - E_v \frac{du}{ds} \right\} ds}_{= -\iint_R K\, d\sigma} + \int_0^l \frac{d\varphi}{ds} ds$$

$$= -\iint_R K\, d\sigma + \varphi(l) - \varphi(0),$$

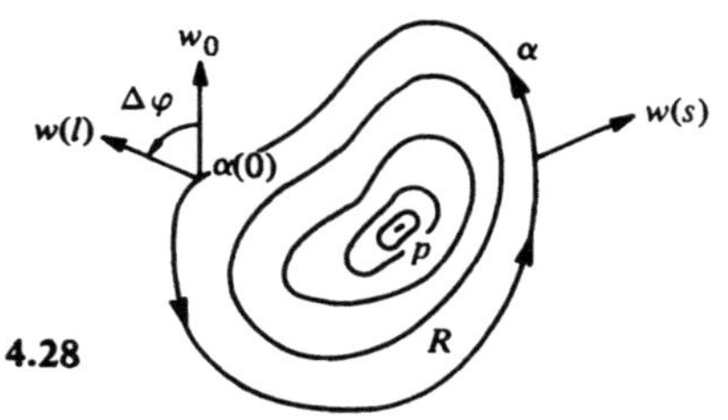

Bild 4.28

wobei $\varphi = \varphi(s)$ differenzierbar ist und den Winkel zwischen $\mathbf{x}_u$ und $w(s)$ mißt. Also ist $\varphi(l) - \varphi(0) = \Delta\varphi$ gegeben durch

$$\Delta\varphi = \iint_R K\, d\sigma. \tag{2}$$

Nun ist $\Delta\varphi$ unabhängig von der Wahl von w_0, und aus der obigen Darstellung folgt, daß $\Delta\varphi$ auch nicht von der Wahl von $\alpha(0)$ abhängt. Gehen wir zur Grenze über (im Sinne von Prop. 2, Abschnitt 3.3)

$$\lim_{R \to p} \frac{\Delta\varphi}{A(R)} = K(p),$$

wobei $A(R)$ der Flächeninhalt des abgeschlossenen Gebiets R ist, so erhalten wir die gewünschte Interpretation von K.

Um den Satz von Gauß-Bonnet zu globalisieren, benötigen wir weitere topologische Vorbereitungen.

Es sei S eine reguläre Fläche. Ein abgeschlossenes Gebiet $R \subset S$ heißt *regulär*, wenn R kompakt und sein Rand ∂R eine endliche Vereinigung von (einfachen) geschlossenen, stückweise regulären Kurven ist, die sich nicht schneiden (das abgeschlossene Gebiet in Bild 4.29 (a) ist regulär, das in Bild 4.29 (b) nicht). Der Bequemlichkeit halber betrachten wir eine kompakte Fläche als ein reguläres abgeschlossenes Gebiet, dessen Rand leer ist.

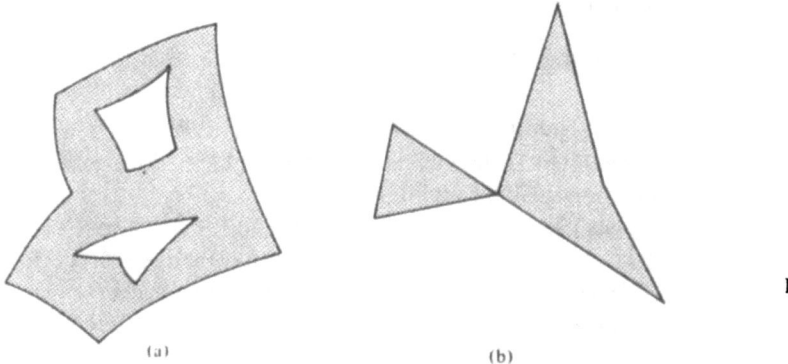

Bild 4.29

4.5 Der Satz von Gauß-Bonnet und seine Anwendungen

Ein einfaches abgeschlossenes Gebiet, das nur drei Ecken mit Außenwinkeln $\alpha_i \neq 0$, $i = 1, 2, 3$, hat, heißt *Dreieck*.

Eine *Triangulierung* eines regulären abgeschlossenen Gebiets $R \subset S$ ist eine endliche Familie $\mathfrak{T}$ von Dreiecken T_i, $i = 1, \ldots, n$, so daß

1. $\bigcup_{i=1}^{n} T_i = R$.

2. Falls $T_i \cap T_j \neq \emptyset$, so ist $T_i \cap T_j$ entweder eine gemeinsame Kante von T_i und T_j oder eine gemeinsame Ecke von T_i und T_j.

Bei einer gegebenen Triangulierung $\mathfrak{T}$ eines regulären abgeschlossenen Gebiets $R \subset S$ einer Fläche S, bezeichnen wir mit F die Zahl der Dreiecke (Flächen), mit K die Zahl der Kanten, und mit E die Zahl der Ecken der Triangulierung. Die Zahl

$$F - K + E = \chi$$

heißt *Euler-Poincaré Charakteristik* der Triangulierung.

Die folgenden Sätze geben wir ohne Beweis an. Eine Darstellung dieser Ergebnisse findet man z.B. in L. Ahlfors und L. Sario, *Riemann Surfaces*, Princeton University Press, Princeton, N. J., 1960, Chap. 1.

Proposition 1. *Zu jedem regulären abgeschlossenen Gebiet einer regulären Fläche gibt es eine Triangulierung.*

Proposition 2. *Es sei S eine orientierte Fläche und $\{\mathbf{x}_\alpha\}$, $\alpha \in A$, eine Familie von mit der Orientierung von S verträglichen Parametrisierungen. $R \subset S$ sei ein reguläres abgeschlossenes Gebiet in S. Dann gibt es eine Triangulierung $\mathfrak{T}$ von R, so daß jedes Dreieck $T \in \mathfrak{T}$ enthalten ist in einer Koordinatenumgebung der Familie $\{\mathbf{x}_\alpha\}$. Ist darüber hinaus der Rand jedes Dreiecks von $\mathbb{R}$ positiv orientiert, so haben aneinandergrenzende Dreiecke an der gemeinsamen Kante verschiedene Orientierungen (Bild 4.30).*

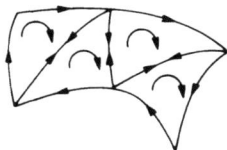

Bild 4.30

Proposition 3. *Ist $R \subset S$ ein reguläres abgeschlossenes Gebiet einer Fläche S, so ist die Euler-Poincaré Charakteristik unabhängig von der Triangulierung von R. Es ist deshalb günstig, sie mit $\chi(R)$ zu bezeichnen.*

Der letzte Satz zeigt, daß die Euler-Poincaré Charakteristik eine topologische Invariante eines regulären abgeschlossenen Gebiets R ist. Im Hinblick auf die Anwendungen des Gauß-Bonnet-Theorems erwähnen wir die wichtige Tatsache, daß diese Invariante eine topologische Klassifikation kompakter Flächen in $\mathbb{R}^3$ liefert.

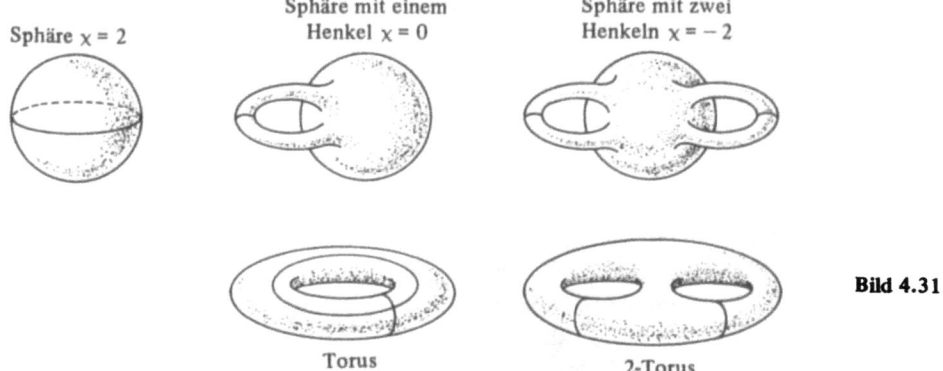

Bild 4.31

Man sollte bemerken, daß eine direkte Rechnung zeigt, daß die Euler-Poincaré Charakteristik der Sphäre gleich 2, des Torus (Sphäre mit einem „Henkel"; siehe Bild 4.31) Null, des Doppeltorus (Sphäre mit zwei Henkeln) gleich -2 und, allgemein, des n-Torus (Sphäre mit n Henkeln) gleich $-2(n-1)$ ist.

Der folgende Satz zeigt, daß diese Liste alle kompakten Flächen in $\mathbb{R}^3$ umfaßt.

Proposition 4. *Es sei $S \subset \mathbb{R}^3$ eine kompakte zusammenhängende Fläche; dann nimmt die Euler-Poincaré Charakteristik $\chi(S)$ einen der Werte $2, 0, -2, \ldots, -2n, \ldots$ an. Ist darüber hinaus $S' \subset \mathbb{R}^3$ eine weitere kompakte Fläche und $\chi(S) = \chi(S')$, so ist S homöomorph zu S'.*

Anders ausgedrückt ist jede kompakte zusammenhängende Fläche $S \subset \mathbb{R}^3$ homöomorph zu einer Sphäre mit einer gewissen Anzahl g von Henkeln. Die Zahl

$$g = \frac{2 - \chi(S)}{2}$$

ist das *Geschlecht* von S.

Schließlich sei $R \subset S$ ein reguläres abgeschlossenes Gebiet einer orientierten Fläche S und $\mathfrak{T}$ eine Triangulierung von R, so daß jedes Dreieck $T_j \in \mathfrak{T}$, $j = 1, \ldots, k$, in einer Koordinatenumgebung $\mathbf{x}_j(U_j)$ einer Familie von Parametrisierungen $\{\mathbf{x}_\alpha\}$, $\alpha \in A$, die mit der Orientierung von S verträglich sind, enthalten ist. f sei eine differenzierbare Funktion auf S. Der folgende Satz zeigt, daß man sinnvoll vom Integral von f über das abgeschlossene Gebiet R sprechen kann.

Proposition 5. *Mit der obigen Notation hängt die Summe*

$$\sum_{j=1}^{k} \iint_{\mathbf{x}_j^{-1}(T_j)} f(u_j, v_j) \sqrt{E_j G_j - F_j^2}\, du_j dv_j$$

nicht von der Triangulierung $\mathfrak{T}$ oder von der Familie $\{\mathbf{x}_j\}$ der Parametrisierungen von S ab.

Diese Summe hat deshalb eine geometrische Bedeutung und wird das *Integral von f über das reguläre abgeschlossene Gebiet R* genannt.

4.5 Der Satz von Gauß-Bonnet und seine Anwendungen

Es wird gewöhnlich mit
$$\iint_R f \, d\sigma$$
bezeichnet.

Wir kommen jetzt zur Formulierung und zum Beweis von

Globales Gauß-Bonnet-Theorem. *Es sei $R \subset S$ ein reguläres abgeschlossenes Gebiet einer orientierten Fläche und $C_1, \ldots, C_n$ die geschlossenen, einfachen, stückweise regulären Kurven, die den Rand ∂R von R bilden. Nimm an, alle C_i sind positiv orientiert, und sei $\{\theta_1, \ldots, \theta_p\}$ die Menge aller Außenwinkel der Kurven $C_1, \ldots, C_n$. Dann gilt*

$$\sum_{i=1}^{n} \int_{C_i} k_g(s) \, ds + \iint_R K \, d\sigma + \sum_{l=1}^{p} \theta_l = 2\pi \chi(R),$$

wobei s die Bogenlänge von C_i bedeutet, und das Integral über C_i für die Summe der Integrale über die regulären Bögen von C_i steht.

Beweis. Betrachte eine Triangulierung $\mathfrak{T}$ des abgeschlossenen Gebiets R, so daß jedes Dreieck in einer Koordinatenumgebung einer Familie von orthogonalen Parametrisierungen enthalten ist, die mit der Orientierung von S verträglich sind. Solch eine Triangulierung gibt es nach Prop. 2. Ist darüber hinaus der Rand jedes Dreiecks von $\mathfrak{T}$ positiv orientiert, so erhalten wir entgegengesetzte Orientierungen in den Kanten, die aneinandergrenzenden Dreiecken gemeinsam sind (Bild 4.32).

Wir wenden auf jedes Dreieck das lokale Gauß-Bonnet-Theorem an. Addieren wir die Ergebnisse auf, benutzen Prop. 5 und die Tatsache, daß alle „inneren" Seiten zweimal in entgegengesetzter Orientierung durchlaufen werden, so erhalten wir

$$\sum_i \int_{C_i} k_g(s) \, ds + \iint_R K \, d\sigma + \sum_{j,k=1}^{F,3} \theta_{jk} = 2\pi F,$$

wobei F die Anzahl der Dreiecke von $\mathfrak{T}$ bezeichnet, und $\theta_{j1}, \theta_{j2}, \theta_{j3}$ die Außenwinkel des Dreiecks T_j.

Wir führen jetzt die *Innenwinkel* des Dreiecks T_j ein, gegeben durch $\varphi_{jk} = \pi - \theta_{jk}$. Also

$$\sum_{j,k} \theta_{jk} = \sum_{j,k} \pi - \sum_{i,k} \varphi_{jk} = 3\pi F - \sum_{j,k} \varphi_{jk}.$$

Wir benutzen die folgenden Bezeichnungen:

K_a = Anzahl der äußeren Kanten von $\mathfrak{T}$,
K_i = Anzahl der inneren Kanten von $\mathfrak{T}$,
E_a = Anzahl der äußeren Ecken von $\mathfrak{T}$,
E_i = Anzahl der inneren Ecken von $\mathfrak{T}$.

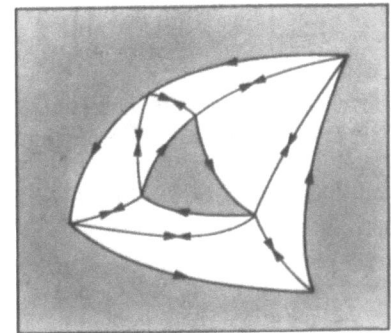

Bild 4.32

Da die Kurven C_i geschlossen sind, gilt $K_a = E_a$. Darüber hinaus zeigt man leicht mit Induktion

$$3F = 2K_i + K_a$$

und deshalb gilt

$$\sum_{j,k}{'} \theta_{jk} = 2\pi K_i + \pi K_a - \sum_{j,k} \varphi_{jk}.$$

Wir bemerken nun, daß die äußeren Ecken entweder Ecken einer Kurve C_i sind oder Ecken, die durch die Triangulierung entstanden sind. Wir setzen $E_a = E_{ac} + E_{at}$, wobei E_{ac} die Anzahl der Ecken der Kurven C_i ist, und E_{at} die Anzahl der äußeren Ecken der Triangulierung, die nicht gleichzeitig Ecken einer Kurve C_i sind. Da die Summe der Winkel um jede innere Ecke gleich 2π ist, erhalten wir

$$\sum_{j,k} \theta_{jk} = 2\pi K_i + \pi K_a - 2\pi E_i - \pi E_a - \pi E_{at} - \pi E_{ac} + \sum_l \theta_l.$$

Indem wir πK_a zu dem obigen Ausdruck addieren und wieder subtrahieren, schließen wir unter Beachtung von $K_a = E_a$

$$\sum_{j,k} \theta_{jk} = 2\pi K_i + 2\pi K_a - 2\pi E_i - \pi E_a - \pi E_{at} - \pi E_{ac} + \sum_l \theta_l$$

$$= 2\pi K - 2\pi E + \sum_l \theta_l.$$

Setzen wir alles zusammen, so erhalten wir schließlich

$$\sum_{i=1}^{n} \int_{C_i} k_g(s)\,ds + \iint_R K\,d\sigma + \sum_{l=1}^{p} \theta_l = 2\pi(F - K + E)$$
$$= 2\pi \chi(R).\qquad \square$$

Da die Euler-Poincaré Charakteristik eines einfachen abgeschlossenen Gebiets offenbar 1 ist, gilt (vgl. Bemerkung 1)

Korollar 1. *Ist R ein einfaches abgeschlossenes Gebiet in S, so*

$$\sum_{i=0}^{k} \int_{s_i}^{s_{i+1}} k_g(s)\,ds + \iint_R K\,d\sigma + \sum_{i=0}^{k} \theta_i = 2\pi.$$

Beachten wir, daß eine kompakte Fläche als abgeschlossenes Gebiet mit leerem Rand betrachtet werden kann, so erhalten wir

Korollar 2. *S sei eine orientierbare kompakte Fläche; dann ist*

$$\iint_S K\,d\sigma = 2\pi \chi(S).$$

4.5 Der Satz von Gauß-Bonnet und seine Anwendungen

Korollar 2 ist ganz erstaunlich. Man muß sich nur alle möglichen Formen von Flächen vorstellen, die homöomorph zur Sphäre sind, um es sehr überraschend zu finden, daß sich in jedem Fall die Krümmungsfunktion so verteilt, daß die „Totalkrümmung", d.h. $\iint K d\sigma$, in allen Fällen dieselbe ist.

Wir bringen im folgenden einige Anwendungen des Gauß-Bonnet-Theorems. Für diese Anwendungen (und die Übungen am Ende des Abschnitts) ist es vorteilhaft, eine Grundtatsache der Topologie der Ebene zu akzeptieren (den Jordanschen Kurvensatz), die wir in der folgenden Form benutzen: *Jede einfache, geschlossene, stückweise reguläre Kurve in der Ebene (also ohne Selbstüberschneidungen) ist Rand eines einfachen abgeschlossenen Gebiets.*

1. *Eine kompakte Fläche positiver Krümmung ist homöomorph zu einer Sphäre.*

Die Euler-Poincaré Charakteristik einer solchen Fläche ist positiv, und die Sphäre ist die einzige kompakte Fläche in $\mathbb{R}^3$, die dieser Bedingung genügt.

2. *Es sei S eine orientierbare Fläche mit Krümmung kleiner oder gleich Null. Dann können sich zwei Geodätische γ_1 und γ_2, die an einem Punkt $p \in S$ beginnen, nicht in einem solchen Punkt $q \in S$ treffen, daß die Spuren von γ_1 und γ_2 den Rand eines einfachen abgeschlossenen Gebiets R von S bilden.*

Nimm an, das Gegenteil ist richtig. Nach dem Gauß-Bonnet-Theorem (R ist einfach) gilt

$$\iint_R K d\sigma + \theta_1 + \theta_2 = 2\pi,$$

wobei θ_1 und θ_2 die Außenwinkel des abgeschlossenen Gebiets R sind. Da die Geodätischen γ_1 und γ_2 nicht tangential sein können, gilt $\theta_i < \pi, i = 1, 2$. Andererseits ist $K \leq 0$, ein Widerspruch.

Ist $\theta_1 = \theta_2 = 0$, so bilden die Spuren der Geodätischen γ_1 und γ_2 eine einfache geschlossene Geodätische von S (d.h. eine geschlossene reguläre Kurve, die eine Geodätische ist). Es folgt, daß es auf einer Fläche nicht positiver Krümmung keine einfache geschlossene Geodätische gibt, die Rand eines einfachen abgeschlossenen Gebietes ist.

3. *Es sei S eine Fläche homöomorph zu einem Zylinder mit Gaußscher Krümmung $K < 0$. Dann gibt es auf S höchstens eine einfache geschlossene Geodätische.*

Nimm an, daß S eine einfache geschlossene Geodätische Γ enthält. Aufgrund von Anwendung 2, und weil es einen Homöomorphismus φ von S mit einer Ebene P ohne einen Punkt $q \in P$ gibt, ist $\varphi(\Gamma)$ der Rand eines einfachen abgeschlossenen Gebiets in P, das q enthält.

S enthalte nun eine weitere einfache geschlossene Geodätische Γ'. Dann schneiden sich Γ und Γ' nicht. Andernfalls würden die Bögen von $\varphi(\Gamma)$ und $\varphi(\Gamma')$ zwischen zwei „aufeinanderfolgenden" Schnittpunkten r_1 und r_2 den Rand eines einfachen abgeschlossenen Gebiets bilden, im Widerspruch zu Anwendung 2 (siehe Bild 4.33). Aufgrund des Arguments von oben ist $\varphi(\Gamma')$ wiederum der Rand eines einfachen abgeschlossenen Gebiets R von P, das q enthält und dessen Inneres homöomorph zu einem Zylinder ist. Also $\chi(R) = 0$. Andererseits gilt nach dem Gauß-Bonnet-Theorem

$$\iint_{\varphi^{-1}(R)} K d\sigma = 2\pi \chi(R) = 0;$$

das ist ein Widerspruch, da $K < 0$ ist.

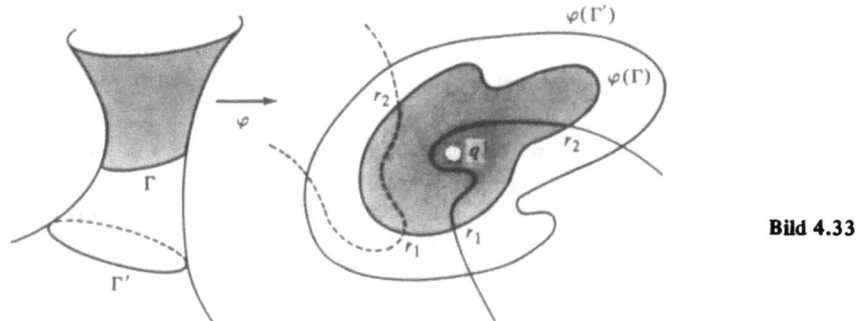

Bild 4.33

4. *Wenn es zwei einfache geschlossene Geodätische Γ_1 und Γ_2 auf einer kompakten zusammenhängenden Fläche S positiver Krümmung gibt, so schneiden sich Γ_1 und Γ_2.*

Nach Anwendung 1 ist S homöomorph zu einer Sphäre. Würden sich Γ_1 und Γ_2 nicht schneiden, so wäre die aus Γ_1 und Γ_2 gebildete Menge der Rand eines abgeschlossenen Gebiets R, dessen Euler-Poincaré Charakteristik $\chi(R) = 0$ ist. Aus dem Gauß-Bonnet-Theorem folgt

$$\iint_R K \, d\sigma = 0;$$

das ist ein Widerspruch, da $K > 0$ ist.

5. Wir beweisen das folgende Resultat von Jacobi: *Es sei $\alpha \colon I \to \mathbb{R}^3$ eine geschlossene, reguläre, parametrisierte Kurve mit nicht verschwindender Krümmung. Nimm an, daß die durch den Normalenvektor $n(s)$ in der Einheitssphäre S^2 beschriebene Kurve (die Normalenindikatrix) einfach ist. Dann wird S^2 durch $N(I)$ in zwei abgeschlossene Gebiete mit gleichem Flächeninhalt zerlegt.*

Wir können annehmen, daß α nach der Bogenlänge parametrisiert ist. $\bar{s}$ bezeichne die Bogenlänge der Kurve $n = n(s)$ auf S^2. Die geodätische Krümmung $\bar{k}_g$ von $n(s)$ ist

$$\bar{k}_g = \langle \ddot{n}, n \wedge \dot{n} \rangle,$$

wobei die Punkte für Ableitungen bezüglich $\bar{s}$ stehen. Da

$$\dot{n} = \frac{dn}{ds}\frac{ds}{d\bar{s}} = (-kt - \tau b)\frac{ds}{d\bar{s}},$$

$$\ddot{n} = (-kt - \tau b)\frac{d^2 s}{d\bar{s}^2} + (-k't - \tau' b)\left(\frac{ds}{d\bar{s}}\right)^2 - (k^2 + \tau^2)n\left(\frac{ds}{d\bar{s}}\right)^2,$$

und

$$\left(\frac{ds}{d\bar{s}}\right)^2 = \frac{1}{k^2 + \tau^2}$$

ist, erhalten wir

$$\bar{k}_g = \langle n \wedge \dot{n}, \ddot{n} \rangle = \frac{ds}{d\bar{s}}\langle (kb - \tau t), \ddot{n} \rangle = \left(\frac{ds}{d\bar{s}}\right)^3 (-k\tau' + k'\tau)$$

$$= -\frac{\tau' k - k' \tau}{k^2 + \tau^2}\frac{ds}{d\bar{s}} = -\frac{d}{ds}\tan^{-1}\left(\frac{\tau}{k}\right)\frac{ds}{d\bar{s}}.$$

4.5 Der Satz von Gauß-Bonnet und seine Anwendungen

Wenden wir das Gauß-Bonnet-Theorem auf eines der von $n(I)$ berandeten abgeschlossenen Gebiete R an und benutzen die Tatsache, daß $K \equiv 1$ ist, so schließen wir

$$2\pi = \iint_R K \, d\sigma + \int_{\partial R} \bar{k}_g \, d\bar{s} = \iint_R d\sigma =$$

= Flächeninhalt von R.

Da der Flächeninhalt von S^2 gleich 4π ist, folgt die Behauptung.

6. Es sei T ein geodätisches Dreieck (d.h. die Seiten von T sind Geodätische) in einer orientierten Fläche S. $\theta_1, \theta_2, \theta_3$ seien die Außenwinkel von T und $\varphi_1 = \pi - \theta_1$, $\varphi_2 = \pi - \theta_2$, $\varphi_3 = \pi - \theta_3$ die Innenwinkel. Nach dem Gauß-Bonnet-Theorem gilt

$$\iint_T K \, d\sigma + \sum_{i=1}^{3} \theta_i = 2\pi.$$

Also

$$\iint_T K \, d\sigma = 2\pi - \sum_{i=1}^{3} (\pi - \varphi_i) = -\pi + \sum_{i=1}^{3} \varphi_i.$$

Es folgt, daß die Summe der Innenwinkel eines geodätischen Dreiecks

1. *gleich π ist, falls $K = 0$.*
2. *größer als π ist, falls $K > 0$.*
3. *kleiner als π ist, falls $K < 0$.*

Darüber hinaus ist die Differenz $\sum_{i=1}^{3} \varphi_i - \pi$ (der *Exzeß* von T) genau $\iint_T K \, d\sigma$. Ist $K \neq 0$ auf T, so ist dies der Flächeninhalt von $N(T)$ von T unter der Gauß-Abbildung $N: S \to S^2$ (vgl. Gleichung (12), Abschnitt 3.3). Das war die Form, in der Gauß sein Theorem formulierte: *Der Exzeß eines geodätischen Dreiecks T ist gleich dem Flächeninhalt seines sphärischen Bildes $N(T)$.*

Die obige Tatsache hat einen Bezug zu der historischen Kontroverse, ob es möglich ist, das fünfte Axiom von Euklid zu beweisen (das Parallelenaxiom), aus dem folgt, daß die Summe der Innenwinkel eines beliebigen Dreiecks gleich π ist. Betrachtet man die Geodätischen als Geraden, so kann man zeigen, daß die Flächen konstanter negativer Krümmung ein (lokales) Modell einer Geometrie liefern, in der die Euklidischen Axiome gelten, bis auf das fünfte und das Axiom, welches erlaubt, Geraden unendlich fortzusetzen. In der Tat hat Hilbert gezeigt, daß es im $\mathbb{R}^3$ keine Fläche konstanter negativer Krümmung gibt, deren Geodätische unendlich fortgesetzt werden können (die Pseudosphäre aus Übung 6, Abschnitt 3.3, hat eine Kante singulärer Punkte). Deshalb liefern die Flächen konstanter negativer Gaußscher Krümmung im $\mathbb{R}^3$ kein Modell, um die Unabhängigkeit allein des fünften Axioms zu überprüfen. Benutzt man jedoch den Begriff einer abstrakten Fläche, so ist es möglich, dieses Problem zu umgehen und ein Modell einer Geometrie zu entwerfen, in der alle Euklidischen Axiome bis auf das fünfte gelten. Dieses Axiom ist deshalb unabhängig von den anderen.

7. *Vektorfelder auf Flächen*[1]. Es sei v ein differenzierbares Vektorfeld auf einer orientierten Fläche S. Wir nennen $p \in S$ einen *singulären Punkt* von v, wenn $v(p) = 0$ ist. Der singu-

---

[1] Diese Anwendung benutzt die Ergebnisse aus Abschnitt 3.4. Wenn man sie übergeht, sollte man auch die Übungen 6–9 dieses Abschnitts auslassen.

läre Punkt $p \in S$ heißt *isoliert*, wenn es eine Umgebung V von p in S gibt, die außer p keine anderen singulären Punkte enthält.

Jedem isolierten singulären Punkt p eines Vektorfeldes v ordnen wir wie folgt eine ganze Zahl, den Index von v, zu. Es sei $\mathbf{x}: U \to S$ eine mit der Orientierung von S verträgliche orthogonale Parametrisierung bei $p = \mathbf{x}(0, 0)$ und $\alpha: [0, l] \to S$ eine einfache, geschlossene, positiv orientierte, stückweise reguläre, parametrisierte Kurve, so daß $\alpha([0, l]) \to \mathbf{x}(U)$ der Rand eines einfachen abgeschlossenen Gebiets R ist, das p als einzigen singulären Punkt enthält. $v = v(t)$, $t \in [0, l]$, sei die Einschränkung von v längs α und $\varphi = \varphi(t)$ eine differenzierbare Funktion, die den Winkel von $\mathbf{x}_u$ nach $v(t)$ mißt, gegeben durch Lemma 1 aus Abschnitt 4.4 (das man leicht auf stückweise reguläre Kurven übertragen kann). Da α geschlossen ist, gibt es eine ganze Zahl I, definiert durch

$$2\pi I = \varphi(l) - \varphi(0) = \int_0^l \frac{d\varphi}{dt}\, dt.$$

I heißt *Index* von v bei p.

Wir müssen zeigen, daß diese Definition unabhängig von den getroffenen Wahlen ist, von denen die erste die Parametrisierung $\mathbf{x}$ ist. Es sei $w_0 \in T_{\alpha(0)}(S)$ und $w(t)$ die Parallelverschiebung von w_0 längs α. $\psi(t)$ messe in differenzierbarer Weise den Winkel von $\mathbf{x}_u$ zu $w(t)$. Wie wir bei der Interpretation von K in Termen der Parallelverschiebung gesehen haben (vgl. Gleichung 2), gilt dann

$$\psi(l) - \psi(0) = \iint_R K\, d\sigma.$$

Subtrahieren wir die obigen Beziehungen, so erhalten wir

$$\iint_R K\, d\sigma - 2\pi I = (\psi - \varphi)(l) - (\psi - \varphi)(0) = \Delta(\psi - \varphi) \qquad (3)$$

Da $\psi - \varphi$ nicht von $\mathbf{x}_u$ abhängt, ist der Index I unabhängig von der Parametrisierung $\mathbf{x}$. Der Beweis dafür, daß der Index unabhängig von der Wahl von α ist, ist technischer (allerdings ziemlich anschaulich), und wir werden ihn nur skizzieren.

Es seien α_0 und α_1 zwei Kurven wie in der Definition des Index; wir wollen zeigen, daß der Index von v für beide Kurven derselbe ist. Wir nehmen zunächst an, daß sich die Spuren von α_0 und α_1 nicht schneiden. Dann gibt es einen Homöomorphismus des abgeschlossenen Gebiets, das von den Spuren von α_0 und α_1 berandet wird, auf ein abgeschlossenes Gebiet der Ebene, das von zwei konzentrischen Kreisen C_0 und C_1 berandet wird (ein Ringgebiet). Da es eine Familie konzentrischer Kreise C_t gibt, die stetig von t abhängen und C_0 in C_1 deformieren, erhalten wir eine Familie von Kurven α_t, die stetig von t abhängen und α_0 in α_1 deformieren (Bild 4.34). Bezeichne mit I_t den Index von v, berechnet auf der Kurve α_t. Da der Index ein Integral ist, hängt I_t stetig von t ab, $t \in [0, 1]$. Als ganze Zahl ist I_t konstant unter dieser Deformation, und deshalb ist $I_0 = I_1$, wie gewünscht. Schneiden sich die Spuren von α_0 und α_1, so wählen wir eine hinreichend kleine Kurve, so daß ihre Spur weder α_0 noch α_1 schneidet, und wenden das vorige Ergebnis an.

Man sollte beachten, daß die Definition des Index auch dann gemacht werden kann, wenn p kein singulärer Punkt von v ist. Es stellt sich jedoch heraus, daß der Index dann Null ist. Das folgt aus der Tatsache, daß, da I nicht von $\mathbf{x}_u$ abhängt, wir $\mathbf{x}_u$ als v wählen können; also $\varphi(t) \equiv 0$.

4.5 Der Satz von Gauß-Bonnet und seine Anwendungen

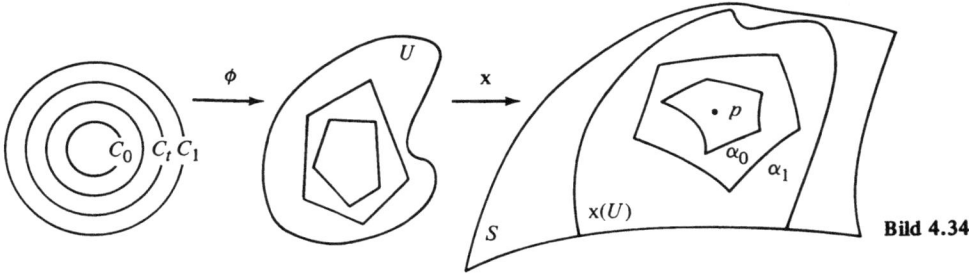

Bild 4.34

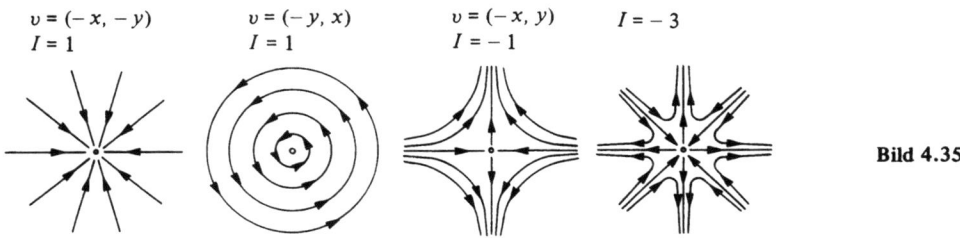

Bild 4.35

Bild 4.35 zeigt einige Beispiele von Indizes von Vektorfeldern in der xy-Ebene, die $(0,0)$ als singulären Punkt haben. Die Kurven in den Zeichnungen sind die Trajektorien der Vektorfelder.

Es sei jetzt $S \subset \mathbb{R}^3$ eine orientierte, kompakte Fläche und v ein differenzierbares Vektorfeld, das nur isolierte singuläre Punkte hat. Wir bemerken, daß es nur endlich viele gibt. Andernfalls gibt es aus Kompaktheitsgründen (vgl. Abschnitt 2.7, Eigenschaft 1) einen Häufungspunkt, der ein nichtisolierter singulärer Punkt ist. $\{\mathbf{x}_\alpha\}$ sei eine mit der Orientierung von S verträgliche Familie von orthogonalen Parametrisierungen. $\mathfrak{T}$ sei eine Triangulierung von S, so daß gilt:

1. Jedes Dreieck $T \in \mathfrak{T}$ liegt in einer Koordinatenumgebung der Familie $\{\mathbf{x}_\alpha\}$.
2. Jedes $T \in \mathfrak{T}$ enthält höchstens einen singulären Punkt.
3. Der Rand jedes $T \in \mathfrak{T}$ enthält keine singulären Punkte und ist positiv orientiert.

Wenden wir Gleichung (3) auf jedes Dreieck $T \in \mathfrak{T}$ an, summieren die Ergebnisse auf und beachten, daß die Ecken jedes T zweimal mit entgegengesetzter Orientierung vorkommen, so erhalten wir

$$\iint_S K\,d\sigma - 2\pi \sum_{i=1}^{k} I_i = 0,$$

wobei I_i der Index des singulären Punktes p_i, $i = 1, \ldots, k$, ist. In Verbindung mit dem Gauß-Bonnet-Theorem (vgl. Korollar 2) ergibt sich schließlich

$$\sum I_i = \frac{1}{2\pi} \iint_S K\,d\sigma = \chi(S).$$

Also haben wir folgenden Satz bewiesen:

Poincaré's Theorem. *Die Summe der Indizes eines differenzierbaren Vektorfeldes v mit isolierten singulären Punkten auf einer kompakten Fläche S ist gleich der Euler-Poincaré-Charakteristik von S.*

Das ist ein bemerkenswertes Resultat. Es impliziert, daß ΣI_i nicht von v, sondern nur von der Topologie von S abhängt. Zum Beispiel müssen auf jeder Fläche, die homöomorph zu einer Sphäre ist, alle Vektorfelder mit isolierten Singularitäten eine Indexsumme gleich zwei haben. Insbesondere besitzt keine solche Fläche ein differenzierbares Vektorfeld ohne Singularitäten.

Übungen

1. $S \subset \mathbb{R}^3$ sei eine reguläre, kompakte, orientierbare Fläche, die nicht homöomorph zu einer Sphäre ist. Beweise, daß es Punkte auf S gibt, in denen die Gaußsche Krümmung positiv, negativ und Null ist.

2. Sei T ein Rotationstorus. Beschreibe das Bild der Gauß-Abbildung von T und zeige, ohne das Gauß-Bonnet-Theorem zu benutzen, daß
$$\iint_T K \, d\sigma = 0$$
gilt. Berechne die Euler-Poincaré Charakteristik von T und vergleiche das obige Ergebnis mit dem Satz von Gauß-Bonnet.

3. Es sei $S \subset \mathbb{R}^3$ eine reguläre Fläche homöomorph zu einer Sphäre. $\Gamma \subset S$ sei eine einfache, geschlossene Geodätische in S, und A und B die abgeschlossenen Gebiete in S, die Γ als gemeinsamen Rand haben. $N: S \to S^2$ sei die Gauß-Abbildung von S. Beweise, daß $N(A)$ und $N(B)$ denselben Flächeninhalt haben.

4. Berechne die Euler-Poincaré Charakteristik
   a) eines Ellipsoids.
   *b) der Fläche $S = \{(x, y, z) \in \mathbb{R}^3 ; x^2 + y^{10} + z^6 = 1\}$.

5. Es sei C ein Breitenkreis der Breite $\pi/2 - \varphi$ auf einer orientierten Einheitssphäre S^2 und w_0 ein Einheitsvektor tangential zu C (vgl. Beispiel 1, Abschnitt 4.4). Betrachte die Parallelverschiebung von w_0 längs C und zeige, daß der parallel verschobene Vektor nach einer vollständigen Drehung einen Winkel $\Delta = 2\pi(1 - \cos\varphi)$ mit seiner Anfangslage w_0 bildet. Prüfe nach, daß
$$\lim_{R \to p} \frac{\Delta\varphi}{A} = 1 = \text{Krümmung von } S^2$$
gilt, wobei A der Flächeninhalt des von C berandeten abgeschlossenen Gebiets R von S^2 ist, das den Pol p enthält.

6. Zeige, daß $(0, 0)$ ein isolierter singulärer Punkt ist und berechne den Index der folgenden Vektorfelder in der Ebene in $(0, 0)$:
   *a) $v = (x, y)$.
   b) $v = (-x, y)$.
   c) $v = (x, -y)$.
   *d) $v = (x^2 - y^2, -2xy)$.
   e) $v = (x^3 - 3xy^2, y^3 - 3x^2y)$.

7. Kann es vorkommen, daß der Index eines singulären Punktes Null ist? Wenn ja, gib ein Beispiel.

8. Beweise, daß eine orientierbare, kompakte Fläche $S \subset \mathbb{R}^3$ genau dann ein differenzierbares Vektorfeld ohne singuläre Punkte besitzt, wenn S homöomorph zu einem Torus ist.

9   Es sei C eine reguläre, einfache, geschlossene Kurve auf einer Sphäre S^2 und v ein differenzierbares Vektorfeld auf S^2, so daß die Trajektorien von v nirgends tangential an C sind. Beweise, daß jedes der beiden abgeschlossenen Gebiete, die von C berandet werden, mindestens einen singulären Punkt von v enthält.

4.6 Die Exponentialabbildung. Geodätische Polarkoordinaten.

In diesem Abschnitt werden wir einige spezielle Koordinatensysteme einführen, wobei wir besonders ihre geometrischen Anwendungen im Auge haben. In natürlicher Weise führt man solche Koordinaten mittels der Exponentialabbildung ein, die wir jetzt beschreiben wollen.

Wie wir in Abschnitt 4.4, Prop. 5, gesehen haben, gibt es zu einem gegebenen Punkt p einer regulären Fläche S und einem von Null verschiedenen Vektor $v \in T_p(S)$ eine eindeutig bestimmte parametrisierte Geodätische $\gamma: (-\epsilon, \epsilon) \to S$ mit $\gamma(0) = p$ und $\gamma'(0) = v$. Um die Abhängigkeit der Geodätischen vom Vektor v anzudeuten, ist es günstig, sie mit $\gamma(t, v) = \gamma$ zu bezeichnen.

Lemma 1. *Ist die Geodätische $\gamma(t, v)$ definiert für $t \in (-\epsilon, \epsilon)$, so ist die Geodätische $\gamma(t, \lambda v)$, $\lambda \in \mathbb{R}$, $\lambda > 0$, definiert für $t \in (-\epsilon/\lambda, \epsilon/\lambda)$ und es gilt $\gamma(t, \lambda v) = \gamma(\lambda t, v)$.*

Beweis. Es sei $\alpha: (-\epsilon/\lambda, \epsilon/\lambda) \to S$ eine parametrisierte Kurve, definiert durch $\alpha(t) = \gamma(\lambda t)$. Dann gilt $\alpha(0) = \gamma(0)$ und $\alpha'(0) = \lambda \gamma'(0)$, und aufgrund der Linearität von D (vgl. Gleichung 1, Abschnitt 4.4) hat man

$$D_{\alpha'(t)} \alpha'(t) = \lambda^2 D_{\gamma'(\lambda t)} \gamma'(\lambda t) = 0.$$

Also ist α eine Geodätische mit Anfangsbedingungen $\gamma(0)$, $\lambda \gamma'(0)$, und wegen der Eindeutigkeit gilt

$$\alpha(t) = \gamma(t, \lambda v) = \gamma(\lambda t, v) \qquad \square$$

Anschaulich bedeutet Lemma 1 folgendes: Da die Geschwindigkeit einer Geodätischen konstant ist, können wir ihre Spur in einer vorgeschriebenen Zeit durchlaufen, indem wir unsere Geschwindigkeit entsprechend anpassen.

Wir führen jetzt die folgende Bezeichnungsweise ein. Ist $v \in T_p(S)$, $v \neq 0$, derart, daß $\gamma(|v|, v/|v|) = \gamma(1, v)$ definiert ist, so setzen wir

$$\exp_p(v) = \gamma(1, v) \quad \text{und} \quad \exp_p(0) = p.$$

Geometrisch entspricht diese Konstruktion der Tatsache, daß man (wenn möglich) ein Stück der Länge $|v|$ längs der Geodätischen abträgt, die durch p in Richtung v geht; der so erhaltene Punkt von S wird mit $\exp_p(v)$ bezeichnet (Bild 4.36).

Zum Beispiel ist $\exp_p(v)$ auf der Einheitssphäre S^2 für alle $v \in T_p(S^2)$ definiert. Die Punkte der Kreise vom Radius $\pi, 3\pi, \ldots, (2n + 1)\pi$ werden auf den Antipodenpunkt q von p abgebildet. Die Punkte der Kreise vom Radius $2\pi, 4\pi, \ldots, 2n\pi$ werden auf p selbst abgebildet.

Andererseits ist auf der regulären Fläche C, die aus dem einschaligen Kegel ohne die Spitze gebildet wird, $\exp_p(v)$ nicht definiert für Vektoren $v \in T_p(C)$ in Richtung des Meridians, der p mit der Spitze verbindet, wenn $|v| \geq d$ und d der Abstand von p zur Spitze ist (Bild 4.37).

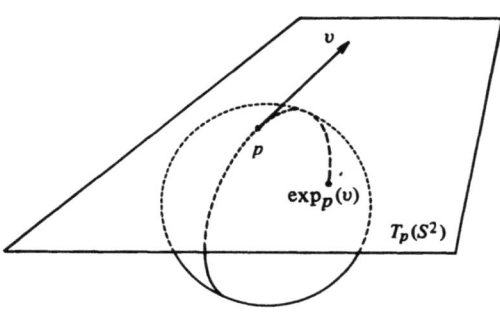

Bild 4.36

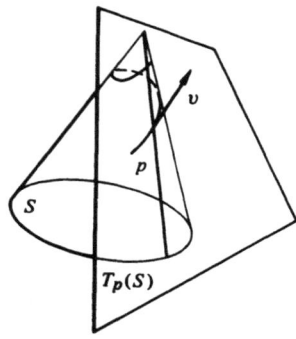

Bild 4.37

Wenn wir im Beispiel der Sphäre aus S^2 den Antipodenpunkt von p entfernen, so ist $\exp_p(v)$ nur im Innern einer Kreisscheibe in $T_p(S^2)$ vom Radius π mit Mittelpunkt im Ursprung definiert.

Wichtig ist die Tatsache, daß $\exp_p$ stets definiert und differenzierbar ist in einer Umgebung des Ursprungs.

Proposition 1. *Zu gegebenem $p \in S$ gibt es ein $\epsilon > 0$, so daß $\exp_p$ definiert und differenzierbar ist im Innern B_ϵ einer Kreisscheibe vom Radius ϵ in $T_p(S)$ mit Mittelpunkt im Ursprung.*

Beweis. Es ist klar, daß man für jede Richtung in $T_p(S)$ nach Lemma 1 $|v|$ hinreichend klein wählen kann, so daß das Definitionsintervall von $\gamma(t, v)$ die 1 enthält, und also $\exp_p(v)$ definiert ist. Um zu zeigen, daß man diese Reduktion gleichmäßig für alle Richtungen machen kann, benötigen wir den Satz über die Abhängigkeit einer Geodätischen von ihren Anfangsbedingungen (siehe Abschnitt 4.7) in der folgenden Form: *Zu gegebenem $p \in S$ gibt es Zahlen $\epsilon_1 > 0$ und $\epsilon_2 > 0$ und eine differenzierbare Abbildung*

$$\gamma: (-\epsilon_2, \epsilon_2) \times B_{\epsilon_1} \to S$$

so daß für $v \in B_{\epsilon_1}, v \neq 0, t \in (-\epsilon_2, \epsilon_2)$, die Kurve $\gamma(t, v)$ die Geodätische in S mit $\gamma(0, v) = p$, $\gamma'(0, v) = v$ und, für $v = 0$, $\gamma(t, 0) = p$ ist.

Aus dieser Tatsache und aus Lemma 1 folgt unsere Behauptung. Da nämlich $\gamma(t, v)$ für $|t| < \epsilon_2$, $|v| < \epsilon_1$ definiert ist, erhalten wir mit $\lambda = \epsilon_2/2$ in Lemma 1, daß $\gamma(t, (\epsilon_2/2) v)$ für $|t| < 2$, $|v| < \epsilon_1$ definiert ist. Nehmen wir deshalb eine Kreisscheibe $B_\epsilon \subset T_p(S)$ mit Mittelpunkt im Ursprung und Radius $\epsilon < \epsilon_1 \epsilon_2/2$, so ist $\gamma(1, w) = \exp_p w$, $w \in B_\epsilon$, definiert. Die Differenzierbarkeit von $\exp_p$ in B_ϵ folgt aus der Differenzierbarkeit von γ. □

Eine wichtige Ergänzung zu diesem Resultat ist das folgende Ergebnis:

Proposition 2. $\exp_p: B_\epsilon \subset T_p(S) \to S$ *ist ein Diffeomorphismus auf einer Umgebung $U \subset B_\epsilon$ des Ursprungs 0 von $T_p(S)$.*

Beweis. Wir zeigen, daß das Differential $d(\exp_p)$ nichtsingulär ist in $0 \in T_p(S)$. Dazu identifizieren wir den Raum der Tangentenvektoren an $T_p(S)$ in 0 mit $T_p(S)$ selbst. Be-

4.6 Die Exponentialabbildung. Geodätische Polarkoordinaten

trachte die Kurve $\alpha(t) = tv, v \in T_p(S)$. Offensichtlich gilt $\alpha(0) = 0$ und $\alpha'(0) = v$. Die Kurve $(\exp_p \circ \alpha)(t) = \exp_p(tv)$ hat bei $t = 0$ den Tangentenvektor

$$\frac{d}{dt}(\exp_p(tv))\bigg|_{t=0} = \frac{d}{dt}(\gamma(t, v))\bigg|_{t=0} = v.$$

Daraus folgt

$$(d\exp_p)_0(v) = v,$$

so daß $d \exp_p$ nichtsingulär ist bei 0. Eine Anwendung des Umkehrsatzes (vgl. Prop. 3, Abschnitt 2.4) ergibt den Beweis der Behauptung. □

Man nennt $V \subset S$ eine *Normalumgebung* von $p \in S$, wenn V das Bild $V = \exp_p(U)$ einer Umgebung U des Ursprungs in $T_p(S)$ ist, eingeschränkt auf die $\exp_p$ ein Diffeomorphismus ist.

Da die Exponentialabbildung bei $p \in S$ ein Diffeomorphismus auf U ist, kann man sie benutzen, um Koordinaten in V einzuführen. Unter den so eingeführten Koordinatensystemen sind die üblichsten:
1. Die *Normalkoordinaten*, die einem System rechtwinkliger Koordinaten in der Tangentialebene $T_p(S)$ entsprechen.
2. Die *geodätischen Polarkoordinaten*, die Polarkoordinaten in der Tangentialebene $T_p(S)$ entsprechen (Bild 4.38).

Wir untersuchen zunächst die Normalkoordinaten, die man erhält, indem man in der Ebene $T_p(S), p \in S$, zwei orthogonale Einheitsvektoren e_1 und e_2 wählt. Da $\exp_p: U \to V \subset S$ ein Diffeomorphismus ist, sind die Bedingungen für eine Parametrisierung bei p erfüllt. Ist

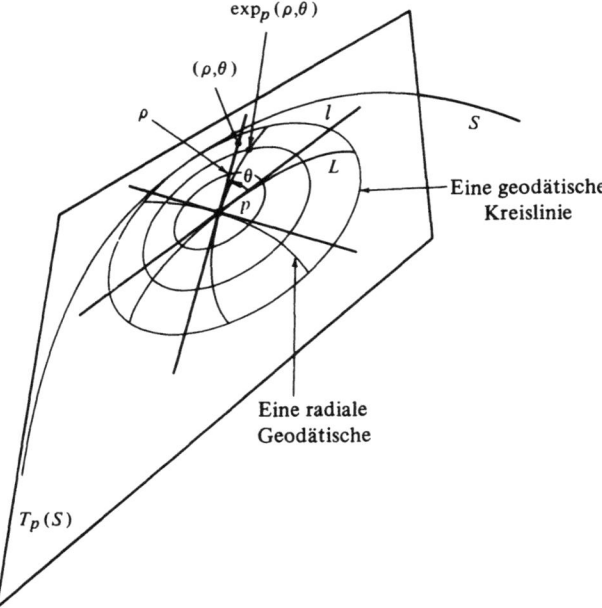

Bild 4.38
Polarkoordinaten

$q \in V$, so ist $q = \exp_p(w)$, wobei $w = ue_1 + ve_2 \in U$, und man sagt, q hat die Koordinaten (u, v). Offenbar hängen die so erhaltenen Normalkoordinaten von der Wahl von e_1, e_2 ab.

In einem System von Normalkoordinaten mit Mittelpunkt p sind die Geodätischen durch p die Bilder unter $\exp_p$ von Geraden $u = at, v = bt$, die durch den Nullpunkt von $T_p(S)$ gehen. Beachte auch, daß in p die Koeffizienten der ersten Fundamentalform in einem solchen System durch $E(p) = G(p) = 1, F(p) = 0$ gegeben sind.

Jetzt kommen wir zu den geodätischen Polarkoordinaten. Wähle in der Ebene $T_p(S), p \in S$, ein System von Polarkoordinaten (ρ, θ), wobei ρ der Radius und $\theta, 0 < \theta < 2\pi$ der Winkel ist, deren Pol der Ursprung 0 von $T_p(S)$ ist. Beachte, daß die Polarkoordinaten in der Ebene nicht auf der abgeschlossenen Halbgeraden l definiert sind, die $\theta = 0$ entspricht. Es sei $L = \exp_p(l)$. Da $\exp_p : U - l \to V - L$ immer noch ein Diffeomorphismus ist, können wir die Punkte in $V - L$ durch die Koordinaten (ρ, θ) parametrisieren, die geodätische Polarkoordinaten heißen.

Wir verwenden die folgende Bezeichnungsweise. Die Bilder unter $\exp_p : U \to V$ von Kreisen in U mit Mittelpunkt 0 heißen *geodätische Kreislinien* von V, und die Bilder unter $\exp_p$ von Geraden durch 0 heißen *radiale Geodätische* von V. In $V - L$ sind dies die Kurven ρ = konst. bzw. θ = konst.

Wir bestimmen jetzt die Koeffizienten der ersten Fundamentalform in einem System geodätischer Polarkoordinaten.

Proposition 3. *Es sei* $x : U - l \to V - L$ *ein System geodätischer Polarkoordinaten* (ρ, θ). *Dann genügen die Koeffizienten* $E = E(\rho, \theta), F = F(\rho, \theta)$ *und* $G = G(\rho, \theta)$ *der ersten Fundamentalform den Bedingungen*

$$E = 1, \quad F = 0, \quad \lim_{\rho \to 0} G = 0, \quad \lim_{\rho \to 0} (\sqrt{G})_\rho = 1.$$

Beweis. Nach Definition der Exponentialabbildung mißt ρ die Bogenlänge längs der Kurve θ = konst. Daraus folgt sofort $E = 1$.

Benutzen wir bei den Differentialgleichungen einer Geodätischen (Gleichung (4), Abschnitt 4.4) die Tatsache, daß θ = konst. eine Geodätische ist, so schließen wir $\Gamma_{11}^2 = 0$. Verwenden wir die erste der Beziehungen (2) aus Abschnitt 4.3, die die Christoffel-Symbole definieren, so erhalten wir

$$0 = \tfrac{1}{2} E_\rho = \Gamma_{11}^1 E = \Gamma_{11}^1.$$

Damit schließen wir aus der zweiten Gleichung in (2) aus Abschnitt 4.3, daß $F(\rho, \theta)$ deshalb nicht von ρ abhängt.

Für jedes $q \in V$ bezeichnen wir mit $\alpha(\sigma)$ die geodätische Kreislinie, die durch q geht, wobei $\sigma \in [0, 2\pi]$ ist (falls $q = p$, so ist $\alpha(\sigma)$ die konstante Kurve $\alpha(\sigma) = p$). Mit $\gamma(s)$, wobei s die Bogenlänge von γ ist, bezeichnen wir die radiale Geodätische durch q. Mit dieser Bezeichnungsweise gilt

$$F(\rho, \theta) = \left\langle \frac{d\alpha}{d\sigma}, \frac{d\gamma}{ds} \right\rangle.$$

4.6 Die Exponentialabbildung. Geodätische Polarkoordinaten

Der Koeffizient $F(\rho, \theta)$ ist bei p nicht definiert. Fixieren wir jedoch die radiale Geodätische θ = konst., so ist die rechte Seite der obigen Gleichung definiert für jeden Punkt dieser Geodätischen. Da $\alpha(\sigma) = p$ in p ist, d.h. $d\alpha/d\sigma = 0$, erhalten wir

$$\lim_{\rho \to 0} F(\rho, \theta) = \lim_{\rho \to 0} \left\langle \frac{d\alpha}{d\sigma}, \frac{d\gamma}{ds} \right\rangle = 0.$$

Das impliziert zusammen mit der Tatsache, daß F nicht von ρ abhängt, $F = 0$.

Um die letzte Behauptung des Satzes zu beweisen, wählen wir ein System von Normalkoordinaten $(\bar{u}, \bar{v})$ bei p, so daß der Koordinatenwechsel gegeben ist durch

$$\bar{u} = \rho \cos \theta, \quad \bar{v} = \rho \sin \theta, \quad \rho \neq 0, \quad 0 < \theta < 2\pi.$$

Erinnern wir uns daran, daß

$$\sqrt{EG - F^2} = \sqrt{\bar{E}\bar{G} - \bar{F}^2} \frac{\partial(\bar{u}, \bar{v})}{\partial(\rho, \theta)}$$

gilt, wobei $\partial(\bar{u}, \bar{v})/\partial(\rho, \theta)$ die Jakobische des Koordinatenwechsels ist und $\bar{E}, \bar{F}, \bar{G}$ die Koeffizienten der ersten Fundamentalform in den Normalkoordinaten $(\bar{u}, \bar{v})$ sind, so erhalten wir

$$\sqrt{G} = \rho \sqrt{\bar{E}\bar{G} - \bar{F}^2}, \quad \rho \neq 0. \tag{1}$$

Da $\bar{E} = \bar{G} = 1$, $\bar{F} = 0$ in p ist (die Normalkoordinaten sind in p definiert), schließen wir, daß

$$\lim_{\rho \to 0} \sqrt{G} = 0, \quad \lim_{\rho \to 0} (\sqrt{G})_\rho = 1$$

ist. Damit ist der Beweis des Satzes beendet. □

Bemerkung 1. Geometrisch bedeutet die Tatsache, daß $F = 0$ ist, daß die Familie der geodätischen Kreislinien in einer Normalumgebung orthogonal ist zur Familie der radialen Geodätischen. Diese Tatsache ist als das *Gauß-Lemma* bekannt.

Wir bringen jetzt einige geometrische Anwendungen der geodätischen Polarkoordinaten. Zunächst untersuchen wir die Flächen konstanter Gaußscher Krümmung. Da in einem Polarkoordinatensystem $E = 1$ und $F = 0$ ist, kann die Gaußsche Krümmung K geschrieben werden als

$$K = -\frac{(\sqrt{G})_{\rho\rho}}{\sqrt{G}}.$$

Diesen Ausdruck kann man als Differentialgleichung ansehen, der $\sqrt{G(\rho, \theta)}$ genügen sollte, wenn die Fläche (in dem fraglichen Koordinatensystem) die Krümmung $K(\rho, \theta)$ haben soll. Ist K konstant, so ist der obige Ausdruck, oder äquivalent,

$$(\sqrt{G})_{\rho\rho} + K\sqrt{G} = 0 \tag{2}$$

eine lineare Differentialgleichung zweiter Ordnung mit konstanten Koeffizienten. Wir beweisen

Theorem (Minding). *Zwei reguläre Flächen mit derselben konstanten Gauß-Krümmung sind lokal isometrisch. Genauer seien S_1 und S_2 zwei reguläre Flächen mit derselben kon-*

stanten Krümmung K. Wähle Punkte $p_1 \in S_1$, $p_2 \in S_2$ und orthonormale Basen $\{e_1, e_2\} \subset T_{p_1}(S_1)$, $\{f_1, f_2\} \subset T_{p_2}(S_2)$. Dann gibt es Umgebungen V_1 von p_1, V_2 von p_2 und eine Isometrie $\psi: V_1 \to V_2$, so daß $d\psi(e_1) = f_1$, $d\psi(e_2) = f_2$ gilt.

Beweis. Wir betrachten zunächst Gleichung (2) und untersuchen getrennt die Fälle (1) $K = 0$, (2) $K > 0$ und (3) $K < 0$.

1. Ist $K = 0$, so ist $(\sqrt{G})_{\rho\rho} = 0$. Also $(\sqrt{G})_\rho = g(\theta)$, wobei $g(\theta)$ eine Funktion von θ ist. Da
$$\lim_{\rho \to 0} (\sqrt{G})_\rho = 1$$
ist, schließen wir $(\sqrt{G})_\rho \equiv 1$. Daher ist $\sqrt{G} = \rho + f(\theta)$, wobei $f(\theta)$ eine Funktion von θ ist. Aufgrund von
$$f(\theta) = \lim_{\rho \to 0} \sqrt{G} = 0$$
gilt schließlich in diesem Fall
$$E = 1, \quad F = 0, \quad G(\rho, \theta) = \rho^2.$$

2. Ist $K > 0$, so ist die allgemeine Lösung der Gleichung (2) gegeben durch
$$\sqrt{G} = A(\theta) \cos(\sqrt{K}\rho) + B(\theta) \sin(\sqrt{K}\rho),$$
wobei $A(\theta)$ und $B(\theta)$ Funktionen von θ sind. Daß dieser Ausdruck eine Lösung der Gleichung (2) ist, prüft man leicht durch Differenzieren nach. Aus $\lim_{\rho \to 0} \sqrt{G} = 0$ erhalten wir $A(\theta) = 0$. Daher ist
$$(\sqrt{G})_\rho = B(\theta)\sqrt{K} \cos(\sqrt{K}\rho),$$
und da $\lim_{\rho \to 0} (\sqrt{G})_\rho = 1$ ist, folgern wir
$$B(\theta) = \frac{1}{\sqrt{K}}.$$
In diesem Fall gilt also
$$E = 1, \quad F = 0, \quad G = \frac{1}{K}\sin^2(\sqrt{K}\rho).$$

3. Ist schließlich $K < 0$, so ist die allgemeine Lösung von Gleichung (2)
$$\sqrt{G} = A(\theta) \cosh(\sqrt{-K}\rho) + B(\theta) \sinh(\sqrt{-K}\rho).$$
Mittels der Anfangsbedingungen verifiziert man in diesem Fall
$$E = 1, \quad F = 0, \quad G = \frac{1}{-K}\sinh^2(\sqrt{-K}\rho).$$

Jetzt können wir Mindings Theorem beweisen. V_1 und V_2 seien Normalumgebungen von p_1 bzw. p_2. Es sei φ die durch $\varphi(e_1) = f_1$ und $\varphi(e_2) = f_2$ gegebene lineare Isometrie von $T_{p_1}(S_1)$ auf $T_{p_2}(S_2)$. Wähle ein Polarkoordinatensystem (ρ, θ) in $T_{p_1}(S_1)$ mit Achse l und setze $L_1 = \exp_{p_1}(l)$, $L_2 = \exp_{p_2}(\varphi(l))$. Definiere $\psi: V_1 \to V_2$ durch
$$\psi = \exp_{p_2} \circ \varphi \circ \exp_{p_1}^{-1}.$$
Dann ist ψ die gesuchte Isometrie.

4.6 Die Exponentialabbildung. Geodätische Polarkoordinaten

Die Einschränkung $\bar{\psi}$ von ψ auf $V_1 - L_1$ bildet nämlich eine Polarkoordinatenumgebung mit Koordinaten (ρ, θ) und Mittelpunkt p_1 in eine Polarkoordinatenumgebung mit Koordination (ρ, θ) und Mittelpunkt p_2 ab. Aufgrund der obigen Untersuchung von Gleichung (2) stimmen die Koeffizienten der ersten Fundamentalformen an den entsprechenden Punkten überein. Nach Prop. 1 aus Abschnitt 4.2 ist $\bar{\psi}$ eine Isometrie. Aus Stetigkeitsgründen erhält ψ auch in Punkten von L_1 das innere Produkt und ist somit eine Isometrie. Man prüft leicht nach, daß $d\psi(e_1) = f_1$ und $d\psi(e_2) = f_2$ ist; damit ist der Beweis beendet. □

Bemerkung 2. In dem Fall, daß K nicht konstant ist, aber sein Vorzeichen beibehält, hat der Ausdruck $\sqrt{G}K = -(\sqrt{G})_{\rho\rho}$ eine interessante anschauliche Bedeutung. Betrachte die Bogenlänge $L(\rho)$ der Kurve ρ = konst. zwischen zwei benachbarten Geodätischen $\theta = \theta_0$ und $\theta = \theta_1$:

$$L(\rho) = \int_{\theta_0}^{\theta_1} \sqrt{G(\rho, \theta)}\, d\theta.$$

Wir nehmen $K < 0$ an. Da

$$\lim_{\rho \to 0} (\sqrt{G})_\rho = 1 \quad \text{und} \quad (\sqrt{G})_{\rho\rho} = -K\sqrt{G} > 0$$

ist, verhält sich die Funktion $L(\rho)$ wie in Bild 4.39 (a). Das bedeutet, daß $L(\rho)$ mit ρ wächst; d.h. wenn ρ wächst, laufen die Geodätischen $\theta = \theta_0$ und $\theta = \theta_1$ weiter und weiter auseinander (natürlich müssen wir in der fraglichen Koordinatenumgebung bleiben).

Ist andererseits $K > 0$, so verhält sich $L(\rho)$ wie in Bild 4.39 (b). Die Geodätischen $\theta = \theta_0$ und $\theta = \theta_1$ können näher zusammen kommen (Fall I) oder nicht (Fall II) ab einem bestimmten Wert von ρ; das hängt von der Gaußschen Krümmung ab. Zum Beispiel kommen sich im Fall einer Sphäre zwei Geodätische, die in einem Pol beginnen, nach dem Äquator wieder näher (Bild 4.40).

Eine weitere Anwendung der geodätischen Polarkoordinaten besteht in einer geometrischen Interpretation der Gaußschen Krümmung K.

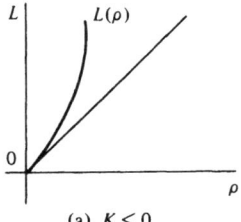
(a) $K < 0$

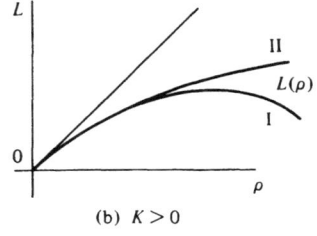
(b) $K > 0$

Bild 4.39
Ausbreitung benachbarter Geodätischer in einer Normalumgebung

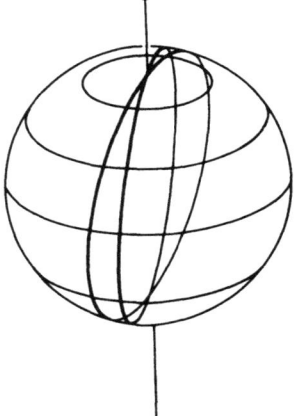

Bild 4.40

Dazu beachten wir zunächst, daß die Darstellung von K in geodätischen Polarkoordinaten (ρ, θ) mit Mittelpunkt $p \in S$ durch

$$K = -\frac{(\sqrt{G})_{\rho\rho}}{\sqrt{G}}$$

gegeben ist, und deshalb gilt

$$\frac{\partial^3(\sqrt{G})}{\partial \rho^3} = -K(\sqrt{G})_\rho - K_\rho(\sqrt{G}).$$

Erinnern wir uns an

$$\lim_{\rho \to 0} \sqrt{G} = 0,$$

so erhalten wir

$$-K(p) = \lim_{\rho \to 0} \frac{\partial^3 \sqrt{G}}{\partial \rho^3}.$$

Definieren wir andererseits $\sqrt{G}$ und seine Ableitungen bezüglich ρ in p als Grenzwerte (vgl. Gleichung (1)), so können wir

$$\sqrt{G}(\rho, \theta) = \sqrt{G}(0, \theta) + \rho(\sqrt{G})_\rho(0, \theta) + \frac{\rho^2}{2!}(\sqrt{G})_{\rho\rho}(0, \theta)$$
$$+ \frac{\rho^3}{3!}(\sqrt{G})_{\rho\rho\rho}(0, \theta) + R(\rho, \theta)$$

schreiben, wobei

$$\lim_{\rho \to 0} \frac{R(\rho, \theta)}{\rho^3} = 0,$$

gleichmäßig in θ gilt. Setzen wir in die obige Darstellung die bereits bekannten Werte ein, so erhalten wir

$$\sqrt{G}(\rho, \theta) = \rho - \frac{\rho^3}{3!}K(p) + R.$$

Mit diesem Wert für $\sqrt{G}$ berechnen wir die Bogenlänge L einer geodätischen Kreislinie vom Radius $\rho = r$:

$$L = \lim_{\epsilon \to 0} \int_{0+\epsilon}^{2\pi-\epsilon} \sqrt{G}(r, \theta)\, d\theta = 2\pi r - \frac{\pi}{3} r^3 K(p) + R_1,$$

wobei

$$\lim_{r \to 0} \frac{R_1}{r^3} = 0$$

ist. Daraus folgt

$$K(p) = \lim_{r \to 0} \frac{3}{\pi} \frac{2\pi r - L}{r^3},$$

was eine innere Interpretation von $K(p)$ in Termen des Radius r einer geodätischen Kreislinie $S_r(p)$ um p und der Längen L und $2\pi r$ von $S_r(p)$ bzw. $\exp_p^{-1}(S_r(p))$ liefert. Mit diesem Verfahren erhält man auch leicht eine Interpretation von $K(p)$ in Zusammenhang mit dem Flächeninhalt des von $S_r(p)$ berandeten abgeschlossenen Gebiets. (siehe Übung 3).

4.6 Die Exponentialabbildung. Geodätische Polarkoordinaten

Als letzte Anwendung der geodätischen Polarkoordinaten untersuchen wir einige Minimaleigenschaften von Geodätischen. Eine fundamentale Eigenschaft einer Geodätischen ist die Tatsache, daß sie lokal die Bogenlänge minimiert. Genauer gilt

Proposition 4. *Es sei p ein Punkt auf einer Fläche S. Dann gibt es eine Umgebung $W \subset S$ von p, so daß für eine parametrisierte Geodätische $\gamma: I \to W$ mit $\gamma(0) = p$, $\gamma(t_1) = q$, $t_1 \in I$, und jede parametrisierte reguläre Kurve $\alpha: [0, t_1] \to S$, die p und q verbindet,*

$$l_\gamma \leq l_\alpha$$

gilt, wobei l_α die Länge der Kurve α bezeichnet. Gilt darüber hinaus $l_\gamma = l_\alpha$, so stimmt die Spur von α mit der Spur von γ zwischen p und q überein.

Beweis. V sei eine Normalumgebung von p und $\bar{W}$ das abgeschlossene Gebiet in V, das von einer geodätischen Kreislinie vom Radius r berandet wird. (ρ, θ) seien geodätische Polarkoordinaten in $\bar{W} - L$ mit Mittelpunkt p.

Wir nehmen zunächst an $\alpha([0, t_1]) \subset \bar{W}$ (Bild 4.41). Es sei $0 < \beta_0 < \beta_1 < t_1$. Da α endliche Länge hat, können wir L so wählen, daß $\alpha([\beta_0, \beta_1])$ und L sich nur in endlich vielen Punkten schneiden, sagen wir $\tau_1 < \tau_2 < \ldots < \tau_{k-1}$. Wir setzen $\tau_0 = \beta_0$, $\tau_k = \beta_1$ und schreiben $\alpha(t) = (\rho(t), \theta(t))$ auf jedem Intervall (τ_i, τ_{i+1}), $i = 0, \ldots, k-1$. Wir bemerken

$$\sqrt{(\rho')^2 + G(\theta')^2} \geq \sqrt{(\rho')^2}$$

und daß Gleichheit auf (τ_i, τ_{i+1}) genau dann gilt, wenn $\theta' = 0$ ist; also θ = konst. auf (τ_i, τ_{i+1}). Wir zeigen nun, daß die Länge von α zwischen β_0 und β_1 größer oder gleich $|\rho(\beta_1) - \rho(\beta_0)|$ ist und daß Gleichheit genau dann gilt, wenn α eine radiale Geodätische θ = konst. ist, die so parametrisiert ist, daß $\rho'(t) > 0$ gilt.

Um das einzusehen, beachten wir, daß diese Länge gleich dem (konvergenten) uneigentlichen Integral

$$\sum_{i=0}^{k-1} \int_{\tau_i}^{\tau_{i+1}} \sqrt{(\rho')^2 + G(\theta')^2}\, dt \geq \sum_{i=0}^{k-1} \int_{\tau_i}^{\tau_{i+1}} \sqrt{(\rho')^2}\, dt =$$

$$= \sum_{i=0}^{k-1} \int_{\tau_i}^{\tau_{i+1}} |\rho'|\, dt \geq |\rho(\beta_1) - \rho(\beta_0)|$$

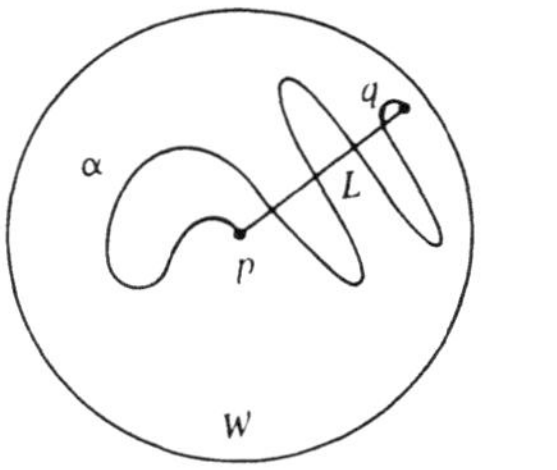

Bild 4.41

ist. Darüber hinaus tritt in der obigen Abschätzung genau dann Gleichheit ein, wenn $\rho'(t) > 0$ und $\theta(t)$ = konst. auf jedem Intervall (τ_i, τ_{i+1}) gilt; d.h. α ist tatsächlich eine radiale Geodätische. Damit ist unsere Behauptung gezeigt.

Der Beweis des Satzes im Falle $\alpha([0, t_1]) \subset \bar{W}$ folgt durch $\beta_0 \to 0$ und $\beta_1 \to t_1$ sofort aus der oben bewiesenen Aussage.

Nimm schließlich an, daß $\alpha([0, t_1])$ nicht ganz in $\bar{W}$ enthalten ist. Es sei $t_0 \in [0, t_1]$ der erste Wert, für den $\alpha(t_0) = x$ zum Rand von $\bar{W}$ gehört; $\bar{\gamma}$ sei die radiale Geodätische px und $\bar{\alpha}$ die Einschränkung der Kurve α auf das Intervall $[0, t_0]$. Dann ist klar, daß $l_\alpha \geq l_{\bar{\alpha}}$ gilt (siehe Bild 4.42).

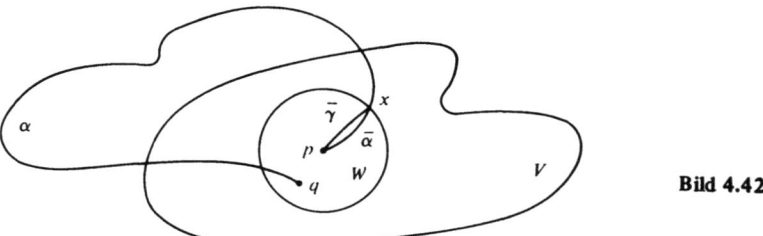

Bild 4.42

Nach dem vorhergehenden Argument gilt $l_{\bar{\alpha}} \geq l_{\bar{\gamma}}$. Da q im Innern von $\bar{W}$ liegt, gilt $l_{\bar{\gamma}} > l_\gamma$. Daraus schließen wir $l_\alpha > l_\gamma$. Damit ist der Beweis beendet. □

Bemerkung 3. Der Einfachheit halber haben wir den Satz für reguläre Kurven bewiesen. Er gilt jedoch auch für stückweise reguläre Kurven (vgl. Def. 7, Abschnitt 4.4); der Beweis ist vollkommen analog und wird dem Leser zur Übung überlassen.

Bemerkung 4. Der Beweis zeigt auch, daß die Umkehrung der letzten Behauptung von Prop. 4 gilt. Diese Umkehrung läßt sich jedoch nicht auf stückweise reguläre Kurven übertragen.

Der obige Satz ist nicht global richtig, wie das Beispiel der Sphäre zeigt. Zwei Punkte der Sphäre, die keine Antipodenpunkte sind, lassen sich durch zwei Meridiane unterschiedlicher Länge verbinden, und nur der kleinere genügt den Behauptungen des Satzes. Anders ausgedrückt braucht eine Geodätische, wenn man sie genügend weit fortsetzt, nicht mehr der kürzeste Weg zwischen ihren Endpunkten zu sein. Der folgende Satz zeigt jedoch, daß eine reguläre Kurve, die zwischen zwei beliebigen Punkten auf ihr die kürzeste Verbindung ist, notwendig eine Geodätische ist.

Proposition 5. *Es sei $\alpha: I \to S$ eine reguläre parametrisierte Kurve mit einem Parameter proportional zur Bogenlänge. Nimm an, die Bogenlänge von α zwischen zwei beliebigen Punkten $t, \tau \in I$ ist kleiner oder gleich der Bogenlänge einer beliebigen regulären parametrisierten Kurve, die $\alpha(t)$ mit $\alpha(\tau)$ verbindet. Dann ist α eine Geodätische.*

Beweis. Es sei $t_0 \in I$ ein beliebiger Punkt in I und W die durch Prop. 4 gegebene Umgebung von $\alpha(t_0) = p$. Es sei $q = \alpha(t_1) \in W$. Aus dem Fall der Gleichheit in Prop. 4 folgt, daß α eine Geodätische in (t_0, t_1) ist. Sonst hätte α zwischen t_0 und t_1 eine größere Länge als die radiale Geodätische, die $\alpha(t_0)$ mit $\alpha(t_1)$ verbindet; ein Widerspruch zur Voraussetzung. Da α regulär ist, folgt aus Stetigkeitsgründen, daß α auch noch in t_0 Geodätische ist. □

Übungen

1 Beweise, daß auf einer Fläche konstanter Krümmung die geodätischen Kreislinien konstante geodätische Krümmung haben.

2 Zeige, daß die Gleichungen der Geodätischen in geodätischen Polarkoordinaten ($E = 1, F = 0$) durch

$$\rho'' - \frac{1}{2} G_\rho (\theta')^2 = 0$$

$$\theta'' + \frac{G_\rho}{G} \rho' \theta' + \frac{1}{2} \frac{G_\theta}{G} (\theta')^2 = 0 \qquad \text{gegeben sind.}$$

4.6 Die Exponentialabbildung. Geodätische Polarkoordinaten

3. Ist p ein Punkt einer regulären Fläche S, so beweise

$$K(p) = \lim_{r \to 0} \frac{12}{\pi} \frac{\pi r^2 - A}{r^4},$$

wobei $K(p)$ die Gaußsche Krümmung von S in p ist, r der Radius einer geodätischen Kreislinie $S_r(p)$ mit Mittelpunkt p und A der Flächeninhalt des von $S_r(p)$ berandeten abgeschlossenen Gebiets.

4. Zeige, daß in einem System von Normalkoordinaten mit Zentrum p alle Christoffel Symbole in p verschwinden.

5. Zu welchem der folgenden Paare von Flächen gibt es eine lokale Isometrie?
   a) Rotationstorus und Kegel.
   b) Kegel und Sphäre.
   c) Kegel und Zylinder.

6. Es sei S eine Fläche, p ein Punkt von S und $S^1(p)$ eine geodätische Kreislinie um p, so klein, daß sie in einer Normalumgebung liegt. Es seien r und s zwei Punkte von $S^1(p)$ und C ein Bogen von $S^1(p)$ zwischen r und s. Betrachte die Kurve $\exp_p^{-1}(C) \subset T_p(S)$. Beweise, daß $S^1(p)$ so klein gewählt werden kann, daß gilt:
   a) Ist $K > 0$, so ist $l(\exp_p^{-1}(C)) > l(C)$, wobei $l(\ )$ die Bogenlänge der entsprechenden Kurve bezeichnet.
   b) Ist $K < 0$, so gilt $l(\exp_p^{-1}(C)) < l(C)$.

7. Es sei (ρ, θ) ein System geodätischer Polarkoordinaten ($E = 1, F = 0$) auf einer Fläche und $\gamma(\rho(s), \theta(s))$ eine Geodätische, die einen Winkel $\varphi(s)$ mit den Kurven $\theta = $ konst. bildet. Die Kurven $\theta = $ konst. seien in Richtung wachsender ρ's orientiert, und φ werde von $\theta = $ konst. zu γ in der durch die Parametrisierung (ρ, θ) gegebenen Orientierung gemessen. Zeige

$$\frac{d\varphi}{ds} + (\sqrt{G})_\rho \frac{d\theta}{ds} = 0.$$

*8. (*Satz von Gauß über die Summe der Innenwinkel „kleiner" geodätischer Dreiecke.*) Δ sei ein geodätisches Dreieck (d.h. seine Seiten sind Stücke von Geodätischen) auf einer Fläche S. Nimm an, Δ ist so klein, daß es in einer Normalumgebung einer seiner Ecken enthalten ist. Zeige direkt (d.h. ohne das Gauß-Bonnet-Theorem zu benutzen), daß

$$\iint_\Delta K \, dA = \left(\sum_{i=1}^3 \alpha_i\right) - \pi$$

gilt, wobei K die Gaußsche Krümmung von S ist und $0 < \alpha_i < \pi$, $i = 1, 2, 3$, die Innenwinkel des Dreiecks Δ sind.

9. (*Eine lokale isoperimetrische Ungleichung für geodätische Kreislinien.*) Es sei $p \in S$ und $S_r(p)$ eine geodätische Kreislinie mit Mittelpunkt p und Radius r. L sei die Bogenlänge von $S_r(p)$ und A der Flächeninhalt des von $S_r(p)$ berandeten Gebiets. Zeige

$$4\pi A - L^2 = \pi^2 r^4 K(p) + R,$$

wobei $K(p)$ die Gaußsche Krümmung von S in p ist und

$$\lim_{r \to 0} \frac{R}{r^4} = 0$$

gilt. Ist also $K(p) > 0$ (oder < 0) und r klein, so ist $4\pi A - L^2 > 0$ (oder < 0). (Vergleiche mit der isoperimetrischen Ungleichung aus Abschnitt 1.7.)

10. S sei eine zusammenhängende Fläche und $\varphi, \psi: S \to S$ seien zwei Isometrien von S. Nimm an es gibt einen Punkt $p \in S$ mit $\varphi(p) = \psi(p)$ und $d\varphi_p(v) = d\psi_p(v)$ für alle $v \in T_p(S)$. Zeige $\varphi(q) = \psi(q)$ für alle $q \in S$.

11 (*Freie Beweglichkeit kleiner geodätischer Dreiecke.*) Es sei S eine Fläche konstanter Gaußscher Krümmung. Wähle Punkte $p_1, p'_1 \in S$ und Normalumgebungen V, V' von p_1 bzw. p'_1. Wähle geodätische Dreiecke p_1, p_2, p_3 in V (geodätisch heißt, daß die Seiten $\widehat{p_1 p_2}, \widehat{p_2 p_3}, \widehat{p_3 p_1}$ geodätische Bögen sind) und p'_1, p'_2, p'_3 in V' so, daß

$$l(p_1, p_2) = l(p'_1, p'_2),$$
$$l(p_2, p_3) = l(p'_2, p'_3),$$
$$l(p_3, p_1) = l(p'_3, p'_1)$$

(l bezeichnet hier die Länge eines geodätischen Bogens). Zeige, daß es eine Isometrie $\theta: V \to V'$ gibt, die das erste Dreieck auf das zweite abbildet. (Dies ist eine lokale Version für Flächen konstanter Krümmung des Satzes aus der Schulgeometrie, daß zwei Dreiecke in der Ebene mit gleichen Seitenlängen kongruent sind.)

12 Ein Diffeomorphismus $\varphi: S_1 \to S_2$ heißt *geodätische Abbildung*, wenn für jede Geodätische $C \subset S_1$ von S_1 die reguläre Kurve $\varphi(C) \subset S_2$ eine Geodätische von S_2 ist. Ist U eine Umgebung von $p \in S_1$, so heißt $\varphi: U \to S_2$ *lokal geodätische Abbildung* bei p, wenn es eine Umgebung V von $\varphi(p)$ in S_2 gibt, so daß $\varphi: U \to V$ eine geodätische Abbildung ist.

a) Zeige, daß eine Abbildung $\varphi: S_1 \to S_2$, die sowohl geodätisch als auch konform ist, eine Ähnlichkeitstransformation ist; d. h.

$$\langle v, w \rangle_p = \lambda \langle d\varphi_p(v), d\varphi_p(w) \rangle_{\varphi(p)} \quad p \in S_1, v, w \in T_p(S_1),$$

wobei λ konstant ist.

b) Es sei $S^2 = \{(x, y, z) \in \mathbb{R}^3; x^2 + y^2 + z^2 = 1\}$ die Einheitssphäre, $S^- = \{(x, y, z) \in S^2; z < 0\}$ die untere Hemisphäre und P die Ebene $z = -1$. Beweise, daß die Abbildung (Zentralprojektion) $\varphi: S^- \to P$, die einen Punkt $p \in S^-$ auf den Schnittpunkt von P mit der Geraden, die p mit dem Mittelpunkt von S^2 verbindet, abbildet, eine geodätische Abbildung ist.

*c) Zeige, daß es zu einer Fläche konstanter Krümmung für jedes $p \in S$ eine lokal geodätische Abbildung in die Ebene gibt.

13 (*Satz von Beltrami.*) In Übung 12, Teil c), wurde gezeigt, daß man zu einer Fläche S konstanter Krümmung K für jedes $p \in S$ eine lokal geodätische Abbildung in die Ebene finden kann. Um die Umkehrung (Satz von Beltrami) zu beweisen – *Wenn es zu einer regulären zusammenhängenden Fläche S für jedes $p \in S$ eine lokal geodätische Abbildung in die Ebene gibt, so hat S konstante Krümmung* – sollte man die folgenden Behauptungen zeigen:

a) Ist $v = v(u)$ eine Geodätische in einer Koordinatenumgebung einer Fläche, parametrisiert durch (u, v), die nicht mit $u = \text{konst.}$ übereinstimmt, so gilt

$$\frac{d^2 v}{du^2} = \Gamma^1_{22}\left(\frac{dv}{du}\right)^3 + (2\Gamma^1_{12} - \Gamma^2_{22})\left(\frac{dv}{du}\right)^2 + (\Gamma^1_{11} - 2\Gamma^2_{12})\frac{dv}{du} - \Gamma^2_{11}.$$

*b) Gibt es zu S eine lokal geodätische Abbildung $\varphi: V \to \mathbb{R}^2$ einer Umgebung V eines Punktes $p \in S$ in die Ebene $\mathbb{R}^2$, so kann man die Umgebung V durch (u, v) so parametrisieren, daß

$$\Gamma^1_{22} = \Gamma^2_{11} = 0, \quad \Gamma^2_{22} = 2\Gamma^1_{12}, \quad \Gamma^1_{11} = 2\Gamma^2_{12}$$

gilt.

*c) Wenn es eine geodätische Abbildung einer Umgebung V von $p \in S$ in eine Ebene gibt, so erfüllt die Krümmung K in V die Relationen

$$KE = \Gamma^2_{12}\Gamma^2_{12} - (\Gamma^2_{12})_u, \tag{a}$$
$$KF = \Gamma^1_{12}\Gamma^2_{12} - (\Gamma^2_{12})_v, \tag{b}$$
$$KG = \Gamma^1_{12}\Gamma^1_{12} - (\Gamma^1_{12})_v, \tag{c}$$
$$KF = \Gamma^2_{12}\Gamma^1_{12} - (\Gamma^1_{12})_u. \tag{d}$$

4.7 Weitere Eigenschaften von Geodätischen. Konvexe Umgebungen

*d) Gibt es eine geodätische Abbildung einer Umgebung V von $p \in S$ in eine Ebene, so ist die Krümmung K in V konstant.

e) Verwende das obige und ein Standard-Zusammenhangsargument, um den Satz von Beltrani zu beweisen.

14 (*Die Holonomie-Gruppe.*) S sei eine reguläre Fläche und $p \in S$. Für jede stückweise regulär parametrisierte Kurve $\alpha: [0, l] \to S$ mit $\alpha(0) = \alpha(l) = p$ sei $P_\alpha: T_p(S) \to T_p(S)$ die Abbildung, die jedem $v \in T_p(S)$ seine Parallelverschiebung zurück nach p längs α zuordnet. Nach Prop. 1 von Abschnitt 4.4 ist P_α eine lineare Isometrie von $T_p(S)$. Ist $\beta: [0, \bar{l}] \to S$ eine andere stückweise reguläre parametrisierte Kurve mit $\beta(0) = \beta(\bar{l}) = p$, so definiere die Kurve $\beta \circ \alpha: [0, l + \bar{l}] \to S$ dadurch, daß man zuerst α und dann β durchläuft; d.h. $\beta \circ \alpha(s) = \alpha(s)$ für $s \in [0, l]$ und $\beta \circ \alpha(s) = \beta(s - l)$ für $s \in [l, l + \bar{l}]$.

a) Betrachte die Menge
$$H_p(S) = \{P_\alpha: T_p(S) \to T_p(S); \text{ alle } \alpha, \text{ die von } p \text{ nach } p \text{ gehen, wobei } \alpha \text{ stückweise regulär ist.}\}$$
Definiere in dieser Menge die Operation $P_\beta \circ P_\alpha = P_{\beta \circ \alpha}$; d.h. $P_\beta \circ P_\alpha$ ist die übliche Komposition, indem man zuerst P_α und dann P_β anwendet. Beweise, daß $H_p(S)$ mit dieser Operation eine Gruppe ist (in der Tat eine Untergruppe der Gruppe der linearen Isometrien von $T_p(S)$). $H_p(S)$ heißt *Holonomie-Gruppe* von S bei p.

b) Zeige, daß die Holonomie-Gruppe in einem beliebigen Punkt einer Fläche mit $K \equiv 0$, die homöomorph zu einer Kreisscheibe ist, sich auf die Identität reduziert.

c) Ist S zusammenhängend, so beweise, daß die Holonomie-Gruppen $H_p(S)$ und $H_q(S)$ in zwei beliebigen Punkten $p, q \in S$ isomorph sind. Also können wir von *der* (abstrakten) *Holonomie-Gruppe einer Fläche* sprechen.

d) Beweise, daß die Holonomie-Gruppe einer Sphäre isomorph ist zur Gruppe der 2 × 2 Drehmatrizen (vgl. Übung 22, Abschnitt 4.4).

4.7 Weitere Eigenschaften von Geodätischen. Konvexe Umgebungen[1]

In diesem Abschnitt zeigen wir, wie bestimmte Aussagen über Geodätische (insbesondere Prop. 5 aus Abschnitt 4.4) aus dem allgemeinen Satz über Existenz, Eindeutigkeit und Abhängigkeit von den Anfangsbedingungen für Vektorfelder folgen.

In einer Parametrisierung $\mathbf{x}(u, v)$ sind die Geodätischen durch das System

$$u'' + \Gamma_{11}^1(u')^2 + 2\Gamma_{12}^1 u'v' + \Gamma_{22}^1(v')^2 = 0,$$
$$v'' + \Gamma_{11}^2(u')^2 + 2\Gamma_{12}^2 u'v' + \Gamma_{22}^2(v')^2 = 0 \quad (1)$$

gegeben, wobei die Γ_{ij}^k Funktionen der lokalen Koordinaten u und v sind. Setzen wir $u' = \xi$ und $v' = \eta$, so können wir das obige System in der allgemeinen Form

$$\xi' = F_1(u, v, \xi, \eta),$$
$$\eta' = F_2(u, v, \xi, \eta),$$
$$u' = F_3(u, v, \xi, \eta),$$
$$v' = F_4(u, v, \xi, \eta) \quad (2)$$

schreiben, wobei $F_3(u, v, \xi, \eta) = \xi$, $F_4(u, v, \xi, \eta) = \eta$ ist.
Folgende Notation erweist sich als günstig: (u, v, ξ, η) bezeichne einen Punkt des $\mathbb{R}^4$, den wir uns als kartesisches Produkt $\mathbb{R}^4 = \mathbb{R}^2 \times \mathbb{R}^2$ vorstellen; (u, v) steht für einen Punkt des ersten Faktors und (ξ, η) für einen Punkt des zweiten Faktors.

---

[1] Dieser Abschnitt kann beim ersten Lesen übergangen werden.

Das System (2) ist äquivalent zu einem Vektorfeld auf einer offenen Menge des $\mathbb{R}^4$, was vollkommen analog zu dem Fall von Vektorfeldern in $\mathbb{R}^2$ definiert ist (vgl. Abschnitt 3.4). Der Satz über Existenz und Eindeutigkeit von Trajektorien (Theorem 1, Abschnitt 3.4) gilt auch in diesem Fall (und gilt in der Tat für $\mathbb{R}^n$; vgl. W. Walter, *Gewöhnliche Differentialgleichungen*, Springer Verlag, Berlin Heidelberg New York, 1976) und lautet folgendermaßen:

Zu dem gegebenen System (2) auf einer offenen Menge $U \subset \mathbb{R}^4$ und einem Punkt

$$(u_0, v_0, \xi_0, \eta_0) \in U$$

gibt es eine eindeutig bestimmte Trajektorie $\alpha: (-\epsilon, \epsilon) \to U$ *der Gleichung (2) mit*

$$\alpha(0) = (u_0, v_0, \xi_0, \eta_0).$$

Um dieses Resultat auf eine reguläre Fläche S anzuwenden, sollte man beachten, daß man bei einer gegebenen Parametrisierung $\mathbf{x}(u, v)$ einer Koordinatenumgebung V von $p \in S$ die Menge der Paare (q, w), $q \in V$, $w \in T_q(S)$, mit einer offenen Menge $V \times \mathbb{R}^2 = U \subset \mathbb{R}^4$ identifizieren kann. Dazu identifizieren wir jeden $T_q(S)$, $q \in V$, mit dem $\mathbb{R}^2$ mittels der Basis $\{\mathbf{x}_u, \mathbf{x}_v\}$. Wenn wir über Differenzierbarkeit und Stetigkeit in der Menge der Paare (q, w) sprechen, so verstehen wir darunter die durch diese Identifizierung induzierte Differenzierbarkeit und Stetigkeit.

Setzen wir den obigen Satz voraus, so ist der Beweis von Prop. 5 aus Abschnitt 4.4 trivial. Die Gleichungen der Geodätischen in der Parametrisierung $\mathbf{x}(u, v)$ bei $p \in S$ liefern nämlich ein System der Form (2) auf $U \subset \mathbb{R}^4$. Der grundlegende Satz impliziert dann, daß es zu einem gegebenen Punkt $q = (u_0, v_0) \in V$ und einem von Null verschiedenen Tangentenvektor $w = (\xi_0, \eta_0) \in T_q(S)$ eine eindeutig bestimmte parametrisierte Geodätische

$$\gamma = \pi \circ \alpha : (-\epsilon, \epsilon) \to V$$

in V gibt (wobei $\pi(q, w) = q$ die Projektion $V \times \mathbb{R}^2 \to V$ ist).

Der Satz über die Abhängigkeit von den Anfangsbedingungen für das durch Gleichung (2) definierte Vektorfeld ist ebenfalls von Bedeutung. Er ist im Grunde genommen derselbe wie für Vektorfelder auf $\mathbb{R}^2$: *Zu einem gegebenen Punkt $p = (u_0, v_0, \xi_0, \eta_0) \in U$ gibt es eine Umgebung $V = V_1 \times V_2$ von p (wobei V_1 eine Umgebung von (u_0, v_0) und V_2 eine Umgebung von (ξ_0, η_0) ist), ein offenes Intervall I und eine differenzierbare Abbildung $\alpha: I \times V_1 \times V_2 \to U$, so daß für festes $(u, v, \xi, \eta) = (q, w) \in V$ $\alpha(t, w, q)$, $t \in I$, die Trajektorie von (2) durch (q, w) ist.*

Um diese Aussage auf eine reguläre Fläche S anzuwenden, führen wir eine Parametrisierung bei $p \in S$ mit Koordinatenumgebung V ein und identifizieren wie oben die Menge von Paaren (q, v), $q \in V$, $v \in T_q(S)$ mit $V \times \mathbb{R}^2$. Nehmen wir als Anfangsbedingung das Paar $(p, 0)$, so erhalten wir ein Intervall $(-\epsilon_2, \epsilon_2)$, eine Umgebung $V_1 \subset V$ von p in S, eine Umgebung V_2 des Ursprungs in $\mathbb{R}^2$ und eine differenzierbare Abbildung

$$\gamma: (-\epsilon_2, \epsilon_2) \times V_1 \times V_2 \to V,$$

so daß für $(q, v) \in V_1 \times V_2$, $v \neq 0$, die Kurve

$$t \to \gamma(t, q, v), \qquad t \in (-\epsilon_2, \epsilon_2),$$

4.7 Weitere Eigenschaften von Geodätischen. Konvexe Umgebungen

die Geodätische in S ist mit $\gamma(0, q, v) = q$, $\gamma'(0, q, v) = v$, und wenn $v = 0$ ist, so entartet diese Kurve zu dem Punkt q. Hierbei ist $\gamma = \pi \circ \alpha$, wobei $\pi(q, v) = q$ die Projektion $U = V \times \mathbb{R}^2 \to V$ und α die oben gegebene Abbildung ist.

In der Fläche hat die Menge $V_1 \times V_2$ die Gestalt

$$\{(q, v), q \in V_1, v \in V_q(0) \subset T_q(S)\},$$

wobei $V_q(0)$ eine Umgebung des Ursprungs in $T_q(S)$ bezeichnet. Schränken wir also γ auf $(-\epsilon_2, \epsilon_2) \times \{p\} \times V_2$ ein, so können wir $\{p\} \times V_2 = B_{\epsilon_1} \subset T_p(S)$ wählen und erhalten

Theorem 1. *Zu $p \in S$ gibt es Zahlen $\epsilon_1 > 0$, $\epsilon_2 > 0$ und eine differenzierbare Abbildung*

$$\gamma: (-\epsilon_2, \epsilon_2) \times B_{\epsilon_1} \to S, \quad B_{\epsilon_1} \subset T_p(S),$$

so daß für $v \in B_{\epsilon_1}$, $v \neq 0$, $t \in (-\epsilon_2, \epsilon_2)$ die Kurve $t \to \gamma(t, v)$ die Geodätische in S mit $\gamma(0, v) = p$, $\gamma'(0, v) = v$ und für $v = 0$, $\gamma(t, 0) = p$, ist.

Dieses Ergebnis wurde im Beweis von Prop. 1 aus Abschnitt 4.6 verwendet.

Der obige Satz entspricht dem Fall, wo p fest ist. Um den allgemeinen Fall zu behandeln, bezeichnen wir mit $B_r(q)$ das durch einen (kleinen) geodätischen Kreis vom Radius r und Mittelpunkt q berandete Gebiet, und mit $\overline{B_r(q)}$ die Vereinigung von $B_r(q)$ mit seinem Rand.

Es sei $\epsilon > 0$ so gewählt, daß $\overline{B_\epsilon(p)} \subset V_1$ ist. Es sei $B_{\delta(q)}(0) \subset \bar{V}_q(0)$ die größte offene Scheibe in der Menge $\bar{V}_q(0)$, die aus der Vereinigung von $V_q(0)$ mit seinen Häufungspunkten gebildet wird, und $\epsilon_1 := \inf \delta(q)$, $q \in \bar{B}_\epsilon(q)$. Offenbar ist $\epsilon_1 > 0$. Daher ist die Menge

$$\mathfrak{A} = \{(q, v); q \in B_\epsilon(p), v \in B_{\epsilon_1}(0) \subset T_q(S)\}$$

enthalten in $V_1 \times V_2$, und wir erhalten

Theorem 1a. *Zu gegebenem $p \in S$ gibt es positive Zahlen $\epsilon, \epsilon_1, \epsilon_2$ und eine differenzierbare Abbildung*

$$\gamma: (-\epsilon_2, \epsilon_2) \times \mathfrak{A} \to S,$$

wobei

$$\mathfrak{A} = \{(q, v); q \in B_\epsilon(p), v \in B_{\epsilon_1}(0) \subset T_q(S)\}$$

ist, so daß $\gamma(t, q, 0) = q$ ist und für $v \neq 0$ die Kurve

$$t \to \gamma(t, q, v), \quad t \in (-\epsilon_2, \epsilon_2)$$

die Geodätische in S ist mit $\gamma(0, q, v) = q$ und $\gamma'(0, q, v) = v$.

Wir wollen Theorem 1a benutzen, um die folgende Verschärfung für die Existenz normaler Geodätischer zu beweisen.

Proposition 1. *Zu gegebenem $p \in S$ gibt es eine Umgebung W von p in S und eine Zahl $\delta > 0$, so daß für jedes $q \in W$ $\exp_q$ ein Diffeomorphismus auf $B_\delta(0) \subset T_q(S)$ ist und $\exp_q(B_\delta(0)) \supset W$ gilt; d.h. W ist eine Normalumgebung aller ihrer Punkte.*

Beweis. Es sei V eine Koordinatenumgebung von p. Es seien $\epsilon, \epsilon_1, \epsilon_2$ und $\gamma: (-\epsilon_2, \epsilon_2) \times \mathfrak{A} \to V$ wie in Theorem 1a. Wählen wir $\epsilon_1 < \epsilon_2$, so können wir sicherstellen, daß $\exp_q(v) = \gamma(|v|, q, v)$ für $(q, v) \in \mathfrak{A}$ wohldefiniert ist. Daher können wir eine differenzierbare Abbildung $\varphi: \mathfrak{A} \to V \times V$ durch

$$\varphi(q, v) = (q, \exp_q(v))$$

definieren. Wir zeigen zunächst, daß $d\varphi$ nicht singulär ist bei $(p, 0)$. Dazu untersuchen wir, wie φ die durch

$$t \longrightarrow (p, tw), \qquad t \longrightarrow (\alpha(t), 0)$$

gegebenen Kurven in $\mathfrak{A}$ transformiert, wobei $w \in T_p(S)$ und α eine Kurve in S mit $\alpha(0) = p$ ist. Beachte, daß in $t = 0$ die Tangentenvektoren an diese Kurven $(0, w)$ bzw. $(\alpha'(0), 0)$ sind. Daher gilt

$$d\varphi_{(p, 0)}(0, w) = \frac{d}{dt}(p, \exp_p(wt))\Big|_{t=0} = (0, w),$$

$$d\varphi_{(p, 0)}(\alpha'(0), 0) = \frac{d}{dt}(\alpha(t), \exp_{\alpha(t)}(0))\Big|_{t=0} = (\alpha'(0), \alpha'(0)),$$

und $d\varphi_{(p, 0)}$ führt linear unabhängige Vektoren in linear unabhängige Vektoren über. Also ist $d\varphi_{(p, 0)}$ nicht singulär.

Es folgt, daß wir den Umkehrsatz anwenden und auf die Existenz einer Umgebung $\mathfrak{B}$ von $(p, 0)$ in $\mathfrak{A}$ schließen können, die unter φ diffeomorph auf eine Umgebung von (p, p) in $V \times V$ abgebildet wird. Es sei $U \subset B_\epsilon(p)$ und $\delta > 0$ so, daß

$$\mathfrak{B} = \{(q, v) \in \mathfrak{A} \,;\, q \in U, v \in B_\delta(0) \subset T_q(S)\}$$

ist. Schließlich sei $W \subset U$ eine Umgebung von p, so daß $W \times W \subset \varphi(\mathfrak{B})$ ist.
Wir behaupten, daß die so gewonnenen δ und W der Behauptung des Satzes genügen. Da nämlich φ ein Diffeomorphismus auf $\mathfrak{B}$ ist, ist $\exp_q$ ein Diffeomorphismus auf $B_\delta(0)$, $q \in W$. Weiter gilt für $q \in W$

$$\varphi(\{q\} \times B_\delta(0)) \supset \{q\} \times W,$$

und nach Definition von φ ist $\exp_q(B_\delta(0)) \supset W$. $\square$

Bemerkung 1. Aus dem vorhergehenden Satz folgt, daß es zu zwei Punkten $q_1, q_2 \in W$ eine eindeutig bestimmte Geodätische γ der Länge kleiner als δ gibt, die q_1 und q_2 verbindet. Weiter zeigt der Beweis auch, daß γ in folgendem Sinn „differenzierbar von q_1 und q_2 abhängt". Zu gegebenem $(q_1, q_2) \in W \times W$ gibt es ein eindeutig bestimmtes $v \in T_{q_1}(S)$ (genauer, das durch $\varphi^{-1}(q_1, q_2) = (q_1, v)$ gegebene v), das differenzierbar von (q_1, q_2) abhängt, so daß $\gamma'(0) = v$ ist.

Eine der Anwendungen des obigen Ergebnisses besteht in dem Beweis der Tatsache, daß eine Kurve, die lokal die Bogenlänge minimiert, keine „gebrochene" Kurve sein kann. Genauer gilt

Proposition 2. *Es sei $\alpha: I \to S$ eine parametrisierte stückweise reguläre Kurve, so daß auf jedem regulären Bogen der Parameter proportional zur Bogenlänge ist. Nimm an, daß die Bogenlänge zwischen zwei beliebigen Punkten kleiner oder gleich der Bogenlänge jeder parametrisierten regulären Kurve ist, die diese Punkte verbindet. Dann ist α eine Geodätische; insbesondere ist α überall regulär.*

4.7 Weitere Eigenschaften von Geodätischen. Konvexe Umgebungen

Beweis. Es sei $0 = t_0 \leq t_1 \leq \ldots \leq t_k \leq t_{k+1} = l$ eine Unterteilung von $[0, l] = I$, so daß $\alpha_{|[t_i, t_{i+1}]}$, $i = 0, \ldots, k$, regulär ist. Nach Prop. 5 aus Abschnitt 4.6 ist α geodätisch in den Punkten von (t_i, t_{i+1}). Um zu zeigen, daß α geodätisch ist in t_i, betrachte die durch Prop. 1 gegebene Umgebung W von $\alpha(t_i)$. Es seien $q_1 = \alpha(t_i - \epsilon), q_2 = \alpha(t_i + \epsilon)$, $\epsilon > 0$, zwei Punkte in W und γ die radiale Geodätische von $B_\delta(q_1)$, die q_1 mit q_2 verbindet (Bild 4.43). Nach Prop. 4 aus Abschnitt 4.6, übertragen auf stückweise reguläre Kurven, gilt $l(\gamma) \leq l(\alpha)$ zwischen q_1 und q_2. Das impliziert zusammen mit der Voraussetzung des Satzes, daß $l(\gamma) = l(\alpha)$ gilt. Deshalb stimmen, wiederum aufgrund von Prop. 4 aus Abschnitt 4.6, die Spuren von γ und α überein. Also ist α geodätisch in t_i; damit ist der Beweis beendet. □

In Beispiel 6 aus Abschnitt 4.4 haben wir die folgende Tatsache benutzt: *Eine Geodätische $\gamma(t)$ auf einer Rotationsfläche kann nicht asymptotisch sein zu einem Breitenkreis P_0, der nicht selbst eine Geodätische ist.* Als weitere Anwendung von Prop. 1 skizzieren wir den Beweis dieser Tatsache (die Details überlassen wir dem Leser zur Übung).

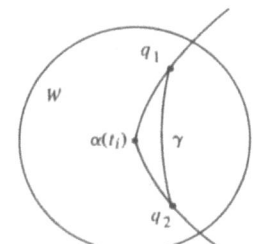

Bild 4.43

Wir nehmen das Gegenteil der obigen Aussage an. Es sei p ein Punkt auf dem Breitenkreis P_0 und W und δ seien die nach Prop. 1 gegebene Umgebung bzw. Zahl. Es sei $q \in P_0 \cap W$, $q \neq p$. Da $\gamma(t)$ asymptotisch ist zu P_0, ist der Punkt p Grenzwert von Punkten $\gamma(t_i)$, wobei $t_i \to \infty$ und die Tangenten von γ bei t_i gegen die Tangente an P_0 in p konvergieren. Nach Bemerkung 1 muß die Geodätische $\bar{\gamma}(t)$ mit Länge kleiner als δ, die p mit q verbindet, tangential an P_0 in p sein. Aufgrund der Clairautschen Relation (vgl. Beispiel 5, Abschnitt 4.4) liegt ein kleiner Bogen von $\bar{\gamma}(t)$ um p in dem Bereich, in dem $\gamma(t)$ liegt. Es folgt, daß es hinreichend nahe bei p Paare von Punkten in W gibt, die durch zwei Geodätische der Länge kleiner als δ verbunden werden (siehe Bild 4.44). Das ist ein Widerspruch und beweist unsere Behauptung.

Bild 4.44

Es ist eine natürliche Frage in Verbindung mit Prop. 1, ob die Geodätische der Länge kleiner als δ, die zwei Punkte q_1, q_2 von W verbindet, ganz in W liegt. Ist das der Fall für jedes Paar von Punkten in W, so nennen wir W *konvex*.

Wir nennen eine parametrisierte Geodätische, die zwei Punkte verbindet, *minimal*, wenn ihre Länge kleiner oder gleich der Länge jeder anderen parametrisierten stückweise regulären Kurve ist, die diese beiden Punkte verbindet.

Ist W konvex, so ist nach Prop. 4 (siehe auch Bemerkung 3) aus Abschnitt 4.6 die Geodätische γ, die $q_1 \in W$ und $q_2 \in W$ verbindet, minimal. Also können wir in diesem Fall sagen, daß sich je zwei Punkte in W durch eine eindeutig bestimmte minimale Geodätische in W verbinden lassen. Im allgemeinen ist W jedoch nicht konvex.

4 Die innere Geometrie von Flächen

Wir beweisen jetzt, daß man W so wählen kann, daß es konvex wird. Der wesentliche Punkt des Beweises ist der folgende Satz, der für sich genommen von Interesse ist. Wie üblich bezeichnen wir mit $B_r(p)$ das Innere des abgeschlossenen Gebiets, das von einer geodätischen Kreislinie $S_r(p)$ mit Radius r und Mittelpunkt p berandet wird.

Proposition 3. *Zu jedem Punkt $p \in S$ gibt es eine positive Zahl ϵ mit der folgenden Eigenschaft: Ist eine Geodätische $\gamma(t)$ tangential an die geodätische Kreislinie $S_r(p)$, $r < \epsilon$, in $\gamma(0)$, so liegt für kleine $t \neq 0$ $\gamma(t)$ außerhalb von $B_r(p)$* (Bild 4.45).

Beweis. Es sei W die durch Prop. 1 gegebene Umgebung von p. Betrachte zu jedem Paar (q, v), $q \in W$, $v \in T_q(S)$, $|v| = 1$, die Geodätische $\gamma(t, q, v)$ und setze für ein festes Paar (q, v) (Bild 4.46)

$$\exp_p^{-1} \gamma(t, q, v) = u(t),$$
$$F(t, q, v) = |u(t)|^2 = F(t).$$

Für festes (q, v) ist also $F(t)$ das Quadrat des Abstands des Punktes $\gamma(t, q, v)$ zu p. Offenbar ist $F(t, q, v)$ differenzierbar. Beachte, daß $F(t, p, v) = |vt|^2$ gilt.
Bezeichne jetzt mit $\mathfrak{A}^1$ die Menge

$$\mathfrak{A}^1 = \{(q, v), q \in W, v \in T_q(S), |v| = 1\},$$

und definiere eine Funktion $Q: \mathfrak{A}^1 \to \mathbb{R}$ durch

$$Q(q, v) = \left.\frac{\partial^2 F}{\partial t^2}\right|_{t=0}.$$

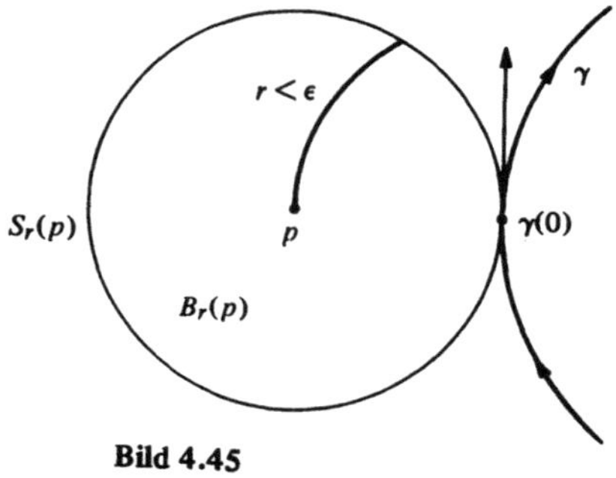

Da F differenzierbar ist, ist Q stetig. Da

$$\frac{\partial F}{\partial t} = 2\langle u(t), u'(t)\rangle,$$
$$\frac{\partial^2 F}{\partial t^2} = 2\langle u(t), u''(t)\rangle + 2\langle u'(t), u'(t)\rangle,$$

und bei (p, v)

$$u'(t) = v, \quad u''(t) = 0$$

gilt, erhalten wir weiter

$$Q(p, v) = 2|v|^2 = 2 > 0 \quad \text{für alle} \quad v \in T_p(S), |v| = 1.$$

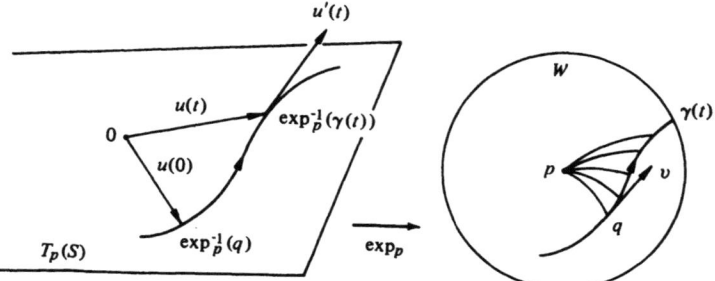

Bild 4.45

Bild 4.46

4.7 Weitere Eigenschaften von Geodätischen. Konvexe Umgebungen

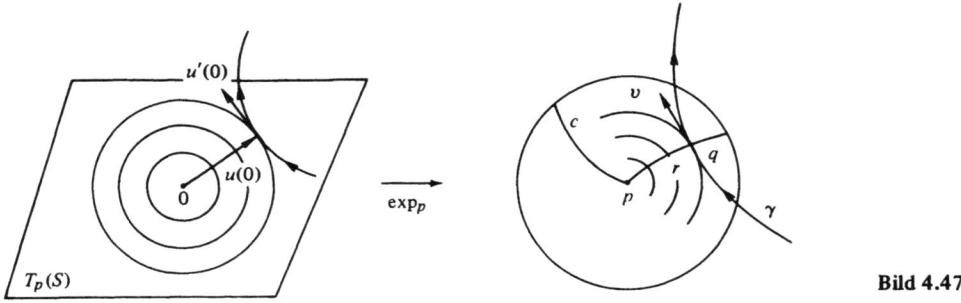

Bild 4.47

Aus Stetigkeitsgründen folgt, daß es eine Umgebung $V \subset W$ gibt, so daß $Q(q, v) > 0$ ist für alle $q \in V$ und $v \in T_q(S)$ mit $|v| = 1$. Es sei $\epsilon > 0$ so gewählt, daß $B_\epsilon(p) \subset V$ ist. Wir behaupten, daß dieses ϵ der Behauptung des Satzes genügt.

Dazu sei $r < \epsilon$ und $\gamma(t, q, v)$ eine Geodätische tangential an $S_r(p)$ in $\gamma(0) = q$. Führen wir geodätische Polarkoordinaten um p ein, so sehen wir daß $\langle u(0), u'(0) \rangle = 0$ gilt (siehe Bild 4.47). Also ist $\partial F/\partial t(0) = 0$. Da $F(0, q, v) = r^2$ und $(\partial^2 F/\partial t^2)(0) > 0$ gilt, haben wir für kleine $t \neq 0$ $F(t) > r^2$; also liegt $\gamma(t)$ außerhalb von $B_r(p)$. □

Wir beweisen jetzt

Proposition 4 (Existenz konvexer Umgebungen). *Zu jedem Punkt $p \in S$ gibt es eine Zahl $c > 0$, so daß $B_c(p)$ konvex ist; d.h. je zwei Punkte in $B_c(p)$ lassen sich durch eine eindeutig bestimmte minimale Geodätische in $B_c(p)$ verbinden.*

Beweis. Es sei ϵ wie in Prop. 3. Wähle δ und W in Prop. 1 so, daß $\delta < \epsilon/2$ gilt. Wähle $c < \delta$ mit der Eigenschaft $B_c(p) \subset W$. Wir beweisen, daß $B_c(p)$ konvex ist.

Es seien $q_1, q_2 \in B_c(p)$ und $\gamma: I \to S$ die Geodätische der Länge kleiner als $\delta < \epsilon/2$, die q_1 und q_2 verbindet. $\gamma(I)$ ist offensichtlich in $B_\epsilon(p)$ enthalten, und wir wollen zeigen, daß $\gamma(I)$ in $B_c(p)$ liegt. Wir nehmen das Gegenteil an. Dann gibt es einen Punkt $m \in B(p)$, in dem der maximale Abstand r von $\gamma(I)$ zu p angenommen wird (Bild 4.48). In einer Umgebung von m liegen die Punkte von $\gamma(I)$ in $B_r(p)$. Das aber widerspricht Prop. 3. □

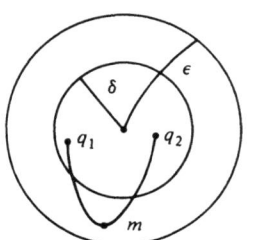

Bild 4.48

Übungen

*1 Es seien y und w differenzierbare Vektorfelder auf einer offenen Menge $U \subset S$. Es sei $p \in S$ und $\alpha: I \to U$ eine Kurve mit $\alpha(0) = p$, $\alpha'(0) = y$. Bezeichne mit $P_{\alpha,t}: T_{\alpha(0)}(S) \to T_{\alpha(t)}(S)$ die Parallelverschiebung längs α von $\alpha(0)$ nach $\alpha(t)$, $t \in I$. Zeige:

$$(D_y w)(p) = \frac{d}{dt}(P_{\alpha,t}^{-1}(w(\alpha(t))))\bigg|_{t=0},$$

wobei die rechte Seite der Geschwindigkeitsvektor der Kurve $P_{\alpha,t}^{-1}(w(\alpha(t)))$ in $T_p(S)$ bei $t = 0$ ist. (Deshalb kann man den Begriff der kovarianten Ableitung aus dem Begriff der Parallelverschiebung gewinnen.)

2 a) Zeige, daß die kovariante Ableitung die folgenden Eigenschaften hat. Es seien v, w und y differenzierbare Vektorfelder auf $U \subset S$, $f: U \to \mathbb{R}$ eine differenzierbare Funktion auf S, $y(\ )$ die Ableitung von f in Richtung y (vgl. Übung 7, Abschnitt 3.4) und λ, μ seien reelle Zahlen. Dann gilt

1. $D_y(\lambda v + \mu w) = \lambda D_y(v) + \mu D_y(w)$; $D_{\lambda y + \mu v}(w) = \lambda D_y(w) + \mu D_v(w)$.
2. $D_y(fv) = y(f)v + f D_y(v)$; $D_{fy}(v) = f D_y(v)$.
3. $y(\langle v, w \rangle) = \langle D_y v, w \rangle + \langle v, D_y w \rangle$.
4. $D_{\mathbf{x}_u}\mathbf{x}_v = D_{\mathbf{x}_v}\mathbf{x}_u$,

wobei $\mathbf{x}(u, v)$ eine Parametrisierung von S ist.

*b) Zeige, daß Eigenschaft 3 äquivalent ist zu der Tatsache, daß die Parallelverschiebung längs einer gegebenen stückweise regulären Kurve $\alpha: I \to S$, die zwei Punkte $p, q \in S$ verbindet, eine Isometrie zwischen $T_p(S)$ und $T_q(S)$ ist. Zeige, daß Eigenschaft 4 äquivalent ist zur Symmetrie der unteren Indizes der Christoffel Symbole.

*c) Es sei $\mathfrak{B}(U)$ der Raum der (differenzierbaren) Vektorfelder auf $U \subset S$ und $D: \mathfrak{B} \times \mathfrak{B} \to \mathfrak{B}$ (wobei wir $D(y, v)$ mit $D_y(v)$ bezeichnen) eine Abbildung, die den Bedingungen 1–4 genügt. Verifiziere, daß $D_y(v)$ mit der von uns definierten kovarianten Ableitung übereinstimmt. (Im allgemeinen nennt man ein D, das die Eigenschaften 1 und 2 hat, einen *Zusammenhang* auf U. Der Sinn dieser Übung ist es zu zeigen, daß es auf einer Fläche mit einem gegebenen Skalarprodukt einen eindeutig bestimmten Zusammenhang gibt, der zusätzlich die Eigenschaften 3 und 4 hat.)

*3 Es sei $\alpha: I = [0, l] \to S$ eine einfache, parametrisierte, reguläre Kurve. Betrachte ein Einheitsvektorfeld $v(t)$ längs α mit $\langle \alpha'(t), v(t) \rangle = 0$ und eine Abbildung $\mathbf{x}: \mathbb{R} \times I \to S$, gegeben durch

$$\mathbf{x}(s, t) = \exp_{\alpha(t)}(sv(t)), \quad s \in \mathbb{R}, t \in I.$$

a) Zeige, daß $\mathbf{x}$ differenzierbar ist auf einer Umgebung von I in $\mathbb{R} \times I$ und daß $d\mathbf{x}$ nicht singulär ist in $(0, t)$, $t \in I$.
b) Zeige, daß es ein $\epsilon > 0$ gibt, so daß $\mathbf{x}$ injektiv ist auf dem Rechteck $t \in I$, $|s| < \epsilon$.
c) Zeige, daß $\mathbf{x}$ auf der offenen Menge $t \in (0, l)$, $|s| < \epsilon$, eine Parametrisierung von S ist, deren Koordinatenumgebung $\alpha((0, l))$ enthält. Die so gewonnenen Koordinaten heißen *geodätische Koordinaten* (oder Fermi Koordinaten) zur Basis α. Zeige, daß in einem solchen System $F = 0$, $E = 1$ gilt. Ist darüber hinaus α eine nach der Bogenlänge parametrisierte Geodätische, so gilt $G(0, t) = 1$ und $G_s(0, t) = 0$.
d) Beweise das folgende Analogon zum Gauß-Lemma (Bemerkung 1 im Anschluß an Prop. 3, Abschnitt 4.6). Es sei $\alpha: I \to S$ eine reguläre parametrisierte Kurve und $\gamma_t(s)$, $t \in I$, eine Familie von nach der Bogenlänge s parametrisierten Geodätischen, gegeben durch: $\gamma_t(0) = \alpha(t)$, $\{\gamma_t'(0), \alpha'(t)\}$ ist eine positive orthogonale Basis. Dann schneidet für hinreichend kleines, festes $\bar{s}$ die Kurve $t \to \gamma_t(\bar{s})$, $t \in I$, γ_t orthogonal (solche Kurven heißen *geodätische Parallelen*).

4.7 Weitere Eigenschaften von Geodätischen. Konvexe Umgebungen

4 Die *Energie* E einer Kurve $\alpha: [a, b] \to S$ ist definiert durch

$$E(\alpha) = \int_a^b |\alpha'(t)|^2 \, dt.$$

*a) Zeige $(l(\alpha))^2 \leq (b-a) E(\alpha)$ und daß Gleichheit genau dann eintritt, wenn t proportional ist zur Bogenlänge.

b) Folgere aus Teil a): Ist $\gamma: [a, b] \to S$ eine minimale Geodätische mit $\gamma(a) = p$, $\gamma(b) = q$, so gilt für jede Kurve $\alpha: [a, b] \to S$, die p und q verbindet, $E(\gamma) \leq E(\alpha)$. Gleichheit gilt genau dann, wenn α eine minimale Geodätische ist.

5 Es sei $\gamma: [0, l] \to S$ eine *einfache*, nach der Bogenlänge parametrisierte Geodätische, und bezeichne mit u und v die Fermikoordinaten in einer Umgebung von $\gamma([0, l])$, das als $u = 0$ gegeben sei (vgl. Übung 3). Es sei $u = \gamma(v, t)$ eine Familie von Kurven, die von einem Parameter t, $-\epsilon < t < \epsilon$, abhängen, so daß γ differenzierbar ist und

$$\gamma(0, t) = \gamma(0) = p, \quad \gamma(l, t) = \gamma(l) = q, \quad \gamma(v, 0) = \gamma(v) \equiv 0$$

gilt. Eine solche Familie nennt man eine *Variation* von γ mit festen Endpunkten p und q. Es sei $E(t)$ die Energie der Kurve $\gamma(v, t)$ (vgl. Übung 4); d.h.

$$E(t) = \int_0^l \left(\frac{\partial \gamma}{\partial v}(v, t)\right)^2 dv.$$

*a) Zeige

$$E'(0) = 0,$$

$$\frac{1}{2} E''(0) = \int_0^l \left\{ \left(\frac{d\eta}{dv}\right)^2 - K\eta^2 \right\} dv,$$

wobei $\eta(v) = \partial \gamma / \partial t |_{t=0}$ ist, $K = K(v)$ die Gaußsche Krümmung längs γ und ' für die Ableitung bezüglich t steht (die obigen Formeln nennt man die *erste und zweite Variation der Energie* von γ).

b) Schließe aus Teil a), daß im Fall $K \leq 0$ jede einfache Geodätische $\gamma: [0, l] \to S$ minimal ist bezüglich Kurven, die genügend nahe bei γ verlaufen und $\gamma(0)$ mit $\gamma(l)$ verbinden.

6 Es sei S der Kegel $z = k\sqrt{x^2 + y^2}$, $k > 0$, $(x, y) \neq (0, 0)$ und $V \subset \mathbb{R}^2$ die offene Menge im $\mathbb{R}^2$, die in Polarkoordinaten durch $0 < \rho < \infty$, $0 < \theta < 2\pi n \sin \beta$ gegeben ist, wobei $\cotan \beta = k$ ist und n die größte ganze Zahl, so daß $2\pi n \sin \beta < 2\pi$ (vgl. Beispiel 3, Abschnitt 4.2). Es sei $\varphi: V \to S$ die Abbildung

$$\varphi(\rho, \theta) = \left(\rho \sin \beta \cos\left(\frac{\theta}{\sin \beta}\right), \rho \sin \beta \sin\left(\frac{\theta}{\sin \beta}\right), \rho \cos \beta\right).$$

a) Beweise, daß φ eine lokale Isometrie ist.

*b) Es sei $q \in S$. Nimm an $\beta < \pi/6$; m sei die größte ganze Zahl, so daß $2\pi m \sin \beta < \pi$. Beweise, daß es mindestens m Geodätische von q nach q gibt. Zeige, daß diese Geodätischen bei q gebrochen sind, und daß deshalb keine von ihnen eine geschlossene Geodätische ist (Bild 4.49).

*c) Zeige unter den Bedingungen von Teil b), daß es genau m solche Geodätische gibt.

7 Es sei $\alpha: I \to \mathbb{R}^3$ eine parametrisierte reguläre Kurve. Für jedes $t \in I$ sei $P(t) \subset \mathbb{R}^3$ eine Ebene durch $\alpha(t)$, die $\alpha'(t)$ enthält. Ist der Einheitsnormalenvektor $N(t)$ von $P(t)$ eine differenzierbare Funktion von t mit $N'(t) \neq 0$, $t \in I$, so nennen wir die Abbildung $t \to \{\alpha(t), N(t)\}$ eine *differenzierbare Familie von Tangentialebenen*. Ist eine solche Familie gegeben, so definieren wir eine parametrisierte Fläche (vgl. Def. 2, Abschnitt 2.3) durch

$$\mathbf{x}(t, v) = \alpha(t) + v \frac{N(t) \wedge N'(t)}{|N'(t)|}.$$

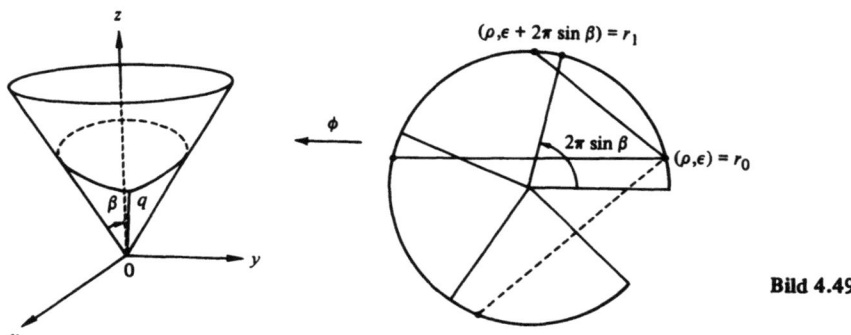

Bild 4.49

Die parametrisierte Fläche x heißt die *Einhüllende* der Familie $\{\alpha(t), N(t)\}$ (vgl. Beispiel 4, Abschnitt 3.5).

a) Es sei S eine orientierte Fläche und $\gamma: I \to S$ eine nach der Bogenlänge parametrisierte Geodätische mit $k(s) \neq 0$ und $\tau(s) \neq 0$, $s \in I$. $N(s)$ sei der Einheitsnormalenvektor von S längs γ. Zeige, daß die Einhüllende der Familie $\{\gamma(s), N(s)\}$ von Tangentialebenen regulär ist in einer Umgebung von γ, Gaußsche Krümmung $K \equiv 0$ hat und längs γ tangential ist zu S. (*Also haben wir eine Fläche erhalten, die lokal isometrisch zur Ebene ist und γ als Geodätische enthält.*)

b) Es sei $\alpha: I \to \mathbb{R}^3$ eine nach der Bogenlänge parametrisierte Kurve mit $k(s) \neq 0$ und $\tau(s) \neq 0$, $s \in I$. $\{\alpha(s), n(s)\}$ sei die Familie ihrer rektifizierenden Ebenen. Beweise, daß die Einhüllende dieser Familie in einer Umgebung von α regulär ist, Gaußsche Krümmung $K \equiv 0$ hat und α als Geodätische enthält. (*Daher ist jede Kurve eine Geodätische in der Einhüllenden ihrer rektifizierenden Ebenen; da diese Einhüllende lokal isometrisch zur Ebene ist, ist der Name rektifizierende Ebene gerechtfertigt.*)

Anhang

Beweise der Fundamentalsätze der lokalen Kurven- und Flächentheorie

In diesem Anhang zeigen wir, wie man die grundlegenden Sätze über Existenz und Eindeutigkeit von Kurven und Flächen (Abschnitte 1.5 und 4.2) aus Sätzen über Differentialgleichungen erhalten kann.

Beweis des Fundamentalsatzes der lokalen Kurventheorie (vgl. die Aussage in Abschnitt 1.5). Zu Anfang beachtet man, daß die Frenetschen Gleichungen

$$\frac{dt}{ds} = kn,$$
$$\frac{dn}{ds} = -kt - \tau b, \qquad (1)$$
$$\frac{db}{ds} = \tau n$$

als Differentialgleichungssystem auf $I \times \mathbb{R}^9$

$$\left. \begin{array}{l} \dfrac{d\xi_1}{ds} = f_1(s, \xi_1, \ldots, \xi_9) \\ \quad \vdots \\ \dfrac{d\xi_9}{ds} = f_9(s, \xi_1, \ldots, \xi_9) \end{array} \right\}, \quad s \in I, \qquad (1a)$$

betrachtet werden können, wobei $(\xi_1, \xi_2, \xi_3) = t$, $(\xi_4, \xi_5, \xi_6) = n$, $(\xi_7, \xi_8, \xi_9) = b$ und f_i, $i = 1, \ldots, 9$ lineare Funktionen (mit von s abhängigen Koeffizienten) der Koordinaten ξ_i sind.

Im allgemeinen kann einem stationären Vektorfeld (wie in Abschnitt 3.4) kein Differentialgleichungssystem vom Typ (1a) zugeordnet werden. Jedenfalls aber gilt ein Existenz- und Eindeutigkeitssatz in der folgenden Form:

Zu gegebenen Anfangsbedingungen $s_0 \in I$, $(\xi_1)_0, \ldots, (\xi_9)_0$ gibt es ein offenes Intervall $J \subset I$, das s_0 enthält, und eine eindeutig bestimmte differenzierbare Abbildung $\alpha\colon J \to \mathbb{R}^9$ mit

$$\alpha(s_0) = ((\xi_1)_0, \ldots, (\xi_9)_0) \quad \text{und} \quad \alpha'(s) = (f_1, \ldots, f_9),$$

wobei jedes f_i, $i = 1, \ldots, 9$, an der Stelle $(s, \alpha(s)) \in J \times \mathbb{R}^9$ auszuwerten ist. Ist darüber hinaus das System linear, so gilt $J = I$ (vgl. W. Walter, *Gewöhnliche Differentialgleichungen*, Springer Verlag, Berlin-Heidelberg-New York, 1976.).

Es folgt, daß es zu einem gegebenen orthonormalen, positiv orientierten Dreibein $\{t_0, n_0, b_0\}$ in $\mathbb{R}^3$ und einem Wert $s_0 \in I$ eine Familie von Dreibeinen $\{t(s), n(s), b(s)\}, s \in I$, gibt mit $t(s_0) = t_0, n(s_0) = n_0, b(s_0) = b_0$.

Wir zeigen zunächst, daß die so gewonnene Familie $\{t(s), n(s), b(s)\}$ orthonormal bleibt für jedes $s \in I$. Benutzen wir nämlich das System (1), um die Ableitungen der sechs Größen

$$\langle t, n \rangle, \quad \langle t, b \rangle, \quad \langle n, b \rangle, \quad \langle t, t \rangle, \quad \langle n, n \rangle, \quad \langle b, b \rangle$$

nach s als Funktionen eben dieser Größen auszudrücken, so erhalten wir das folgende Differentialgleichungssystem

$$\frac{d}{ds}\langle t, n \rangle = k\langle n, n \rangle - k\langle t, t \rangle - \tau\langle t, b \rangle,$$

$$\frac{d}{ds}\langle t, b \rangle = k\langle n, b \rangle + \tau\langle t, n \rangle,$$

$$\frac{d}{ds}\langle n, b \rangle = -k\langle t, b \rangle - \tau\langle b, b \rangle + \tau\langle n, n \rangle,$$

$$\frac{d}{ds}\langle t, t \rangle = 2k\langle t, n \rangle,$$

$$\frac{d}{ds}\langle n, n \rangle = -2k\langle n, t \rangle - 2\tau\langle n, b \rangle,$$

$$\frac{d}{ds}\langle b, b \rangle = 2\tau\langle b, n \rangle.$$

Man prüft leicht nach, daß

$$\langle t, n \rangle \equiv 0, \quad \langle b, b \rangle \equiv 0, \quad \langle n, b \rangle \equiv 0,$$
$$t^2 \equiv 1, n^2 \equiv 1, b^2 \equiv 1,$$

eine Lösung des obigen Systems mit Anfangsbedingungen 0, 0, 0, 1, 1, 1 liefern. Aufgrund der Eindeutigkeit ist die Familie $\{t(s), n(s), b(s)\}$ wie behauptet orthonormal für jedes $s \in I$.

Aus der Familie $\{t(s), n(s), b(s)\}$ kann man eine Kurve durch

$$\alpha(s) = \int t(s)\, ds, \quad s \in I,$$

erhalten, wobei wir unter dem Integral eines Vektors die Vektorfunktion verstehen, die wir durch Integration jeder Komponente erhalten. Offenbar gilt $\alpha'(s) = t(s)$ und $\alpha''(s) = kn$. Deshalb ist $k(s)$ die Krümmung von α in s. Da weiter gilt

$$\alpha'''(s) = k'n + kn' = k'n - k^2 t - k\tau b,$$

ist die Torsion von α gegeben durch (vgl. Übung 12, Abschnitt 1.5)

$$-\frac{\langle \alpha' \wedge \alpha'', \alpha''' \rangle}{k^2} = -\frac{\langle t \wedge kn, (-k^2 t + k'n - k\tau b) \rangle}{k^2} = \tau;$$

α ist damit die gesuchte Kurve.

Wir müssen noch zeigen, daß α bis auf Translationen und Drehungen des $\mathbb{R}^3$ eindeutig bestimmt ist. Dazu sei $\bar{\alpha}: I \to \mathbb{R}^3$ eine andere Kurve mit $\bar{k}(s) = k(s)$ und $\bar{\tau}(s) = \tau(s)$, $s \in I$, und $\{\bar{t}_0, \bar{n}_0, \bar{b}_0\}$ sei das Frenetsche Dreibein von $\bar{\alpha}$ bei s_0. Offenbar kann man mittels einer Translation A und einer Drehung ρ erreichen, daß das Dreibein $\{\bar{t}_0, \bar{n}_0, \bar{b}_0\}$ mit dem Dreibein $\{t_0, n_0, b_0\}$ übereinstimmt (beide Dreibeine sind positiv). Der Eindeutigkeitsteil des oben zitierten Satzes über Differentialgleichungen liefert das gewünschte Resultat. □

Beweis des Fundamentalsatzes der lokalen Flächentheorie (vgl. die Aussage in Abschnitt 4.3). Die Idee des Beweises ist dieselbe wie oben; d.h. wir suchen eine Familie von Dreibeinen $\{\mathbf{x}_u, \mathbf{x}_v, N\}$, die von u und v abhängen, und dem System

$$\begin{aligned}
\mathbf{x}_{uu} &= \Gamma_{11}^1 \mathbf{x}_u + \Gamma_{11}^2 \mathbf{x}_v + eN, \\
\mathbf{x}_{uv} &= \Gamma_{12}^1 \mathbf{x}_u + \Gamma_{12}^2 \mathbf{x}_v + fN = \mathbf{x}_{vu}, \\
\mathbf{x}_{vv} &= \Gamma_{22}^1 \mathbf{x}_u + \Gamma_{22}^2 \mathbf{x}_v + gN, \\
N_u &= a_{11} \mathbf{x}_u + a_{21} \mathbf{x}_v, \\
N_v &= a_{12} \mathbf{x}_u + a_{22} \mathbf{x}_v,
\end{aligned} \quad (2)$$

genügen, wobei man die Koeffizienten Γ_{ij}^k, a_{ij}, $i, j, k = 1, 2$ aus E, F, G, e, f, g wie bei einer Fläche erhält.

Die obigen Gleichungen liefern ein System partieller Differentialgleichungen auf $V \times \mathbb{R}^9$

$$\begin{aligned}
(\xi_1)_u &= f_1(u, v, \xi_1, \ldots, \xi_9), \\
&\vdots \\
(\xi_9)_v &= f_{15}(u, v, \xi_1, \ldots, \xi_9),
\end{aligned} \quad (2a)$$

wobei $\xi = (\xi_1, \xi_2, \xi_3) = \mathbf{x}_u$, $\eta = (\xi_4, \xi_5, \xi_6) = \mathbf{x}_v$, $\zeta = (\xi_7, \xi_8, \xi_9) = N$ und f_i, $i = 1, \ldots, 15$ lineare Funktionen der Koordinaten ξ_j, $j = 1, \ldots, 9$ sind, deren Koeffizienten von u und v abhängen.

Im Gegensatz zu gewöhnlichen Differentialgleichungen ist ein System des Typs (2a) im allgemeinen nicht integrierbar. In dem fraglichen Fall sind die Bedingungen, die Existenz und Eindeutigkeit einer lokalen Lösung garantieren,

$$\xi_{uv} = \xi_{vu}, \qquad \eta_{uv} = \eta_{vu}, \qquad \zeta_{uv} = \zeta_{vu}.$$

Ein Beweis dieser Behauptung findet sich in J. Stoker, *Differential Geometry*, Wiley-Interscience, New York, 1969, Appendix B.

Wie wir in Abschnitt 4.3 gesehen haben, sind die Integrierbarkeitsbedingungen zu den Gleichungen von Gauß und Mainardi-Codazzi äquivalent, die nach Voraussetzung erfüllt sind. Deshalb ist das System (2a) integrierbar.

Es sei $\{\xi, \eta, \zeta\}$ eine in einer Umgebung von $(u_0, v_0) \in V$ definierte Lösung von (2a) mit den Anfangsbedingungen $\xi(u_0, v_0) = \xi_0, \eta(u_0, v_0) = \eta_0, \zeta(u_0, v_0) = \zeta_0 = \xi_0 \wedge \eta_0 / |\xi_0 \wedge \eta_0|$. Offenbar kann man die Anfangsbedingungen so wählen, daß

$$\begin{aligned}
\xi_0^2 &= E(u_0, v_0), \\
\eta_0^2 &= G(u_0, v_0), \\
\langle \xi_0, \eta_0 \rangle &= F(u_0, v_0),
\end{aligned} \quad (3)$$

gilt.

Aus der gegebenen Lösung bilden wir ein neues System
$$\begin{aligned} \mathbf{x}_u &= \xi, \\ \mathbf{x}_v &= \eta, \end{aligned} \tag{4}$$
das wegen $\xi_v = \eta_u$ integrierbar ist. Es sei $\mathbf{x}: \bar{V} \to \mathbb{R}^3$ eine Lösung von (4), definiert auf einer Umgebung $\bar{V}$ von (u_0, v_0) mit $\mathbf{x}(u_0, v_0) = p_0 \in \mathbb{R}^3$. Indem wir, wenn nötig, $\bar{V}$ verkleinern, werden wir zeigen, daß $\mathbf{x}(\bar{V})$ die gesuchte Fläche ist.

Wir zeigen zunächst, daß die Familie $\{\xi, \eta, \zeta\}$, die eine Lösung von (2a) ist, die folgende Eigenschaft hat. Für jedes (u, v), für das die Lösung definiert ist, gilt
$$\begin{aligned} \xi^2 &= E, \\ \eta^2 &= G, \\ \langle \xi, \eta \rangle &= F \\ \zeta^2 &= 1, \\ \langle \xi, \zeta \rangle &= \langle \eta, \zeta \rangle = 0. \end{aligned} \tag{5}$$
Benutzen wir nämlich (2), um die partiellen Ableitungen von
$$\xi^2, \quad \eta^2, \quad \zeta^2, \quad \langle \xi, \eta \rangle, \quad \langle \xi, \zeta \rangle, \quad \langle \eta, \zeta \rangle$$
durch eben diese 6 Größen auszudrücken, so erhalten wir ein System von 12 partiellen Differentialgleichungen
$$\begin{aligned} (\xi^2)_u &= B_1(\xi^2, \eta^2, \ldots, \langle \eta, \zeta \rangle), \\ (\xi^2)_u &= B_2(\xi^2, \eta^2, \ldots, \langle \eta, \zeta \rangle), \\ &\vdots \\ \langle \eta, \zeta \rangle_v &= B_{12}(\xi^2, \eta^2, \ldots, \langle \eta, \zeta \rangle). \end{aligned} \tag{6}$$
Da (6) aus (2a) gewonnen wurde, ist es klar (und kann direkt nachgerechnet werden), daß (6) integrierbar ist und daß
$$\begin{aligned} \xi^2 &= E, \\ \eta^2 &= G, \\ \langle \eta, \xi \rangle &= F, \\ \zeta^2 &= 1, \\ (\xi, \zeta) &= \langle \eta, \zeta \rangle = 0 \end{aligned}$$
eine Lösung von (6) zu den Anfangsbedingungen (3) ist. Die Eindeutigkeit liefert unsere Behauptung. Es folgt
$$|\mathbf{x}_u \wedge \mathbf{x}_v|^2 = \mathbf{x}_u^2 \mathbf{x}_v^2 - \langle \mathbf{x}_u, \mathbf{x}_v \rangle^2 = EG - F^2 > 0.$$
Ist daher $\mathbf{x}: \bar{V} \to \mathbb{R}^3$ gegeben durch
$$\mathbf{x}(u, v) = (x(u, v), y(u, v), z(u, v)), \qquad (u, v) \in \bar{V},$$
so ist eine der Komponenten von $\mathbf{x}_u \wedge \mathbf{x}_v$, sagen wir $\partial(x, y)/\partial(u, v)$, von Null verschieden in (u_0, v_0). Deshalb können wir das durch die ersten beiden Komponentenfunktionen von

x gegebene System in einer Umgebung $U \subset \bar{V}$ von (u_0, v_0) umkehren und erhalten eine Abbildung $F(x, y) = (u, v)$. Schränken wir x auf U ein, so ist die Abbildung $\mathbf{x}: U \to \mathbb{R}^3$ injektiv und ihre Inverse $\mathbf{x}^{-1} = F \circ \pi$ (wobei π die Projektion des $\mathbb{R}^3$ auf die xy-Ebene ist) ist stetig. Daher ist $\mathbf{x}: U \to \mathbb{R}^3$ ein differenzierbarer Homöomorphismus mit $\mathbf{x}_u \wedge \mathbf{x}_v \neq 0$; somit ist $\mathbf{x}(U) \subset \mathbb{R}^3$ eine reguläre Fläche.

Aus (5) folgt sofort, daß E, F, G die Koeffizienten der ersten Fundamentalform von $\mathbf{x}(U)$ sind, und daß ζ ein Einheitsvektor normal zur Fläche ist. Aufgrund unserer Wahl von ζ_0 erhalten wir aus Stetigkeitsgründen

$$\zeta = \frac{\mathbf{x}_u \wedge \mathbf{x}_v}{|\mathbf{x}_u \wedge \mathbf{x}_v|} = N.$$

Berechnet man daraus und aus (2) die Koeffizienten der zweiten Fundamentalform von $\mathbf{x}(u, v)$, so ergibt sich

$$\langle \zeta, \mathbf{x}_{uu} \rangle = e, \quad \langle \zeta, \mathbf{x}_{uv} \rangle = f, \quad \langle \zeta, \mathbf{x}_{vv} \rangle = g,$$

das zeigt, daß diese Koeffizienten e, f, g sind. Damit ist der erste Teil des Beweises beendet.

Es bleibt noch zu zeigen, daß, falls U zusammenhängend ist, x bis auf Translationen und Rotationen des $\mathbb{R}^3$ eindeutig bestimmt ist. Dazu sei $\bar{\mathbf{x}}: U \to \mathbb{R}^3$ eine weitere reguläre Fläche mit $\bar{E} = E, \bar{F} = F, \bar{G} = G, \bar{e} = e, \bar{f} = f, \bar{g} = g$. Da die ersten und zweiten Fundamentalformen gleich sind, kann man das Dreibein

$$\{\bar{\mathbf{x}}_u(u_0, v_0), \bar{\mathbf{x}}_v(u_0, v_0), \bar{N}(u_0, v_0)\}$$

mittels einer Translation A und einer Rotation ρ mit dem Dreibein

$$\{\mathbf{x}_u(u_0, v_0), \mathbf{x}_v(u_0, v_0), N(u_0, v_0)\}$$

zur Deckung bringen.

Das System (1a) hat die folgenden beiden Lösungen.

$$\xi = \mathbf{x}_u, \quad \eta = \mathbf{x}_v, \quad \zeta = N;$$
$$\xi = \bar{\mathbf{x}}_u, \quad \eta = \bar{\mathbf{x}}_v, \quad \zeta = \bar{N}.$$

Da beide Lösungen in (u_0, v_0) übereinstimmen, folgt aus der Eindeutigkeit, daß

$$\mathbf{x}_u = \bar{\mathbf{x}}_u, \quad \mathbf{x}_v = \bar{\mathbf{x}}_v, \quad N = \bar{N}, \tag{7}$$

in einer Umgebung von (u_0, v_0) gilt. Andererseits ist die Teilmenge von U, in der (7) gilt, aufgrund der Stetigkeit abgeschlossen. Da U zusammenhängend ist, gilt (7) für jedes $(u, v) \in U$.

Aus den ersten beiden Gleichungen von (7) und der Tatsache, daß U zusammenhängend ist, schließen wir

$$\mathbf{x}(u, v) = \bar{\mathbf{x}}(u, v) + C,$$

wobei C ein konstanter Vektor ist. Aus $\mathbf{x}(u_0, v_0) = \bar{\mathbf{x}}(u_0, v_0)$ folgt $C = 0$. Damit ist der Beweis des Satzes beendet. □

Hinweise und Lösungen

Abschnitt 1.3

2 a) $\alpha(t) = (t - \sin t, 1 - \cos t)$; siehe Bild 1.7. Singuläre Punkte: $t = 2\pi n$, wobei n eine ganze Zahl ist.

7 b) Benutze den Mittelwertsatz für jede der Funktionen x, y, z, um zu beweisen, daß der Vektor $(\alpha(t+h) - \alpha(t+k))/(h-k)$ gegen den Vektor $\alpha'(t)$ konvergiert bei $h, k \to 0$. Da $\alpha'(t) \neq 0$ ist, konvergiert die durch $\alpha(t+h), \alpha(t+k)$ bestimmte Gerade gegen die durch $\alpha'(t)$ bestimmte Gerade.

8 Aufgrund der Definition des Integrals existiert zu gegebenem $\epsilon > 0$ ein $\delta' > 0$, so daß für $|P| < \delta'$

$$\left|\left(\int_a^b |\alpha'(t)|\,dt\right) - \sum (t_i - t_{i-1})|\alpha'(t_i)|\right| < \frac{\epsilon}{2}$$

ist. Da α' gleichmäßig stetig auf $[a, b]$ ist, gibt es andererseits zu $\epsilon > 0$ ein $\delta'' > 0$, so daß für $t, s \in [a, b]$ mit $|t - s| < \delta''$

$$|\alpha'(t) - \alpha'(s)| < \epsilon/2(b - a)$$

gilt.

Setze $\delta = \min(\delta', \delta'')$. Für $|P| < \delta$ erhalten wir dann aufgrund des Mittelwertsatzes für Vektorfunktionen

$$\left|\sum |\alpha(t_{i-1}) - \alpha(t_i)| - \sum (t_i - t_{i-1})|\alpha'(t_i)|\right|$$
$$\leq \sum (t_i - t_{i-1}) \sup_{s_i} |\alpha'(s_i)| - \sum (t_i - t_{i-1})|\alpha'(t_i)|$$
$$\leq \sum (t_i - t_{i-1}) \sup_{s_i} |\alpha'(s_i) - \alpha'(t_i)| \leq \frac{\epsilon}{2},$$

wobei $t_{i-1} \leq s_i \leq t_i$ ist. Zusammen mit der obigen Abschätzung ergibt sich die gewünschte Ungleichung.

Abschnitt 1.4

2 Die Punkte $p_0 = (x_0, y_0, z_0)$ und $p = (x, y, z)$ mögen zur Ebene P gehören. Dann gilt $ax_0 + by_0 + cz_0 + d = 0 = ax + by + cz + d$. Also haben wir $a(x - x_0) + b(y - y_0) + c(z - z_0) = 0$. Da der Vektor $(x - x_0, y - y_0, z - z_0)$ parallel ist zu P, ist der Vektor (a, b, c) normal zu P. Ist $p = (x, y, z) \in P$, so ist der Abstand ρ der Ebene P zum Ursprung 0 gegeben durch $\rho = |p|\cos\theta = (p \cdot v)/|v|$, wobei θ der Winkel zwischen $0p$ und dem Normalenvektor v ist. Aus $p \cdot v = -d$ folgt

$$\rho = \frac{p \cdot v}{|v|} = -\frac{d}{|v|}.$$

3 Das ist der Winkel zwischen ihren Normalenvektoren.

4 Zwei Ebenen sind genau dann parallel, wenn ihre Normalenvektoren **parallel** sind.

6 v_1 und v_2 sind beide senkrecht zur Schnittgeraden. Also ist $v_1 \wedge v_2$ parallel zu dieser Geraden.

7 Eine Ebene und eine Gerade sind dann parallel, wenn der Normalenvektor an die Ebene senkrecht zur Richtung der Geraden ist.

8 Die Richtung der beiden Geraden gemeinsamen Senkrechten ist die Richtung von $u \wedge v$. Den Abstand zwischen diesen Geraden erhält man durch Projektion des Vektors $r = (x_0 - x_1, y_0 - y_1, z_0 - z_1)$ auf die gemeinsame Senkrechte. Solch eine Projektion ist offensichtlich das innere Produkt von r mit dem Einheitsvektor $(u \wedge v)/|u \wedge v|$.

Hinweise und Lösungen

Abschnitt 1.5

2 Benutze die Tatsache, daß $\alpha' = t$, $\alpha'' = kn$, $\alpha''' = kn' + k'n = -k^2t + k'n - k\tau b$.

4 Differenziere $\alpha(s) + \lambda(s) n(s) =$ konst., um

$$(1 - \lambda k)t + \lambda'n - \lambda\tau b = 0$$

zu erhalten. Es folgt $\tau = 0$ (die Kurve liegt in einer Ebene) und $\lambda =$ konst. $= 1/k$.

7 a) Parametrisiere α nach der Bogenlänge.
  b) Parametrisiere α nach der Bogenlänge s. Die Normalen bei s_1 und s_2 sind

$$\beta_1(t) = \alpha(s_1) + tn(s_1), \quad \beta_2(\tau) = \alpha(s_2) + \tau n(s_2), \quad t \in \mathbb{R}, \tau \in \mathbb{R}.$$

In ihrem Schnittpunkt gilt für t und τ

$$\frac{\alpha(s_2) - \alpha(s_1)}{s_2 - s_1} = \frac{tn(s_1) - \tau n(s_2)}{s_2 - s_1}.$$

Bilde das innere Produkt dieses Ausdrucks mit $\alpha'(s_1)$ und erhalte $1 = (-\lim_{s_2 \to s_1} \tau) (\alpha'(s_1), n'(s_1))$. Daraus folgt, daß τ bei $s_2 \to s_1$ gegen $1/k$ konvergiert.

13 Um zu beweisen, daß die Bedingung notwendig ist, differenziere $|\alpha(s)|^2 =$ konst. dreimal, um $\alpha(s) = -Rn + R'Tb$ zu erhalten. Um einzusehen, daß die Bedingung auch hinreichend ist, differenziere $\beta(s) = \alpha(s) + Rn - R'Tb$. Das liefert

$$\beta'(s) = t + R(-kt - \tau b) + R'n - (TR')'b - R'n = -(R\tau + (TR')')b.$$

Andererseits erhält man nach Differentiation von $R^2 + (TR')^2 =$ konst.

$$0 = 2RR' + 2(TR')(TR')' = \frac{2R'}{\tau}(R\tau + (TR')'),$$

da $k' \neq 0$ und $\tau \neq 0$ ist. Deshalb ist $\beta(s)$ konstant gleich p_0, und es gilt

$$|\alpha(s) - p_0|^2 = R^2 + (TR')^2 = \text{konst.}$$

15 Da $b' = \tau n$ bekannt ist, gilt $|\tau| = |b'|$. Daher ist n bis auf das Vorzeichen eindeutig bestimmt. Weil $t = n \wedge b$ gilt, die Krümmung positiv und durch $t' = kn$ gegeben ist, kann die Krümmung ebenfalls bestimmt werden.

16 Zeige zunächst

$$\frac{n \wedge n' \cdot n''}{|n'|^2} = \frac{\left(\frac{k}{\tau}\right)'}{\left(\frac{k}{\tau}\right)^2 + 1} = a(s).$$

Also gilt $\int a(s) ds = \arctan(k/\tau)$; daher kann k/τ bestimmt werden; da k positiv ist, liefert das auch das Vorzeichen von τ. Darüber hinaus ist auch $|n'|^2 = |-kt - \tau b|^2 = k^2 + \tau^2$ bekannt. Zusammen mit k/τ genügt das, um k^2 und τ^2 zu bestimmen.

17 a) Es sei a der Einheitsvektor der festen Richtung und θ der konstante Winkel. Aus $t \cdot a = \cos\theta =$ konst. folgt durch Differenzieren $n \cdot a = 0$. Also gilt $a = t\cos\theta + b\sin\theta$ und erneutes Differenzieren liefert $k\cos\theta + \tau\sin\theta = 0$ oder $k/\tau = -\tan\theta =$ konst. Ist umgekehrt $k/\tau =$ konst. $= -\tan\theta = -(\sin\theta/\cos\theta)$, so können wir unsere Schritte zurückverfolgen und erhalten, daß $t\cos\theta + b\sin\theta$ gleich einem konstanten Vektor a ist. Damit gilt $t \cdot a = \cos\theta =$ konst.
  b) Mit dem Argument aus Teil a) folgt sofort, daß $t \cdot a =$ konst. $b \cdot a =$ konst. impliziert; die letzte Bedingung bedeutet, daß n parallel ist zu einer Ebene, auf der a senkrecht steht. Ist umgekehrt $n \cdot a = 0$, so folgt $(dt/ds) \cdot a = 0$; also $t \cdot a =$ konst.
  c) Das Argument aus Teil a) liefert, daß $t \cdot a =$ konst. $b \cdot a =$ konst. impliziert. Umgekehrt folgt aus $b \cdot a =$ konst. nach Differenzieren $n \cdot a = 0$.

18 a) Parametrisiere α nach der Bogenlänge s und differenziere $\bar{\alpha} = \alpha + rn$ nach s. Das liefert

$$\frac{d\bar{\alpha}}{ds} = (1 - rk)t + r'n - r\tau b.$$

Da $d\bar{\alpha}/ds$ tangential ist an $\bar{\alpha}$, gilt $(d\bar{\alpha}/ds) \cdot n = 0$, d.h. $r' = 0$.

b) Parametrisiere α nach der Bogenlänge s und bezeichne mit $\bar{s}$ und $\bar{t}$ die Bogenlänge von $\bar{\alpha}$ und den Einheitstangentenvektor von $\bar{\alpha}$. Aus $d\bar{t}/ds = (d\bar{t}/d\bar{s})(d\bar{s}/ds)$ folgt

$$\frac{d}{ds}(t \cdot \bar{t}) = t \cdot \frac{d\bar{t}}{ds} + \frac{dt}{ds} \cdot \bar{t} = 0;$$

daher ist $t \cdot \bar{t} =$ konst. $= \cos\theta$. Unter Benutzung von $\bar{\alpha} = \alpha + rn$ folgt

$$\cos\theta = \bar{t} \cdot t = \frac{d\bar{\alpha}}{d\bar{s}} \frac{ds}{d\bar{s}} \cdot t = \frac{ds}{d\bar{s}}(1 - rk),$$

$$|\sin\theta| = |\bar{t} \wedge t| = \left|\frac{ds}{d\bar{s}}((t + rn') \wedge t\right| = \left|\frac{ds}{d\bar{s}}r\tau\right|.$$

Aus diesen beiden Relationen erhalten wir

$$\frac{1 - rk}{r\tau} = \text{konst.} = \frac{B}{r}.$$

Setzen wir $A = r$, so erhalten wir schließlich $Ak + B\tau = 1$. Es gelte nun umgekehrt diese letzte Relation; setze $r = A$ und definiere $\bar{\alpha} = \alpha + rn$. Unter Verwendung der obigen Relation erhalten wir

$$\frac{d\bar{\alpha}}{ds} = (1 - rk)t - r\tau b = \tau(Bt - rb).$$

Deshalb ist $\bar{t} = (Bt - rb)/\sqrt{B^2 + r^2}$ ein Einheitstangentenvektor von $\bar{\alpha}$. Es folgt $d\bar{t}/ds = ((Bk - r\tau)/\sqrt{B^2 + r^2})n$. Daher gilt $\bar{n}(s) = \pm n(s)$ und die Normalen an $\bar{\alpha}$ und α in s stimmen überein. Also ist α eine Bertrandsche Kurve.

c) Nimm an, es gibt zwei verschiedene konjugierte Bertrandsche Kurven $\bar{\alpha} = \alpha + \bar{r}n$, $\tilde{\alpha} = \alpha + \tilde{r}n$. Nach Teil b) gibt es Konstanten c_1 und c_2, für die $1 - \bar{r}k = c_1(\bar{r}\tau)$, $1 - \tilde{r}k = c_2(\tilde{r}\tau)$ gilt. Offenbar ist $c_1 \neq c_2$. Das Differenzieren dieser Ausdrücke liefert $k' = \tau' c_1$ bzw. $k' = \tau' c_2$. Das aber impliziert $k' = \tau' = 0$. Mit Hilfe des Eindeutigkeitsteils des Fundamentalsatzes der lokalen Kurventheorie sieht man leicht, daß die kreiszylindrische Helix die einzige derartige Kurve ist.

Abschnitt 1.6

1 Nimm $s = 0$ an und betrachte die kanonische Form bei $s = 0$. Aufgrund von Bedingung 1 muß P von der Form $z = cy$ oder $y = 0$ sein. Die Ebene $y = 0$ ist die rektifizierende Ebene, für die Bedingung 2 nicht erfüllt ist. Ist nun $|s|$ hinreichend klein, so beachte, daß $y(s) > 0$ gilt und $z(s)$ dasselbe Vorzeichen wie s hat. Wegen Bedingung 2 ist $c = z/y$ gleichzeitig positiv und negativ. Daher ist P die Ebene $z = 0$.

2 a) Betrachte die kanonische Form von $\alpha(s) = (x(s), y(s), z(s))$ in einer Umgebung von $s = 0$. Es sei $ax + by + cz = 0$ die Ebene durch $\alpha(0)$, $\alpha(0 + h_1)$ und $\alpha(0 + h_2)$. Definiere $F(s)$ durch $F(s) = ax(s) + by(s) + cz(s)$ und bemerke, daß $F(0) = F(h_1) = F(h_2) = 0$ gilt. Benutze die kanonische Form, um $F'(0) = a$ und $F''(0) = bk$ zu zeigen. Verwende den Mittelwertsatz, um zu zeigen, daß $a \to 0$ und $b \to 0$ bei $h_1, h_2 \to 0$. Also approximiert bei $h_1, h_2 \to 0$ die Ebene $ax + by + cz = 0$ die Ebene $z = 0$, d.h. die Schmiegebene.

Abschnitt 1.7

1 Nein. Verwende die isoperimetrische Ungleichung.

2 Sei S^1 ein solcher Kreis, der $\overline{AB}$ als Sehne enthält und die Eigenschaft hat, daß einer der beiden Bögen α und β auf S^1, die durch A und B bestimmt sind, sagen wir α, die Länge l hat. Betrachte die geschlossene, stückweise C^1-Kurve (siehe Bemerkung 2 im Anschluß an Theorem 1), die aus β und C gebildet wird. Halte β fest und variiere C in der Familie aller Kurven der Länge l, die A und B verbinden. Aufgrund der isoperimetrischen Ungleichung für stückweise C^1-Kurven, ist die Kurve dieser Familie, die die größte Fläche berandet, S^1. Da β fest ist, ist der Kreisbogen die Lösung unseres Problems.

Hinweise und Lösungen

4   Wähle Koordinaten, so daß der Ursprung 0 in p liegt und die x- bzw. y-Achse in Richtung des Tangenten- bzw. Normalenvektors bei p zeigen. Parametrisiere C nach der Bogenlänge $\alpha(s) = (x(s), y(s))$ und nimm $\alpha(0) = p$ an. Betrachte die Taylorentwicklung

$$\alpha(s) = \alpha(0) + \alpha'(0)s + \alpha''(0)\frac{s^2}{2} + R,$$

wobei $\lim_{s \to 0} R/s^2 = 0$ gilt. Es sei k die Krümmung von α bei $s = 0$. Man erhält

$$x(s) = s + R_x, \qquad y(s) = \pm \frac{ks^2}{2} + R_y,$$

wobei $R = (R_x, R_y)$ ist und das Vorzeichen von der Orientierung von α abhängt. Daher gilt

$$|k| = \lim_{s \to 0} \frac{2|y(s)|}{s^2} = \lim_{d \to 0} \frac{2h}{d^2}.$$

5   Es sei 0 der Mittelpunkt der Kreisscheibe D. Schrumpfe den Rand von D durch eine Familie konzentrischer Kreise, bis er die Kurve C in einem Punkt p trifft. Benutze Übung 4, um zu zeigen, daß für die Krümmung k von C in p gilt: $|k| \geq 1/r$.

8   Da α einfach ist, liefert der Umlaufsatz

$$\int_0^l k(s)\, ds = \theta(l) - \theta(0) = 2\pi.$$

Aus $k(s) \leq c$ folgt

$$2\pi = \int_0^l k(s)\, ds \leq c \int_0^l ds = cl.$$

9   Nach dem Jordanschen Kurvensatz berandet eine einfache, geschlossene Kurve C eine Menge K. Ist K nicht konvex, so gibt es Punkte $p, q \in K$ derart, daß die Strecke $\overline{pq}$ Punkte enthält, die nicht zu K gehören, und $\overline{pq}\, C$ in einem Punkt r, $r \neq p, q$, trifft. Verwende das Argument aus dem mittleren Teil des Beweises des Vier-Scheitel-Satzes, um zu zeigen, daß die durch p und q bestimmte Gerade L tangential an C in den Punkten p, q, r ist und die Strecke $\overline{pq}$ in $C \subset K$ enthalten ist. Das ist ein Widerspruch.

11   Bemerke, daß der von H eingeschlossene Flächeninhalt größer oder gleich dem von C eingeschlossenen Flächeninhalt ist und daß die Länge von H kleiner oder gleich der Länge von C ist. Entwickle H durch eine Familie von Kurven, die parallel zu H sind (Übung 6), bis ihre Länge die Länge von C erreicht. Da der Flächeninhalt bei diesem Prozeß entweder gleich bleibt oder sich vergrößert, erhalten wir eine konvexe Kurve H', die dieselbe Länge wie C hat und einen Flächeninhalt einschließt, der größer oder gleich dem von C eingeschlossenen ist,

12

$$M_1 = \int_0^{2\pi} \left(\int_0^{1/2} dp \right) d\theta = \pi,$$

$$M_2 = \int_0^{2\pi} \left(\int_0^{1} dp \right) d\theta = 2\pi.$$

(Siehe Bild 1.40.)

Abschnitt 2.2

5   Ja.

11   b) Um einzusehen, daß x injektiv ist, beachte, daß man $\pm u$ aus z erhält. Da $\cosh v > 0$ ist, hat u dasselbe Vorzeichen wie x. Also ist $\sinh v$ (und damit v) eindeutig bestimmt.

13    $x(u, v) = (\sinh u \cos v, \sinh u \sin v, \cosh v)$.

15   Eliminiere t in den Gleichungen $x/a = y/t = -(z-t)/t$ der Geraden, die $p(t) = (0, 0, t)$ und $q(t) = (a, t, 0)$ verbinden.

17   c) Übertrage Prop. 3 auf ebene Kurven und verwende das Argument aus Beispiel 5.

18 Für den ersten Teil benutze den Satz über die Umkehrfunktion. Um F zu bestimmen, setze $u = \rho^2$, $v = \tan \varphi$, $w = \tan^2 \theta$. Schreibe $x = f(\rho, \theta) \cos \varphi$, $y = f(\rho, \theta) \sin \varphi$, wobei f zu bestimmen ist. Dann gilt
$$x^2 + y^2 + z^2 = f^2 + z^2 = \rho^2, \quad \frac{f^2}{z^2} = \tan^2 \theta.$$
Daraus folgt $f = \rho \sin \theta$, $z = \rho \cos \theta$. Deshalb gilt
$$F(u, v, w) = \left(\frac{\sqrt{uw}}{\sqrt{(1+w)(1+v^2)}}, \frac{v\sqrt{uw}}{\sqrt{(1+w)(1+v^2)}}, \frac{\sqrt{u}}{\sqrt{1+w}} \right).$$

19 Nein. Beachte bei C, daß keine Umgebung in $\mathbb{R}^2$ eines Punktes auf dem senkrechten Bogen als Graph einer differenzierbaren Funktion geschrieben werden kann. Dasselbe Argument läßt sich auf S anwenden.

Abschnitt 2.3

1 Da A^2 = Identität ist, gilt $A = A^{-1}$.

5 d ist die Einschränkung auf S von der Funktion $d: \mathbb{R}^3 \to \mathbb{R}$:
$$d(x, y, z) = \{(x - x_0)^2 + (y - y_0)^2 + (z - z_0)^2\}^{1/2},$$
$$(x, y, z) \neq (x_0, y_0, z_0).$$

8 Ist $p = (x, y, z)$, so liegt $F(p)$ im Durchschnitt von H mit der Geraden $t \to (tx, ty, z)$, $t > 0$. Daher gilt
$$F(p) = \left(\frac{\sqrt{1+z^2}}{\sqrt{x^2+y^2}} x, \frac{\sqrt{1+z^2}}{\sqrt{x^2+y^2}} y, z \right).$$
Es sei U der $\mathbb{R}^3$ ohne die z-Achse. Dann ist das oben definierte $F: U \subset \mathbb{R}^3 \to \mathbb{R}^3$ differenzierbar.

13 Ist f eine solche Einschränkung, so ist f differenzierbar (Beispiel 1). Um die Umkehrung zu beweisen, sei x: $U \to \mathbb{R}^3$ eine Parametrisierung von S bei p. Setze wie in Prop. 1 x fort zu $F: U \times \mathbb{R} \to \mathbb{R}^3$. Es sei W eine Umgebung von p in $\mathbb{R}^3$, auf der F^{-1} ein Diffeomorphismus ist. Definiere $g: W \to \mathbb{R}$ durch $g(q) = f \circ x \circ \pi \circ F^{-1}(q)$, $q \in W$, wobei $\pi: U \times \mathbb{R} \to U$ die natürliche Projektion ist. Dann ist g differenzierbar, und es gilt $g|_{W \cap S} = f$.

16 F ist differenzierbar auf $S^2 - \{N\}$ als Verkettung differenzierbarer Abbildungen. Um zu zeigen, daß F differenzierbar ist in N, betrachte die stereographische Projektion π_S vom Südpol $S = (0, 0, -1)$ aus und setze $Q = \pi_S \circ F \circ \pi_S^{-1}: U \subset \mathbb{C} \to \mathbb{C}$ (dabei identifizieren wir natürlich $\mathbb{C}$ mit der Ebene $z = 1$). Zeige, daß $\pi_N \circ \pi_S^{-1}: \mathbb{C} - \{0\} \to \mathbb{C}$ durch $\pi_N \circ \pi_S^{-1}(\zeta) = 1/\bar{\zeta}$ gegeben ist. Schließe daraus
$$Q(\zeta) = \frac{\zeta^n}{\bar{a}_0 + \bar{a}_1 \zeta + \cdots + \bar{a}_n \zeta^n};$$
daher ist Q differenzierbar in $\zeta = 0$. Also ist $F = \pi_S^{-1} \circ Q \circ \pi_S$ differenzierbar in N.

Abschnitt 2.4

1 Es sei $\alpha(t) = (x(t), y(t), z(t))$ eine Kurve auf der Fläche, die für $t = 0$ durch $p_0 = (x_0, y_0, z_0)$ geht. Also ist $f(x(t), y(t), z(t)) = 0$; daher gilt $f_x x'(0) + f_y y'(0) + f_z z'(0) = 0$, wobei alle Ableitungen bei p_0 berechnet werden. Das bedeutet, daß alle Tangentenvektoren in p_0 senkrecht sind zu dem Vektor (f_x, f_y, f_z), und damit folgt die gewünschte Gleichung.

4 Bezeichne mit f' die Ableitung von $f(y/x)$ nach $t = y/x$. Dann gilt $z_x = f - (y/x) f'$, $z_y = f'$. Also ist die Gleichung für die Tangentialebene in (x_0, y_0) gegeben durch $z = x_0 f + (f - (y_0/x_0) f')(x - x_0) + f'(y - y_0)$, wobei die Funktionen an der Stelle (x_0, y_0) auszuwerten sind. Ist also $x = 0$, $y = 0$, so auch $z = 0$.

12 Um die Orthogonalität zu zeigen, betrachte z. B. die ersten beiden Flächen. Ihre Normalen sind parallel zu den Vektoren $(2x - a, 2y, 2z)$, $(2x, 2y - b, 2z)$. Im Durchschnitt dieser Flächen gilt

$ax = by$; benutze diese Relation, um zu zeigen, daß das innere Produkt der beiden obigen Vektoren Null ist.

13 a) Es sei $\alpha(t)$ eine Kurve auf S mit $\alpha(0) = p$, $\alpha'(0) = w$. Dann gilt

$$df_p(w) = \frac{d}{dt}(\langle\alpha(t) - p_0, \alpha(t) - p_0\rangle^{1/2})|_{t=0} = \frac{\langle w, p - p_0\rangle}{|p - p_0|}.$$

Daraus folgt, daß p genau dann kritischer Punkt von f ist, wenn $\langle w, p - p_0\rangle = 0$ gilt für alle $w \in T_p(S)$.

14 a) $f(t)$ ist stetig auf dem Intervall $(-\infty, c)$, und es gilt $\lim\limits_{t \to -\infty} f(t) = 0$, $\lim\limits_{t \to c, t < c} f(t) = +\infty$.

Also gibt es $t_1 \in (-\infty, c)$ mit $f(t_1) = 1$. Mit ähnlichen Argumenten finden wir reelle Wurzeln $t_2 \in (c, b)$, $t_3 \in (b, a)$.

b) Die Bedingung dafür, daß die Flächen $f(t_1) = 1$ und $f(t_2) = 1$ orthogonal zueinander sind, ist

$$f_x(t_1)f_x(t_2) + f_y(t_1)f_y(t_2) + f_z(t_1)f_z(t_2) = 0.$$

Das ist dasselbe wie

$$\frac{x^2}{(a-t_1)(a-t_2)} + \frac{y^2}{(b-t_1)(b-t_2)} + \frac{z^2}{(c-t_1)(c-t_2)} = 0.$$

Das aber folgt aus der Tatsache, daß $t_1 \neq t_2$ ist und $f(t_1) - f(t_2) = 0$ gilt.

17 Da jede Fläche lokal Graph einer differenzierbaren Funktion ist, ist S_1 in einer Umgebung von $p \in S^1$ durch $f(x, y, z) = 0$ und S_2 durch $g(x, y, z) = 0$ gegeben; dabei ist 0 ein regulärer Wert der differenzierbaren Funktionen f und g. In dieser Umgebung von p ist $S_1 \cap S_2$ gegeben als das Urbild von $(0, 0)$ unter der Abbildung $F: \mathbb{R}^3 \to \mathbb{R}^2$: $F(q) = (f(q), g(q))$. Da sich S_1 und S_2 transversal schneiden, sind die Normalenvektoren (f_x, f_y, f_z) und (g_x, g_y, g_z) linear unabhängig. Daher ist $(0, 0)$ ein regulärer Wert von F und $S_1 \cap S_2$ eine reguläre Kurve (vgl. Übung 17, Abschnitt 2.2).

20 Die Gleichung der Tangentialebene in (x_0, y_0, z_0) ist

$$\frac{xx_0}{a^2} + \frac{yy_0}{b^2} + \frac{zz_0}{c^2} = 1.$$

Die Gerade durch 0 und senkrecht zur Tangentialebene ist gegeben durch

$$\frac{xa^2}{x_0} = \frac{yb^2}{y_0} = \frac{zc^2}{z_0}.$$

Aus dem letzten Ausdruck erhalten wir

$$\frac{x^2a^2}{xx_0} = \frac{y^2b^2}{yy_0} = \frac{z^2c^2}{zz_0} = \frac{a^2x^2 + b^2y^2 + c^2z^2}{xx_0 + yy_0 + zz_0}.$$

Aus demselben Ausdruck erhalten wir unter Verwendung der Gleichung des Ellipsoids

$$\frac{xx_0}{x_0^2/a^2} = \frac{yy_0}{y_0^2/b^2} = \frac{zz_0}{z_0^2/c^2} = \frac{xx_0 + yy_0 + zz_0}{1}.$$

und mit Hilfe der Gleichung der Tangentialebene

$$\frac{x^2}{(x_0 x)/a^2} = \frac{y^2}{(y_0 y)/b^2} = \frac{z^2}{(z_0 z)/c^2} = \frac{x^2 + y^2 + z^2}{1}.$$

Die rechten Seiten der letzten drei Gleichungen stimmen also überein, und wir erhalten somit die behauptete Gleichung.

22 Es sei r die feste Gerade, die von den Normalen an S getroffen wird, und $p \in S$. Die Ebene P_1, die p und r enthält, enthält alle Normalen an S in den Punkten von $P_1 \cap S$. Betrachte eine Ebene P_2, die durch p geht und senkrecht auf r steht. Da r die Normale durch p trifft, ist P_2 transversal zu $T_p(S)$; daher ist $P_2 \cap S$ eine reguläre ebene Kurve C in einer Umgebung von p (vgl. Übung 17, Abschnitt 2.4). Darüber hinaus ist $P_1 \cap P_2$ senkrecht zu $T_p(S) \cap P_2$; also ist $P_1 \cap P_2$ normal zu C. Es folgt, daß die Normalen an C alle durch einen festen Punkt $q = r \cap P_2$ gehen;

daher ist C in einer Kreislinie enthalten (vgl. Übung 4, Abschnitt 1.5). Deshalb besitzt jedes $p \in S$ eine Umgebung, die in einer Rotationsfläche mit Achse r enthalten ist. Aus Zusammenhangsgründen gibt es eine feste von diesen Flächen, in der ganz S liegt.

Abschnitt 2.5

8   Da $\partial E / \partial v = 0$ gilt, hängt $E = E(u)$ nur von u ab. Setze $\bar{u} = \int \sqrt{E}\, du$. Ähnlich hängt $G = G(v)$ nur von v ab, so daß wir $\bar{v} = \int \sqrt{G}\, dv$ definieren können. Daher messen $\bar{u}$ und $\bar{v}$ die Bogenlänge längs der Koordinatenkurven, weshalb $\bar{E} = \bar{G} = 1$ und $\bar{F} = \cos \theta$ gilt.

9   Parametrisiere die erzeugende Kurve nach der Bogenlänge.

Abschnitt 3.2

13   Da die Schmiegebene normal zu N ist, gilt $N' = \tau n$, und deshalb $\tau^2 = |N'|^2 = k_1^2 \cos^2 \theta + k_2^2 \sin^2 \theta$, wobei θ der Winkel ist, den e_1 mit der Tangente an die Kurve bildet. Da wir es mit einer Asymptotenrichtung zu tun haben, erhalten wir $\cos^2 \theta$ und $\sin^2 \theta$ als Funktionen von k_1 und k_2; eingesetzt in den obigen Ausdruck liefert das $\tau^2 = -k_1 k_2$.

14   Mit $\lambda_1 = \lambda_1 N_2$ und $\lambda_2 = \lambda_2 N_1$ gilt
$$|\lambda_1 - \lambda_2| = k |\langle n, N_1 \rangle N_2 - \langle n, N_2 \rangle N_1|$$
$$= \sqrt{\lambda_1^2 + \lambda_2^2 - 2\lambda_1 \lambda_2 \cos \theta}.$$

Andererseits gilt
$$|\sin \theta| = |N_1 \wedge N_2| = |n \wedge (N_1 \wedge N_2)|$$
$$= |\langle n, N_2 \rangle N_1 - \langle n, N_1 \rangle N_2|.$$

16   Schneide den Torus mit einer Ebene, die seine Achse enthält, und verwende Übung 15.

18   Nutze aus, daß für $\theta = 2\pi/m$ gilt
$$\sigma(\theta) = 1 + \cos^2 \theta + \cdots + \cos^2 (m-1)\theta = \frac{m}{2};$$
das beweist man beispielsweise dadurch, daß man beachtet, daß
$$\sigma(\theta) = \frac{1}{4}\left(\sum_{\nu=-(m-1)}^{\nu=m-1} e^{2\nu i \theta} + 2m + 1 \right)$$
gilt und es sich um eine Teilsumme der geometrischen Reihe handelt. Diese liefert
$$\frac{\sin(2m\theta - \theta)}{\sin \theta} = -1.$$

19   a) Stelle t und h in der durch die Hauptkrümmungsrichtungen gegebenen Basis $\{e_1, e_2\}$ dar und berechne $\langle dN(t), h \rangle$.
    b) Differenziere $\cos \theta = \langle N, n \rangle$, benutze $dN(t) = -k_n t + \tau_g h$ und beachte $\langle N, b \rangle = \langle h, N \rangle = \sin \theta$, wobei b der Binormalenvektor ist.

20   Es seien S_1, S_2 und S_3 die Flächen, die durch p gehen. Zeige, daß die geodätischen Torsionen von $C_1 = S_2 \cap S_3$ bezüglich S_2 und S_3 gleich sind; wir bezeichnen sie mit τ_1. Ähnlich bezeichne τ_2 die geodätische Torsion von $C_2 = S_1 \cap S_3$ und τ_3 die von $S_1 \cap S_2$. Folgere aus der Definition von τ_g und der Tatsache, daß C_1, C_2, C_3 paarweise orthogonal sind, daß $\tau_1 + \tau_2 = 0$, $\tau_2 + \tau_3 = 0$, $\tau_1 + \tau_3 = 0$ gilt. Also $\tau_1 = \tau_2 = \tau_3 = 0$.

Abschnitt 3.3

2   Asymptotenlinien: u = konst., v = konst.. Krümmungslinien: $\log(v + \sqrt{v^2 + c^2}) \pm u$ = konst.

3   $u + v$ = konst., $u - v$ = konst.

Hinweise und Lösungen 253

6 a) Nehmen wir als die Gerade r die z-Achse und als Normale zu r die x-Achse, so gilt
$$z' = \frac{\sqrt{1-x^2}}{x}.$$
Setzen wir $x = \sin\theta$, so erhalten wir
$$z(\theta) = \int \frac{\cos^2\theta}{\sin\theta}\, d\theta = \log\tan\frac{\theta}{2} + \cos\theta + C.$$
Ist $z(\pi/2) = 0$, so gilt $C = 0$.

8 a) Die Aussage ist offensichtlich richtig, wenn $x = x_1$ und $\bar{x} = \bar{x}_1$ Parametrisierungen sind, die der Definition der Berührung genügen. Sind x und $\bar{x}$ beliebig, so beachte, daß $x = x_1 \circ h$ gilt, wobei h der Koordinatenwechsel ist. Also sind die partiellen Ableitungen von $f \circ x = f \circ x_1 \circ h$ Linearkombinationen der partiellen Ableitungen von $f \circ x_1$. Also werden sie ebenfalls zu Null.

b) Betrachte Parametrisierungen $x(x, y) = (x, y, f(x, y))$ und $\bar{x}(x, y) = (x, y, \bar{f}(x, y))$ und definiere h als $h(x, y, z) = f(x, y) - z$. Beachte $h \circ x = 0$ und $h \circ \bar{x} = f - \bar{f}$. Aus Teil a), angewandt auf die Funktion h, folgt, daß alle partiellen Ableitungen der Ordnung ≤ 2 von $f - \bar{f}$ in $(0, 0)$ gleich Null sind.

d) Weil Berührung von mindestens zweiter Ordnung Berührung von mindestens erster Ordnung impliziert, geht das Paraboloid durch p und ist dort tangential zur Fläche. Nehmen wir die Tangentialebene $T_p(S)$ als die xy-Ebene, so lautet die Gleichung des Paraboloids
$$\bar{f}(x, y) = ax^2 + 2bxy + cy^2 + dx + ey.$$
Es sei $z = f(x, y)$ die Darstellung der Fläche in der Ebene $T_p(S)$. Mit Teil b) erhalten wir $d = e = 0$, $a = \frac{1}{2}f_{xx}$, $b = f_{xy}$, $c = \frac{1}{2}f_{yy}$.

15 Wenn es ein solches Beispiel gibt, kann man es lokal in der Form $z = f(x, y)$ mit $f(0, 0) = 0$, $f_x(0, 0) = f_y(0, 0) = 0$ schreiben. Aus den gegebenen Bedingungen folgt $f_{xx}^2 + f_{yy}^2 \neq 0$ in $(0, 0)$ und $f_{xx}f_{yy} - f_{xy}^2 = 0$ genau dann, wenn $(x, y) = (0, 0)$. Setzen wir f an als $f(x, y) = \alpha(x) + \beta(y) + xy$, wobei α nur von x und β nur von y abhängt, so können wir verifizieren, daß $\alpha_{xx} = \cos x$, $\beta_{yy} = \cos y$ den obigen Bedingungen genügen. Es folgt, daß
$$f(x, y) = \cos x + \cos y + xy - 2$$
ein solches Beispiel ist.

16 Betrachte eine Kugel, die die Fläche enthält, und verkleinere stetig ihren Radius. Untersuche die Normalschnitte in dem Punkt (oder den Punkten), wo die Sphäre die Fläche das erste Mal trifft.

19 Zeige, daß das Hyperboloid zwei Ein-Parameter-Familien von Geraden enthält, die notwendigerweise die Asymptotenlinien sind. Um solche Familien von Geraden zu finden, schreibe die Gleichung des Hyperboloids als
$$(x + z)(x - z) = (1 - y)(1 + y)$$
und zeige, daß für jedes $k \neq 0$ die Gerade $x + z = k(1 + y)$, $x - z = (1/k)(1 - y)$ zur Fläche gehört.

20 Beachte, daß $(x/a^2, y/b^2, z/c^2) = fN$ gilt für eine Funktion f, und daß ein Nabelpunkt der Gleichung
$$\left\langle \frac{d(fN)}{dt} \wedge \frac{d\alpha}{dt}, N \right\rangle = 0$$
für jede Kurve $\alpha(t) = (x(t), y(t), z(t))$ auf der Fläche genügt. Nimm $z \neq 0$ an, multipliziere die Gleichung mit z/c^2 und eliminiere z sowie dz/dt (beachte, daß die Gleichung für jeden Tangentenvektor auf der Fläche gilt). Man findet vier Nabelpunkte, nämlich
$$y = 0, \quad x^2 = a^2 \frac{a^2 - b^2}{a^2 - c^2}, \quad z^2 = c^2 \frac{b^2 - c^2}{a^2 - c^2}.$$
Für $z = 0$ erhält man keine weiteren Nabelpunkte.

21 a) Es sei $dN(v_1) = av_1 + bv_2$, $dN(v_2) = cv_1 + dv_2$. Eine Rechnung zeigt
$$\langle d(fN)(v_1) \wedge d(fN)(v_2), fN \rangle = f^3 \det(dN).$$

b) Zeige, daß $fN = (x/a^2, y/b^2, z/c^2) = W$ gilt, und beachte
$$d(fN)(v_i) = \left(\frac{\alpha_i}{a^2}, \frac{\beta_i}{b^2}, \frac{\gamma_i}{c^2}\right),$$
wobei $v_i = (\alpha_i, \beta_i, \gamma_i)$ und $i = 1, 2$ ist. Wählen wir v_i so, daß $v_1 \wedge v_2 = N$ gilt, so können wir schließen
$$\langle d(fN)(v_1) \wedge df(N)(v_2), fN \rangle = \frac{\langle W, X \rangle}{a^2 b^2 c^2} \frac{1}{f},$$
wobei $X = (x, y, z)$ ist und damit $\langle W, X \rangle = 1$.

24 d) Wähle ein Koordinatensystem in $\mathbb{R}^3$, so daß der Ursprung 0 bei p liegt, die xy-Ebene mit $T_p(S)$ übereinstimmt und die positive Richtung der z-Achse mit der Orientierung von S bei p zusammenfällt. Wähle darüber hinaus die x- und y-Achse in $T_p(S)$ längs der Hauptkrümmungsrichtungen in p. Ist V klein genug, so kann V als Graph einer differenzierbaren Funktion
$$z = f(x, y), \quad (x, y) \in D \subset \mathbb{R}^2,$$
dargestellt werden, wobei D eine offene Kreisscheibe in $\mathbb{R}^2$ ist und
$$f_x(0, 0) = f_y(0, 0) = f_{xy}(0, 0) = 0, \quad f_{xx}(0, 0) = k_1, \quad f_{yy}(0, 0) = k_2.$$
Ohne Einschränkung der Allgemeinheit können wir $k_1 \geq 0$ und $k_2 \geq 0$ auf D annehmen. Wir wollen zeigen, daß $f(x, y) \geq 0$ auf D gilt.
Nimm an, es gibt $(\bar{x}, \bar{y}) \in D$ mit $f(\bar{x}, \bar{y}) < 0$. Betrachte die Funktion $h_0(t) = f(t\bar{x}, t\bar{y})$, $0 \leq t \leq 1$. Da $h'_0(0) = 0$ ist, gibt es ein t_1, $0 < t_1 \leq 1$, so daß $h''_0(t_1) < 0$ ist. Es sei $p_1 = (t_1 \bar{x}, t_1 \bar{y}, f(t_1 \bar{x}, t_1 \bar{y})) \in S$. Betrachte die Höhenfunktion h_1 von V bezüglich der Tangentialebene $T_{p_1}(S)$ in p_1. Eingeschränkt auf die Kurve $\alpha(t) = (t\bar{x}, t\bar{y}, f(t\bar{x}, t\bar{y}))$ ist diese Höhenfunktion $h_1(t) = \langle \alpha(t) - p_1, N_1 \rangle$, wobei N_1 der Einheitsnormalenvektor in p_1 ist. Also gilt $h''_1(t) = \langle \alpha''(t), N_1 \rangle$ und für $t = t_1$
$$h''_1(t_1) = \langle (0, 0, h''_0(t_1)), (-f_x(p_1), -f_y(p_1), 1) \rangle = h''_0(t_1) < 0.$$
Aber $h''_1(t_1) = \langle \alpha''(t_1), N_1 \rangle$ ist bis auf einen positiven Faktor die Normalkrümmung in p_1 in Richtung $\alpha'(t_1)$. Das ist ein Widerspruch.

Abschnitt 3.4

10 c) Reduziere das Problem auf die folgende Tatsache. Ist λ eine irrationale Zahl und durchlaufen m und n die ganzen Zahlen, so liegt die Menge $\{\lambda m + n\}$ dicht in der reellen Geraden. Um diese Aussage zu beweisen, genügt es zu zeigen, daß die Menge $\{\lambda m + n\}$ beliebig kleine positive Elemente enthält. Nimm das Gegenteil an und zeige, daß die größte untere Schranke der positiven Elemente von $\{\lambda m + n\}$ immer noch zu dieser Menge gehört. Leite daraus einen Widerspruch ab.

11 Betrachte die Menge $\{\alpha_i: I_i \to U\}$ der Trajektorien von w mit $\alpha_i(0) = p$ und setze $I = \cup_i I_i$. Wegen der Eindeutigkeit kann man die maximale Trajektorie $\alpha: I \to U$ definieren durch $\alpha(t) = \alpha_i(t)$ für $t \in I_i$.

12 Zu jedem $q \in S$ gibt es eine Umgebung U von q und ein Intervall $(-\epsilon, \epsilon)$, $\epsilon > 0$, so daß die Trajektorie $\alpha(t)$ mit $\alpha(0) = q$ auf $(-\epsilon, \epsilon)$ definiert ist. Aufgrund der Kompaktheit läßt sich S mit einer endlichen Anzahl solcher Umgebungen überdecken. Es sei ϵ_0 das Minimum der entsprechenden ϵ's. Ist $\alpha(t)$ definiert für $t < t_0$, aber nicht für t_0, so wähle $t_1 \in (0, t_0)$ mit $|t_0 - t_1| < \epsilon_0/2$. Betrachte die Trajektorie $\beta(t)$ von w mit $\beta(t_1) = \alpha(t_1)$ und leite einen Widerspruch her.

Hinweise und Lösungen

Abschnitt 4.2

3   Die eine Richtung ist klar. Um zu beweisen, daß φ eine Isometrie ist, sei $p \in S$ und $v \in T_p(S)$, $v \neq 0$. Betrachte eine Kurve $\alpha: (-\epsilon, \epsilon) \to S$ mit $\alpha'(0) = v$. Wir behaupten $|d\varphi_p(\alpha'(0))| = |\alpha'(0)|$. Andernfalls gilt zum Beispiel $|d\varphi_p(\alpha'(0))| > |\alpha'(0)|$ und deshalb ist auch in einer Umgebung J von 0 in $(-\epsilon, \epsilon)$ $|d\varphi_{\alpha(t)}(\alpha'(t))| > |\alpha'(t)|$. Daraus aber folgt, daß die Länge von $\alpha(J)$ kleiner ist als die Länge von $(\varphi \circ \alpha)(J)$. Das ist ein Widerspruch.

6   Parametrisiere α nach der Bogenlänge s in einer Umgebung von t_0. Konstruiere in der Ebene eine Kurve mit Krümmung $k = k(s)$ und benutze Übung 5.

8   Es sei $0 = (0, 0, 0)$, $G(0) = p_0$ und $G(p) - p_0 = F(p)$. Dann ist $F: \mathbb{R}^3 \to \mathbb{R}^3$ eine Abbildung mit $F(0) = 0$ und $|F(p)| = |G(p) - G(0)| = |p|$. Also erhält F das innere Produkt des $\mathbb{R}^3$. Daher wird die Basis
$$\{(1, 0, 0) = f_1, (0, 1, 0) = f_2, (0, 0, 1) = f_3\}$$
auf eine Orthonormalbasis abgebildet, und für $p = \Sigma\, a_i f_i$, $i = 1, 2, 3$ gilt $F(p) = \Sigma\, a_i F(f_i)$. Also ist F linear.

11 a) Da F abstandserhaltend ist und sich die Bogenlänge einer differenzierbaren Kurve als Grenzwert der Längen von einbeschriebenen Polygonen ergibt, erhält die Einschränkung $F|S$ die Bogenlänge von Kurven in S.
    c) Betrachte die Isometrie von einem offenen Streifen der Ebene auf einen Zylinder ohne eine Erzeugende.

12 Die Einschränkung von $F(x, y, z) = (x, -y, -z)$ auf C ist eine Isometrie von C (vgl. Übung 11), deren Fixpunkte $(1, 0, 0)$ und $(-1, 0, 0)$ sind.

17 Die Loxodromen bilden einen konstanten Winkel mit den Meridianen der Sphäre. Unter der Mercator-Projektion (siehe Übung 16) gehen die Meridiane über in parallele Geraden in der Ebene. Da die Mercator-Projektion konform ist, gehen auch die Loxodromen in Geraden über. Daher ist die Summe der Innenwinkel des Dreiecks in der Sphäre dasselbe wie die Summe der Innenwinkel eines ebenen Dreiecks.

Abschnitt 4.4

6   Benutze die Tatsache, daß der Absolutbetrag der geodätischen Krümmung gleich dem Absolutbetrag der Projektion der üblichen Krümmung auf die Tangentialebene ist.

8   Verwende Übung 1, Teil b), und Prop. 4 aus Abschnitt 3.2.

9   Nutze aus, daß die Meridiane Geodätische sind und daß die Parallelverschiebung Winkel erhält.

10 Wende die Relation $k_g^2 + k_n^2 = k^2$ und den Satz von Meusnier an.

12 Parametrisiere eine Umgebung von $p \in S$ so, daß die zwei Familien von Geodätischen Koordinatenkurven sind (Korollar 1, Abschnitt 3.4). Zeige, daß dies $F = 0$, $E_v = 0 = G_u$ impliziert. Führe einen Parameterwechsel durch, um $\bar{F} = 0$, $\bar{E} = \bar{G} = 1$ zu bekommen.

13 Fixiere zwei orthogonale Einheitsvektoren $v(p)$ und $w(p)$ in $T_p(S)$ und verschiebe sie parallel in jeden Punkt von V. Damit erhält man zwei differenzierbare, orthogonale Einheitsvektorfelder. Parametrisiere V so, daß die Richtungen dieser Vektoren tangential zu den Koordinatenkurven sind; diese sind dann Geodätische. Wende Übung 12 an.

16 Parametrisiere eine Umgebung von $p \in S$ derart, daß die Krümmungslinien die Koordinatenkurven und $v = $ konst. die Asymptotenlinien sind. Dann folgt $e_v = 0$, und aus den Mainardi-Codazzi Gleichungen schließen wir $E_v = 0$. Das impliziert, daß die geodätische Krümmung von $v = $ konst. verschwindet. Als Beispiel betrachte den oberen Breitenkreis des Torus.

18 Verwende die Clairautsche Relation (vgl. Beispiel 5).

19 Ersetze in Gleichung (4) die Christoffel Symbole durch ihre Werte als Funktionen von E, F und G und differenziere die Darstellung der ersten Fundamentalform
$$1 = E(u')^2 + 2Fu'v' + G(v')^2.$$

20 Benutze die Clairautsche Relation.

Abschnitt 4.5

4 b) Beachte, daß die Abbildung $x = \bar{x}$, $y = (\bar{y})^5$, $z = (\bar{z})^3$ einen Homöomorphismus der Sphäre $x^2 + y^2 + z^2 = 1$ auf die Fläche $(\bar{x})^2 + (\bar{y})^{10} + (\bar{z})^6 = 1$ liefert.

6 a) Schränke v ein auf die Kurve $\alpha(t) = (\cos t, \sin t)$, $t \in [0, 2\pi]$. Der Winkel, den $v(t)$ mit der x-Achse bildet, ist t. Daher gilt $2\pi I = 2\pi$; also $I = 1$.

d) Schränken wir v auf die Kurve $\alpha(t) = (\cos t, \sin t)$, $t \in [0, 2\pi]$ ein, so erhalten wir $v(t) = (\cos^2 t - \sin^2 t, -2\cos t \sin t) = (\cos 2t, -\sin 2t)$. Deshalb gilt $I = -2$.

Abschnitt 4.6

8 Es sei (ρ, θ) ein System geodätischer Polarkoordinaten, so daß der Pol eine der Ecken von Δ ist und eine der Seiten $\theta = 0$ entspricht. Die beiden anderen Seiten seien durch $\theta = \theta_0$ und $\rho = h(\theta)$ gegeben. Da die Ecke, die dem Pol entspricht, nicht zur Koordinatenumgebung gehört, wähle einen kleinen Kreis vom Radius ϵ um den Pol. Dann gilt

$$\iint_\Delta K\sqrt{G}\, d\rho\, d\theta = \int_0^{\theta_0} d\theta \left(\lim_{\epsilon \to 0} \int_\epsilon^{h(\theta)} K\sqrt{G}\, d\rho \right).$$

Beachtet man $K\sqrt{G} = -(\sqrt{G})_{\rho\rho}$ und $\lim_{\epsilon \to 0} (\sqrt{G})_\rho = 1$, so erhalten wir, daß der in der Klammer stehende Grenzwert durch

$$1 - \frac{\partial(\sqrt{G})}{\partial \rho}(h(\theta), \theta)$$

gegeben ist. Aus Übung 7 ergibt sich dann

$$\iint_\Delta K\sqrt{G}\, d\rho\, d\theta = \int_0^{\theta_0} d\theta - \int_0^{\theta_0} d\varphi = \alpha_3 - (\pi - \alpha_2 - \alpha_1) = \sum_1^3 \alpha_i - \pi.$$

12 c) Für $K \equiv 0$ ist das Problem trivial. Für $K > 0$ verwende Teil b). Für $K < 0$ betrachte eine Koordinatenumgebung V der Pseudosphäre (vgl. Übung 6, Teil b), Abschnitt 3.3), parametrisiert mittels Polarkoordinaten (ρ, θ); d.h. $E = 1$, $F = 0$, $G = \sinh^2\rho$. Berechne die Geodätischen von V; es ist günstig, den Koordinatenwechsel $\tanh \rho = 1/w$, $\rho \neq 0$, $\theta = \theta$, durchzuführen, so daß sich ergibt

$$E = \frac{1}{(w^2 - 1)^2}, \qquad G = \frac{1}{w^2 - 1}, \qquad F = 0,$$

$$\Gamma^1_{11} = -\frac{2w}{w^2 - 1}, \qquad \Gamma^1_{12} = -\frac{w}{w^2 - 1}, \qquad \Gamma^1_{22} = w,$$

während die übrigen Christoffel Symbole verschwinden. Es folgt, daß die nicht-radialen Geodätischen der Gleichung $(d^2w/d\theta^2) + w = 0$ genügen, wobei $w = w(\theta)$ ist. Daher gilt $w = A\cos\theta + B\sin\theta$; d.h.

$$A \tanh \rho \cos \theta + B \tanh \rho \sin \theta = 1.$$

Deshalb ist die Abbildung von V in den $\mathbb{R}^2$, die gegeben ist durch

$$\xi = \tanh \rho \cos \theta, \qquad \eta = \tanh \rho \sin \theta,$$

$(\xi, \eta) \in \mathbb{R}^2$, eine geodätische Abbildung.

13 b) Definiere $x = \varphi^{-1} : \varphi(U) \subset \mathbb{R}^2 \to S$. Es sei $v = v(u)$ eine Geodätische in U. Da φ eine geodätische Abbildung ist und die Geodätischen des $\mathbb{R}^2$ Geraden sind, gilt $d^2v/du^2 \equiv 0$. Zusammen mit Teil a) erhält man aus dieser Bedingung das gewünschte Resultat.

Hinweise und Lösungen

c) Gleichung (a) erhält man aus Gl. (5) aus Abschnitt 4.3, indem man Teil b) benutzt. Aus Gl. (5a) von Abschnitt 4.3 erhält man zusammen mit Teil b)

$$KF = (\Gamma^1_{12})_u - 2(\Gamma^2_{12})_v + \Gamma^2_{12}\Gamma^1_{12}.$$

Vertauschen wir u und v in dem obigen Ausdruck und subtrahieren die Ergebnisse, so erhalten wir $(\Gamma^1_{12})_u = (\Gamma^2_{12})_v$, und damit Gl. (b). Schließlich erhält man die Gln. (c) und (d) aus den Gln. (a) und (b), indem man u und v vertauscht.

d) Differenziert man Gl. (a) nach v, Gl. (b) nach u und subtrahiert die Ergebnisse, so ergibt sich

$$EK_v - FK_u = -K(E_v - F_u) + K(-F\Gamma^2_{12} + E\Gamma^1_{12}).$$

Unter Verwendung der Werte für die Γ^k_{ij} liefert der obige Ausdruck

$$EK_v - FK_u = -K(E_v - F_u) + K(E_v - F_u) = 0.$$

Ähnlich erhält man aus den Gln. (c) und (d) $FK_v - GK_u = 0$, und damit $K_v = K_u = 0$.

Abschnitt 4.7

1 Betrachte eine Orthonormalbasis $\{e_1, e_2\}$ von $T_{\alpha(0)}(S)$ und die Parallelverschiebung von e_1 und e_2 längs α. Das liefert eine Orthonormalbasis $\{e_1(t), e_2(t)\}$ in jedem $T_{\alpha(t)}(S)$. Setze $w(\alpha(t)) = w_1(t) e_1(t) + w_2(t) e_2(t)$. Dann gilt $D_v w = w'_1(0) e_1 + w'_2(0) e_2$, und die rechte Seite ist die Geschwindigkeit der Kurve $w_1(t) e_1 + w_2(t) e_2$ in $T_p(S)$ bei $t = 0$.

2 b) Ist $(t_1, t_2) \subset I$ klein und enthält keine „Knickstellen von α", so zeige, daß das Tangentenvektorfeld von $\alpha((t_1, t_2))$ fortgesetzt werden kann zu einem Vektorfeld y auf eine Umgebung von $\alpha((t_1, t_2))$. Schränken wir v und w auf α ein, so wird Eigenschaft 3 zu

$$\frac{d}{dt}\langle v(t), w(t)\rangle = \left\langle \frac{Dv}{dt}, w\right\rangle + \left\langle v, \frac{Dw}{dt}\right\rangle;$$

das impliziert, daß die Parallelverschiebung in $\alpha|_{(t_1, t_2)}$ eine Isometrie ist. Aus Kompaktheitsgründen, kann sie auf ganz I fortgesetzt werden. Nimm umgekehrt an, daß die Parallelverschiebung eine Isometrie ist, und sei α die Trajektorie von y durch einen Punkt $p \in S$. Schränke v und w auf α ein und wähle eine Orthonormalbasis $\{e_1(t), e_2(t)\}$ wie in der Lösung zu Übung 1; setze $v(t) = v_1 e_1 + v_2 e_2$, $w(t) = w_1 e_1 + w_2 e_2$. Dann wird Eigenschaft 3 zur „Produktregel":

$$\frac{d}{dt}\left(\sum_i v_i w_i\right) = \sum_i \frac{dv_i}{dt} w_i + \sum_i v_i \frac{dw_i}{dt}, \quad i = 1, 2.$$

c) Es sei D gegeben. Wähle eine orthogonale Parametrisierung $\mathbf{x}(u, v)$. Es sei $y = y_1 \mathbf{x}_u + y_2 \mathbf{x}_v$, $w = w_1 \mathbf{x}_u + w_2 \mathbf{x}_v$. Aus den Eigenschaften 1, 2 und 3 folgt, daß $D_y w$ bekannt ist, wenn man die Größen $D_{\mathbf{x}_u}\mathbf{x}_u$, $D_{\mathbf{x}_u}\mathbf{x}_v$, $D_{\mathbf{x}_v}\mathbf{x}_v$ kennt. Setze $D_{\mathbf{x}_u}\mathbf{x}_u = A^1_{11}\mathbf{x}_u + A^2_{11}\mathbf{x}_v$, $D_{\mathbf{x}_u}\mathbf{x}_v = A^1_{12}\mathbf{x}_u + A^2_{12}\mathbf{x}_v$ und $D_{\mathbf{x}_v}\mathbf{x}_v = A^1_{22}\mathbf{x}_u + A^2_{22}\mathbf{x}_v$. Aus Eigenschaft 3 folgt, daß die A^k_{ij} denselben Gleichungen genügen wie die Γ^k_{ij} (vgl. Gl. (2), Abschnitt 4.3). Also gilt $A^k_{ij} = \Gamma^k_{ij}$. Das beweist, daß $D_y v$ mit der folgenden Operation übereinstimmt: „Nimm die gewöhnliche Ableitung und projiziere sie auf die Tangentialebene".

3 a) Beachte, daß

$$d\mathbf{x}_{(0,t)}(1, 0) = \left(\frac{\partial \mathbf{x}}{\partial s}\right)_{s=0} = \frac{d}{ds}\gamma(s, \alpha(t), v(t))\bigg|_{s=0} = v(t),$$

$$d\mathbf{x}_{(0,t)}(0, 1) = \left(\frac{\partial \mathbf{x}}{\partial t}\right)_{s=0} = \alpha'(t).$$

b) Nutze aus, daß $\mathbf{x}$ ein lokaler Diffeomorphismus ist, um die kompakte Menge I durch eine Familie offener Intervalle zu überdecken, auf denen $\mathbf{x}$ injektiv ist. Verwende den Satz von Heine-Borel und die Lebesgue-Zahl der Überdeckung (vgl. Abschnitt 2.7), um das globale Ergebnis zu bekommen.

c) Um $F = 0$ zu zeigen, berechnen wir (vgl. Eigenschaft 4 in Übung 2)

$$\frac{d}{ds}F = \frac{d}{ds}\left\langle \frac{\partial \mathbf{x}}{\partial s}, \frac{\partial \mathbf{x}}{\partial t} \right\rangle = \left\langle \frac{D}{\partial s}\frac{\partial \mathbf{x}}{\partial s}, \frac{\partial \mathbf{x}}{\partial t} \right\rangle + \left\langle \frac{\partial \mathbf{x}}{\partial s}, \frac{D}{\partial s}\frac{\partial \mathbf{x}}{\partial t} \right\rangle = \left\langle \frac{\partial \mathbf{x}}{\partial s}, \frac{D}{\partial t}\frac{\partial \mathbf{x}}{\partial s} \right\rangle,$$

da das Vektorfeld $\partial \mathbf{x}/\partial s$ parallel ist längs t = konst.. Wegen

$$0 = \frac{d}{dt}\left\langle \frac{\partial \mathbf{x}}{\partial s}, \frac{\partial \mathbf{x}}{\partial s} \right\rangle = 2\left\langle \frac{D}{\partial t}\frac{\partial \mathbf{x}}{\partial s}, \frac{\partial \mathbf{x}}{\partial s} \right\rangle,$$

hängt F nicht von s ab. Aus $F(0, t) = 0$ folgt $F = 0$.

d) Das folgt aus der Tatsache, daß $F = 0$ ist.

4 a) Verwende die Schwarzsche Ungleichung

$$\left(\int_a^b fg\, dt \right)^2 \leq \int_a^b f^2\, dt \int_a^b g^2\, dt,$$

mit $f \equiv 1$ und $g = |d\alpha/dt|$.

5 a) Unter Beachtung von $E(t) = \int_0^l \{(\partial u/\partial v)^2 + G(\gamma(v, t), v)\}\, dv$ erhalten wir (wir schreiben $\gamma(v, t) = u(v, t)$)

$$E'(t) = \int_0^l \left\{ 2\frac{\partial u}{\partial v}\frac{\partial^2 u}{\partial v \partial t} + \frac{\partial G}{\partial u}u' \right\} dv.$$

Da $\partial u/\partial v = 0$ und $\partial G/\partial u = 0$ für $t = 0$ gilt, haben wir den ersten Teil gezeigt. Weiter gilt

$$E''(t) = \int_0^l \left\{ 2\left(\frac{\partial^2 u}{\partial v \partial t}\right)^2 + 2\frac{\partial u}{\partial v}\frac{\partial^3 u}{\partial v \partial^2 t} + \frac{\partial^2 G}{\partial u^2}(u')^2 + \frac{\partial G}{\partial u}u'' \right\} dv.$$

Also erhalten wir unter Verwendung von $G_{uu} = -2K\sqrt{G}$ und $\sqrt{G} = 1$ für $t = 0$, daß

$$E''(0) = 2\int_0^l \left\{ \left(\frac{d\eta}{dv}\right)^2 - K\eta^2 \right\} dv$$

gilt.

6 b) Wähle $\epsilon > 0$ und Koordinaten in $\mathbb{R}^3 \supset S$, so daß $\varphi(\rho, \epsilon) = q$ gilt. Betrachte die Punkte $(\rho, \epsilon) = r_0$, $(\rho, \epsilon + 2\pi \sin \beta) = r_1, \ldots, (\rho, \epsilon + 2\pi m \sin \beta) = r_m$. Nimmt man ϵ hinreichend klein, so sieht man, daß die Strecken $\overline{r_0 r_1}, \ldots, \overline{r_0 r_m}$ zu V gehören, wenn $2\pi m \sin \beta < \pi$ (Bild 4.49). Da φ eine lokale Isometrie ist, sind die Bilder dieser Strecken Geodätische von q nach q, die bei q offensichtlich gebrochen sind (Bild 4.49).

c) Man muß zeigen, daß jede Geodätische $\gamma: [0, l] \to S$ mit $\gamma(0) = \gamma(l) = q$ als φ-Bild einer der Strecken $\overline{r_0 r_1}, \ldots, \overline{r_0 r_m}$ (wie in Teil b)) auftritt. In einer Umgebung $U \subset V$ von r_0 ist die Einschränkung $\varphi|U = \widetilde{\varphi}$ eine Isometrie. Daher ist $\widetilde{\varphi}^{-1} \circ \gamma$ Segment einer Halbgeraden L, die bei r_0 beginnt. Da $\varphi(L)$ eine Geodätische ist, die mit $\gamma([0, l])$ auf einem offenen Intervall übereinstimmt, stimmt sie mit γ auf dem ganzen Definitionsbereich von γ überein. Da $\gamma(l) = q$ ist, geht L durch einen der Punkte r_i, $i = 1, \ldots, m$, sagen wir r_j; damit ist γ das Bild von $\overline{r_0 r_j}$.

Kommentiertes Literaturverzeichnis

Grundlegend für die Differentialgeometrie von Flächen ist die Arbeit von Gauß "Disquisitiones generales circa superficies curvas", Comm. Soc. Göttingen, Bd. 6, 1928, (= Gauß Ges. Werke, Band VIII). Eine deutsche Übersetzung findet man in

[1] Wangerin, A., *Allgemeine Flächentheorie von C. F. Gauß*. Ostwald's Klassiker der Exakten Wissenschaften, 5, Akad. Verlagsgesellschaft, Leipzig 1921.

Wir sind der Meinung, daß der Leser dieses Buchs jetzt in der Lage ist, diese Arbeit zu verstehen. Das verlangt natürlich Geduld und die Bereitschaft, fremden Gedankengängen zu folgen, ist aber eine lohnenswerte Erfahrung. Das Verständnis erleichtern kann der schöne Artikel von P. Dombrowski „150 Jahre nach den Disquisitiones...", Abhandlungen der Braunschweigischen Wissenschaftlichen Gesellschaft, Band XXVII, 1977, 63–102.

Das klassische Werk zur Differentialgeometrie von Flächen ist die vierbändige Abhandlung von Darboux:

[2] Darboux, G., *Théorie des Surfaces*, Gauthier-Villars, Paris, 1887, 1889, 1894, 1896. Es gibt einen Nachdruck, erschienen bei Chelsea Publishing Co., Inc., New York.

Dieses Werk ist recht schwierig für Anfänger. Außer der großen Fülle an Material enthält das Buch jedoch auch viele, noch nicht weiter erforschte Ideen, die das Hineinschauen lohnenswert machen.

Sehr einflußreich war das Buch von Blaschke:

[3] Blaschke, W., *Vorlesungen über Differentialgeometrie*, 3. Auflage, Springer, Berlin, 1929. Nachdruck: Dover Publications, New York, 1945.

Eine hervorragende Darstellung einiger intuitiver Ideen der klassischen Differentialgeometrie findet man in Kap. 4 von

[4] Hilbert, D. und S. Cohn-Vossen, *Anschauliche Geometrie*, Springer, Berlin, 1932.

Im folgenden führen wir in chronologischer Reihenfolge einige andere Lehrbücher auf, die mehr oder weniger dasselbe Niveau wie das vorliegende Buch haben. Eine vollständigere Liste findet man in [7], das auch eine große Anzahl globaler Sätze enthält.

[5] Strubecker, K., *Differentialgeometrie*, Sammlung Göschen. De Gruyter, Berlin, I (1955), II (1958), III (1959).

[6] O'Neill, B., *Elementary Differential Geometry*, Academic Press, New York, 1966.

[7] Stoker, J. J., *Differential Geometry*, Wiley-Interscience, New York, 1969.

[8] Klingenberg, W., *Eine Vorlesung über Differentialgeometrie*, Springer, Berlin, 1973.

[9] Thorpe, J. A., *Elementary topics in Differential Geometry*, Springer, New York – Heidelberg – Berlin, 1978.

Eine klare und elementare Darstellung der Methode der begleitenden Dreibeine, auf die wir nicht eingegangen sind, findet man in [6]. Weitere Ergebnisse aus der Kurventheorie, die wir nur kurz gestreift haben, finden sich in [7].

Die beiden folgenden Werke sind zwar keine Lehrbücher, sollen aber dennoch erwähnt werden. [10] ist eine sehr schöne Darstellung einiger globaler Sätze über Kurven und Flächen, und [11] ist ein Vorlesungsmanuskript, das auf seinem Gebiet zum Klassiker geworden ist.

[10] Chern, S. S., *Curves and Surfaces in Euclidean Spaces*, Studies in Global Geometry and Analysis, MAA Studies in Mathematics, The Mathematical Association of America, 1967.

[11] Hopf, H., *Lectures on Differential Geometry in the Large*, notes published by Stanford University, 1955.

Um weiterführende Werke zu lesen, sollte man zunächst einiges über differenzierbare Mannigfaltigkeiten und Liegruppen lernen, z. B. aus

[12] Spivak, M., *A Comprehensive Introduction to Differential Geometry*, Vol. 1, Brandeis University, 1970.

[13] Warner, F., *Foundations of Differentiable Manifolds and Lie Groups*, Scott, Foresman, Glenview, Ill., 1971.

Es ist ein wahres Vergnügen [12] zu lesen. Kapitel 1–4 von [13] enthalten eine kurze Darstellung der grundlegenden Begriffe aus diesem Gebiet.

Danach nun kann man zwischen vielen Dingen auswählen, je nach Geschmack und Interesse des Lesers. Im folgenden geben wir eine, aber bei weitem nicht die einzige, mögliche Auswahl an. In [17] und [18] findet man ausführliche Literaturverzeichnisse.

[14] Berger, M., P. Gauduchon und E. Mazet, *Le Spectre d'une Variété Riemannienne*, Lecture Notes 194, Springer, Berlin, 1971.

[15] Bishop, R. L. und R. J. Crittenden, *Geometry of Manifolds*, Academic Press, New York, 1964.

[16] Cheeger, J., und D. Ebin, *Comparison Theorems in Riemannian Geometry*, North-Holland, Amsterdam, 1974.

[17] Helgason, S., *Differential Geometry and Symmetric Spaces*, Academic Press, New York, 1963.

[18] Kobayashi, S., und K. Nomizu, *Foundations of Differential Geometry*, Vols. I and II, Wiley-Interscience, New York, 1963 und 1969.

[19] Klingenberg, W., D. Gromoll und W. Meyer, *Riemannsche Geometrie im Großen*, Lecture Notes 55, Springer, Berlin, 1968.

[20] Lawson, B., *Lectures on Minimal Submanifolds*, Monografias de Matemática, IMPA, Rio de Janeiro, 1973. Nachdruck: Publish or Perish, Berkeley, 1980.

[21] Milnor, J., *Morse Theory*, Princeton University Press, Princeton, N. J., 1963.

[22] Spivak, M., *A Comprehensive Introduction to Differential Geometry*, Vols. II–V, Publish or Perish, Boston, 1975.

Die Theorie der Minimalflächen, [20], und die dortigen Zitate, die mit dem Spektrum zusammenhängenden Probleme, [14], sowie das topologische Verhalten von Mannigfaltigkeiten positiver Krümmung, [16] und [19], sind nur drei von vielen interessanten Teilgebieten der modernen Differentialgeometrie.

Namen- und Sachwortverzeichnis

Abbildung
—, geodätische 230 (Üb. 12)
—, konforme 171
—, lokal geodätische 230 (Üb. 12)
—, lokal konforme 171
Abstand, innerer 171
Affensattel 118
algebraischer Wert (der kovarianten Ableitung) 189
Antipodenabbildung 66 (Üb. 1)
Asymptotenlinie 109
Asymptotenrichtung 109
Außenwinkel 204

Beltrami, Satz von 230 (Üb. 13)
Beltrami-Enneper, Theorem von 112 (Üb. 13)
Berührungstheorie 75 (Üb. 27), 127f. (Üb. 8, 9, 10)
Binormale 16
Binormalenvektor 15
Bogen, regulärer 186, 204
Bogenlänge 5 ff.
Bonnet, Theorem von 179, 243 ff.
Breitenkreis 64
Brennfläche 160 f (Üb. 9)

Cauchy-Croftonsche Formel 34 ff.
Christoffel Symbole 176 ff.
Clairautsche Relation 197

Darbouxsches Dreibein 200 (Üb. 14)
diffeomorph 61
Diffeomorphismus 61
—, lokaler 71
Differential (einer differenzierbaren Funktion) 70
differenzierbare Funktion (auf einer Fläche) 59 ff.
Dreieck 209
Dupin, Theorem von 113 (Üb. 20)
Dupinsche Indikatrix 109 f., 122 f.

Ecke (einer Kurve) 204
Einheitsnormalenvektor (an eine Fläche) 71
Einheitsnormalenvektorfeld, differenzierbares 86, 99
Einheitssphäre 45 ff.
Einhüllende 147, 240 (Üb. 7)
Ein-Parameter-Familie von Geraden 142
Ellipsoid 50
elliptisch 107, 117
Energie (einer Kurve) 239 (Üb. 4)
Enneperfläche 126 (Üb. 5)
erstes Integral, lokales 134
erzeugende Kurve (einer Rotationsfläche) 64

Euler-Formel 107
Euler-Poincaré-Charakteristik 209
Evolute (einer Kurve) 20
Exponentialabbildung 219 ff.
Exzeß 215

Fermi-Koordinaten 238 (Üb. 3)
Flachpunkt 107
Fläche
—, parametrisierte 65
—, reguläre 42 ff.
—, reguläre parametrisierte 65
flächenerhaltend 174 (Üb. 18)
Flächeninhalt 81
—, orientierter 13
Fluß, lokaler (eines Vektorfeldes) 133 ff.
Folium cartesium 7 (Üb. 5) f.
Frenetsche Formeln 16
Frenetsches Dreibein 16
Fundamentalform
—, erste 76 ff.
—, zweite 103
Fundamentalsatz
— der lokalen Flächentheorie 179, 243 ff.
— der lokalen Kurventheorie 16 ff., 241 ff.

Gauß (Theorema Egregium) 178
Gauß-Abbildung 98 ff., 113 ff.
Gauß-Bonnet, Satz von 202 ff., 206, 211
Gauß-Bonnet-Theorem
—, globales 211
—, lokales 206
Gauß-Lemma 223
Gaußsche Formel 178
Gebiet
—, abgeschlossenes 80
—, einfaches 205
—, reguläres 80, 208
Geodätische 187 ff.
—, Differentialgleichungen der 195
—, parametrisierte 187
—, radiale 222
geographische Koordinaten 46 f.
Geschlecht 210
Geschwindigkeitsvektor 2
Gradient (einer differenzierbaren Funktion) 84 (Üb. 14)
Greenscher Satz 41

Hauptkrümmung 106
Hauptkrümmungsrichtung 106
Hauptnormale 16

Helikoid 77 f., 155 f.
—, verallgemeinertes 83 (Üb. 13)
Helix 2 (Beisp. 1), 19 (Üb. 1), 21 f. (Üb. 17)
Henkel 210
Hessesche 122, 130 (Üb. 22)
Hilbert 215
Holonomie-Gruppe 231 (Üb. 14)
Hopf, H. 205
hyperbolisch 107, 117 ff., 139
Hyperboloid, zweischaliges 50

Index (eines Vektorfeldes) 216 ff.
Innenwinkel 211
Integralkurve 134
Isometrie 165 ff.
—, lokale 165 ff.
Isometriegruppe 173 (Üb. 9)
isoperimetrische Ungleichung 26 ff.
isotherm 152 f., 172

Jacobi 214
Joachimsthal, Theorem von 112 (Üb. 15)
Jordanscher Kurvensatz 26, 213

kanonische Form, lokale 22 ff.
Katenoid 111 (Üb. 8), 153 ff.
Kegel 53
Kettenlinie 20
Kissoide des Diocles 6 (Üb. 3) f.
konjugiert (Richtungen, Vektoren) 110
Konoid, rechtwinkliges 160 (Üb. 5)
Konvexität, lokale (einer Fläche) 131 (Üb. 24)
Koordinaten, geodätische 238 (Üb. 3)
Koordinatenkurve 44
Koordinatensystem 43
Koordinatenumgebung 43
kovariante Ableitung 181 ff.
Kreislinie, geodätische 222
Kreuzprodukt 11
kritischer Punkt (einer Abbildung) 48, 74 (Üb. 13)
kritischer Wert (einer Abbildung) 48
Krümmung
 — einer Kurve 14
—, Gaußsche 107
—, geodätische 190
—, mittlere 107
Krümmungslinie 106
Krümmungsradius 16
Krümmungsvektor, mittlerer 152
Kurve
—, Bertrandsche 22 (Üb. 18)
—, der Klasse C^k 8
—, einfache 8, 25
—, einfache geschlossene 204
—, geschlossene ebene 25
—, konjugierte Bertrandsche 22 (Üb. 18)
—, konvexe 32
—, parametrisierte 2, 182
—, parametrisierte stückweise reguläre 186, 204
—, reguläre 5 ff., 62 f., 182
—, stückweise C^1 29

Leitkurve 142
Liouville, Satz von 194
Liouvillesche Flächen 202 (Üb. 21)
logarithmische Spirale 7 (Üb. 6) f.
Loxodrome 79 f.

Mainardi-Codazzi Gleichungen 179
Mercator-Projektion 174 (Üb. 16)
Meridian 64
Meusnier 104
Minding, Theorem von 223 f.
Minimalfläche 149 ff.
—, Ennepersche 156 f.
—, konjugierte 163 (Üb. 14)
—, Scherksche 158 f.
Möbiusband 87 ff., 99
Morse-Funktion 130 (Üb. 23)

Nabelpunkt 108, 139
nichtorientierbar 85
Norm (eines Vektors) 3
Normale (zu einer Fläche) 71
Normalebene 16
Normalenvektor (einer Kurve) 15
Normalkoordinaten 221
Normalkrümmung 103
Normalschnitt 104
Normalumgebung 221

Olinde Rodrigues 106
orientierbar 85 f.
orientiert, positiv 205
Orientierung
 — einer Fläche 84 ff., 99
 — eines Vektorraumes 10
Orientierung, positive
 — einer Kurve 26
Orientierungsänderung
 — einer Kurve 6
orientierungserhaltend 124
orientierungsumkehrend 124
orthogonale Familie 136
 — von Kurven 84 (Üb. 15)
orthogonales Feld (zu einem Richtungsfeld) 136 f.
Osserman, R. 159 f.

Pappus, Satz von 83 (Üb. 11)
parabolisch 107
Paraboloid 66 (Üb. 3)
—, elliptisches 82 (Üb. 1)
—, hyperbolisches 82 (Üb. 1), 102
Parallele, geodätische 238 (Üb. 3)
Parallelfläche 162 (Üb. 11)
Parallelverschiebung 185
Parameterwechsel 57 f.
Parametrisierung
 — einer Fläche 43
—, orthogonale 79, 138
Plateausches Problem 152
Polarkoordinaten, geodätische 221 ff.
Produkt, inneres 4
Pseudosphäre 126 (Üb. 6)

Namen- und Sachwortverzeichnis

Regelfläche 142 ff.
–, abwickelbare 147
–, nichtzylindrische 144 f.
Regelgerade 142
regulärer Wert (einer Abbildung) 48 f.
rektifizierende Ebene 16
Richtungsfeld, differenzierbares 134
Röhrenflächen 73 (Üb. 10)
Rotationsachse 64
Rotationsfläche 63 f., 120 f., 195 ff.
–, verallgemeinerte 64
Rotationshyperboloid 111 (Üb. 8)
Rotationsindex 31 f.
Rotationsparaboloid 111 (Üb. 8)

Santaló, L.A. 37
Scheitel 32
Schmidt, E. 26
Schmiegebene 15, 23 f.
Schmiegkugel 128 (Üb. 10)
Seifenhaut 151
singulärer Punkt
— einer parametrisierten Fläche 65
— einer parametrisierten Kurve 5, 15
— eines Vektorfeldes 215 ff.
sphärisches Bild 112 (Üb. 9)
Spur
— einer Kurve 2
— eines parametrisierten Fläche 65
stereographische Projektion 55 f.
Striktionslinie 144

Tangente 5
Tangentenfläche 65
Tangentenindikatrix 19, 30 f.
Tangentenvektor 2
— an eine Fläche 68

Tangentialebene 68 ff.
Tissot, Satz von 141 (Üb. 9)
Torsion 15 f.
–, geodätische 113 (Üb. 19), 201 (Üb. 14)
–, positive (negative) 23 f.
Torus 51 f.
Trajektorie 132 ff.
Traktrix 6 f. (Üb. 4)
transversal 74 (Üb. 17)
Triangulierung 209
Tschebyscheff-Netz 82 (Üb. 7)
Tubenumgebung 90 ff.

Umgebung, konvexe 235 ff.
Umlaufsatz 32, 205
Umparametrisierung (einer Kurve) 18

Variation
— einer Kurve 239 (Üb. 5)
–, erste (zweite) 239 (Üb. 5)
–, normale 149 ff.
Vektorfeld 131 ff., 181 ff.
–, paralleles 183 f.
Vektorprodukt 10 ff.
Verteilungsparameter 145
Verträglichkeitsbedingungen 179
Vier-Scheitel-Satz 30 ff.
Volumen, orientiertes 13

Weierstraß, K. 26
Weingarten, Gleichungen von 115
Winkel (zwischen zwei Flächen) 71

Zentralpunkt 144
Zusammenhang 238 (Üb. 3)
Zykloide 6 (Üb. 2)
Zylinder 54 (Üb. 1), 142 f.

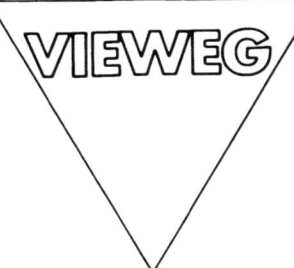

Otto Forster

Analysis 3

Integralrechnung im $\mathbb{R}^n$ mit Anwendungen. 2., überarb. Aufl. 1983. 16,2 X 22,9 cm. (vieweg studium, Bd. 52, Aufbaukurs Mathematik.) Pb.

Inhalt: Integral für stetige Funktionen mit kompaktem Träger — Transformationsformel — Partielle Integration — Integral für halbstetige Funktionen — Berechnung einiger Volumina — Lebesgue-integrierbare Funktionen — Nullmengen — Rotationssymmetrische Funktionen — Konvergenzsätze — Die L_p-Räume — Parameterabhängige Integrale — Fourier-Integrale — Die Transformationsformel für Lebesgue-integrierbare Funktionen — Integration auf Untermannigfaltigkeiten — Der Gaußsche Integralsatz — Die Potentialgleichung — Distributionen — Pfaffsche Formen. Kurvenintegrale — Differentialformen höherer Ordnung — Integration von Differentialformen — Der Stokessche Integralsatz — Literaturhinweise — Symbolverzeichnis — Namens- und Sachverzeichnis.

Dieser Band stellt den dritten Teil eines Analysis-Kurses für Studenten der Mathematik und Physik dar und behandelt die Integralrechnung im $\mathbb{R}^n$ mit Anwendungen.

In einem ersten Teil wird das Lebesguesche Integral im $\mathbb{R}^n$ eingeführt und es werden die wichtigsten Sätze dieser Theorie bewiesen. Als Anwendungen werden u.a. die L_p-Räume und die Fouriertransformation behandelt. Als nächstes wird der Gaußsche Integralsatz bewiesen, der dann zum Studium der Potentialgleichung und zur Konstruktion von Fundamental-Lösungen einiger anderer partieller Differentialgleichungen benützt wird. In einem letzten Teil wird schließlich der Differentialformenkalkül eingeführt. Dieser Teil enthält auch eine Theorie der Kurvenintegrale sowie den allgemeinen Stokesschen Integralsatz für Untermannigfaltigkeiten des $\mathbb{R}^n$ mit Anwendungen auf die Integralsätze für holomorphe Funktionen einer und mehrerer Variablen.

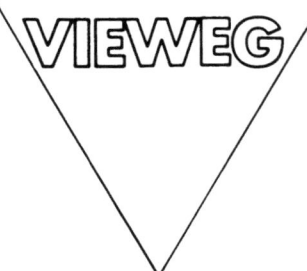

Heinrich Brauner
Differentialgeometrie
1981. XVII, 424 S. mit 44 Abb. 16,2 X 22,9 cm. Gbd.

<u>Inhalt:</u> Symbolverzeichnis — Lineare Geometrie — Analysis — Differentialgeometrie der Kurven in IR^n — Flächen in IR^n — Geometrie auf Flächen in IR^n — Krümmungstheorie der Flächen in IR^n — 2-Flächen in IR^3 — Riemannsche Räume — Literatur — Sachwortverzeichnis.

Das Buch wendet sich an Studenten der Mathematik und benachbarter Fächer im mittleren Studienabschnitt. Unter Berücksichtigung der anschaulichen klassischen Aspekte wird eine moderne Einführung in die Differentialgeometrie geboten. Behandelt werden Kurven und m-dimensionale Flächen im n-dimensionalen euklidischen Raum, differenzierbare Mannigfaltigkeiten, Zusammenhänge auf differenzierbaren Mannigfaltigkeiten und RIEMANNsche Geometrie, aber auch Flächen im dreidimensionalen euklidischen Raum und globale Fragen über solche Flächen und über ebene Kurven. Die benötigten Vorkenntnisse aus der linearen Geometrie, der Topologie und der Analysis sind in zwei einführenden Kapiteln bereitgestellt. Jedem Kapitel geht eine kurze Inhaltsübersicht voraus, und jeder Abschnitt schließt mit einer Sammlung von Aufgaben, denen nötigenfalls eine kurze Anleitung beigefügt ist.

Das Werk schlägt eine Brücke zwischen der anschaulich motivierten Differentialgeometrie und den im Rahmen der Theorie differenzierbarer Mannigfaltigkeiten entstandenen Begriffsbildungen der Analysis.

If you have any concerns about our products,
you can contact us on
ProductSafety@springernature.com

In case Publisher is established outside the EU,
the EU authorized representative is:
**Springer Nature Customer Service Center GmbH
Europaplatz 3, 69115 Heidelberg, Germany**

Printed by Libri Plureos GmbH
in Hamburg, Germany